计算机科学丛书

原书第5版

软件测试

一个软件工艺师的方法

[美] 保罗·C. 乔根森（Paul C. Jorgensen）
拜伦·德弗里斯（Byron DeVries） 著
王轶辰 王轶昆 译

Software Testin

A Craftsman's Approach Fi

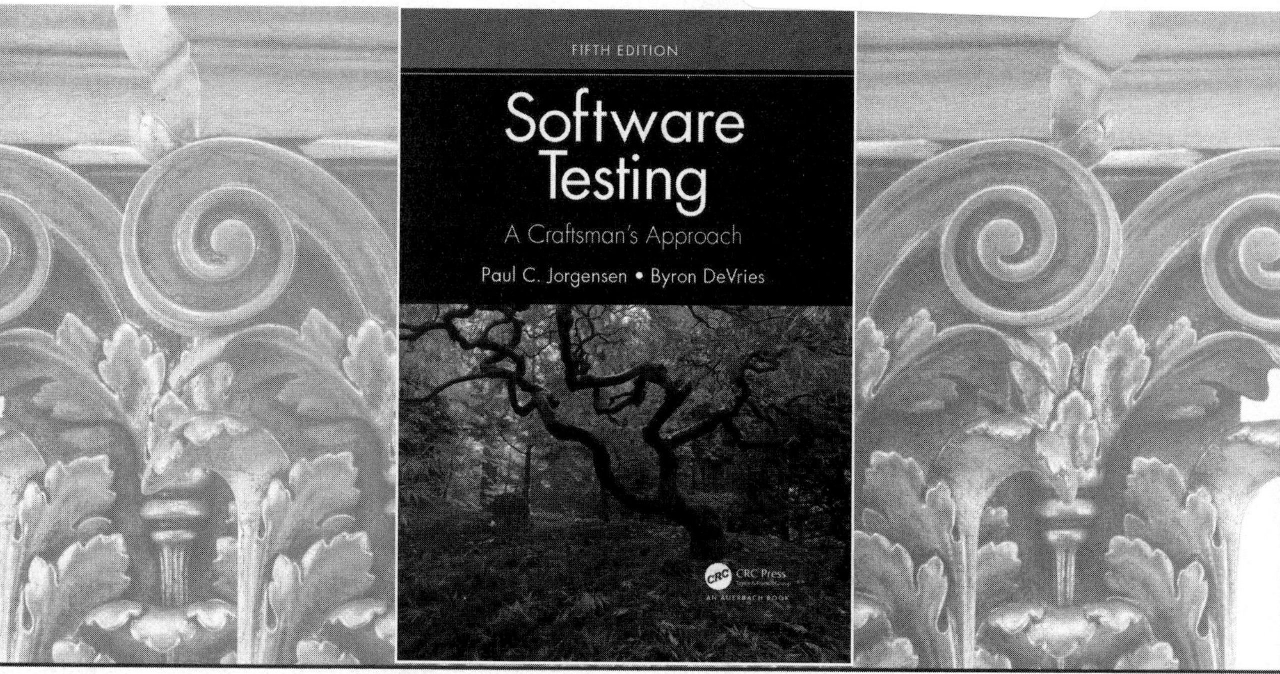

机械工业出版社
CHINA MACHINE PRESS

图书在版编目（CIP）数据

软件测试：一个软件工艺师的方法：原书第 5 版 /（美）保罗 · C. 乔根森 (Paul C. Jorgensen)，（美）拜伦 · 德弗里斯（Byron DeVries）著；王轶辰，王轶昆译. —北京：机械工业出版社，2024.3

（计算机科学丛书）

书名原文：Software Testing: A Craftsman's Approach, Fifth Edition

ISBN 978-7-111-75263-9

Ⅰ. ①软… Ⅱ. ①保… ②拜… ③王… ④王… Ⅲ. ①软件－测试 Ⅳ. ① TP311.55

中国国家版本馆 CIP 数据核字（2024）第 050018 号

机械工业出版社（北京市百万庄大街 22 号　邮政编码 100037）

策划编辑：曲　熠　　责任编辑：曲　熠

责任校对：张婉茹　李小宝　　责任印制：任维东

三河市骏杰印刷有限公司印刷

2024 年 6 月第 1 版第 1 次印刷

185mm × 260mm · 26 印张 · 662 千字

标准书号：ISBN 978-7-111-75263-9

定价：129.00 元

电话服务	网络服务
客服电话：010-88361066	机　工　官　网：www.cmpbook.com
010-88379833	机　工　官　博：weibo.com/cmp1952
010-68326294	金　　书　　网：www.golden-book.com
封底无防伪标均为盗版	机工教育服务网：www.cmpedu.com

译者序

Software Testing: A Craftsman's Approach, Fifth Edition

正如音乐是在时间中流淌的艺术，软件测试员就是在V模型右侧上下穿行的工艺师。本书是献给软件测试工艺师的，是帮助他们谱写软件测试乐章的又一件得力的工具。

本书共21章，两个附录，延续了作者一贯的写作风格——理论由浅入深，案例贯穿始终。初学者可以先从最基础的等价类和边界值开始，逐步撷取基于模型的测试这一测试技术的明珠。有经验的读者可以从离散数学和图论这些理论知识开始，揭开那些耳熟能详、信手拈来的测试技术的数学面纱。本书的案例看上去都不复杂，细细琢磨却耐人寻味。译者在软件测试领域深耕多年，翻译时难免手痒，拿起案例自己分析一番，经常在作者的答案中发现奇思妙想，发出"哦，还可以这样设计用例"的感慨。翻译过程宛如曲径通幽，充满乐趣和惊喜。

我们强烈建议读者一边阅读一边尝试自己解决书中提出的问题，尤其是章末的习题。本书还附有对应的Java代码，供读者参考和学习。这个过程，犹如在熟悉的通勤路上增加了探险的乐趣，一路过关斩将，打怪升级。更何况每章的技术内容都能与工程实践的内容相对应，融会贯通，乐趣无穷。本书的内容几乎覆盖了软件测试实践的所有环节，尤其是其中基于代码的测试和单元测试部分，以译者多年的单元测试经验来看，可谓字字珠玑。

在略显焦虑的世界里，唯有读书能让人心静，唯有扎实的技艺能让人安心。希望这本好书能助力各位读者成为软件测试工艺师，在软件测试的领域自由驰骋。

前　言

自本书第 1 版出版至今已经 25 年了。现在，本书有了一位合著者，Byron DeVries 博士。Paul 和 Byron 两人的软件工程教学经验及工程应用经验加在一起已经超过了 32 年。Paul 的测试经验主要集中在电话交换系统软件方面，Byron 则集中在航空电子系统方面。

本书已经经历了 4 个版本的演化，而且在课堂教学与工业领域应用了 25 年。我们仍然先阐述基本理论，对测试技术进行介绍，然后通过精心选择的案例对理论和技术进行进一步说明。我们仍保留了一些经典的案例，同时使用在线购物系统（这是一个综合的网络应用）替代了之前版本中的其他案例。这些案例将贯穿全书。

以下是本书的一些亮点。

- softwaretestcraft.org（或者 .com）包含本书所有的 Java 源代码、PPT 和各种注释。
- 本书第 2~4 章是关于面向对象软件的，其中所有案例的伪代码都使用 Java 语言编写，可以使用 JUnit 进行单元测试。
- 本书介绍了几种基于代码测试的商业工具和开源工具，同时，在基于模型测试的章节介绍了三种基于模型测试的商业工具。
- 面向对象软件测试独立成章。
- 本书增加了一章专门介绍特征交互问题。
- 针对事件驱动系统的建模和测试，本书增加了篇幅和案例。
- 本书保留了介绍技术评审的章节和相关的附录。

有些内容在本书的这几个版本中一直保持不变。在第 1 版的前言中，Paul 写道：

> 我们挤在会议室的门口，每个人都轮流从小窗户往里面看。在会议室里面，一位最近聘用的软件设计师正在会议桌上展开源代码清单，并小心地将一块挂在长链上的水晶放在源代码上，还时不时地在清单上用红色标记出一个个圆圈。后来，我的一个同事问那个设计师在会议室里做了什么，他漫不经心地回答："我在自己的程序中找 bug。"这是一个真实的故事，发生在 20 世纪 80 年代中期，当时人们对水晶中隐藏的力量寄予厚望。

在过去的 25 年中，我们的目标始终是为读者提供一系列更好的水晶。正如本书的书名，我们相信软件（和系统）测试是一种工艺，而我们对这种工艺颇有一些经验与心得，所以我们将自身的工业和学术背景与测试的理论、技术和案例相结合并将其呈现在本书中，希望能够与你的软件测试工艺融合，成为你的"水晶"。

Paul C. Jorgensen
密歇根州罗克福德
Byron DeVries
密歇根州大急流城
2020年12月

Paul C. Jorgensen　博士。在职业生涯的前20年，他在一家电话交换机系统公司的研发实验室从事软件各个阶段的开发工作。1986年，他开始在亚利桑那州立大学教授软件工程的研究生课程。1988年，他成为大峡谷州立大学的一名全职教授。Paul教授于2017年夏天从大学退休，现在是一名荣休教授。他开玩笑说自己现在一周有七天周末，这样的生活让他有时间和家人相处，也让他有更多的时间从事关于软件范式的咨询工作。他曾在CODASYL、ACM、IEEE和ISTQB等委员会担任重要职务。为了表彰他一生的成就，他所在的大学于2012年给他颁发了"学科杰出贡献奖"。

除了这本软件测试著作之外，他还是*Modeling Software Behavior: A Craftsman's Approach*和*The Craft of Model-Based Testing*两本书的作者。同时他还是*Mathematics for Date Processing*（McGraw-Hill，1970）和*Structured Methods—Merging Models, Techniques, and CASE*（McGraw-Hill, 1993）两本书的合著者。

在意大利生活和工作的三年使他成为一个坚定的"意大利爱好者"。他和妻子Carol以及两个女儿Kirsten和Katia，曾多次拜访那里的朋友。Paul和Carol在南达科他州松岭保留地的Porcupine学校做志愿服务已经有19年了。他的电子邮件地址是jorgensp@gvsu.edu和paul@softwaretestcraft.org。

Byron DeVries　博士。2017年成为大峡谷州立大学的助理教授，之后他一直在教授本科生和研究生的软件工程课程。在大学教书之前，他从事航空电子软件开发中各种角色的工作长达十多年，并且非常重视软件的验证工作。他积极地在IEEE和ACM的各种会议上投稿并担任委员会成员。2021年，他获得了所在大学的"杰出青年学者"奖。

Byron博士酷爱驾船航行。在夏天，你经常会发现他和妻子Angela在西密歇根州附近的水域上。但为了两个小儿子，他还是没有把时间都花在动力船上。你可以通过devrieby@gvsu.edu和byron@softwaretestcraft.org联系他。

目 录

Software Testing: A Craftsman's Approach, Fifth Edition

第一部分

数学背景

测试概览

我们为什么要进行测试呢？我认为有两个主要原因：一个原因是为了评价软件质量或者对软件的可接受度进行判断；另一个原因是发现软件中存在的问题。我们之所以进行测试是因为我们知道人总是会犯错的，尤其是在软件领域和以软件为核心的系统领域。这一章的主要目标是建立一个可以用来讨论软件测试的知识框架。

1.1 基本定义

许多软件测试方面的文献都会陷入术语混乱（有时是不一致）的困境，这可能是由于测试技术发展了几十年，有太多人进行相关写作的缘故。国际软件测试资质认证委员会（ISTQB）有大量的测试术语表（参见网站 http://www.istqb.org/downloads/glossary.html），本章（以及整本书）的术语与 ISTQB 的定义是一致的，而这些术语又与电气与电子工程师协会（IEEE）计算机分会开发的标准相兼容。在开始之前，让我们先看一些有用的术语。

- **错误**（error）。人会犯错误。错误的同义词是失误（mistake）。若人们在编写代码时出现了失误，我们称这些失误产生了错误（error 和 bug）。错误往往是会传播的，需求中的错误可能在设计过程中被放大，继而在编码过程中被再一次放大。
- **故障**（fault）。故障是错误的结果。更准确地说，故障是错误的一种表征，这里的表征是指一种具体的表达方式，例如文字描述、UML 图、层次图以及源代码等。缺陷（defect，参见 ISTQB 的术语表）和错误（bug）都是故障的同义词。故障是难以捉摸的。遗漏的错误会导致故障，也就是说，本应该在某种表达方式中出现的东西出现了缺失。这也为我们提供了一种区分过失型故障和遗漏型故障的方式。当我们在某种表达方式中输入了不正确的信息时，就会出现过失型故障。而当我们在某种表达方式中没有输入正确的信息时，就会出现遗漏型故障。在这两类故障中，遗漏型故障更难发现和解决。
- **失效**（failure）。当与故障相关的代码运行时就有可能引起失效。这里有两个细节要注意：第一个细节是，失效只发生在软件可执行的表达方式中，通常理解为源代码，更准确地说，是被加载后运行的目标代码；第二个细节是，这个定义只将失效与过失型故障建立了联系。那么我们如何处理与遗漏型故障相对应的失效呢？我们可以进一步分析这个问题：如果故障从来没有被执行过，或者可能很长一段时间都没有执行，那该怎么办呢？技术评审（见第 20 章）可以通过发现故障来防止许多失效的产生。事实上，充分的评审的确可以发现遗漏型故障。
- **事故**（incident）。当失效发生时，用户（客户或测试人员）可能看到，也可能不容易看到它。事故是相关失效引起的现象，它提醒用户确实发生过一次失效。
- **测试**（test）。测试显然与错误、故障、失效和事故有关。测试是指使用测试用例来执行软件的行为。测试有两个目标：发现失效或演示正确的软件执行。

- **测试用例**（test case）。测试用例有唯一的标识，并且与程序行为相关联。测试用例还需要具有一组输入和预期输出。

图 1.1 描绘了测试的生命周期模型。这里要注意是，在开发阶段，有三个可能引入错误的机会，这些错误可能传播到整个开发过程的剩余阶段。故障修复这个步骤是可能造成错误（和新故障）的另一个机会。当一个修复程序导致以前正确的软件行为失常时，这个修复就是有缺陷的。后文讨论回归测试时，我们将重新讨论这个问题。

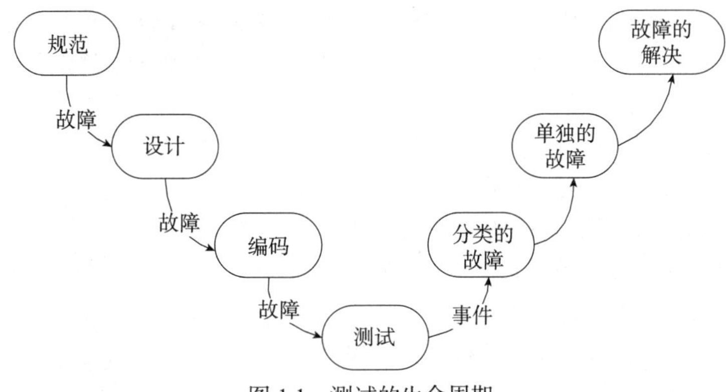

图 1.1　测试的生命周期

从这一系列的术语中，我们可以看到测试用例在测试中占据了中心位置。测试过程可以细分为以下独立的步骤：测试计划、测试用例开发、执行测试用例，以及评估测试结果。本书的重点是如何识别有用的测试用例集。

1.2　测试用例

软件测试的核心工作内容是为被测软件确定一组测试用例。测试用例是（或应该是）一个被认可的工作产品。完整的测试用例应该包含测试用例标识符、简短的目的声明（例如业务规则）、前置条件描述、实际测试用例输入、预期输出、预期后置条件，以及用例的执行历史等。执行历史主要用于测试管理，可能包含运行测试用例的日期、测试执行人员、被测件版本，以及通过 / 失败的结果。

然而测试用例的输出部分经常被忽视，而这通常又是测试用例设计中最难的部分。例如，你正在测试一个软件，该软件的功能是根据美国联邦航空管理局（FAA）的空中走廊限制条件和某飞行日的天气数据，为飞机确定一条最佳航线。那么，如何确认哪条航线为真正最佳的航线呢？学术界和工业界对这个问题有不同的解释。学术界的解释是假设存在一个“知道所有答案”的预期结果。而工业界对此问题的解释是采用参照测试（reference testing），即在专家参与的情况下对系统进行测试，由这些专家来判断执行的测试用例的输出结果是否可以被接受。

测试用例的执行过程包括：建立必要的前提条件、提供测试用例的输入、观察输出、比较实际输出和预期输出，最后还要确保能够观察到预期的后置条件并能够以此确定本次测试是否通过。综上可知，测试用例的价值和重要性是显而易见的——至少和源代码一样有价值。所以测试用例也需要一个完整的过程来进行开发、评审、使用、管理和保存。

1.3 测试的Venn图

测试的本质与软件行为相关，而软件行为与软件（和系统）开发人员所处的基于代码的视角是正交的。一个简单的区别是：基于代码的视角关心软件是什么，而基于行为的视角关心的是软件做了什么。一个一直困扰着软件测试人员的问题就是：软件测试依据的文档通常是由开发人员编写的，并且也是为开发人员编写的，因此，这些文档的重点是基于代码的信息，而不是关于软件行为的信息。本节我们绘制了一个简单的 Venn 图，用来阐明几个关于测试的棘手问题。

考虑一个程序行为的全集。(注意，此处我们主要关注测试的本质。) 给定一个程序及其规范，考虑规定行为集合 S 和程序实现行为集合 P。图 1.2 中给出了规定行为和程序实现行为之间的关系。在所有的程序行为中，规定行为处于标注为 S 的圆圈中，而那些由真实程序实现的行为在标注为 P 的圆圈中。有了这个图，我们就可以更清楚地看到测试人员所面临的问题了。如果某些规定行为没有被编程实现会怎样？在我们前面提到的术语中，这些就属于遗漏型故障。类似地，如果某些被编程实现的行为不是规定的行为会怎样？这些就属于过失型故障，也就是在规范已经完成之后发生的错误。图 1.2 中 S 和 P 的交叠（橄榄球形状的区域）是所谓的“正确”的部分，即被编程实现的规定行为。对软件测试的一个很好的解释是：测试活动本身就是在确定一个软件行为的范围，这个范围内的行为既被编程所正确实现，同时又在规范规定的范围中。(说明一下，这里的“正确”只对规范和实现来说有意义。它是相对的，不是绝对的。)

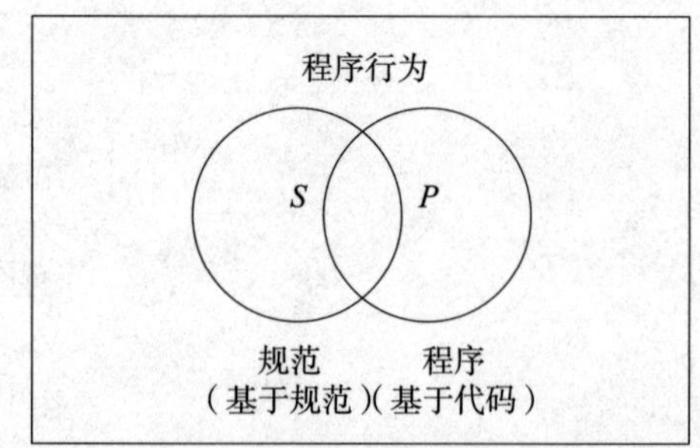

图 1.2 程序的规定行为和程序实现行为

图 1.3 中的新圆圈（标注为 T）用来表示测试用例。这里需要注意我们所表述的程序行为和真实情况之间的微小差异。从严格的数学角度来看，一个测试用例一定会产生一个程序行为。现在让我们来看一下集合 S、P 和 T 之间的关系。可能存在未测试的规定行为（区域 2 和区域 5）、被测试的规定行为（区域 1 和区域 4），以及对应非规定行为的测试用例（区域 3 和区域 7）。

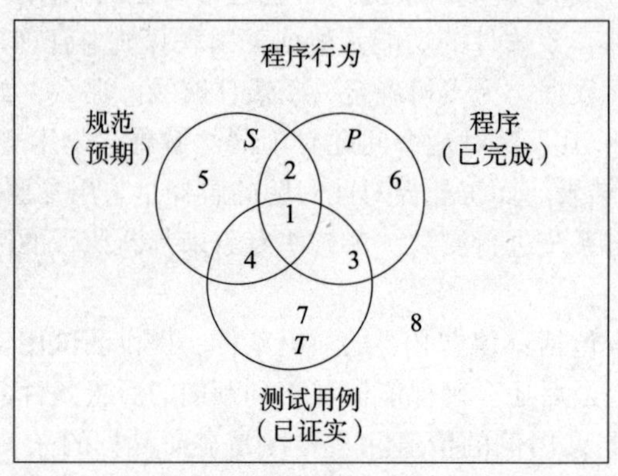

图 1.3 程序的规定行为、实现行为和测试行为

类似地，图中也表示出被编程实现却未被测试的行为（区域 2 和区域 6）、被编程实现且被测试的行为（区域 1 和区域 3），以及与未实现的行为对应的测试用例（区域 4 和区域 7）。

图中的每个区域都非常重要。如果有规定行为但是没有对应的测试用例，那么说明测试是不完整的。如果某些测试用例对应未规定的行为，那么可能存在以下两个原因：一是由于规范本身的缺陷导致产生了不合理的测试用例，二是测试人员专门设计了这样的测试用例来考察那些规范中明确要求不能出现的行为是否确实没有在代码中实现。（根据我的经验，优秀的测试人员经常设计出后一种类型的测试用例。这也是让优秀的测试人员参与需求规范和设计评审的一个很好的理由。）

现在，我们已经看出软件测试为何可以成为一种技艺了，也就是测试人员如何才能让这个图中三个集合的交集（区域 1）尽可能大？或者如何确定集合 T 中的测试用例？简单地说，测试用例是由测试方法确定的，所以这个框架为我们提供了一种比较不同测试方法有效性的方法，我们将在第 10 章中看到。

1.4　确定测试用例

一直以来，有两种确定测试用例的基本方法，我们称之为功能性（函数性）测试和结构性测试。为什么称为功能性（函数性）测试呢？因为从某种意义上来说，程序本身就是一个能够将输入空间元素映射到输出空间元素的函数。“结构性”的解释就不那么明显了——宽泛点说，它可能指的是被测试代码的结构。基于规范的测试和基于代码的测试这两个名字更具描述性，因此我们在后面将使用这两个术语。这两种技术中都包含几种不同的确定测试用例的方法，因此这两种技术通常也被称为测试方法。这是符合情理的，因为两个遵循相同“方法”的测试人员将设计出非常相似（等效）的测试用例。

1.4.1　基于规范的测试

之所以将基于规范的测试称为“功能测试”，是因为任何程序都可以被认为是一个将输入域的值映射到输出域的值的函数。（函数、输入域和输出域的定义见第 3 章。）这个概念在工程中经常被使用，尤其是将系统看作黑盒时。这个概念还产生了另外一个同义词——黑盒测试。在黑盒测试中，被看作黑盒的系统的内部结构和内部实现是未知的，而黑盒的功能完全可以根据它的输入和输出来理解（参见图 1.4）。很多时候，我们只需利用黑盒知识就可以非常有效地运行软件，而事实上，这也是面向对象的核心所在。例如，大多数人在仅知道黑盒知识的前提下就可以成功驾驶汽车了。

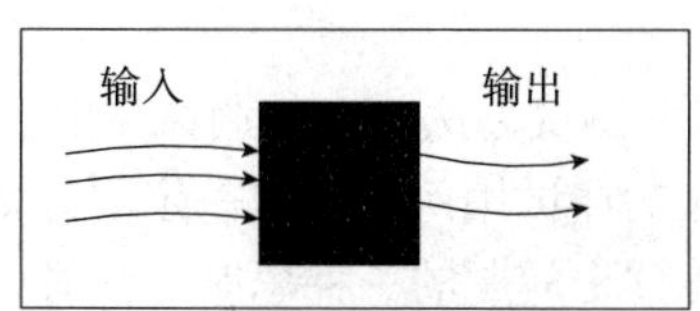

图 1.4　一个工程师的黑盒

使用基于规范的方法来确定测试用例，所使用的唯一信息就是软件的规范。因此，这种方法生成的测试用例有两个明显的优点：它们独立于软件的实现方式，因此如果实现方式发生了变化，测试用例仍然是有用的；测试用例开发可以与软件的编程实现并行进行，因此减少了整个项目的开发周期。当然，从消极的方面来看，基于规范的测试用例经常受到两个问题的困扰：一个问题是，可能存在大量的冗余用例；另一个问题是，软件中可能存在未被测试覆盖的部分。

图 1.5 给出了两种不同的基于规范的方法确定的测试用例。方法 *A* 确定的测试用例集合比方法 *B* 确定的更大。注意，对于这两种方法，测试用例集合都完全包含在规定的行为集合中。因为基于规范的方法是基于规定行为的，所以很难想象这些方法能够确定出那些没有被规定的行为。在第 10 章，我们将看到不同的基于规范的方法的直接比较，所用的例子就是第 2 章中定义的例子。

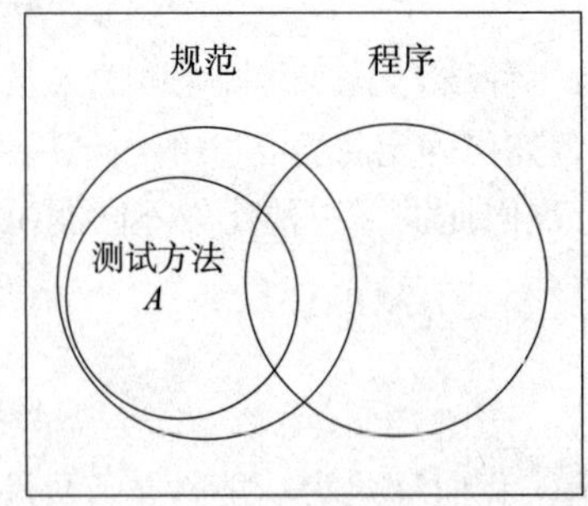

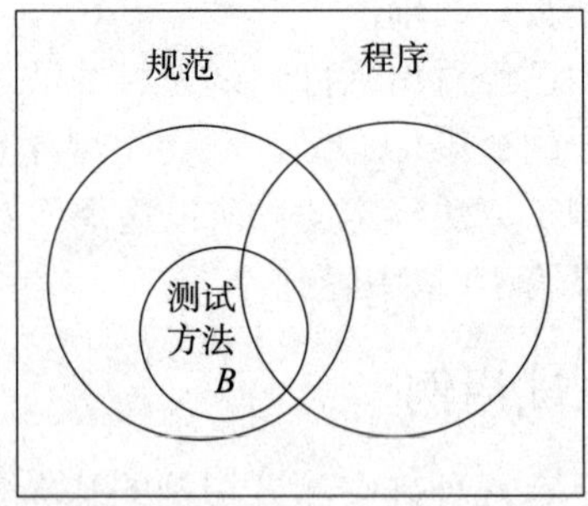

图 1.5　基于规范的测试用例方法的比较

在第 5~7 章中，我们将研究基于规范测试的主要方法，包括边界值分析、鲁棒性测试、最坏情况分析、特殊值测试、输入（域）等价类和基于决策表的测试。这些技术的共同特点是，它们都基于被测软件所定义的信息。第 3 章中介绍的一些数学背景知识主要适用于基于规范的测试方法。

1.4.2　基于代码的测试

基于代码的测试技术是确定测试用例的另一种方法。与黑盒测试相对应，它有时被称为白盒（或透明盒）测试。其实用“清晰盒”来比喻可能会更合适一些，因为其本质在于软件系统的（被看作黑盒的）实现是已知的，并且可以用来确定测试用例。这种可以“看到”黑盒内部的能力使得测试人员能够根据功能的具体实现方式来确定测试用例。

目前，基于代码的测试已经成为一个有强大理论基础的研究主题。要想真正理解基于代码的测试，必须熟悉线性图论（见第 4 章）的概念。有了这些概念，测试人员可以严格且准确地描述测试的内容。由于其强大的理论基础，基于代码的测试适合测试覆盖率的定义和使用。测试覆盖率提供了一种能够显式说明被测软件测试充分度的方法，这也使得测试管理变得更有意义。

图 1.6 展示了两种基于代码的测试方法确定的测试用例。如前所示，方法 *A* 比方法 *B* 所确定的测试用例集更大，但更大的测试用例集是否一定更好？这是一个非常好的问题，而基于代码的测试技术可以提供回答这个问题的一种思路。注意，对于这两种方法，测试用例集都是被编程实现的行为集合的子集。因为基于代码的测试方法是基于程序实现的，所以很难想象这些方法可以识别出没有被编程的行为。然而，也很容易想象，一组基于代码的测试用例相对于全部被编程行为来说是相对较小的。在第 10 章中，我们将对由不同的基于代码方法生成的测试用例进行直接比较。

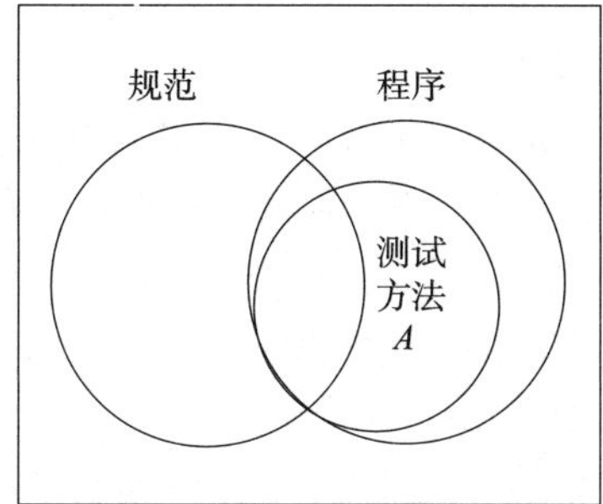

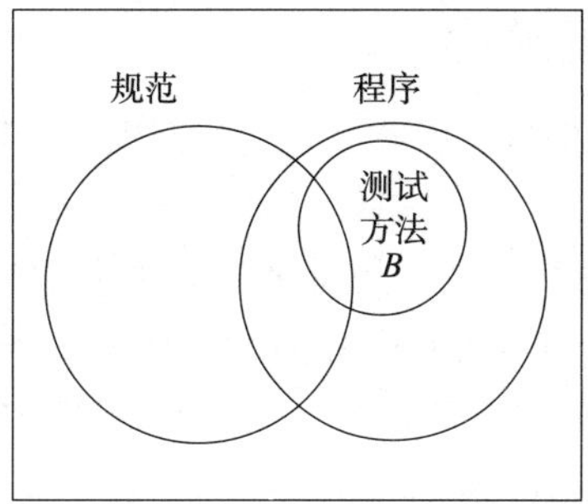

图 1.6　基于代码的测试用例方法的比较

1.4.3　基于规范和基于代码之争

有了前面描述的两种根本不同的测试用例生成方法，人们自然会讨论哪一种方法更好。如果你阅读了大量的文献，会发现这两种方法都有很多坚定的拥护者。

前面的 Venn 图可以帮助我们解决这个争论。这两种测试方法的目标都是确定测试用例。基于规范的测试技术只使用需求来确定测试用例，而基于代码的测试则使用程序源代码（实现）作为确定测试用例的基础（见图 1.7）。后面的章节将说明这两种方法本身都不充分。设想一下程序的行为：如果所有规定的行为都没有实现，那么基于代码的测试用例将永远无法识别出这一点。同样，如果程序实现的行为都是需求中未规定的行为，那么基于规范说明的测试用例也将无法识别出这一点。（特洛伊木马就是这种不明确行为的一个很好的例子。）所以，对于这个问题，我们的回答是，这两种方法都是必要的。而测试专家的回答则是，将基于规范说明的测试技术和基于代码的测试覆盖率结合在一起是比较明智的组合，这将为测试提供足够的信心。前文中我们曾说过，基于规范说明的测试经常会遇到冗余和缺失的双重问题。但是当基于规范说明的测试用例与基于代码的测试覆盖率结合起来时，这两个问题都可以得到有效解决。

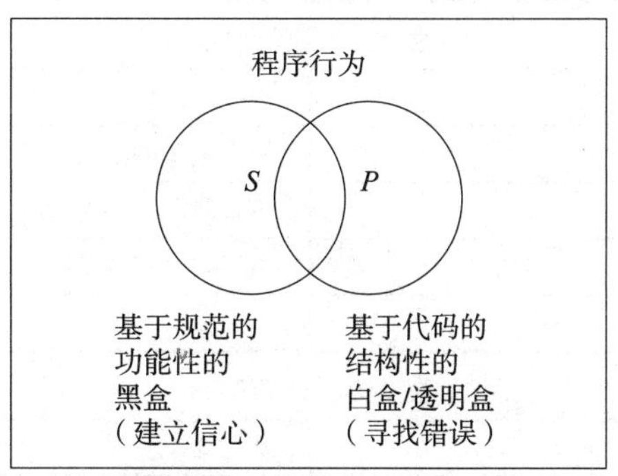

图 1.7　测试用例的来源

软件测试的 Venn 图为我们提供了一个最终的答案。测试用例集合 T、规定的行为集合 S，以及实现的行为集合 P，三者之间的关系是什么呢？显然，集合 T 中的测试用例是由使用的测试用例生成方法来确定的。这就引出了一个很好的问题：这种测试用例生成方法是否合适（或有效）？为了结束前面的讨论，我们回顾一下从错误到故障、失效和事故的因果链。如果我们知道自己容易犯什么样的错误、什么类型的错误可能存在于被测软件中，我们就可以使用这些信息来选择最佳的测试用例生成方法。这是测试真正成为一种工艺的关键所在。

1.5 错误的分类

我们是根据过程和产品之间的区别来对错误和故障进行定义的，过程指的是我们如何做某事，而产品是过程的最终结果。测试和软件质量保证（Software Quality Assurance，SQA）的存在都是为了提高产品质量，从这个意义上说，SQA 是通过改善过程来改进产品质量，而测试则是以质量为直接导向的。SQA 更关心如何减少开发过程中常见的错误，而测试更关心如何发现产品中的故障。这两种技术都受益于对错误类型的更清晰的定义。故障可以按产生错误的开发阶段、相应失效的后果、解决的难易程度和无法解决时带来的风险等进行分类。我最倾向的分类方法是根据异常（故障）的发生频率来进行分类，包括单次故障、间歇故障、复现或可重复的故障。

关于故障类型的全面描述，可以参见 *IEEE Standard Classification for Software Anomalies*（IEEE（1993））。（该文档中将软件的“偏离预期”定义为软件异常，这与我们的定义非常接近。）IEEE 标准定义了一个详细的异常解决过程，该过程围绕四个阶段（另一个生命周期）构建，包括识别、调查、行动和处理。表 1.1~ 表 1.5 给出了一些有用的异常类型，其中大部分来自 IEEE 标准，而我们也添加了一些有价值的类型。

表 1.1　输入 / 输出错误

类型	案例	类型	案例
输入	正确的输入没有被接收	输出	错误的格式
	不正确的输入被接收		错误的结果
	描述错误或缺失		错误的时间（过早或太晚）给出了正确的结果
	参数错误或缺失		不完整或缺失的结果
			不可靠的结果
			拼写 / 语法错误
			无意义的结果

表 1.2　逻辑错误

遗漏的分支	无关的条件
重复的分支	错误变量的测试
极端条件被忽略	不正确的循环迭代
误解	错误的操作符（例如 < 写成了≤）
条件缺失	

表 1.3　计算错误

不正确的算法	括号错误
缺失计算	精度不够（舍入、截断）
不正确的操作数	错误的内置函数
不正确的操作	

表 1.4　接口错误

不正确的中断处理	参数不匹配（类型、个数）
I/O 定时	不兼容的类型
调用了错误的程序	多余的包含关系
调用了不存在的程序	

表 1.5 数据错误

不正确的初始化	不正确的数据维度
不正确的存储 / 访问	不正确的下标
错误的标志 / 索引值	不正确的类型
不正确的打包 / 解包	不正确的数据范围
错误的变量使用	传感器数据超限
错误的数据引用	缓冲区溢出
比例或单位错误	数据不一致

软件评审最初用于发现故障，所以评审所使用的检查单（见第 20 章）是另外一个很好的故障分类依据。Karl Wiegers 在他的网站 http://www.processimpact.com/pr_goodies.shtml 上给出了一组非常好的检查单。

1.6 测试级别

到目前为止，我们还没有提到一个测试中的关键概念——测试的抽象级别。测试级别与软件开发生命周期中瀑布模型的抽象级别相对应。尽管瀑布模型有它的缺点，但对于识别不同的测试级别和明确每个级别的目标是有用的。瀑布模型的一种变体（如图 1.8 所示）在 ISTQB 中被称为 V 模型。V 模型强调测试和设计之间层级的对应关系。请注意，在基于规范的测试中，模型中定义的三个级别（需求规范、初始设计和详细设计）可以直接对应测试的三个级别——系统测试、集成测试和单元测试。

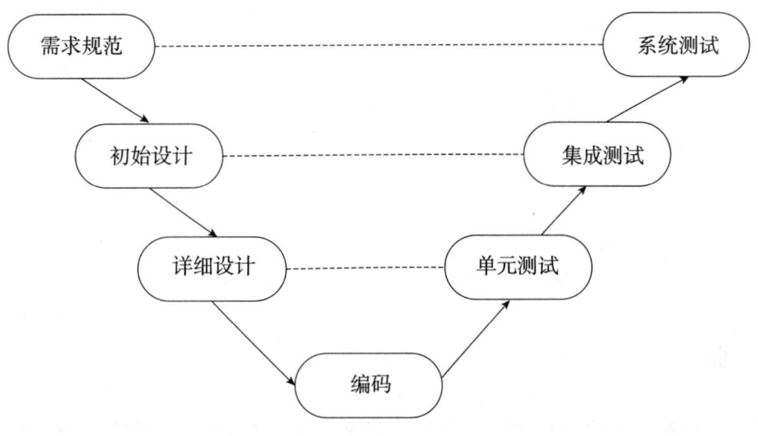

图 1.8 瀑布模型中的测试级别

测试级别与基于规范的测试和基于代码的测试之间存在一种普遍被认可的关系。大多数从业者都认为单元级测试适合使用基于代码的测试方法，而基于规范的测试方法则适合在系统级测试中使用。如果规范、概要设计和详细设计阶段的产出物基本符合要求，前面所述的这种对应关系就是正确的。为了能够在单元测试级别使用基于代码的测试方法，业界已经有定义好的测试框架，而适用于集成和系统级别的测试框架最近才基本可用。我们在第 9 章、第 12 章和第 13 章中开发了这样的测试框架，以支持在传统软件和面向对象软件的集成和系统级别测试阶段使用基于代码的测试技术。

1.7 习题

1. 用 Venn 图来反映“……我们没有做我们应该做的事，我们做了我们不应该做的事……”的各个部分。
2. 制作一张 Venn 图，表示 Reinhold Niebuhr 的 *Serenity Prayer* 的本意：

   请赐予我平静，让我接受我无法改变的事情，
   让我有勇气去改变我能改变的事情，
   同时让我拥有智慧去了解两者的区别。

3. 请描述图 1.3 中的八个区域，你能给出在你曾编写的软件中这些区域代表的情况吗？
4. 一个流传于软件领域的故事描述了一个心怀不满的员工，他编写了一个工资单程序，其中包含在生成工资单之前检查员工身份证号码的逻辑。如果这个员工被解雇，那么这个程序就会造成严重的后果。根据错误、故障和失效的模式概念来分析一下这种情况，并给出最合适的测试形式。
5. 图 1.9 显示了 V 模型（又称瀑布模型）的各个阶段，每个阶段中都可能引入错误，继而演化为故障。尝试将表 1.1~ 表 1.5 中的故障映射到图 1.9 中的故障引入阶段。

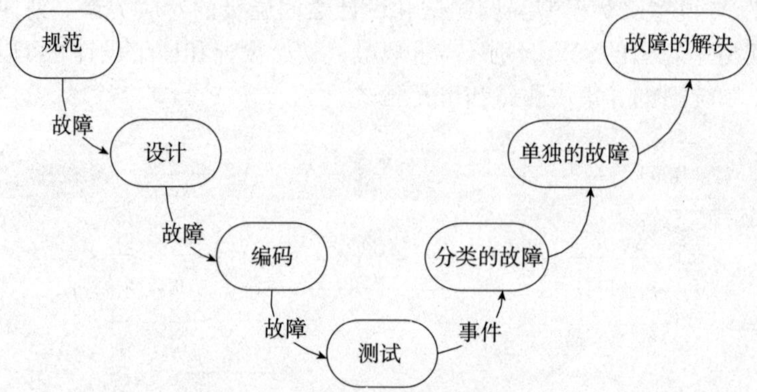

图 1.9　V 模型中可能引入故障的阶段

1.8 参考文献

IEEE Computer Society, *IEEE Standard Glossary of Software Engineering Terminology*, 4th Edition. 1983, ANSI/IEEE Std 729–1983.

IEEE Computer Society, *IEEE Standard Classification for Software Anomalies*, 1993, IEEE Std 1044–1993.

案例

在第 5~10 章中，我们将使用三个案例来说明各种测试方法：一个是三角形问题（这是测试界一个经久不衰的例子）；另一个是 NextDate 程序，这是一个逻辑上比较复杂的程序；还有一个是叫作“美食家”的在线购物应用软件，这是一个典型的管理信息系统。综合起来，这些例子涉及测试人员将在单元级别上遇到的大多数问题。第 11~17 章中讨论的更高级别的测试则使用了车库门控制系统的例子，这个例子也说明了“系统的系统”中的一些问题。最后，2.6 节描述了三个案例，这些案例将在后续章节的习题中使用。

为便于说明基于代码的测试技术，本章给出了三个单元测试示例的 Java 实现。车库门控制系统的系统级描述在第 11~17 章中给出。这些应用程序的建模使用了有限状态机、事件驱动的 Petri 网变体、选定的状态图，以及统一建模语言（Universal Modeling Language，UML）。

2.1 伪代码和Java的结构元素

本书之前的版本使用伪代码作为代码示例的“实现”，在本书中大多数伪代码都被重写为 Java 代码。伪代码特意采用与 Visual Basic for Applications（VBA）相似的形式。表 2.1 和表 2.2 展示了 VBA 形式和 Java 语言中的大多数语言结构。

表 2.1 VBA 形式和 Java 语言中的语言结构

注释	VBA	' <text>
	Java	//<text>
数据结构 / 类声明	VBA	Type <type name><list of field descriptions>
	Java	public class <class name> {<list of data declarations>
数据声明	VBA	Dim <variable list> As <type>
	Java	<type> <variable list>;
输入 / 输出	VBA	Input（<variable list>）Output（<variable list>）
	Java	NA
变量命名	VBA 和 Java	一个由字母数字（和选定的特殊字符）组成的序列，没有长度限制。最好使用描述性名称。按照惯例，变量名通常以小写字母开头。如果变量名由两个或多个单词组成，则每个单词的首字母大写，例如，accountBalance
二进制算术运算符对于 VBA 和 Java 都是一样的		
加法	VBA 和 Java	+
减法	VBA 和 Java	−
乘法	VBA 和 Java	*
除法	VBA 和 Java	/
求余	VBA 和 Java	%

（续）

一元算术运算符只适用于 Java		
正值	Java	+
负值	Java	−
累加 1	Java	++
递减 1	Java	−−
逻辑补	Java	!（布尔型变量取反）
关系操作符		
相等	VBA	=
	Java	==
不等	VBA	<>
	Java	!=
大于	VBA 和 Java	>
大于等于	VBA 和 Java	>=
小于	VBA 和 Java	<
小于等于	VBA 和 Java	<=
条件操作符		
与	VBA	AND
	Java	&&
或	VBA	OR
	Java	||
非	VBA	NOT
	Java	!
表达式		在 VBA 和 Java 中，表达式可以是单个变量、单个过程（或方法调用），或者由这些操作符组合的复合形式
赋值语句	VBA 和 Java	<variable> = <expression>

表 2.2　VBA 形式和 Java 语言中的其他语言结构

控制流语句（通常不止一行）		
条件语句	VBA	Java

if-then	If <condition>
	Then <block of statements>
	EndIf
		if <condition> {
		<block of statements> ;
		}

if-then-else	If <condition>
	Then <block of statements>
	Else <block of statements> }
	EndIf
		if <condition> {
		<block of statements> ;
		}else {
		<block of statements> ;
		}

（续）

控制流语句（通常不止一行）		
条件语句	VBA	Java

if-elseif	If <condition>
	Then <block of statements>
	ElseIF <block of statements> }
	ElseIF <block of statements>
	⋮
	EndIf
		if <condition> {
		<block of statements> ;
		else if <condition> {
		<block of statements> ;
		}else if <condition> {
		<block of statements> ;
		}

互斥的选项	Case <variable> of
	Case 1 variable = value
	Case 2 variable = value
	Case 3 variable = value
	End Case
		switch <variable> {
		case 1: <block of statements>
		break;
		case 2: <block of statements>
		break;
		}

前测循环	While <condition>
	<block of statements>
	EndWhile
		while <condition> {
		<block of statements>
		}

for 循环（也是一种前测循环）	For Index = first, last, increment
	<block of statements>
	EndFor
		for（<type> index = first, index <=
		last, index++）{
		<block of statements>
		}

后测循环	Do <block of statements> Until <condition>	do { <block of statements> } while <condition> ;
其他（仅适用于 Java）更改执行顺序的语句		
分支语句	Java（描述）	
break	一个分支或循环的终止	
continue	终止最内层循环，然后继续外层循环	
return <value>	返回 <value> 并且退出一个方法	
return	从一个 void 方法中退出	
过程 / 方法的定义		
	VBA	Java
	Procedure <procedure name> （Input: <list of variables>;Output: <list of variables>）<body>	<modifier> <return type> methodName（<parameter list>） {modifiers: public, private, protected; （返回类型是返回值的类型（形参列表中的项前面是它们的类型））
	End <procedure name>	}
函数	Function functionName（<parameter list>）	NA
	一个函数可以被看作一个变量， 例如：x = squareRoot（49）	

（续）

过程 / 方法的定义		
	VBA	Java
内部通讯	调用 procedureName（ <parameter list>	一个消息可以被看作一个变量
类 / 对象的定义		
	<name>（<attribute list>; <method list>, <body>）End <name>	public class <class name> {<list of data declarations>}
对象的实例化		
	Instantiate <class name>.<object name>（list of attribute values）	<class name> <object name> = new <class name>（<parameter list>）;

2.2　三角形问题

三角形问题是软件测试文献中使用最广泛的例子。在近40年有关测试的文献中，比较著名的有Gruenberger（1973）、Brown（1975）、Myers（1979）、Pressman（1982）及其后续版本、Clarke（1983）、Clarke（1984）、Chellappa（1987），以及Hetzel（1988）。当然还有一些其他的文献，但上面列出来的这些已经足够说明三角形问题的广泛性了。

2.2.1　问题描述

简单版本。三角形程序接收 a、b、c 三个整型输入。这三个数作为三角形的三条边。程序的输出是根据这三条边的数值判断的三角形类型，包括等边三角形、等腰三角形、不等边三角形或非三角形。有时这个问题被扩展到第五种类型，即直角三角形。我们将在一些练习中使用这五种类型的扩展版本。

改进版本。三角形程序接收 a、b、c 三个整型输入。这三个数作为三角形的三条边。整型数 a、b、c 必须满足下面的条件。

c_1	$1 \leqslant a \leqslant 200$	c_4	$a < b + c$
c_2	$1 \leqslant b \leqslant 200$	c_5	$b < a + c$
c_3	$1 \leqslant c \leqslant 200$	c_6	$c < a + b$

程序的输出是根据这三条边的数值判断出的三角形类型，包括等边三角形、等腰三角形、不等边三角形或非三角形。如果一个输入不满足 c_1、c_2 和 c_3 三个条件中的任何一个，那么程序会给出一个输出消息来说明这种情况，例如"边长 b 的值不在允许的输入范围内"。如果 a、b 和 c 的值都满足条件 c_1、c_2 和 c_3，那么程序会输出四个输出之一。

❑ 如果三条边都相等，那么程序的输出就是等边三角形。

❑ 如果只有两条边相等，那么程序的输出就是等腰三角形。

❑ 如果任意两条边都不相等，那么程序的输出就是不等边三角形。

❑ 如果 c_4、c_5 和 c_6 中的任何一个没有被满足，那么程序的输出就是非三角形。

2.2.2 问题分析

也许三角形例子经久不衰的原因之一是它包含了清晰但复杂的逻辑。它还代表了一些不完整的定义，这些定义可能导致客户、开发人员和测试人员之间的沟通出现问题。第一个规范假设开发人员了解三角形的一些细节，特别是三角不等式，即任何两边的和必须严格大于第三条边。为了方便讨论问题，我们将边长的上限随机设置为200。当我们在第5章中开发边界值测试用例时，还将会用到这个上限值。

我们使用三角形问题作为示例的原因如下：

- 三角形问题在测试文献中太普遍了。
- 三角形问题很容易确定预期输出结果。
- 三角形问题是一个很简单却包含不可达路径的程序。

下面将给出 Java 代码。注意，对于这个示例和其他示例，Java 源代码将使用 `Monaco 8.5` 字体编写。

2.2.3 Java实现

```
public class Triangle {
      public static final int OUT_OF_RANGE = -2;
      public static final int INVALID = -1;
      public static final int SCALENE = 0;
      public static final int ISOSELES = 1;
      public static final int EQUILATERAL = 2;

      public static int triangle(int a, int b, int c) {
            boolean c1, c2, c3, isATriangle;

            // Step 1: Validate Input
            c1 = (1 <= a) && (a <= 200);
            c2 = (1 <= b) && (b <= 200);
            c3 = (1 <= c) && (c <= 200);

            int triangleType = INVALID;
            if (!c1 || !c2 || !c3)
                  triangleType = OUT_OF_RANGE;
            else {
                  // Step 2: Is A Triangle?
                  if ((a < b + c) && (b < a + c) && (c < a + b))
                        isATriangle = true;
                  else
                        isATriangle = false;
                  // Step 3: Determine Triangle Type
                  if (isATriangle) {
                        if ((a == b) && (b == c))
                              triangleType = EQUILATERAL;
                        else if ((a != b) && (a != c) && (b != c))
                              triangleType = SCALENE;
                        else
                              triangleType = ISOSELES;
                  } else
                        triangleType = INVALID;
            }
            return triangleType;
      }
}
```

2.3 NextDate程序

三角形程序的复杂度体现在输入和正确输出之间的关系上。我们将使用 NextDate 程序来说明另一种复杂度，它体现在输入变量之间的复杂逻辑关系上。

2.3.1 问题描述

NextDate 程序有三个变量：月、日和年。返回值是输入日期的第二天。月、日和年这三个变量都是有范围的整型变量（年的范围是 1842~2042 年，这是一个从本书第 1 版开始就规定的范围）：

- ❑ c_1: 1 ≤月≤ 12。
- ❑ c_2: 1 ≤日≤ 31。
- ❑ c_3: 1842 ≤年≤ 2042。

与对三角形程序的处理一样，我们也可以让 NextDate 程序变得更加规范。这就需要对日、月和年输入值的无效值定义程序应如何响应。我们还可以对无效的输入组合定义相应的响应，例如输入为任何一年的 6 月 31 日。如果条件 c_1、c_2 或 c_3 中的任何一个没有得到满足，NextDate 将产生一个输出，表明相应的变量有超出范围的值，例如“月份值不在 1~12 范围内”。由于存在大量无效的日 - 月 - 年组合，NextDate 将这些组合情况汇总为一条消息：“无效输入日期”。

2.3.2 问题分析

NextDate 程序中有两个比较复杂的地方：一个是前面讨论过的输入域的复杂度，另一个是如何确定某年是否为闰年的规则。一年是 365.2422 天，因此，闰年被用来解决“额外一天”问题。然而，如果我们将规则定为每四年出现一个闰年，就会导致一个小小的错误，于是格里高利历通过对世纪年（数字为整百的年份）中的闰年进行调整来解决这个问题。因此，如果一个非世纪年的年份能被 4 整除，那么它就是闰年。而如果是世纪年，那么只有在 400 的倍数下才是闰年（见 Inglis（1961））。所以 1996 年、2016 年和 2000 年是闰年，而 1900 年不是闰年。另外，NextDate 程序还从一个侧面提供了（在很多软件测试中）体现齐普夫定律（Zipf’s law）的证据，即 80% 的活动发生在 20% 的空间中。我们可以观察一下源代码中有多少语句是用于处理闰年问题的。同时还请观察一下有多少源代码语句是用于对输入值进行有效性验证的。

2.3.3 Java实现

```
public class NextDate {
        public static SimpleDate nextDate(SimpleDate date) {
                int tomorrowDay, tomorrowMonth, tomorrowYear;
                tomorrowMonth = date.month;
                tomorrowDay = date.day;
                tomorrowYear = date.year;
                switch (date.month) {
                // 31 day months (except Dec.)
                case 1:
```

```
case 3:
case 5:
case 7:
case 8:
case 10:
        if (date.day < 31)
                tomorrowDay = date.day + 1;
        else {
                tomorrowDay = 1;
                tomorrowMonth = date.month + 1;
        }
        break;
// 30 day months
case 4:
case 6:
case 9:
case 11:
        if (date.day < 30)
                tomorrowDay = date.day + 1;
        else {
                tomorrowDay = 1;
                tomorrowMonth = date.month + 1;
        }

        break;
// December
case 12:
        if (date.day < 31)
                tomorrowDay = date.day + 1;
        else {
                tomorrowDay = 1;
                tomorrowMonth = 1;
                if (date.year == 2042)
                        System.out.println("Date beyond 2042 ");
                else

                        tomorrowYear = date.year + 1;
        }
        break;
// February
case 2:
        if (date.day < 28)
                tomorrowDay = date.day + 1;
        else {
                if (date.day == 28) {
                        if (date.isLeap())
                                tomorrowDay = 29;
                        else {
                                tomorrowDay = 1;
                                tomorrowMonth = 3;
                        }
                } else if(date.day == 29) {
                        tomorrowDay = 1;
                        tomorrowMonth = 3;
                }
        }

        break;
```

```
            }
            return new SimpleDate(tomorrowMonth, tomorrowDay,
tomorrowYear);
        }
}
public class SimpleDate {
        int month;
        int day;
        int year;
        public SimpleDate(int month, int day, int year) {
                if(!rangesOK(month, day, year))
                        throw new IllegalArgumentException("Invalid Date");
                this.month = month;
                this.day = day;
                this.year = year;
        }
        public int getMonth() {
                return month;
        }
        public void setMonth(int month) {
                this.month = month;
        }
        public int getDay() {
                return day;
        }
        public void setDay(int day) {
                this.day = day;
        }
        public int getYear() {
                return year;
        }
        public void setYear(int year) {
                this.year = year;
        }
        boolean rangesOK(int month, int day, int year) {
                boolean dateOK = true;
                dateOK &= (year > 1841) && (year < 2043); // Year OK?
                dateOK &= (month > 0) && (month < 13); // Month OK?
                dateOK &= (day > 0) && (
                                        ((month == 1 || month == 3 || month == 5
|| month == 7 || month == 8 || month == 10 || month == 12) && day < 32) ||
                                        ((month == 4 || month == 6 || month == 9
|| month == 11) && day < 31) ||
                                ((month == 2 && isLeap(year)) && day < 30) ||
                                ((month == 2 && !isLeap(year)) && day < 29));
                return dateOK;
        }
        private boolean isLeap(int year) {
                boolean isLeapYear = true;
                if(year % 4 != 0)
                        isLeapYear = false;
                else if(year % 100 != 0)
```

```
                isLeapYear = true;
            else if(year % 400 != 0)
                isLeapYear = false;
            return isLeapYear;
        }
        public boolean isLeap() {
            return isLeap(year);
        }
        @Override
        public boolean equals(Object obj) {
            boolean areEqual = false;
            if(obj instanceof SimpleDate) {
                SimpleDate simpleDate = (SimpleDate) obj;
                areEqual = simpleDate.getDay() == getDay() &&
                           simpleDate.getMonth() == getMonth() &&
                           simpleDate.getYear() == getYear();
            }
            return areEqual;
        }
    }
```

2.4 “美食家”在线购物系统

“美食家”是一个在线购物应用软件，使用者可以使用这个应用软件买到非常罕见（和昂贵）的美食。它既支持用户作为访客一次性使用，也支持进行会员注册之后长期使用。这两种方式都不需要缴纳初始费用，但要成为“美食家”的会员，需要提供以下信息进行注册，包括：

- 用户名。
- 地址。
- 邮寄地址。
- 电话号码。
- e-mail 地址。
- 常用的付款方式。
  - 会员的信用卡。
  - PayPal。

进行注册后，系统将为新“美食家”成员分配一个账号。

已注册的“美食家”会员可根据每个人的订单价格享受以下折扣：

- 200 美元以下的订单没有折扣。
- 200~800 美元（含）的订单可享受 10% 的折扣。
- 超过 800 美元的订单可享受 15% 的折扣。

访客的一次性订单是没有折扣的。

“美食家”会员在任何订单超过 200 美元时都可以享受免费送货的服务。对于订单小于 200 美元的，标准的配送费价格为 5 美元。访客的一次性订单则要收取 10 美元的配送费。

系统可以提供的食物种类包括：

- 香草豆，112 美元 /lb[⊖]。
- 啤酒花嫩芽，128 美元 /lb。
- 西班牙火腿，220 美元 /lb。
- 麝香猫咖啡（猫屎咖啡），200 美元 /lb。
- 神户牛肉，200 美元 /lb。
- 驼鹿奶酪，400~500 美元 /lb。
- 意大利白松露，2000 美元 /lb。
- 藏红花，4540 美元 /lb，10 美元 /g。
- Almas 鱼子酱，11 364 美元 /lb。

2.4.1 问题描述

完整的“美食家”程序将被用作集成测试和数据流测试的案例。这里我们只介绍该案例的两个部分：建立订单和计算最终价格。

2.4.2 问题分析

我们使用 completeOrder 方法（声明为 public void）来说明如何将行为驱动的开发（Behavior-Driven Development，BDD）方法与决策表技术相结合，来改进敏捷软件开发中固有的自底向上过程。

在 BDD 中，对场景的描述通常会使用关键词 Given、When 和 Then。在这里，我们将从这种格式直接转移到偏序决策表中，然后再使用决策表的机制展开这个表。

- Given。一个订单的现行价格总额。
- And。一个会员名下的订单。
- When。会员选择“结束”。
- Then。计算折扣。
- And。计算各种税。
- And。计算配送费。
- And。打开支付页面。

我们使用条件来表示 Given 和 When，使用决策表中的动作来表示 Then。

- c_1. 会员订单。
- c_2. 订单价格小于 200 美元。
- c_3. 会员选择“结束”。
- a_1. 没有折扣。
- a_2.10% 的折扣。
- a_3.15% 的折扣。
- a_4. 计算各种税。
- a_5. 计算运费。
- a_6. 打开支付页面。

⊖ 1lb=453.592g。——编辑注

以上场景产生了决策表的第一个规则。

c_1. 会员订单	T
c_2. 订单价格小于 200 美元	T
c_3. 会员选择“结束”	T
a_1. 没有折扣	X
a_2.10% 的折扣	—
a_3.15% 的折扣	—
a_4. 计算各种税	X
a_5. 计算运费	X
a_6. 打开支付页面	X

由于这是一个有限条目的决策表（Limited Entry Decision Table，LEDT），我们可以直接将其扩展为以下（不完全）决策表（DT_1）。

c_1. 会员订单	T	T	T	T	F	F	F	F
c_2. 订单价格小于 200 美元	T	T	F	F	T	T	F	F
c_3. 会员选择“结束”	T	F	T	F	T	F	T	F
a_1. 没有折扣	X	—	—	—	—	—	—	—
a_2.10% 的折扣	—	—	—	—	—	—	—	—
a_3.15% 的折扣	—	—	—	—	—	—	—	—
a_4. 计算各种税	X	—	—	—	—	—	—	—
a_5. 计算运费	X	—	—	—	—	—	—	—
a_6. 打开支付页面	X	—	—	—	—	—	—	—

这种扩展机制也产生了一些问题，然而这些问题可以通过增加 BDD 场景或与用户进行讨论的方式来解决。（请注意，优秀模型的价值之一就是能引起新的发现。历史上的一个经典的例子就是元素周期表，它在好几种化学元素被发现之前就已经预测了它们的存在。）我们可以（或应该）问：

- c_1 条件中的“会员订单为假”到底是什么含义？
- c_2 条件中的“订单价格小于 200 美元”有何特殊之处？
- c_3 条件中的“会员选择‘结束’”为假时会发生什么？

上述问题的可能回答是：

- 有不止一种类型（会员和非会员）的用户提交了订单。现在我们假设只有一种类型的用户，即非会员。
- 动作 a_1、a_2 和 a_3 表明订单的价格区间有三个。目前我们可以把它们区分为小、中和大。
- 由于这是一个在线购物系统的例子，我们可以假设，当 c_3 条件中的“会员选择‘结束’”为假时，用户选择了“订单”界面，此时将产生一个新的动作 a_7。当然，一个更简单的解决方法是不执行动作 a_6。

c_1. 会员订单	T	T	T	T	F	F	F	F
c_2. 订单价格小于 200 美元	T	T	F	F	T	T	F	F
c_3. 会员选择“结束”	T	F	T	F	T	F	T	F
a_1. 没有折扣	X	—	—	—	—	—	—	—
a_2.10% 的折扣	—	—	—	—	—	—	—	—
a_3.15% 的折扣	—	—	—	—	—	—	—	—
a_4. 计算各种税	X	—	—	—	—	—	—	—
a_5. 计算运费	X	—	—	—	—	—	—	—
a_6. 打开支付页面	X	—	—	—	—	—	—	—
a_7. 打开订单页面	—	X	—	X	—	X	—	X

基于以上假设，系统中会员部分的决策表如下：

c_1. 会员订单	会员					
c_2. 订单价格	小于 200 美元		200~800 美元		大于 800 美元	
c_3. 会员选择“结束”	T	F	T	F	T	F
a_1. 没有折扣	X	—	—	—	—	—
a_2.10% 的折扣	—	—	X	—	—	—
a_3.15% 的折扣	—	—	—	—	X	—
a_4. 计算各种税	X	—	X	—	X	—
a_5. 计算运费	X	—	X	—	X	—
a_6. 打开支付页面	X	—	X	—	X	—
a_7. 打开订单页面	—	X	—	X	—	X

系统中非会员部分的决策表如下：

c_1. 会员订单	非会员					
c_2. 订单价格	小于 200 美元		200~800 美元		大于 800 美元	
c_3. 会员选择“结束”	T	F	T	F	T	F
a_1. 没有折扣	X	—	—	—	—	—
a_2.10% 的折扣	—	—	—	—	—	—
a_3.15% 的折扣	—	—	—	—	—	—
a_4. 计算各种税	X	—	X	—	X	—
a_5. 计算运费	X	—	X	—	X	—
a_6. 打开支付页面	X	—	X	—	X	—
a_7. 打开订单页面	—	X	—	X	—	X

后续建模者需要寻找新的 BDD 场景或者与用户进行交流。假设建模者已经了解以下假设条件：

- 无论订单的大小，非会员都没有折扣。
- 任何小于 200 美元的订单都需要配送费。

那么就可以简化非会员部分的决策表，得到下表。

c_1. 会员订单	非会员	
c_2. 订单价格	—	
c_3. 会员选择“结束”	T	F
a_1. 没有折扣	X	X
a_2.10% 的折扣	—	—
a_3.15% 的折扣	—	—
a_4. 计算各种税	X	—
a_5. 计算运费	X	X
a_6. 打开支付页面	X	—
a_7. 打开订单页面	—	X

于是最终的决策表如下所示。

c_1. 会员订单	会员						非会员	
c_2. 订单价格	小于 200 美元		200~800 美元		大于 800 美元		—	
c_3. 会员选择“结束”	T	F	T	F	T	F	T	F
a_1. 没有折扣	X	—	—	—	X	—	X	X
a_2.10% 的折扣	—	—	—	—	—	—	—	—
a_3.15% 的折扣	—	—	—	—	—	—	—	—
a_4. 计算各种税	X	—	X	—	X	—	X	—
a_5. 计算运费	X	—	X	—	X	—	X	X
a_6. 打开支付页面	X	—	X	—	X	—	X	—
a_7. 打开订单页面	—	X	—	X	—	X	—	X

2.5 车库门控制系统

车库门控制系统由几个部件组成：驱动电机、驱动链、车库门轮轨、轨道末端传感器和无线控制键盘。车库门是由无线键盘控制的。此外，还有两个安全装置，靠近地板的激光束和障碍物传感器。后两种装置只有在车库门关闭时才会起作用。如果光束被打断（可能是被宠物打断），车库门会立即停止关闭，然后反转方向，直到门完全打开。如果门在关闭的过程中遇到了障碍（比如一辆小孩的三轮车停在门的下降路径上），门也会停止并反转方向，直到完全打开。还有第三种方法可以让车库门在关闭或者打开的过程中停止运动——来自无线键盘的信号。与前两种方式不同，车库门对这个信号的反应是不同的——此时的门是停止在适当的位置，随后的信号启动门的方向与门停止时相同。最后，当门运动到一个极限位置时，轨尾传感器会检测到门完全打开或完全关闭，并停止驱动电机。

2.6 习题中的案例

我们将在后面章节的习题部分使用三个案例。每个案例与前面所述的案例大同小异，希望读者能够认真思考。

2.6.1 四边形程序

四边形程序非常类似三角形程序。它以四个整数 a、b、c 和 d 作为输入，并作为一个四边形的边，它们必须满足下列条件：

- ❑ c_1. $1 \leqslant a \leqslant 200$（顶边）。
- ❑ c_2. $1 \leqslant b \leqslant 200$（左侧边）。
- ❑ c_3. $1 \leqslant c \leqslant 200$（底边）。
- ❑ c_4. $1 \leqslant d \leqslant 200$（右侧边）。

程序的输出是由这四个整数变量决定的四边形类型（见图2.1），分别是正方形、矩形、梯形或一般四边形。（由于问题描述中只有四条边的长度，因此我们不区分正方形和菱形，也不区分平行四边形和矩形。）

- ❑ 正方形有两对平行边（$a \parallel c, b \parallel d$），且所有边都相等（$a = b = c = d$）。
- ❑ 风筝形有两对等边，但没有平行的边（$a = d, b = c$）。
- ❑ 菱形有两对平行边（$a \parallel c, b \parallel d$），且所有边都相等（$a = b = c = d$）。
- ❑ 梯形有一对平行边（$a \parallel c$）和一对相等边（$b = d$）。
- ❑ 平行四边形有两对平行边（$a \parallel c, b \parallel d$）和两对相等边（$a= c, b = d$）。
- ❑ 矩形有两对平行边（$a \parallel c, b \parallel d$）和两对相等边（$a = c, b = d$）。
- ❑ 一般四边形有四条边，不相等也不平行（又称不规则四边形）。

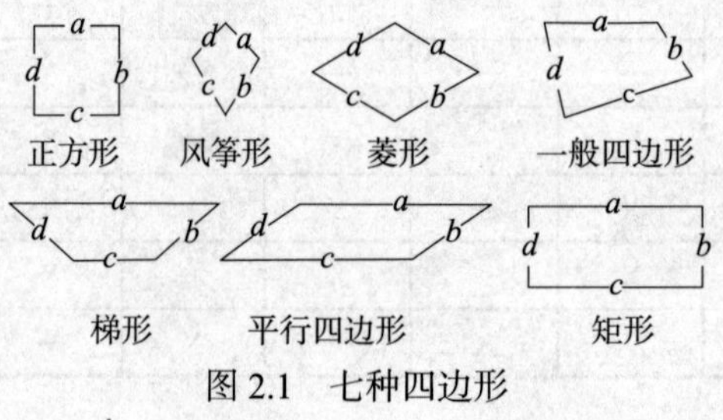

图2.1 七种四边形

2.6.2 NextWeek程序

四边形程序的复杂度主要体现在计算性方面。而NextWeek程序和前面的NextDate程序一样，它的复杂度体现在输入变量之间的逻辑关系上。NextWeek程序是一个由三个变量组成的函数：月、日和年。它的返回值是输入日期一周后某一天的日期。月、日和年变量的整数值符合以下条件：

- ❑ c_1. $1 \leqslant$月$\leqslant 12$。
- ❑ c_2. $1 \leqslant$日$\leqslant 31$。
- ❑ c_3. $1842 \leqslant$年$\leqslant 2042$。

2.6.3 雨刷控制器

汽车挡风玻璃上的雨刷器是由一个带刻度盘的控制杆来控制的。控制杆有四个位置：OFF、INT（间歇）、LOW 和 HIGH。表盘上有三个位置，编号为1、2和3。表盘位置指示三种间歇速度，只有当控制杆处于INT位置时，表盘的位置指示才会有效。下面的决策表显示了控制杆挡位、表盘位置指示以及挡风玻璃的雨刷器速度（以每分钟刮水次数计）。

c_1. 控制杆	OFF	INT	INT	INT	LOW	HIGH
c_2. 表盘指示	n/a	1	2	3	n/a	n/a
c_3. 刮水器	0	4	6	12	30	60

2.7 习题

1. 回想一下第 1 章中关于程序规范和实现之间关系的讨论。如果仔细研究 NextDate 程序的实现，就会发现一个问题：Switch 分支中对小月（4 月、6 月、9 月、11 月）的处理中没有对 day = 31 做特别处理。请分析这种实现方式是否正确。同样也分析一下对于 2 月的处理分支中日期是 29 号的处理是否正确。
2. 在第 1 章，我们提到过测试用例的一个重要部分是预期输出，在 NextDate 程序的测试用例中，如果输入是“1942 年 6 月 31 日”，那么你认为这个用例的预期输出是什么呢？请解释原因。
3. 三角形问题中一个常见的做法是检查三角形是否为直角三角形。三条边构成一个直角三角形的条件是满足勾股定理 :$c^2 = a^2 + b^2$。这也要求三条边以递增的顺序来进行表示，即 $a \leqslant b \leqslant c$。扩展 public static int triangle3 以包含直角三角形的特性。
4. 如果 public static int triangle3 中不包含对输入进行验证的代码，那么当输入为 −3,−3,5 的时候，程序会做什么？

```
// Step 1: Validate Input
c1 = (1 <= a) && (a <= 200);
c2 = (1 <= b) && (b <= 200);
c3 = (1 <= c) && (c <= 200);
```

   请根据我们在第 1 章中的思路来讨论这个问题。
5. 考虑将函数 YesterDate 作为 NextDate 的倒数。给函数输入月、日和年，然后 YesterDate 返回前一天的日期。为 YesterDate 开发一个程序。这是 NextDate 程序的一个“对称”程序。出于测试目的，我们可以实现

   NextDate（YesterDate（mm. dd. yyyy）

   然后得到原始日期。
6. 为 NextWeek 开发一个程序。

2.8 参考文献

Brown, J.R. and Lipov, M., *Testing for software reliability, Proceedings of the International Symposium on Reliable Software*, Los Angeles, April 1975, pp. 518–527.

Chellappa, Mallika, Nontraversible Paths in a Program, *IEEE Transactions on Software Engineering*, Vol. SE-13, No. 6, June 1987, pp. 751–756.

Clarke, Lori A. and Richardson, Debra J., The application of error sensitive strategies to debugging, *ACM SIGSOFT Software Engineering Notes*, Vol. 8, No. 4, August 1983.

Clarke, Lori A. and Richardson, Debra J., A reply to Foster's comment on “The Application of Error Sensitive Strategies to Debugging”, *ACM SIGSOFT Software Engineering Notes*, Vol. 9, No. 1, January 1984.

Gruenberger, F., Program testing, the historical perspective, in *Program Test Methods*, William C. Hetzel, Ed., Prentice-Hall, New York, 1973, pp. 11–14.

Hetzel, Bill, *The Complete Guide to Software Testing*, 2nd ed., QED Information Sciences, Inc., Wellesley, MA, 1988.
Inglis, Stuart J., *Planets, Stars, and Galaxies*, 4th Ed., John Wiley & Sons, New York, 1961.
Myers, Glenford J., *The Art of Software Testing*, Wiley Interscience, New York, 1979.
Pressman, Roger S., *Software Engineering: A Practitioner's Approach*, McGraw-Hill, New York, 1982.

软件测试的离散数学基础

与软件生命周期中的其他活动相比，测试活动更适合利用数学语言进行描述和分析。在本章和下一章中，测试者将了解一些与测试相关的数学知识。如果将测试者比喻为工匠，那么这里呈现的数学内容就是工具，测试人员应该掌握如何很好地使用它们。测试人员可以利用这些工具严格、精确和更有效率地改进软件测试。本章标题中“软件测试的”这个定语很重要，因为本章是为那些有粗略数学背景或忘记了一些数学基础知识的测试人员编写的。严格的数学家（或自认为很严格的人）可能会对本章中进行的非正式讨论感到恼火。已经熟悉本章主题的读者可以跳到下一章，直接从图论开始。

一般来说，离散数学更适用于基于规范的测试，而图论则更适用于基于结构的测试。“离散”引出了一个问题：数学中什么是可以被离散化的？在数学上，“离散”的反义词是“连续”，软件开发人员（和测试人员）很少用到的微积分就属于连续的范畴。离散数学包括集合论、函数、关系、命题逻辑等，我们将在本章逐一讨论。

3.1 集合论

虽然经过了严格化和精确化的各种补充，但是集合依然是一个没有严格定义的概念，这多少有些尴尬和麻烦，毕竟这两章数学知识的核心就是集合论。针对集合这个概念，数学家做了一个重要的区分，分为朴素集合论和公理集合论。在朴素集合论中，集合被认为是一个原始术语，就像几何中的点和线是原始概念一样。下面是集合（set）的一些同义词：集（collection）、组（group）和束（bunch）。你现在明白概念的核心了吗？集合的重要之处就在于，它让我们把几个事物作为一个组或一个整体来对待。例如，我们可能希望引用一个“恰好有 30 天的月份”的集合（当我们测试第 2 章中的 NextDate 程序时，我们就需要这样一个集合）。利用集合论的符号，我们将其记作：

$$M_1 = \{4\text{月}, 6\text{月}, 9\text{月}, 11\text{月}\}$$

我们将此符号理解为“M_1 是一个集合，它的元素为 4 月、6 月、9 月和 11 月”。

3.1.1 集合中的元素

集合中的内容称为集合的元素或成员，这种关系用符号 $\in$ 表示。因此，我们可以写为 4 月 $\in M_1$。当某项内容不是集合的元素时，我们使用符号 $\notin$，因此，我们可以写为 12 月 $\notin M_1$。

3.1.2 集合的定义

集合的定义可以有三种方式：第一种是通过简单地列出集合中的元素来表示，第二种是通过给出定义元素的规则来表示，第三种则是通过其他集合来表示。第一种罗列元素的表示方法适用于只有少量元素的集合或元素具有明显模式的集合。我们在上面定义 M_1 时使用的就是这种方法。我们也可以在 NextDate 程序中使用第一种方式定义一组允许范围内的年份，如下所示：

$$Y = \{1842, 1843, 1844, \cdots, 2041, 2042\}$$

使用罗列元素的方式来定义一个集合时，集合中元素的顺序是无关紧要的。当我们讨论集合相等时，就会明白这句话的含义。使用定义元素规则的方法来表示集合（第二种方式）要更复杂一些，当然这种复杂度既有好处也有弊端。例如，我们可以将 NextDate 的年份定义为：

$$Y = \{\text{year: } 1842 \leqslant \text{year} \leqslant 2042\}$$

上述定义的含义为“Y是一个所有年份的集合，使得（冒号代表“使得”）1842~2042 年之间所有的年份都在此集合中”。当使用定义规则的方式表示集合时，这个规则必须是明确的。给定任何一个可能的年份值，我们都能够根据规则来确定该年份是否在我们定义的集合Y中。

用定义规则的方式表示集合有一个优点，即能够强制性让需求变得明确且清晰。经验丰富的测试人员都曾遇到过“无法测试的需求”。很多时候，这些需求无法测试的原因都可以归结为一个模棱两可、不明确的规则。例如，在三角形程序中，假设我们定义了一个集合：

$$N = \{t\text{: } t \text{ 是一个近等边三角形}\}$$

我们可以说三条边为（300，300，299）的三角形是集合N的一个元素，但是我们又如何处理边长为（50，50，51）和（5，5，6）的三角形呢?

使用定义规则的方式还有一个优点，即可以表示一个我们很感兴趣但却难以罗列出所有元素的集合。例如，在 NextDate 问题中，我们可能对下面这个集合感兴趣：

$$S = \{\text{ years : year 是一个闰年 }\}$$

我们可能很难写出所有的集合元素，但是如果给定一个年份值，我们可以很容易地判断出这个值是否符合集合中定义的规则。

通过定义规则表示集合的主要缺点是，规则在逻辑上可能会变得比较复杂，特别是当规则中使用了谓词演算的量词∃（存在）和∀（任意）的时候。如果每个人都理解这些符号，那么对于集合表达的精确度是有帮助的。然而实际情况是多数用户都会被这些符号搞得晕头转向。定义规则的第二个问题与自引用有关。这个问题很有趣，但对测试人员来说没有太多的应用价值。如果定义规则时引用了规则自身，形成了一个循环，就会出现自引用的问题。例如，塞维利亚的理发师“是一个帮助每个不自己刮胡子的人去刮胡子的人”。一个更有趣的例子是名片问题，一张名片的一面写着“另一面的陈述是真实的”，而另一面却写着“另一面的陈述是错误的”。

3.1.3　空集

符号∅表示的空集在集合论中占有特殊的地位。空集不包含任何元素。下面列出有关空集的事实：

- 空集是唯一的。也就是说，不可能有两个空集（我们也将沿用这个事实）。
- ∅、{∅} 和 {{∅}} 是不同的集合（我们不需要用到这个事实）。

值得注意的是，当通过定义规则表示一个集合时，如果这个规则总是为假，那么这个集合就是空集。例如$\varnothing = \{\text{year: } 2042 \leqslant \text{year} \leqslant 1842\}$。

3.1.4 Venn 图

有两种传统的方法来表示集合之间的关系：Venn 图和欧拉图。这两种方法都有助于将文本表达的概念进行可视化。我的大学数学系的系主任坚持说“数学不是图表的函数”，但也许并非如此，因为图的形式确实很有表现力，可以促进彼此的交流和理解。如今，人们通常用 Venn 图来表示集合——正如在第 1 章中，我们讨论规范集合与编程行为集合时那样。在 Venn 图中，集合被描绘成一个圆，圆内部的点对应集合中的元素。因此，我们可以画出包含 30 天的月份集合 M_1，如图 3.1 所示。

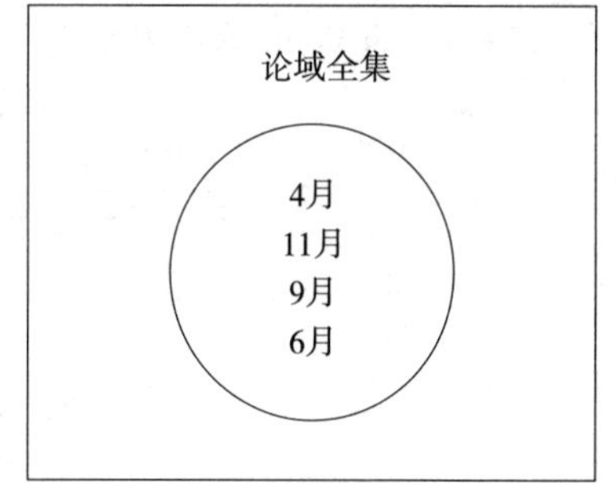

图 3.1 包含 30 天月份集合的 Venn 图

Venn 图最初是由英国逻辑学家 John Venn 在 1881 年发明的。大多数 Venn 图显示两个或三个重叠的圆。（用 Venn 图无法表示 5 个集合所有可能的交集。）Venn 图中的阴影可以表示两种截然不同的含义——通常情况下，阴影区域是我们感兴趣的子集，但也可以用来表示空白区域（一个空集）。因此，在 Venn 图中增加一个图例来明确地说明阴影的含义是非常重要。此外，Venn 图应该画在一个表示论域全集的矩形框内。第 1 章中的图 1.2 和图 1.3 是两个集合和三个集合的 Venn 图示例。当圆重叠时，不存在集合之间关系的假设，同时，重叠区域描述了所有可能的交集。从拓扑学来讲，要画出五个集合的 Venn 图是不可能的。最后，Venn 图无法表示空集。

Venn 图以直观的方式表达出各种集合之间的关系，但也带来了一些问题。有限集和无限集应如何表达呢？虽然两者都可以用 Venn 图表示，但是在表示有限集时，我们却不能假设圆圈内的每一个点都对应一个集合元素。虽然在本书中我们不必担心这一点，但需要对 Venn 图的这种局限性有所了解。有时，我们会发现对特定元素进行标记是很有帮助的。

另一个问题与空集有关。我们如何证明一个集合或者一个集合的一部分是空的呢？常用的方法是对空白区域进行阴影处理，但是如前所述，这与使用阴影来突出感兴趣区域的做法有所矛盾，所以最佳做法是对阴影区域进行说明。

为了方便讨论，通常把所要讨论的问题涉及的所有集合都看作一个更大的集合的子集，这个更大的集合被称为论域全集。在第 1 章中，我们选择将所有程序行为的集合作为我们的论域全集。论域全集通常可以从给定的集合中推测出来。在图 3.1 中，大多数人会将论域全集视为一年中所有月份的集合。但是测试人员应该意识到，这种推测出来的论域全集通常会产生一些误解，从而在用户和开发人员之间产生一些微妙的沟通错误。

3.1.5 集合运算

集合论中定义的运算提供了丰富的表达能力，基本运算包括并集、交集和补集。另外还有几个用起来很方便的操作符，包括相对补集、对称差集和笛卡儿积，我们接下来会给出每个运算的定义。在这些定义中，我们都会用到论域全集 U 和它包含的两个集合 A 与 B，另外会用到命题演算中的逻辑连接词，包括和（$\wedge$）、或（$\vee$）、异或（$\oplus$）、否（~）。

定义 给定集合 A 和集合 B。

- A 与 B 的并集表示为：$A \cup B = \{x: x \in A \vee x \in B\}$。

❑ A 与 B 的交集表示为：$A \cap B = \{x: x \in A \wedge x \in B\}$。

❑ A 的补集表示为：$A' = \{x: x \notin A\}$。

❑ B 对 A 的相对补集表示为：$A - B = \{x: x \in A \wedge x \notin B\}$。

❑ A 和 B 的对称差集表示为：$A \oplus B = \{x: x \in A \oplus x \in B\}$。

我们在图 3.2 的 Venn 图中表示出了这些概念。

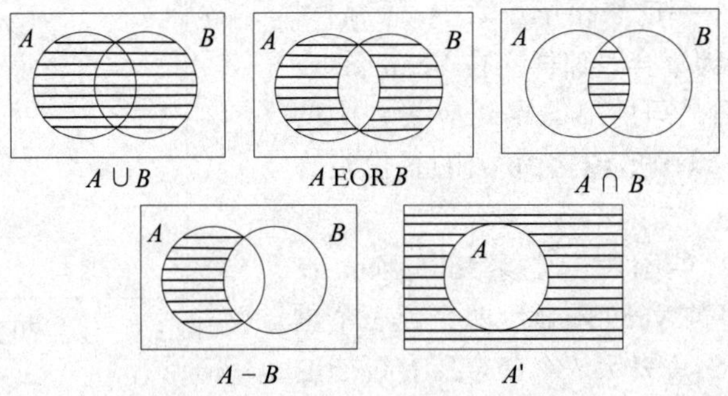

图 3.2　集合论基本概念的 Venn 图表示

Venn 图直观的表达能力非常适合描述测试用例之间的关系以及测试对象之间的关系。分析图 3.2 中的 Venn 图，我们可能就可以推测出：

$$A \oplus B = (A \cup B) - (A \cap B)$$

作为一个例子，我们将利用命题逻辑对其进行证明。

Venn 图在软件开发的其他领域也有使用：Venn 图与有向图一起，构成了状态图符号的基础，这是计算机辅助软件工程（CASE）技术所支持的最为严格的规范之一。同时，状态图也是由 IBM 公司和 OMG（Object Management Group ）提供的 UML 中描述控制类系统的首选。

两个集合的笛卡儿积（也称为叉积）比较复杂，它建立在有序对的概念基础上。有序对是一个二元集合，其中元素的顺序很重要。无序对和有序对的通常表示法是：

❑ 无序对为 (a, b)。

❑ 有序对为 $<a, b>$。

两者的不同之处是，对于 $a \neq b$，$(a, b) = (b, a)$，但是 $<a, b> \neq <b, a>$。这种区别对第 4 章中要讨论的问题非常重要。正如我们将看到的，一般图和有向图之间的根本区别正是体现在无序对和有序对之间的区别上。

定义　两个集合 A 和 B 的笛卡儿积是仍是一个集合，表示为：

$$A \times B = \{<x, y>: x \in A \wedge y \in B\}$$

Venn 图无法表示出两个集合的笛卡儿积，在此我们来看一个简单的示例。集合 $A = \{1, 2; 3\}$ 和 $B = \{w, x, y, z\}$ 的笛卡儿积是集合：

$$A \times B = \left\{ \begin{array}{l} <1,w>,<1,x>,<1,y>,<1,z>,<2,w>,<2,x>, \\ <2,y>,<2,z>,<3,w>,<3,x>,<3,y>,<3,z> \end{array} \right\}$$

笛卡儿积与代数有直观的联系。集合 A 的基数是 A 中元素的个数，用 $|A|$ 表示。(有些作者更喜欢用 Card（A）来表示基数。）对于集合 A 和 B，$|A \times B| = |A| \times |B|$。当我们在第 5 章学习基于规范的测试时，我们将使用笛卡儿积来描述具有多个输入变量的程序的测试用例

集。笛卡儿积的这种乘法特质也意味着会产生大量的测试用例。

3.1.6 集合关系

我们可以在现有集合的基础上通过集合运算来构造更多的新集合。当我们构造新集合时，我们需要知道新集合与之前集合之间的关联关系。给定集合 A 和 B，我们定义了三个基本集合关系。

定义

- ❑ A 是 B 的子集，记作 $A \subseteq B$，当且仅当（iff）$a \in A \Rightarrow a \in B$。
- ❑ A 是 B 的真子集，记作 $A \subset B$，当且仅当 $A \subseteq B \wedge B - A \neq \varnothing$。
- ❑ A 和 B 是相等的集合，记作 $A = B$，当且仅当 $A \subseteq B \wedge B \subseteq A$。

数学家使用“iff”表示“当且仅当”。简单来说，如果 A 的每个元素也是 B 的元素，那么集合 A 是集合 B 的子集。为了成为 B 的真子集，A 必须是 B 的子集，并且 B 中必须有某个元素不是 A 的元素。最后，如果集合 A 和 B 互为子集，则两个集合相等。

3.1.7 集合划分

对一个集合进行划分是一种非常特殊的情况，但它对测试人员非常重要。在日常生活中我们也会见到类似的划分情况：我们可以用隔板把一个办公区分隔成几个独立的办公室，或者一个州可以被划分为若干立法区。在这两种情况下，注意“划分”的意思是将一个整体分割成几个部分，这样所讨论的所有东西都归在一个部分中，而没有被遗漏。集合划分的正式如下所示。

定义 给定一个集合 A，以及 A 的一组子集 $A_1, A_2, \cdots, A_n$，这些子集是 A 的一个划分，当且仅当

$$A_1 \cup A_2 \cup \cdots \cup A_n = A\text{，并且 } i \neq j \Rightarrow A_i \cap A_j = \varnothing$$

因为划分是一组子集，所以我们经常将单个子集称为划分的元素。

上述定义中的两个条件都对测试人员很重要。第一个条件保证 A 的每个元素都在某个划分的子集中，而第二个条件保证 A 的任何一个元素都不会同时存在于两个划分的子集中。

这与前面提到的立法划分的例子非常吻合：每个人都由某个立法者代表，并且没有人会同时由两个立法者来代表。拼图是一个理解划分概念的好例子。

划分的概念对测试人员很有帮助，因为这个定义中的属性提供了两个重要的保证：完整性（所有内容在一个划分内）和非冗余性。 当我们研究基于规范的测试时，会发现基于规范进行测试的一个天生缺陷：容易产生测试空档和测试冗余的问题，即有些内容可能未经测试，而另一些内容则反复被测试。所以基于规范测试的难点之一就在于找到一个合理的测试划分。例如，在三角形程序中，论域全集是所有正整数组成的三元组的集合。（注意，这实际上是正整数集与自身进行三次笛卡儿积的结果。对论域全集的划分示例可见图 3.3。）我们可以通过三种方式来对论域全集进行划分：

- ❑ 分为三角形和非三角形。
- ❑ 分为等边、等腰、不等边和非三角形。
- ❑ 分为等边、等腰、不等边、直角和非三角形。

乍一看，这三种划分都是合理的，但其实最后一个划分是有问题的。因为不等边三角形

和直角三角形这两个集合是存在交集的（边为 3、4、5 的三角形是不等边三角形，但同时也是一个直角三角形）。

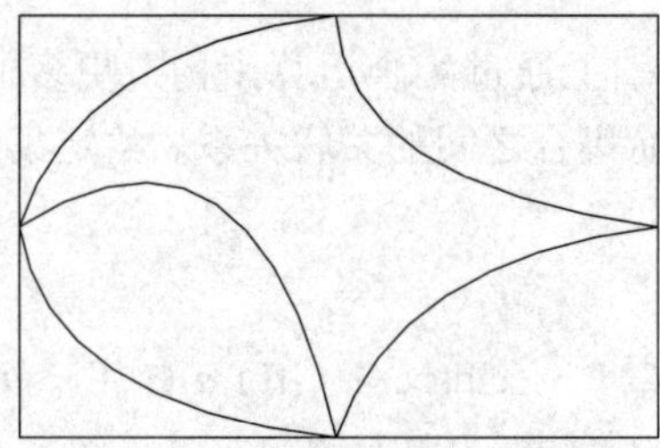

图 3.3　对论域全集的一个划分

3.1.8　集合恒等式

在集合运算和集合关系的基础上，可以通过代数方式将复杂的集合表达式进行简化，从而得到一类重要的集合恒等式。通常，对数学专业的学生要求他们推导出这些恒等式，但此处我们仅把它们列出来并知道如何（偶尔）使用即可。

名称	表达式
同一律	$A \cup \varnothing = A$ $A \cap U = A$
零律	$A \cup U = U$ $A \cap \varnothing = \varnothing$
幂等律	$A \cup A = A$ $A \cap A = A$
双重否定律	$(A')' = A$
交换律	$A \cup B = B \cup A$ $A \cap B = B \cap A$
结合律	$A \cup (B \cup C) = (A \cup B) \cup C$ $A \cap (B \cap C) = (A \cap B) \cap C$
分配律	$A \cup (B \cap C) = (A \cup B) \cap (A \cup C)$ $A \cap (B \cup C) = (A \cap B) \cup (A \cap C)$
德摩根律	$(A \cup B)' = A' \cap B'$ $(A \cap B)' = A' \cup B'$

3.2　函数

函数是软件开发和测试中的核心概念。例如，设计模式中的功能分解范式就隐含地使用了数学上的函数概念。简单来说，函数就是将集合中的元素关联起来。例如，在 NextDate 程序中，函数就是将给定日期与第二天的日期相关联；而在三角形问题中，函数就是将三个输入整数与这些长度的边组成的三角形相关联。

任何程序都可以被看作一个将其输出与输入相关联的函数。在函数的数学表达式中，输入是定义域，输出是函数的值域。

定义　给定集合 A 和 B，函数 f 是 $A \times B$ 的一个子集，其中 $a_i, a_j \in A$, $b_i, b_j \in B$，且

$f(a_i) = b_i, f(a_j) = b_j, b_i \neq b_j \Rightarrow a_i \neq a_j$。

现在，让我们来仔细查看上面所示的非常简洁的数学定义。函数 f 的输入是集合 A 的元素，而 f 的输出是集合 B 的元素。如果 A 中的元素永远不会关联到 B 中的多个元素，我们称函数 f 是“表现良好”的。(如果发生这种情况，我们将如何测试这样的函数？这将是一个非确定性的例子。)

3.2.1 定义域和值域

在上面给出的定义中，集合 A 是函数 f 的定义域，集合 B 是函数的值域。因为输入和输出之间具有“天然存在的”顺序性，所以很明显，函数 f 实际上是一组有序对，其中第一个元素来自定义域，第二个元素来自值域。以下是函数的两种常见符号：

$$f: A \to B$$

$$f \subseteq A \times B$$

在这个定义中，我们没有对集合 A 和 B 附加任何限制。我们可以有 $A=B$，以及 A 或 B 可以是其他集合的笛卡儿积。

3.2.2 函数类型

我们可以通过映射的细节来进一步对功能进行描述。在下面的定义中，我们从函数 $f: A \to B$ 开始，我们定义集合：

$$f(A) = \{b_i \in B: b_i = f(a_i), \text{对于某些 } a_i \in A\}$$

这个集合有时被称为 A 在 f 下的映像。

定义

- f 是 A 在 B 上的函数，当且仅当 $f(A) = B$。
- f 是 A 在 B 中的函数，当且仅当 $f(A) \subset B$（注意这里要求真子集）。
- f 是从 A 到 B 的一对一函数，当且仅当对于所有 $a_i, a_j \in A, a_i \neq a_j \Rightarrow f(a_i) \neq f(a_j)$。
- f 是一个从 A 到 B 的多对一函数，当且仅当，存在 $a_i, a_j \in A, a_i \neq a_j$ 使得 $f(a_i)=f(a_j)$。

用简单的语言描述就是：如果 f 是 A 在 B 上的函数，那么 B 中的每个元素都与 A 中的某个元素相关联。如果 f 是 A 在 B 中的函数，那么 B 中至少存在一个元素，它与 A 中的任何一个元素都无关。一对一的函数保证了一种形式上的唯一性，即定义域中的不同元素永远不会映射到值域中的同一个元素上。(请注意，这与前面描述的“表现良好”的属性是不同的。) 如果一个函数不是一对一的，那么它就是多对一的。也就是说，可以将多个定义域中的元素映射到值域中的同一个元素上。在这些术语中，“表现良好”的要求是禁止函数是一对多的。熟悉关系数据库的测试人员可能已经意识到上述所有这些关系在数据库中都是被允许的（包括一对一、一对多、多对一和多对多)。

回到我们的测试案例中，假设我们将 A、B 和 C 作为 NextDate 程序中的日期集合，其中：

$$A = \{\text{date}: 1842 \text{ 年 } 1 \text{ 月 } 1 \text{ 日} \leqslant \text{date} \leqslant 2042 \text{ 年 } 12 \text{ 月 } 31 \text{ 日}\}$$

$$B = \{\text{date}: 1842 \text{ 年 } 1 \text{ 月 } 2 \text{ 日} \leqslant \text{date} \leqslant 2043 \text{ 年 } 1 \text{ 月 } 1 \text{ 日}\}$$

$$C = A \cup B$$

现在，NextDate : $A \to B$ 是一个 A 在 B 上的一对一函数，而 NextDate : $A \to C$ 是一个 A 在

C 中的一对一函数。

毫无疑问 NextDate 程序不可能是多对一的关系，但三角形问题却可以是多对一的。当一个函数是一对一关系时，比如之前的 NextDate：$A \to B$，那么定义域中的每个元素正好对应值域中的一个元素；同样，值域中的每个元素都会对应定义域中的一个元素。在这种形式下，一定存在一个从值域到定义域的反函数（参见第 2 章中 YesterDate 程序的练习），同时该反函数也是一对一关系的函数。

上面这些内容对于测试来说都很重要。在基于规范的测试中，A 在 B 中（into）与 A 在 B 上（onto）的区别在对基于输入域和基于输出域的分析中有重要的影响，而一对一的功能可能比多对一的功能需要进行更多的测试。

3.2.3　函数组合

假设我们有如下几个集合和函数，其中一个的值域是下一个的定义域：

$$f: A \to B$$
$$g: B \to C$$
$$h: C \to D$$

这种情况下，我们就可以对函数进行组合。为此，我们指定定义域和值域中的元素，$a \in A$, $b \in B$, $c \in C$, $d \in D$，并且假设 $f(a)=b$, $g(b)=c$, 以及 $h(c)=d$。现在 h，g 和 f 组合之后的函数是：

$$\begin{aligned} h \circ g \circ f(a) &= h(g(f(a))) \\ &= h(g(b)) \\ &= h(c) \\ &= d \end{aligned}$$

函数组合是软件开发中一种非常普遍的做法，是定义过程和子例程的常见方法。

组合后的函数链可能会给测试人员带来一些困扰，尤其是当一个函数的值域是函数链中“下一个”函数的定义域的子集时。但是函数组合有时也会给测试人员带来一些好处。回想一下，前面提到过一对一的函数总是存在一个反函数。事实证明，这个反函数是一定存在且唯一的（数学家可以证明这一点）。如果 f 是 A 到 B 上的一对一函数，我们用 f^{-1} 表示它的唯一反函数，那么，对于 $a \in A$ 和 $b \in B$，$f^{-1} \cdot f(a)=a$ 且 $f \cdot f^{-1}(b)=b$。NextDate 程序和 YesterDate 程序就互为反函数。这种情况对测试人员来说是有帮助的，对于给定的函数，它的反函数可以用于“交叉验证”，这样通常可以加快基于规范测试中用例的确认过程。

3.3　关系

函数是关系的一种特殊情况：二者都是某些笛卡儿积的子集，但在函数中，我们有“表现良好”要求，即定义域中的元素不能与多个值域中的元素相关联。这一点在日常使用中可以得到证实，当我们说“某个东西是另一个东西的函数”时，我们的本意是它们之间存在着某种确定性关系。事实上，并非所有关系都是严格的函数关系，考虑一组患者和一组医生之间的关系。一名患者可能由多名医生治疗，而一名医生也可能治疗多名患者，他们之间就是多对多的映射。

3.3.1 集合间关系

定义 给定两个集合 A 和 B，关系 R 是笛卡儿积 $A \times B$ 的子集。

有两种表示集合之间关系的主流方法：当我们在整体上讨论关系时，我们通常只写 $R \subseteq A \times B$；而要讨论特定的元素 $a_i \in A$，$b_i \in B$ 时，写作 a_iRb_i。大多数数学课本都忽略了对关系的介绍，而我们之所以对它感兴趣，是因为关系对于数据建模和面向对象的分析来说都是必不可少的基础。

接下来，我们需要解释一个被重复使用的术语——基数。当我们讨论集合时，基数是指集合中元素的数量。因为关系也是一个集合，所以我们可能希望关系的基数指的是集合 $R \subseteq A \times B$ 中有多少个有序对。然而情况并非如此。

定义 给定两个集合 A 和 B 以及关系 R⊆A×B，关系 R 的基数是：

- ❑ 一对一。当且仅当 R 是从 A 到 B 的一对一函数。
- ❑ 多对一。当且仅当 R 是从 A 到 B 的多对一函数。
- ❑ 一对多。当且仅当至少存在一个元素 $a \in A$ 在 R 的两个有序对中，即 $<a, b_i> \in R$ 和 $<a, b_j> \in R$。
- ❑ 多对多。当且仅当至少存在一个元素 $a \in A$ 在 R 的两个有序对中，即 $<a, b_i> \in R$ 和 $<a, b_j> \in R$。并且至少存在一个元素 $b \in B$ 在 R 的两个有序对中，即 $<a_i, b> \in R$ 和 $<a_j, b> \in R$。

在函数概念中，A 在 B 中（into）与 A 在 B 上（onto）的区别同样存在于关系的概念中，即引入包含的概念。

定义 给定两个集合 A 和 B 以及关系 $R \subseteq A \times B$，关系 R 的包含为：

- ❑ 全包含关系。当且仅当 A 中的每个元素都存在于 R 中的某个有序对中。
- ❑ 部分包含关系。当且仅当 A 中的某些元素不存在于 R 中的某个有序对中。
- ❑ onto 关系。当且仅当 B 中的每个元素都在 R 中的某个有序对中。
- ❑ into 关系。当且仅当 B 中的某些元素不在 R 中的某个有序对中。

简单来说，如果一个关系适用于 A 的每个元素，则它是全包含关系；如果它不适用于 A 的每个元素，则它是部分包含关系。这种区别的另一个术语是强制包含和可选包含。类似地，一个关系如果适用于 B 的每个元素，则为 onto 关系；如果不适用，则为 into 关系。大家可能注意到了，全包含 / 部分包含和 onto/into 的概念之间存在“平行性”，我们在这里特别讨论一下。从关系数据库的理论角度来看，这种分类的依据并不充分，而事实上，也确实存在一个令人信服的理由来避免这种分类。数据建模本质上是声明性的，而流程建模本质上是命令式的。“平行的”术语集对关系施加了方向性，而实际上并不需要方向性。部分原因可能是笛卡儿积是由有序对组成的，这些有序对显然具有第一个元素和第二个元素之分。

基数和包含概念在关系的 UML（min, max）表示法中很好地融合在了一起。对于集合 A 和 B 上的关系 R (min, max)(见图 3.4)，可得以下结论。

在 A（min, max）中，如果 min=0，则关系 R 是部分包含的；如果 min=1，则关系 R 是全包含的。在 B（min, max）中，如果 min=0，则为 into 型映射；如果 min=1，则为 onto 型映射。下面举几个例子。

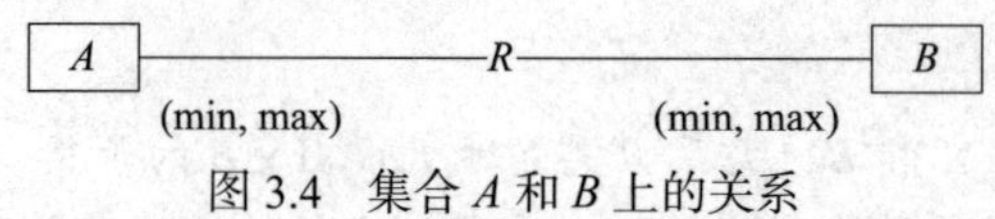

图 3.4　集合 A 和 B 上的关系

在图 3.5 中，

- ❑ R_1 是 A 到 B 中的部分一对一映射。
- ❑ R_2 是 A 到 B 上的完全一对一映射。
- ❑ R_3 是 A 到 B 中的部分一对多映射。
- ❑ R_4 是 A 到 B 上的完全一对多映射。

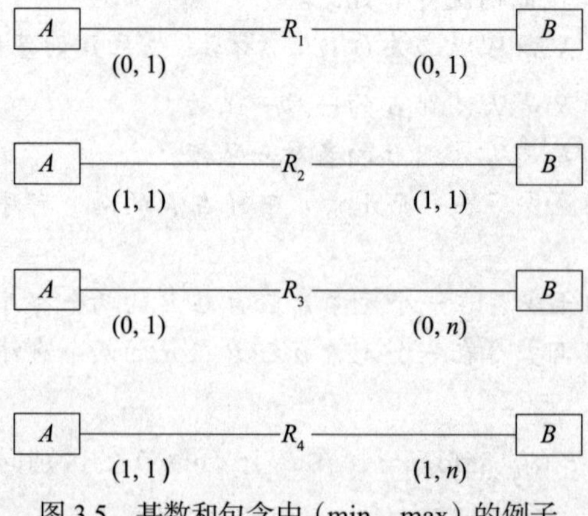

图 3.5　基数和包含中（min，max）的例子

到目前为止，我们只考虑了两个集合之间的关系。如果将关系扩展到三个或更多集合，那会比简单的笛卡儿积更复杂。例如，假设我们有三个集合 A、B 和 C，以及关系 $R \subseteq A \times B \times C$。我们是打算在三个元素之间建立严格的关系，还是在一个元素和一个有序对之间（这里有三种可能性）建立严格的关系？这种思路也需要应用基数和包含的定义。包含的概念比较直接，但基数的概念在本质上是一个二元属性。（例如，假设从 A 到 B 的关系是一对一的，从 A 到 C 的关系是多对一的。）在第 1 章中，我们讨论了规定的行为、实现的行为和测试的行为这三个集合的关系。我们希望在测试用例和规范 - 实现对之间存在某种完整的形式，在后面研究功能和结构测试时，我们将再次讨论这个问题。

测试人员之所以需要了解关系的定义，是因为这一点与被测试的软件属性有着密切的关系。例如，onto/into 的区别直接与我们所说的基于输出的功能测试有关。而强制包含与可选包含的区别也对测试有影响，因为这是异常处理机制的本质。

3.3.2　单集合关系

本节我们讨论两个数学上的重要关系——顺序关系和等价关系——这两种关系都是定义在一个集合上的。它们都是根据关系的属性来定义的。

设 A 是一个集合，令 $R \subseteq A \times A$ 是在 A 上定义的关系，有 $<a, a>, <a, b>, <b, a>, <b, c>, <a, c> \in R$。这些关系有四种特殊属性。

定义　一个关系 $R \subseteq A \times A$ 具有：

- ❑ 自反性。当且仅当对于所有的 $a \in A$, $<a, a> \in R$。
- ❑ 对称性。当且仅当 $<a, b> \in R \Rightarrow <b, a> \in R$。

- 反对称性。当且仅当 $<a, b>, <b, a> \in R \Rightarrow a = b$。
- 传递性。当且仅当 $<a, b>, <b, c> \in R \Rightarrow <a, c> \in R$。

用家庭关系作为例子可以很好地解释上述属性。你可以考虑以下关系并自己判断一下符合哪些属性：兄弟关系、姐妹关系和祖先关系。现在我们可以定义两个重要的关系。

定义 一个关系 R，如果它具有自反性、反对称性和传递性，则关系 $R \subseteq A \times A$ 是顺序关系。

顺序关系具有方向性，我们以家庭关系为例，一些常见的顺序关系是“年长于”、≥、⇒和“祖先”。(自反性部分通常需要模糊一些：我们其实应该说“不年轻于”和“不是祖先”。)顺序关系在软件中很常见，例如数据访问技术、哈希码、树结构和数组等技术中都包含顺序关系。

一个给定集合的幂集是指由这个给定集合的所有子集构成的集合。集合 A 的幂集表示为 $P(A)$。子集之间的⊆关系是 $P(A)$ 上的一个顺序关系，因为它是自反的（任何集合都是其自身的一个子集），也是反对称的（集合相等的定义），而且还具有传递性。

定义 一个关系 R，如果它具有自反性、对称性和传递性，则关系 $R \subseteq A \times A$ 是等价关系。

数学中到处都是等价关系：相等和全等就是两个明显的例子。等价关系和集合划分之间有着非常重要的联系。假设我们有一个集合 B 的某个划分 A_1，A_2，…，A_n，如果 b_1 和 b_2 在同一个划分元素中，我们说 B 的两个元素 b_1 和 b_2 是相关的（即 b_1Rb_2）。这种关系是自反的（任何元素都在它自己的划分中），也是对称的（如果 b_1 和 b_2 在一个划分的元素中，那么 b_2 和 b_1 也同样在），而且还是传递的（如果 b_1 和 b_2 在同一个集合中，并且 b_2 和 b_3 在同一个集合中，则 b_1 和 b_3 也在同一个集合中）。由划分概念定义的关系称为基于划分的等价关系。

不同的分析过程可以得到同样的结论。如果我们从集合上定义的等价关系开始，我们可以根据彼此相关的元素来定义子集。这样就构成了一种划分，它被称为基于等价关系的划分。在这个划分中的集合就是我们所熟知的等价类。最终结果是划分和等价关系是可以互换的，这将为测试人员提供一个有价值的概念。我们之前提到过，划分的两个属性是完整性和非冗余性。测试人员使用这些概念就可以对软件项目的测试程度做出自信而肯定的描述。此外，仅对等价类中的一个元素进行测试并假设其余元素的行为是相似的，这种做法极大提高了测试的效率。

3.4 命题逻辑

其实，我们已经在使用命题逻辑的符号了。如果你之前对这些用法和定义感到困惑，也并不奇怪，因为集合论和命题逻辑本来就存在“鸡生蛋还是蛋生鸡”的问题——我们很难决定先讨论哪一个。正如集合论中将集合视为一个原始概念从而不加以定义一样，我们将命题也视为原始概念。命题是一个或真或假的句子，我们将命题的真值称为真或假。此外，命题是明确的，给定一个命题，总是可以判断它是真还是假。“数学很难”就不是一个命题，因为这句话的含义是模棱两可的，因此不符合命题的条件。命题也存在时效性和空间性的问题。例如，“正在下雨”这个命题，有时可能是真的，有时可能是假的。此外，命题可能在同一时间的不同地点，对一个人为真，对另一个人却为假。我们通常用小写字母 p、q 和 r 来表示命题。命题逻辑具有与集合论非常相似（事实上，它们是同构的）的运算、表达式和恒等式。

3.4.1　逻辑运算符

逻辑运算符（也称为逻辑连接词或运算）是根据它们对所处的命题表达式的结果的影响来定义的。这就变得很简单了，因为命题表达式的结果只有两个可能值：T(表示真）和 F(表示假)。其实，算术运算符也可以这样定义（事实上，这种定义方式很适合教孩子们学习），只不过定义所需要的表格太大了。三个基本的逻辑运算符是与（∧）、或（∨）和非（~），这些有时也被称为合取、析取和取反。取反是唯一的一元（一个操作数）逻辑运算符，其余两个都是二元的。所有的逻辑运算符都可以由真值表定义，例如下面表格定义了与（∧）、或（∨）和非（~）。

p	q	$p \wedge q$	$p \vee q$	$\sim p$
T	T	T	T	F
T	F	F	T	F
F	T	F	T	T
F	F	F	F	T

合取和析取在日常生活中很常见，合取是只有在所有命题元素都为真时才为真，而析取是在至少一个命题元素为真时为真。取反操作就不用多说了。另外，我们还经常使用两个连接词：异或（⊕）和条件（→）。它们的定义如下表所示。

p	q	$p \oplus q$	$p \to q$
T	T	F	T
T	F	T	F
F	T	T	T
F	F	F	T

只有当一个命题为真时，异或才为真，而当两个命题都为真时，析取（兼或）也为真。条件（if-then）连接词通常比较难理解。简单来说，这只是一个定义，但是因为其他连接词都可以很好地转换为自然语言的描述，所以导致我们对条件连接词也有类似的期望。这里我们粗略地解释一下，条件（if-then）连接词与演绎过程密切相关：在有效的演绎三段论中，我们可以说“如果（if）前提，那么（then）结论”，而条件（if-then）语句会成为一个重言式。

3.4.2　逻辑表达式

使用逻辑运算符构建逻辑表达式的方式与使用算术运算符构建代数表达式的方式完全相同。我们可以使用括号来指定逻辑运算符的计算顺序，也可以使用数学中规定的逻辑运算符优先顺序（首先是取反，然后是合取，最后是析取）。给定一个逻辑表达式，我们总是可以通过按照括号确定的计算顺序构建它的真值表。例如，表达式 $\sim((p \to q) \wedge (q \to p))$ 具有以下真值表（注意异或的等价性）。

p	q	$p \to q$	$q \to p$	$(p \to q) \wedge (q \to p)$	$\sim((p \to q) \wedge (q \to p))$
T	T	T	T	T	F
T	F	F	T	F	T
F	T	T	F	F	T
F	F	T	T	T	F

3.4.3 逻辑等价

算术中的相等和集合论中的等价概念在命题逻辑中也有类似概念。请注意，表达式 $\sim((p\rightarrow q)\wedge(q\rightarrow p))$ 和 $p\oplus q$ 具有相同的真值表。这意味着，无论基本命题 p 和 q 的真值是什么，这些表达式总是具有相同的真值。这种属性可以通过多种方式来进行定义，下面我们给出一种最简单的定义。

定义 *两个命题 p 和 q 在逻辑上是等价的（表示为 $p\Leftrightarrow q$）当且仅当它们的真值表是相同的。*

顺便说一句，我们之前用来代表“当且仅当”的“iff”缩写形式，有时也被称为双条件，所以命题 p iff q 实际上的表达方式为 $(p\rightarrow q)\wedge(q\rightarrow p)$，也可以表示为 $p\Leftrightarrow q$。

定义 *一个永远正确的命题称为重言式（永真式），永远错误的命题称为矛盾式。*

为了成为重言式或矛盾式，一个命题必须包含至少一个连接词和两个或多个原始命题。我们有时将重言式表示为命题 T，将矛盾式表示为命题 F。现在，我们可以引出几个与集合论中类似的定律。

定律	表达式
同一律	$p\wedge T\Leftrightarrow p$ $p\vee F\Leftrightarrow p$
控制律	$p\vee T\Leftrightarrow T$ $p\wedge F\Leftrightarrow F$
幂等律	$p\wedge p\Leftrightarrow p$ $p\vee p\Leftrightarrow p$
互补律	$\sim(\sim p)\Leftrightarrow p$
交换律	$p\wedge q\Leftrightarrow q\wedge p$ $p\vee q\Leftrightarrow q\vee p$
结合律	$p\wedge(q\wedge r)\Leftrightarrow(p\wedge q)\wedge r$ $p\vee(q\vee r)\Leftrightarrow(p\vee q)\vee r$
分配律	$p\wedge(q\vee r)\Leftrightarrow(p\wedge q)\vee(p\wedge r)$ $p\vee(q\wedge r)\Leftrightarrow(p\vee q)\wedge(p\vee r)$
德摩根定律	$\sim(p\wedge q)\Leftrightarrow\sim p\vee\sim q$ $\sim(p\vee q)\Leftrightarrow\sim p\wedge\sim q$

3.4.4 概率论

在软件测试研究中，有两个地方会使用到概率论，一是处理特定语句路径执行的概率，二是软件测试推广到工业界之后产生的一个概念：操作剖面（参见第 13 章）。由于概率论的使用非常有限，所以我们这里只做一些基本的介绍。

和前面对集合论和命题逻辑的介绍一样，我们从一个最基本的概念事件的概率开始。下面是一本经典教科书（Rosen（1991））中提供的定义：

定义 *事件 E 的概率是所有可能结果构成的有限样本空间 S 中具有相同可能性结果的一个子集，表示为 $p(E)=|E|/|S|$，其中 $|E|$ 表示集合 E 的基数（元素个数）。*

这个定义来自对实验结果的思考，样本空间是所有可能结果的集合，一个事件是这个结果集合的一个子集。这个概率的定义是一个循环定义：什么是"相同可能性"的结果？我们假设它们具有相等的概率，但是概率又是根据结果自身来定义的。

18世纪，法国数学家拉普拉斯对概率有一个合理的具有可操作性的定义。换言之，某个事件发生的概率是它以某种方式发生的数量除以所有发生方式的总数。当我们研究从袋子中取出彩色弹珠的问题时，拉普拉斯的定义很有效，但是如果不能枚举所有的可能方式，就很难使用这个定义。

我们将拿出我们在讨论集合论和命题逻辑时使用的"翻新"能力来得出一种更凝练的表达方式。作为测试人员，我们更关心已经发生的事情，我们将所有事件构成一个集合，作为我们的论域全集。然后，我们将设计关于事件的命题，使得这些命题成为论域全集中的元素。现在，对于某个论域全集 U 和某个关于 U 中元素的命题 p，我们给出一个定义。

定义 命题 p 的真集 T 写作 $T(p)$，它是论域全集 U 中 p 为真的所有元素的集合。根据命题结果是真还是假，论域全集被划分为两个集合 $T(p)$ 和 $(T(p))'$，其中 $T(p) \cup (T(p))' = U$。注意，$(T(p))'$ 与 $T(\sim p)$ 是一致的。真集的概念有助于在集合论、命题逻辑和概率论之间建立清晰的对应关系。

定义 命题 p 为真的概率为 $|T(p)|/|U|$，记为 $\Pr(p)$，

有了这个定义，拉普拉斯的"某种可能方式的数量"就变成了真集 $T(p)$ 的基数，而"所有可能方式的数量"变成了整个论域全集的基数。这也说明了另一个关系：因为重言式的真集是论域全集，而矛盾式的真集是空集，所以∅和 U 的概率分别是0和1。

NextDate程序的测试问题是一个很好的示例来源。考虑月份变量和命题：

$$P(m): m\text{ 是一个只有 30 天的月份}$$

论域全集 U= {1月，2月，…，12月}，并且 $P(m)$ 的真集是：

$$T(P(m)) = \{4\text{月}, 6\text{月}, 9\text{月}, 11\text{月}\}$$

现在，一个给定月份只有30天的月份的概率是：

$$\Pr(p(m)) = |T(p(m))|/|U| = 4/12$$

论域全集具有很微妙的作用。这是在测试中使用概率论技巧的一部分：选择正确的论域全集。假设我们想知道一个月是否为2月的概率。可以快速得出的回答是1/12。现在，假设我们想知道一个月正好是29天的概率。这就不太容易了——我们需要一个包含闰年和普通年的论域全集。我们可以借助同余算术的方法选择一个由连续四年的所有月份组成的论域全集——比如1991年、1992年、1993年和1994年。这个论域全集将包含48个月，而在这个论域全集中，一个月有29天的概率是1/48。另一种方法是使用NextDate程序规定的200年范围，由于这个范围中的1900年不是闰年，所以会稍微降低一些一个月有29天的概率。结论是获得正确的论域全集很重要。一个更重要的结论是：一定要避免"不断变化的论域全集"。

以下是一些我们会用到的（不加证明）概率知识。它们是指在给定的论域全集中，命题 p 和 q 具有真集 $T(p)$ 和 $T(q)$：

$$\Pr(\sim p)=1-\Pr(p)$$

$$\Pr(p \wedge q)=\Pr(p)\times\Pr(q)$$

$$\Pr(p \vee q)=\Pr(p)+\Pr(q)-\Pr(p \wedge q)$$

这些知识，连同前面介绍的集合论和命题恒等式，为我们提供了一种强大的处理概率表达式的数学能力。

3.5 习题

运算	命题逻辑	集合论
析取	或	并集
合取	与	交集
取反	非	补集
蕴合	if, then	子集
	异式	对称差集

1. 集合运算和命题逻辑中的逻辑连接词之间存在非常深的联系（见上表）。对于集合 A 和集合 B，回答下列问题
   a. 用文字表达 $A \oplus B$。
   b. 用文字表达（$A \cup B$）–（$A \cap B$）。
   c. 说明 $A \oplus B$ 和（$A \cup B$）–（$A \cap B$）是同一个集合。
   d. $A \oplus B=$（$A–B$）$\cup$（$B–A$）为真吗？
2. 在美国的许多地方，房地产税由不同的税收机构征收，例如，学区、消防区、乡镇等。请尝试讨论一下，这些征税机构是否构成了国家的一个划分。50 个州是否构成美国的一个划分？（哥伦比亚特区呢？）
3. 在所有人构成的集合上，brotherOf 是等价关系吗？siblingOf 怎么样？sameBirthdayAs 呢？
4. 在本章图 3.5 附近给出了四个关系作为例子。在 A(min, max）中，min 可以取值为 0 和 1，max 可以取值为 1 和 n（其中 n 表示“许多”）。类似地，在 B（min, max）中，min 可以取值为 0 和 1，max 可以取值为 1 和 n。列出（min, max）值的所有组合，确定两个集合 A 和 B 之间可能的关系类型的完整集合，并尝试从中选出几个例子。

   以下是一个例子，患者（A）和医生（B）之间的关系，给定如下事实：
   1. 一名患者可能由不止一名医生负责治疗。
   2. 一名医生可以治疗多名患者。
   3. 部分患者未经任何医师治疗。
   4. 有些医生可能不治疗任何病人。

   综上所述，这些事实定义了患者和医生之间的多对多关系，即部分包含关系（第 3 点）和 into 型关系（第 4 点）。我们可以将其写为 A（0, n）和 B（0, n）。

3.6 参考文献

Rosen, Kenneth H., *Discrete Mathematics and Its Applications*, McGraw-Hill, New York, 1991.

软件测试的图论基础

图论是拓扑学的一个分支，有时被称为“橡胶板几何”。我对这个名称感到很好奇，因为橡胶板的拓扑结构和图论之间似乎没有什么关系。此外，图论中的图可能和你想象中的不太一样，它并不涉及轴、比例、点和曲线等概念。不管这个术语的起源是什么，图论可能是计算机科学数学基础中最有用的部分，虽然比微积分有用得多，但它被讨论的却不多。我们对图论的探索将遵循“纯数学”精神，即我们会首先给出抽象的定义，将具体的解释放在后面，这样会让后面的解释更加自由，这一点与定义良好的抽象数据类型可以提高重用度是一样的。

这里我们介绍两种基本类型的图：无向图和有向图。 因为后者是前者的特例，所以我们首先从无向图开始。这样，在后面介绍有向图时可以继承许多概念。

4.1 图

图（也称为线性图）是由两个集合定义的一种抽象数学结构：一个是点的集合，一个是连接两点之间边的集合。计算机网络是图的一个经典例子。更正式的定义如下所述。

定义 图 $G=(V, E)$ 由一个有限（非空）节点集 V 和一组无序节点对（节点之间的边）组成。

对于具有 m 个节点和 p 条边的图，通常表示为 $V=\{n_1, n_2, \cdots, n_m\}$ 和 $E=\{e_1, e_2, \cdots, e_p\}$，其中每条边 $e_k=\{n_i, n_j\}$ 对应某些节点 $n_i, n_j \in V$。节点有时称为顶点，边有时被称为弧。我们有时将节点称为弧的端点。图的常见形式是将节点显示为圆形，将边显示为连接一对节点的线，如图 4.1 所示。我们将一直使用这个图为例，所以需要多花一点时间来熟悉它。

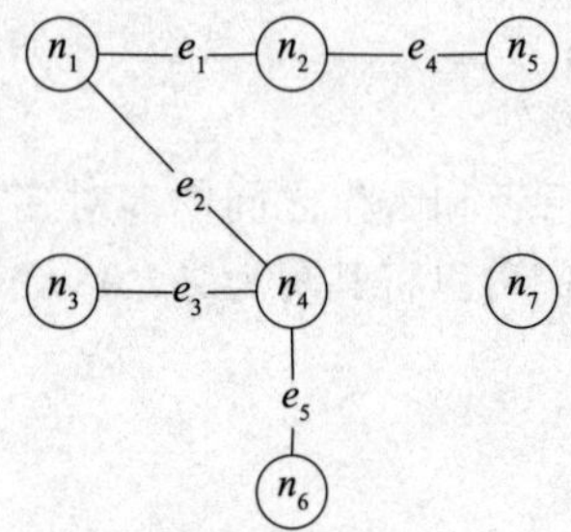

图 4.1 一个图的例子（7 个节点，5 条边）

图 4.1 中的图，节点集合和边集合分别为：

$$V = \{n_1, n_2, n_3, n_4, n_5, n_6, n_7\}$$

$$E = \{e_1, e_2, e_3, e_4, e_5\}$$

$$= \{(n_1, n_2), (n_1, n_4), (n_3, n_4), (n_2, n_5), (n_4, n_6)\}$$

要定义一个图，我们必须首先定义一个节点集合，然后定义一个节点对之间的边的集合。我们可以将节点视为程序语句或程序单元，并且我们有各种类型的边，例如表示控制流、定义 / 使用关系或消息连接。

4.1.1 节点的度

定义 图中节点的度是以该节点为端点的边的数量。我们用 deg(n) 表示节点 n 的度。

我们可以说一个节点的度表示这个节点在图中的“流行度”。事实上，社会学家经常使用图来刻画人类的社交活动，其中节点是人，边通常指的是友谊、交流等关系。如果我们制作一个图，其中节点代表类，边代表消息，那么节点（对象）的度就可以表示出这个类在集成测试中的重要程度。

图 4.1 中节点的度分别为：

$$\deg(n_1)=2,\deg(n_2)=2,\deg(n_3)=1,\deg(n_4)=3,\deg(n_5)=1,\deg(n_6)=1, \deg(n_7)=0$$

4.1.2 关联矩阵

图不仅能用图形的方式来表示，还可以用关联矩阵来表示。关联矩阵的概念对测试人员非常有用，我们下面会给出它的形式化定义。关联矩阵在我们需要对图的含义进行解释时，可以提供很多有用的信息。

定义 具有 m 个节点和 n 条边的图 $G=(V, E)$ 的关联矩阵是一个 $m\times n$ 矩阵，其中第 i 行第 j 列中的元素是 1，当且仅当节点 i 是边 j 的端点；否则，元素为 0。

图 4.1 的关联矩阵如下所示。

	e_1	e_2	e_3	e_4	e_5
n_1	1	1	0	0	0
n_2	1	0	0	1	0
n_3	0	0	1	0	0
n_4	0	1	1	0	1
n_5	0	0	0	1	0
n_6	0	0	0	0	1
n_7	0	0	0	0	0

我们可以通过关联矩阵来对图进行一些分析。首先，请注意任何一列中条目的总和为 2。这是因为每条边都恰好有两个端点。如果关联矩阵中的列总和不为 2，则某处存在错误。因此，关联矩阵中的列总和可以作为一种完整性检查的方法，这种做法类似于奇偶校验。接下来，我们可以看到行总和是节点的度。当一个节点的度为零时（就像节点 n_7 一样），我们就称这个节点是孤立的。（这可能对应一段不可达的代码，或一个从未使用过的对象。）

4.1.3 邻接矩阵

图的邻接矩阵是对关联矩阵的一种有益补充。因为邻接矩阵主要表达图中节点之间的连接关系，所以成为图论发展中许多新概念的基础。给定一个图，我们总是可以找到它的邻接矩阵。反过来说，给定一个邻接矩阵，我们也总是可以创建一个图，并且这个图是一个具有拓扑等价关系的图集合中的一个元素。拓扑等价是指图中节点的位置可能不同，但连通性是相同的。这个概念很重要，我们考虑图 4.2 中的两个图。它们看上去形状很不一样，但却是拓扑等价的（因为它们具有相同的邻接矩阵）。

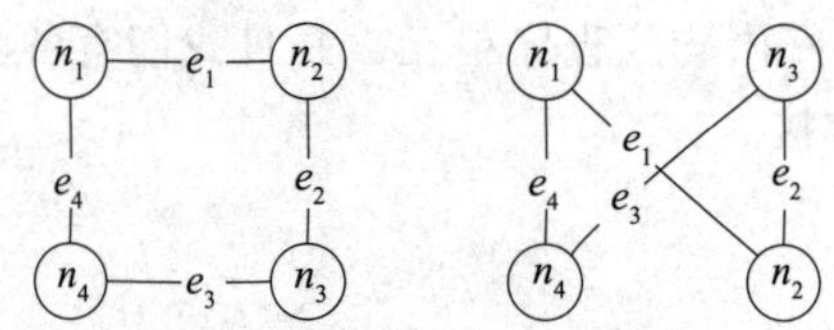

图 4.2 两个拓扑等价的图

定义 具有 m 个节点的图 $G=(V, E)$ 的邻接矩阵是一个 $m \times m$ 矩阵，其中第 i 行第 j 列的元素为 1，当且仅当节点 i 和节点 j 之间存在边；否则，该元素为 0。

邻接矩阵是对称的（元素 i, j 之间的边也同样是元素 j, i 之间的边），行总和是节点的度（就像在关联矩阵中一样）。图 4.1 中图的邻接矩阵如下所示。

	n_1	n_2	n_3	n_4	n_5	n_6	n_7
n_1	0	1	0	1	0	0	0
n_2	1	0	0	0	1	0	0
n_3	0	0	0	1	0	0	0
n_4	1	0	1	0	0	1	0
n_5	0	1	0	0	0	0	0
n_6	0	0	0	1	0	0	0
n_7	0	0	0	0	0	0	0

4.1.4 路径

基于代码的测试方法（参见第二部分）中会用到程序中各种类型的路径，为此，我们在图论的基础上给出一种非解释性路径定义。

定义 路径是边的一个序列，对于序列中任何相邻的边 e_i, e_j，它们共享一个公共（节点）端点。

路径既可以表示为边序列也可以表示为节点序列，其中节点序列的表示方法更为常见。图 4.1 中图的一些路径可以表示为：

路径	节点序列	边序列
n_1 到 n_5 之间	n_1，n_2，n_5	e_1，e_4
n_6 到 n_5 之间	n_6，n_4，n_1，n_2，n_5	e_5，e_2，e_1，e_4
n_3 到 n_2 之间	n_3，n_4，n_1，n_2	e_3，e_2，e_1

可以使用矩阵乘法和加法的二进制形式直接从图的邻接矩阵生成路径。在图 4.1 表示的示例中，边 e_1 位于节点 n_1 和 n_2 之间，边 e_4 位于节点 n_2 和 n_5 之间。在邻接矩阵与其自身的乘积中，位置 (1, 2) 的元素与位置 (2, 5) 的元素形成乘积，产生位置 (1, 5) 的元素，对应 n_1 和 n_5 之间包含两条边的一条路径。如果我们再次将得到的矩阵乘以原始邻接矩阵，我们就可以得到所有包含三条边的路径，以此类推。

纯数学研究者会利用这一点去研究图中最长路径的长度问题。而我们对此并不关心，事实上我们感兴趣的是图中路径上最远的那个点。

图 4.1 中的图其实并不能代表所有的图，因为还有一些特殊的情况，例如，这个图中并不存在一条同一个节点出现两次的路径。如果存在这样的情况，那么这条路径就构成一个循

环（或环路）。在图 4.1 中，我们可以通过在节点 n_3 和 n_6 之间添加一条边来构建一个环路。

4.1.5 连通性

路径可以让我们讨论连接的节点，这让我们可以极大地简化对图的分析，这对测试人员来说非常重要。

定义 *两个节点是连通的，当且仅当这两个节点在同一条路径上。*

连通性是图中节点集上的等价关系（见第 3 章）。为了证明这一点，我们来检查一下等价关系定义中的三个属性。

- 连通性是自反的，因为默认情况下，每个节点与其自身处于长度为 0 的同一条路径上。（有时为了强调，会画出一条边，它从一个节点开始并在同一个节点结束。）
- 连通性是对称的，因为如果节点 n_i 和 n_j 在同一条路径上，那么节点 n_j 和 n_i 在同一条路径上。
- 连通性是可传递的（参见前文，通过邻接矩阵乘法获得长度为 2 的路径的讨论）。

等价关系继而可以产生一个划分（请参阅第 3 章），因此，我们可以确定地说，连通性可以在图的节点集上定义一个划分。我们可以据此定义图的分量。

定义 *图的一个分量是图中连通节点的最大集合。*

等价类中的节点是图的分量，因为等价关系具有传递性，所以这个类是最大的。图 4.1 中的图有两个分量：$\{n_1, n_2, n_3, n_4, n_5, n_6\}$ 和 $\{n_7\}$。

4.1.6 压缩图

终于，我们可以介绍一种专为测试人员制定的简化机制了。

定义 *给定一个图 $G=(V, E)$，它的压缩图是通过将每个图的分量用一个压缩节点进行替换来形成的。*

从一个给定的图得到它的压缩图的过程是明确的（即存在一个得到压缩图的算法）。我们通过邻接矩阵来确定路径的连通性，然后通过等价关系来确定图的分量。这个过程的基本原理很重要，即一个给定的图只能得到唯一的一个压缩图。这就意味着简化之后的压缩图可以作为原始图的重要代表。

图 4.1 中的分量是 $S_1=\{n_1, n_2, n_3, n_4, n_5, n_6\}$ 和 $S_2=\{n_7\}$。

在一个一般（无向）图的压缩图中不能出现边。原因是：

- 边以单独节点作为端点，而不是以节点集作为端点。（此处，我们需要注意 n_7 和 $\{n_7\}$ 之间的区别。）
- 虽然我们没有明确地对边下定义，但是如果有一条边出现在两个不同且连通的分量中，那么一定是在一条路径上，也一定是在同一个（最大）分量中。

与测试相关的是，图中的分量是独立存在的，因此提供了可以单独测试它们的可能性。对于大型图，使用与其相对应的压缩图是一种减小问题规模的有效方法，同时，也不会丢失压缩节点之间重要的连接性。

4.1.7 环数

图的环数对测试有着深远的影响。

定义 *图 G 的环数由公式 $V(G)=e-n+p$ 给出，其中 e 是 G 中的边数，n 是 G 中的节点数，*

p 是 G 中的分量数。

$V(G)$ 是强连通有向图中不同区域的数量。在第 8 章中，我们将研究一种基于代码的测试公式，该公式将程序图中的所有路径都视为向量空间。该空间的基向量集有 $V(G)$ 个元素。图 4.1 的环数是 $V(G)=5-7+2=0$。这不是环复杂度的一个很好的例子。当我们在第 8 章使用环复杂度概念并在第 14 章对其进行扩展时，我们（通常）会得到强连通图，它的环复杂度会比图 4.1 的例子更复杂一些。

4.2 有向图

有向图是对一般图的一种改进，即图中的边具有方向性。用数学语言来说就是，无序对 (n_i,n_j) 变为有序对 $<n_i, n_j>$，此时我们的语言表述变为“从节点 n_i 到 n_j 的有向边”，而不是“在两个节点之间”。

定义 有向图 $D=(V, E)$ 由节点的有限集 $V=\{n_1, n_2, \cdots, n_m\}$ 和边集 $E=\{e_1, e_2, \cdots, e_p\}$ 组成，其中每条边 $e_k=<n_i, n_j>$ 是节点 $n_i, n_j \in V$ 的有序对。

在有向边 $e_k=<n_i, n_j>$ 中，n_i 是初始（或开始）节点，n_j 是终端（或结束）节点。有向图中的边天然适合表述许多软件概念，例如顺序行为、命令式编程语言、时序事件、定义 / 引用对、消息、函数和过程调用等。既然这样，你可能会问，我们为什么在一般图上花费这么长时间？一般图和有向图之间的区别非常类似声明式和命令式编程语言之间的区别。在命令式语言（例如，COBOL、Fortran、Pascal、C、Java、Ada®）中，源代码中语句的顺序决定了编译代码的执行顺序。但这不并适用于声明性语言（例如 Prolog）。对于大多数软件开发人员来说，最常见的使用场景是实体 / 关系（E/R）的建模过程。在 E/R 模型中，我们选择实体作为节点，并将关系标识为边。（如果一个关系涉及三个或更多实体，我们则需要具有三个或更多终端节点的“超级边”的概念。）E/R 建模后的结果图用一般图来解释会更方便，所以良好的 E/R 建模实践会尽量减少边的方向性。

如果被测软件是用声明性语言编写的程序，测试人员就只能使用一般图作为工具。但幸运的是，大多数软件都是用命令式语言开发的，因此测试人员就可以使用有向图作为工具。

下面的一些定义与一般图的定义类似。我们将熟悉的图 4.1 中的示例修改为图 4.3 所示示例。

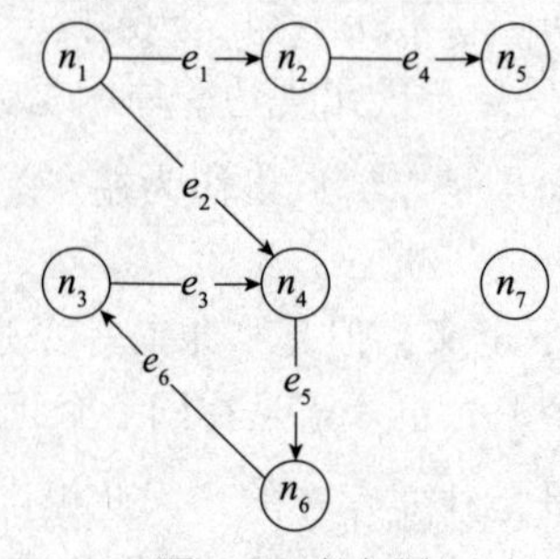

图 4.3 有向图

我们有与之前相同的节点集 $V=\{n_1, n_2, n_3, n_4, n_5, n_6, n_7\}$，边集看上去也相同，$E=\{e_1, e_2, e_3, e_4, e_5\}$。但要注意不同之处在于现在的边是 V 中的有序节点对：

$$E=\{<n_1, n_2>, <n_1, n_4>, <n_3, n_4>, <n_2, n_5>, <n_4, n_6>, <n_6, n_3>\}$$

4.2.1 入度和出度

一般图中节点的度的概念被细化为两个概念，用来体现边的方向性。

定义 有向图中节点的入度是以该节点作为终端节点的不同边的数量。我们把节点 n 的入度记作 indeg(n)。有向图中节点的出度是以该节点作为初始节点的不同边的数量。我们把节点 n 的出度记作 outdeg(n)。

图 4.3 中有向图的节点具有以下入度和出度：

indeg(n_1) = 0　outdeg(n_1) = 2

indeg(n_2) = 1　outdeg(n_2) = 1

indeg(n_3) = 0　outdeg(n_3) = 1

indeg(n_4) = 2　outdeg(n_4) = 1

indeg(n_5) = 1　outdeg(n_5) = 0

indeg(n_6) = 1　outdeg(n_6) = 0

indeg(n_7) = 0　outdeg(n_7) = 0

根据定义，一般图和有向图具有许多相似之处，例如 deg(n)=indeg(n)+outdeg(n)。

4.2.2 节点类型

有向图在一般图的基础上提高了描述能力，所以我们可以定义不同类型的节点。

定义 入度为 0 的节点称为源节点。出度为 0 的节点称为汇聚节点。入度和出度都不为 0 的节点称为传输节点。

源节点和汇聚节点构成了图的外部边界。如果我们绘制范围图（来自结构化分析产生的一组数据流图）的有向图，则外部实体就是源节点和汇聚节点。

在图 4.3 的示例中，n_1、n_3 和 n_7 是源节点，n_5、n_6、n_7 是汇聚节点，n_2 和 n_4 是传输（也称为内部）节点。既是源节点又是汇聚节点的节点是孤立节点，如 n_7。

4.2.3 有向图的邻接矩阵

随着我们在边的概念中加入了方向性，在有向图中，邻接矩阵的定义也发生了变化。（同时，也改变了关联矩阵的定义，不过关联矩阵很少与有向图一起使用。）

定义 具有 m 个节点的有向图 $D=(V, E)$ 的邻接矩阵是一个 $m\times m$ 矩阵 $A=(a(i, j))$，其中，当且仅当存在一条从节点 i 到节点 j 的边时，$a(i, j)=1$；否则，$a(i, j)=0$。

有向图的邻接矩阵不一定是对称的。行总和是节点的出度，列总和是节点的入度。图 4.3 中图的邻接矩阵如下所示。

	n_1	n_2	n_3	n_4	n_5	n_6	n_7
n_1	0	1	0	1	0	0	0
n_2	0	0	0	0	1	0	0
n_3	0	0	0	1	0	0	0
n_4	0	0	0	0	0	1	0
n_5	0	0	0	0	0	0	0
n_6	0	0	0	0	0	0	0
n_7	0	0	0	0	0	0	0

有向图常被用来描述家庭族谱，其中由同一个祖辈可以连接到兄弟姐妹、堂兄弟和堂姐妹等，而父母、祖父母等通过一个后代建立起联系。邻接矩阵的幂运算可以表示出有向路径的存在。正如我们在一般图中的分析，给定一个有向图，我们总是可以找到它的邻接矩阵，反过来，给定一个邻接矩阵，我们也总是可以创建一个有向图，并且这个有向图是一个具有拓扑等价关系的有向图集合中的一个元素。节点的位置可能不同，但连接性是相同的。这一点看似微不足道，实则不然，请看图 4.4 中的两个图。二者虽然都是循环图（稍后定义），但是图 4.4a 中的表述却更容易理解（我本科时的数学教授一直认为数学不是画图，但如果我们是以交流为目的，那么是否使用图来作为表述的区别就很明显了）。

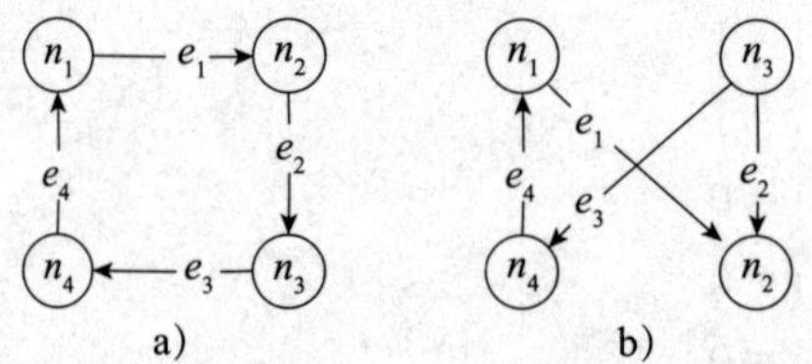

图 4.4　两个等价的图

4.2.4　路径和半路径

因为具备方向性，我们可以更加精确地描述有向图中的路径。我们可以把边想象为单行道和双向道。

定义　一条（有向）路径就是一个由边组成的序列，对于序列中任何相邻边的两条边 e_i 和 e_j，第一条边的终端节点是第二条边的初始节点。

循环是终端节点和初始节点为同一节点的一条有向路径。

链是一个由节点组成的序列，序列中每个内部节点的入度为 1 且出度为 1，初始节点的入度为 0 或入度大于 1，而终端节点的出度为 0 或出度大于 1（我们将在第 8 章中使用这个概念）。

（有向）半路径是一个由边组成的序列，对于序列中的至少一对相邻边 e_i 和 e_j，第一条边的初始节点是第二条边的初始节点，或第一条边的终端节点是第二条边的终端节点。

图 4.3 中图的路径和半路径包括（此处没有列出所有的路径和半路径）：

- 一条路径，从 n_1 到 n_6。
- 一条半路径，在 n_1 和 n_3 之间。
- 一条半路径，在 n_2 和 n_4 之间。
- 一条半路径，在 n_5 和 n_6 之间。

4.2.5　可达矩阵

当我们针对应用程序使用有向图技术进行建模时，经常要处理路径问题，因为这些路径能够让我们到达某个特定的节点。我们可以利用有向图的可达矩阵更好地完成建模工作。

定义　m 个节点的有向图 $D=(V, E)$ 的可达矩阵是一个 $m \times m$ 矩阵 $R=(r(i, j))$，其中 $r(i, j)$ 为 1，当且仅当存在一条从节点 i 到节点 j 的路径；否则 $r(i, j)$ 为 0。

有向图 D 的可达矩阵可以从邻接矩阵 $\boldsymbol{A}$ 计算得到：

$$\boldsymbol{R}=\boldsymbol{I}+\boldsymbol{A}+\boldsymbol{A}^2+\boldsymbol{A}^3+\cdots+\boldsymbol{A}^k$$

其中 k 是有向图 D 中最长路径的长度，$\boldsymbol{I}$ 是单位矩阵。图 4.3 中的可达矩阵如下所示。

	n_1	n_2	n_3	n_4	n_5	n_6	n_7
n_1	1	1	0	1	1	1	0
n_2	0	1	0	0	1	0	0
n_3	0	0	1	1	0	1	0
n_4	0	0	0	1	0	1	0
n_5	0	0	0	0	1	0	0
n_6	0	0	0	0	0	1	0
n_7	0	0	0	0	0	0	1

可达矩阵告诉我们，节点 n_2、n_4、n_5 和 n_6 可以从 n_1 到达，节点 n_5 可以从 n_2 到达，以此类推。

4.2.6 *n*- 连通

如果将一般图的连通性扩展到有向图，其含义将变得更加丰富且具有高度的解释性。

定义 有向图中的两个节点 n_i 和 n_j 是：

- 0- 连通的，当且仅当 n_i 和 n_j 之间不存在路径。
- 1- 连通的，当且仅当有一条半路径存在，但在 n_i 和 n_j 之间不存在路径。
- 2- 连通的，当且仅当有一条路径存在于 n_i 和 n_j 之间。
- 3- 连通的，当且仅当存在一条从 n_i 到 n_j 的路径并且存在一条从 n_j 到 n_i 的路径。

除此之外，不存在其他程度的连通性。

为了显示 3- 连通，我们需要修改图 4.3 的示例。我们增加一条从 n_6 到 n_3 的新边 e_6，这样，这个图中就包含了一个循环。

有了这个改变，我们在图 4.5 中就有了以下 *n* 个连接的实例（此处未列出所有实例）：

- n_1 和 n_7 是 0- 连通的。
- n_2 和 n_6 是 1- 连通的。
- n_1 和 n_6 是 2- 连通的。
- n_3 和 n_6 是 3- 连通的。

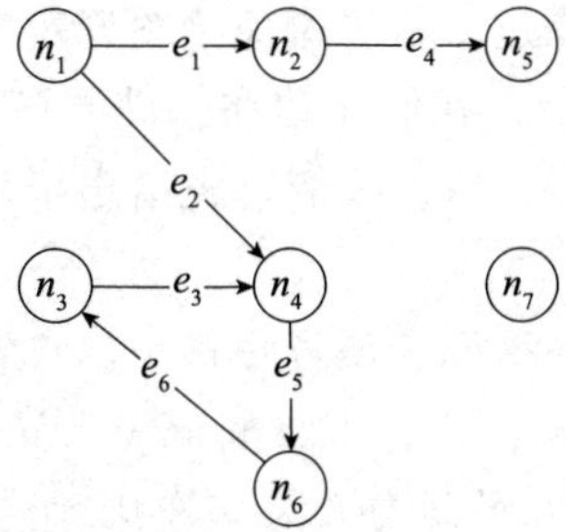

图 4.5 带循环的有向图

4.2.7 强连通分量

我们从 *n*- 连通中可以得到两个等价关系，我们将 1- 连通称之为“弱连通”，继而可以产生弱分量。（这些结论与我们从一般图中得到的结论是相同的，这也好理解，因为 1- 连通实际上忽略了方向。）第二个等价关系是基于 3- 连通建立的，这个等价关系更有意思。之前我们提到，等价关系能够在有向图的节点集上产生一个划分，但在压缩图上则可能不同。在有向图上的 0、1 或 2- 连通的节点，在压缩图上仍然如此，但是 3- 连通节点则成为一个强分量。

定义　有向图的强分量是 3- 连通节点的极大集合。

在我们修改后的示例中，强分量是集合 $\{n_3, n_4, n_6\}$ 和 $\{n_7\}$。我们修改后的例子的压缩图如图 4.6 所示。

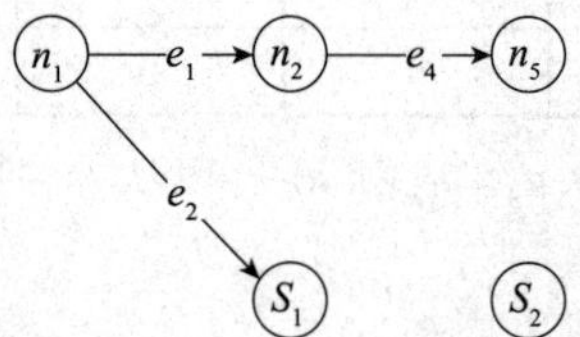

图 4.6　图 4.5 中图的压缩图

强分量使得我们可以通过删除循环和孤立节点来简化测试源代码。尽管这不像我们在一般图中所做的简化那样显著，但它确实解决了一个主要的测试难题。注意，有向图的压缩图中永远不会包含循环。（因为最大化这个操作，能够将循环压缩为一个划分。）而有向图的压缩图还有一个特殊的名称——有向无环图（DAG）。

许多关于结构化测试的论文都非常注重说明一点，即相对简单的程序其实拥有数百万条不同的执行路径。这样做的目的是让我们相信，穷举测试是根本无法做到的。大量的执行路径来自嵌套循环。压缩图可以消除循环（或至少将它们压缩到单个节点），因此，我们可以将其作为一种简化策略，否则就无法计算路径了。

4.3　测试中的图

在本章的最后，我们介绍四种在测试中使用最广泛的、特殊的图。第一种是程序图，主要用于单元测试级别。其他三种图分别是有限状态机、状态图和 Petri 网，它们最适合用于描述系统级行为，当然它们也可以用于较低级别的测试。

4.3.1　程序图

在本章的开头，我们已经强调过，尽量避免给图论定义进行过多的解释，以便在后面使用定义时有更好的灵活性。在这节，我们介绍在软件测试中最常见的图论用法——程序图。为了更好地与现有的测试文献保持一致，我们首先给出了传统的程序图定义，然后再给出一个改进的定义。

定义　给定一个采用命令式编程语言编写的程序，它的程序图是一个有向图，其中：

1. 传统定义。节点是程序语句，边代表控制流（从节点 i 到节点 j 有一条边，当且仅当节点 j 对应的语句可以在节点 i 对应的语句之后立即执行）。

2. 改进的定义。节点是完整语句或语句的片段，边表示控制流（从节点 i 到节点 j 存在一条边，当且仅当与节点 j 对应的语句或语句片段可以在节点 i 对应的语句或语句片段之后立即执行时。）

人们总是说“语句或语句片段”很麻烦，因此我们采用传统的语句来表示语句片段或者完整的语句。程序的形式化有向图能够非常精确地描述程序的测试内容。这种形式化的表述方式与结构化编程的规则之间有很好的关联。基本的结构化编程结构（顺序、选择和循环）都能表述为如图 4.7 所示的有向图。

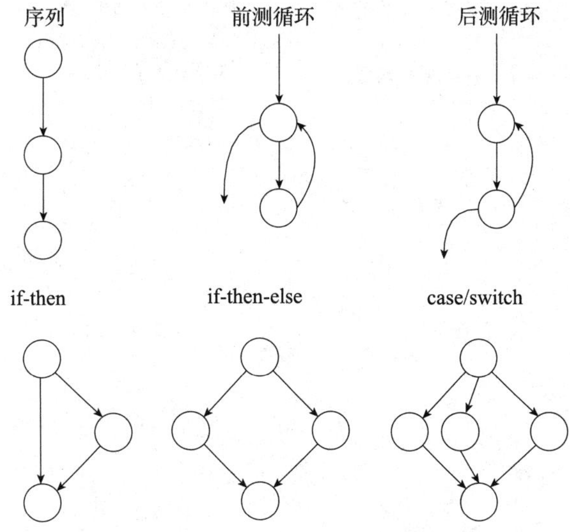

图 4.7 结构化程序中基本结构的图示

当一个结构化程序中包含这些基本结构时，对应的程序图可以通过串联或嵌套的方式将这些基本结构进行连接。而且单入口和单出口原则保证了程序图中具有唯一的源节点和汇聚节点。事实上，结构化程序之前的“意大利面式代码”(非结构化的）会产生一个非常复杂的程序图。例如，goto 语句会引入边，这些边可以随时产生进入或退出循环的分支，导致生成的程序图变得更加复杂。Thomas McCabe 是在这方面最早进行分析和研究的学者之一，他将图的环数推广为表征程序复杂度的指标（McCabe（1976））。当程序执行时，执行的语句构成了程序图中的一条路径。而循环和判定则大大增加了可能路径的数量，因此也增加了该程序对测试的需求。

程序图的问题之一是如何处理不可执行的语句，例如注释和数据声明语句。最简单的方案是忽略它们。另一个问题是程序图中的拓扑可行路径和程序中语义可行路径之间存在差异。我们将在第 8 章中更详细地讨论这一点。

4.3.2 有限状态机

有限状态机（FSM）已经成为描述需求规范时广泛采用的一种形式。在结构化分析的实时扩展以及几乎所有面向对象的分析中，都会用到某种形式的有限状态机。

定义 *有限状态机是有向图 FSM=(S, T)，其中 S 中的状态是节点，T 中的迁移是边。*

有限状态机与图之间有着密切的联系，例如，初始状态和结束状态可以表示为有向图中的初始节点和终端节点、迁移的序列可以被表示为路径等。大多数有限状态机的表达方式中都会在边（迁移）上添加信息，用来表示迁移发生的原因和结果动作。

图 4.8 是第 2 章中描述的车库门控制系统的有限状态机。(我们将在第 13 章和第 17 章重新讨论这个有限状态机。）这个有限状态机迁移上的标签遵循传统的表示方法，即“分子”是导致迁移发生的原因事件，“分母”是与迁移相关联的结果动作。导致迁移的事件是强制性的，但是结果动作是可选的。有限状态机非常适合用来表示各种事件以不同的顺序发生时系统表现出的不同状态。

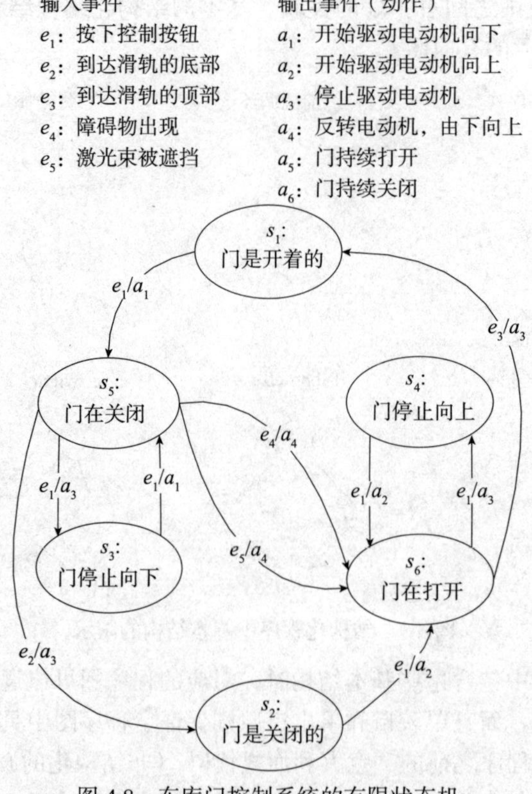

图 4.8　车库门控制系统的有限状态机

在符合一些约定的前提下，有限状态机是可执行的。第一个约定是当前状态的概念。我们可能会说一个系统"处于"某种状态，如果系统使用有限状态机进行建模，当前状态是指"我们所处的状态"。第二个约定是有限状态机可能会有一个初始状态，该状态就是在第一次进入有限状态机时的"当前状态"。（初始状态和最终状态分别是没有输入迁移和没有输出迁移的状态。）在任何时候只能有一个状态处于激活状态。我们还认为迁移是瞬时发生的，导致迁移发生的事件也只能一次发生一个。为了执行有限状态机，我们从初始状态开始，并提供一系列导致状态迁移的事件。随着每个事件的发生，迁移会改变当前状态并发生新的事件。通过这种方式，一个事件的序列可以走过一条状态路径（也是一个迁移的序列）。

请注意，在有限状态机的定义中，状态从未被真正定义过。这是仔细考虑过的，因为它们可以在不同的应用程序中有各自不同的解释，如图 4.8 所示。我们对"状态"给出一种一般性的表述：状态是某个命题为真的时间间隔。在车库门 FSM 中，状态 s_1 的命题是"门是开着的"。当事件 e_1 发生（按下控制器按钮）时，动作 a_1（开始驱动电动机下降）发生并且状态 s_1 命题不再为真。相反，状态 s_5（门在关闭）的命题是正确的。在一个构建良好的有限状态机中，状态命题应该是相互排斥的，并且在任何"时间点"，只有一个状态命题为真。（这保证了 FSM 一次只能"处于"一个状态。）第二个约定是不能同时发生两个事件。在车库门 FSM 中，一个示例是在状态 s_6（e_1 或 e_3）可能发生的两个事件中只有一个可以实际发生，因此只能进入状态 s_1 和 s_4 中的一个。这保留了在任何时间点只有一个状态可以"成为当前状态"的约定。

4.3.3 Petri 网

1963 年，Carl Adam Petri 在他的博士论文中提出了 Petri 网的概念。今天，Petri 网成为描述包含并发和分布式处理的协议类程序及其他程序的公认模型语言。Petri 网是有向图的一种特殊形式——二分有向图。(一个二分图有两组节点 V_1 和 V_2，以及一组边 E，限制条件是每条边的初始节点在 V_1 或 V_2 中，其终端节点在另一组中。) 在 Petri 网中包含两个集合，一个是“库所（place）”，另一个是“变迁（transition）”，分别表示为 P 和 T。库所是变迁的输入或输出，而输入和输出之间的关系构成函数，通常表示为输入函数和输出函数，下面给出 Petri 网的定义。

定义　Petri 网是一个二分有向图 (P, T, In, Out)，其中 P 和 T 是无交集的两个节点集，In 和 Out 是边集，其中 In $\subseteq P\times T$，Out $\subseteq T\times P$。

对于图 4.9 中的样本 Petri 网，集合 P、T、In 和 Out 分别是：

$$P = \{p_1, p_2, p_3, p_4, p_5\}$$
$$T = \{t_1, t_2, t_3\}$$
$$\text{In} = \{<p_1, t_1>, <p_5, t_1>, <p_5, t_3>, <p_2, t_3>, <p_3, t_2>\}$$
$$\text{Out} = \{<t_1, p_3>, <t_2, p_4>, <t_3, p_4>\}$$

Petri 网的执行方式比有限状态机更有意思。为了探讨 Petri 网的执行，我们先引入下面几个定义。

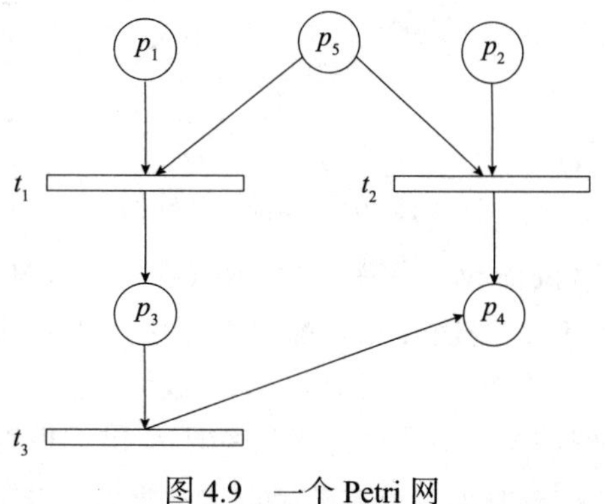

图 4.9　一个 Petri 网

定义　标记的 Petri 网是一个 5 元组 (P, T, In, Out, M)，其中 (P, T, In, Out) 是 Petri 网，M 是一个将库所映射到正整数的集合。

集合 M 称为 Petri 网的标记集。M 的元素是 n 元组，其中 n 是集合 P 中的库所数。对于图 4.10 中的 Petri 网，集合 M 包含 $<n_1, n_2, n_3, n_4, n_5>$ 形式的元素，其中 n 是与各个库所相关的整数。与库所相关的数字是指“在库所中”的令牌数量。令牌是一个在建模时可以根据情况进行解释的抽象概念。例如，令牌可能指的是一个库所被使用的次数，或者一个库所中某种东西的数量，或者这个库所是否为真。图 4.10 显示了一个标记的 Petri 网。

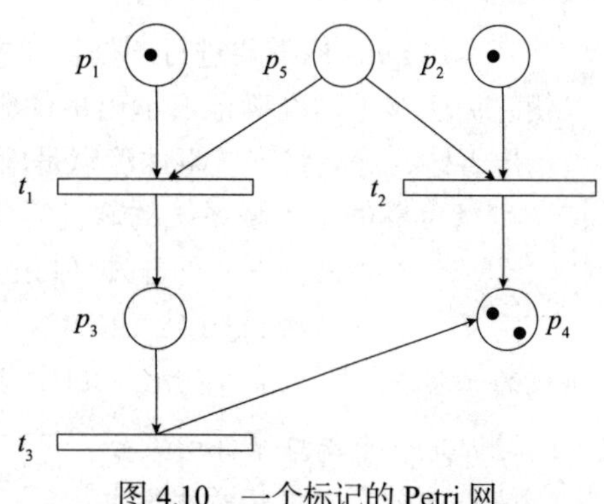

图 4.10　一个标记的 Petri 网

定义　Petri 网中的一个变迁是可用的，仅当每一个输入库所中至少存在一个令牌。图 4.10 中标记的 Petri 网的标记集是 <1, 1, 0, 2, 0>。借助 Petri 网中令牌的概念可以给出两个基本定义。图 4.10 表示的标记的 Petri 网中没有任何迁移是可用的。如果我们在 p_3 中放置一个令牌，则变迁 t_3 就变为可用的了。

定义　当一个 Petri 网的变迁点火时，从输入位置移除一个令牌，并将一个令牌添加到它的输出位置。

在图 4.11 中，变迁 t_2 在左图表示中是可用的，然后在右图中发生。图 4.11 中 Petri 网的标记序列包含两个元素，第一个显示 t_2 启用时的 Petri 网，第二个显示 t_2 发生后的 Petri 网标记：

$$M=\{<1, 1, 0, 2, 1>, <1, 0, 0, 3, 0>\}$$

令牌会通过变迁的发生被创建或销毁。在特殊情况下，网络中的令牌总数是维持不变的，我们也称这种 Petri 网是保守的。我们通常不用担心令牌的保守性。标记可以让我们以执行有限状态机的方式来执行 Petri 网。（事实上，我们可以认为有限状态机是 Petri 网的一种特殊形式）。

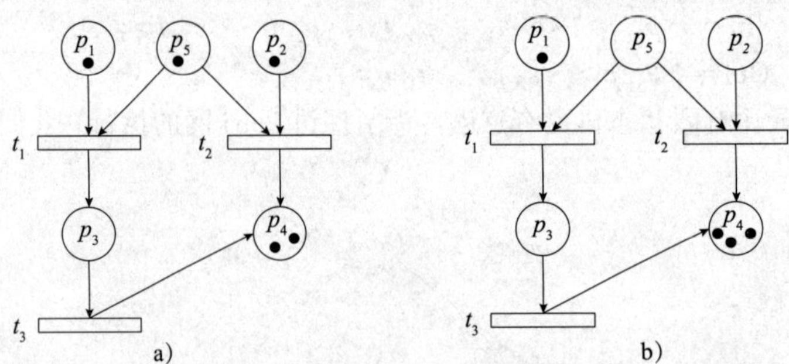

图 4.11　t_2 发生前后的网络

再来看一下图 4.11 中的 Petri 网。在图 4.11a 中（在任何变迁发生之前），位置 p_1、p_2 和 p_5 都被标记。有了这样的标记，变迁 t_1 和 t_3 都变为可用。我们选择点火变迁 t_2，这样 p_5 中的令牌就被移除，并且变迁 t_1 不再可用。同样，如果我们选择点火 t_1，那么变迁 t_2 变为不可用。这种模式被称为 Petri 网冲突。更具体地说，变迁 t_1 和 t_2 相对于库所 p_5 是冲突的。Petri 网冲突表示出了两个变迁之间存在的一种有意思的交互形式，我们将在第 13 章和第 16 章重新讨论这种（和其他）交互。

4.3.4　事件驱动的 Petri 网

基本的 Petri 网需要进行两处扩展才能成为事件驱动的 Petri 网（EDPN）。第一个扩展可以使它们能够更加准确地表示出事件驱动的系统，第二个扩展是处理对 Petri 网的标记，以表示出事件的静默状态。事件静默是面向对象应用程序中的一个重要概念。综合起来，这些扩展可以为事件驱动型系统的软件需求提供有效的和可操作的模型视图。它们最初被称为 OSD 网络（针对操作型软件开发）（Jorgensen（1989））。

定义　事件驱动 Petri 网（EDPN）是由三个节点集合 P、D 和 S 以及两个映射 In 和 Out 组成的三向图（P，D，S，In，Out），其中：

- ❑ P 是一个端口事件的集合。
- ❑ D 是一个数据库所的集合。
- ❑ S 是一个变迁的集合。

❑ In 是 $(P \cup D) \times S$ 的一组有序对。

❑ Out 是 $S \times (P \cup D)$ 的一组有序对。

EDPN 能够表达第 13 章中定义的五种基本系统结构中的四种，只有设备无法表达。变迁的集合 S 对应普通的 Petri 网变迁，也可以被解释为动作。

两种库所——端口事件和数据库所——是 S 中变迁的输入或输出，由输入和输出函数 In 和 Out 定义。线程是 S 中的一系列变迁，因此我们总是可以从线程中变迁的输入和输出构造线程的输入和输出。EDPN 的图形表示方式与普通 Petri 网大致相同，唯一的区别是利用三角形表示了端口事件型库所。图 4.12 中的 EDPN 有 s_7、s_8、s_9 和 s_{10} 四个变迁、p_3 和 p_4 两个端口输入事件，以及 d_5、d_6 和 d_7 三个数据库所。图 4.12 中的 Petri 网没有端口输出事件。

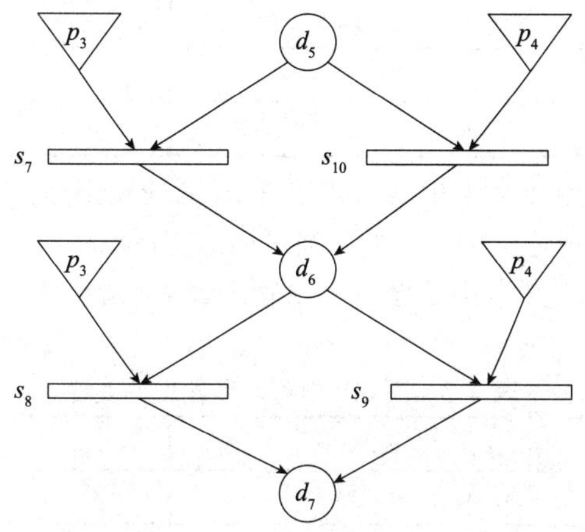

图 4.12　一个事件驱动的 Petri 网

图 4.12 中的 EDPN 对应为雨刷器控制系统的刻度盘部分开发的有限状态机。该网络的组成部分在表 4.1 中进行描述。

表 4.1　图 4.12 中的 EDPN 元素

元素	类型	描述
p_3	端口输入事件	顺时针旋转表盘
p_4	端口输入事件	逆时针旋转表盘
d_5	数据库所	转到位置 1
d_6	数据库所	转到位置 2
d_7	数据库所	转到位置 3
s_7	变迁	状态变迁：d_5 到 d_6
s_8	变迁	状态变迁：d_6 到 d_7
s_9	变迁	状态变迁：d_6 到 d_7
s_{10}	变迁	状态变迁：d_5 到 d_6

因为我们希望能够处理事件静默，所以 EDPN 的标记更复杂一些。

定义　EDPN（P，D，T，In，Out）的标记 M 是 p 元组的序列 $M=<m_1, m_2, \cdots, m_p>$，其中 $p=k+n$，k 和 n 分别是集合 P 和 D 中的元素数量。p 元组中的每一个元素表示事件或数据库所中令牌的数量。

按照惯例，我们将首先表示数据库所，然后是输入事件库所，最后是输出事件位置。一个 EDPN 可以有任意数量的标记，每个标记都对应网络的一次执行。表 4.2 表示图 4.12 中 EDPN 标记的一个示例。

表 4.2 图 4.12 中 EDPN 的标记

元组	(p_3, p_4, d_5, d_6, d_7)	描述
m_1	(0, 0, 1, 0, 0)	从状态 d_5 开始
m_2	(1, 0, 1, 0, 0)	p_3 发生
m_3	(0, 0, 0, 1, 0)	进入状态 d_6
m_4	(1, 0, 0, 1, 0)	p_3 发生
m_5	(0, 0, 0, 0, 1)	进入状态 d_7
m_6	(0, 1, 0, 0, 1)	p_4 发生
m_7	(0, 0, 0, 1, 0)	进入状态 d_6

EDPN 中的变迁的可用和发生规则与传统 Petri 网的规则完全相同。如果每个输入库所中至少有一个令牌，则变迁是可用的，并且当可用的变迁发生时，从其每个输入库所中移除一个令牌，并在其每个输出库所中放置一个令牌。表 4.3 遵循表 4.2 中给出的标记顺序，表示出可用和发生的变迁。

表 4.3 表 4.2 中可用和发生的变迁

元组	(p_3, p_4, d_5, d_6, d_7)	描述
m_1	(0, 0, 1, 0, 0)	没有可用的变迁
m_2	(1, 0, 1, 0, 0)	s_7 可用，s_7 发生
m_3	(0, 0, 0, 1, 0)	没有可用的变迁
m_4	(1, 0, 0, 1, 0)	s_8 可用，s_8 发生
m_5	(0, 0, 0, 0, 1)	没有可用的变迁
m_6	(0, 1, 0, 0, 1)	s_9 可用，s_9 发生
m_7	(0, 0, 0, 1, 0)	没有可用的变迁

EDPN 和传统 Petri 网之间的重要区别在于，可以通过在端口输入事件型库所中创建令牌来打破事件静默。在传统的 Petri 网中，当没有变迁可用时，称这个网络是死锁的。在 EDPN 中，当没有变迁可用时，该网络处于事件静默点。（当然，因为没有事件发生，这和死锁是一样的。）在表 4.3 的线程中发生了 4 次事件静默，分别在 m_1、m_3、m_5 和 m_7 处。

标记序列中的各个成员可以被认为是在离散时间点执行 EDPN 的快照，这些成员也可以被称为时间步长、p 元组或标记向量。这让我们可以将时间视为有序的，以便我们识别出“之前”和“之后”。如果我们将瞬时时间作为端口事件、数据库所和变迁的属性，我们就可以更清楚地了解线程的行为。但是这样做的缺点是不知道如何在端口输出事件中处理令牌。在一个普通的 Petri 网中，端口输出库所的输出度始终为 0，所以无法从具有零输出度的库所中移除令牌。如果端口输出事件中的令牌持续存在，则表明事件会无限期地发生。在这里，我们可以再次使用时间属性来解决问题，这次需要一个标记来表示输出事件的持续时间。（另一种解决方法是在一个时间步长之后从标记的输出事件库所中移除令牌，这种方法使用起来尚可。）

4.3.5　状态图

David Harel 在开发状态图这种技术时有两个目标，他想设计一种可视化的符号表示方法，能够将 Venn 图表达层次结构的能力与有向图表达连通性的能力融合在一起（Harel（1988））。这两种表达方式的融合不仅可以为普通有限状态机的“状态爆炸”问题提供最佳的解决方案，而且可以开发出一种高度复杂且非常精确的符号系统，这个符号系统可以由商业 CASE 工具提供支持，特别是来自 IBM 的 StateMate 系统。状态图现在是 IBM 统一建模语言（UML）的首选控制模型。(有关更多详细信息，请参阅 http://www-306.ibm.com/software/rational/uml/。)

Harel 使用方法论的中性术语“块（blob）”来描述状态图的基本块。块可以包含其他块，就像 Venn 图显示集合包含一样。块也可以通过边连接到其他块，就像连接有向图中的节点一样。在图 4.13 中，块 *A* 包含两个块 (*B* 和 *C*)，它们由边连接。块 *A* 也通过一条边连接到块 *D*。

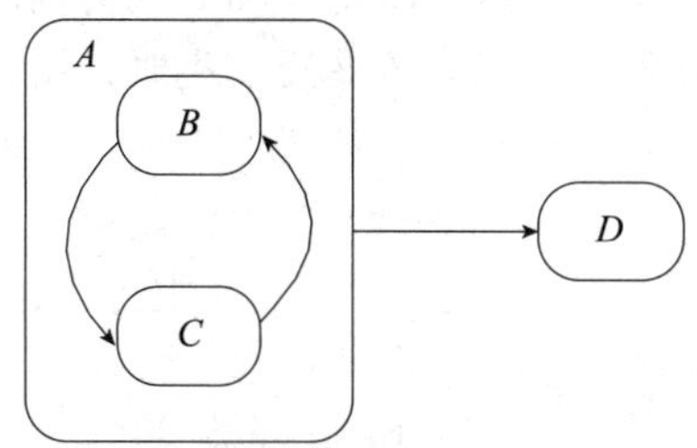

图 4.13　状态图中的块

正如 Harel 所希望的，我们可以将块解释为状态，将边解释为变迁。完整的状态图系统支持一种复杂的语言，该语言定义了变迁发生的方式和时间（本节是一个高度简化的介绍）。状态图的执行方式比普通的有限状态机要复杂得多。执行状态图需要一个类似 Petri 网标记的概念。状态图的“初始状态”由没有源状态的边指示。

当存在状态嵌套时，仍然可以用相同的表示方法来显示较低级别的初始状态。在图 4.14 中，状态 *A* 是初始状态，进入状态 *A* 时，也意味着同时进入了较低级别的状态 *B*。进入一个状态时，我们可以认为它是活动的，类似于 Petri 网中的一个标记库所。(状态图工具使用颜色来显示哪些状态是活动的，这相当于在 Petri 网中标记库所。) 在图 4.15 中存在一个微妙之处，从状态 *A* 到状态 *D* 的变迁一开始似乎是模棱两可的，因为它没有明显地识别状态 *B* 和 *C*。通常的惯例是边必须在状态的轮廓上开始和结束（Harel 使用术语“轮廓（contour)”）。如果一个状态包含子状态，就像状态 *A* 一样，那么边就“指向”了所有子状态。因此，从 *A* 到 *D* 的边意味着变迁既可以从状态 *B* 发生也可以从状态 *C* 发生。如果我们有从状态 *D* 到状态 *A* 的边，如图 4.14 所示，状态 *B* 被指示为初始状态意味着变迁实际上是从状态 *D* 到状态 *B*。这种约定大大降低了有限状态机看起来像“意大利面式代码”的趋势。

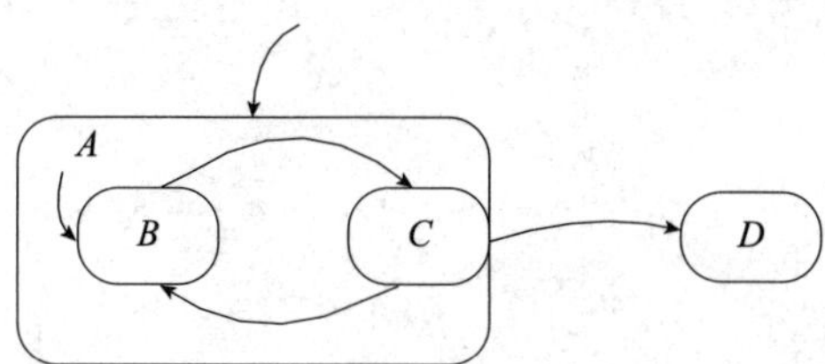

图 4.14　状态图中的初始状态

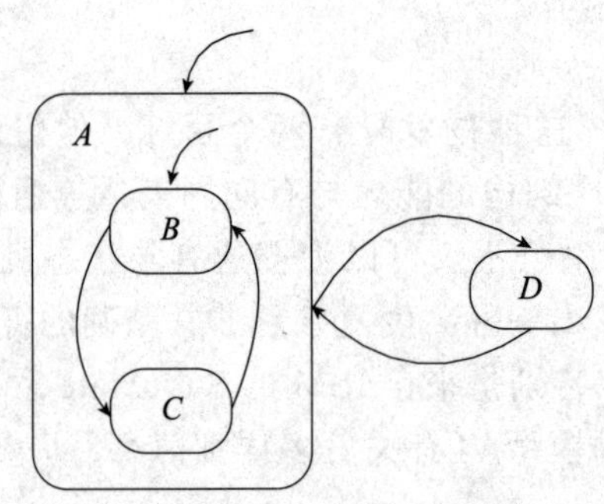

图 4.15　默认进入子状态

最后，我们将讨论并发状态图的概念。状态 D 中的虚线（见图 4.16）用于表示状态 D 其实指的是两个并发的状态 E 和 F。（Harel 的约定是将 D 的状态标签移到状态框边上的矩形标签中。）尽管此处未显示，但我们仍然可以将 E 和 F 视为同时执行的两个独立设备。因为状态 A 的边终止于状态 D 的边界，所以当该变迁发生时，设备 E 和 F 都处于活动状态（类似于 Petri 网中的标记）。

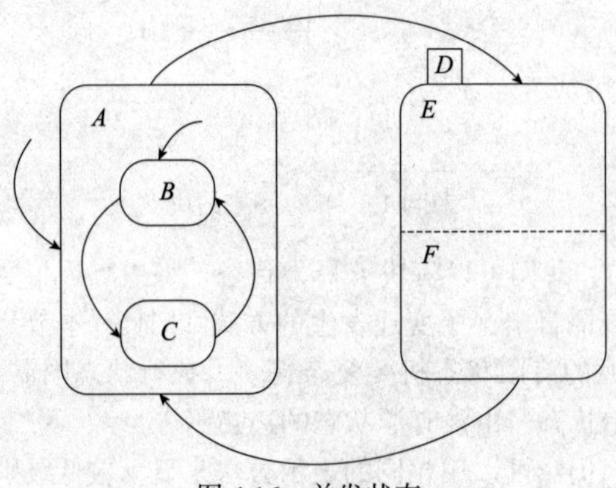

图 4.16　并发状态

4.4　习题

1. 给出一个图中路径长度的定义。
2. 如果在图 4.1 中，在节点 n_5 和 n_6 之间添加一条边，会创建出什么样的循环？
3. 如何证明 3- 连通性是有向图节点上的等价关系。
4. 计算图 4.7 中每个结构化编程结构的环复杂度。
5. 图 4.17 中的有向图是通过向图 4.5 中的有向图添加节点和边而获得的。计算每个新有向图的环复杂度，并解释这些变化如何影响复杂度。

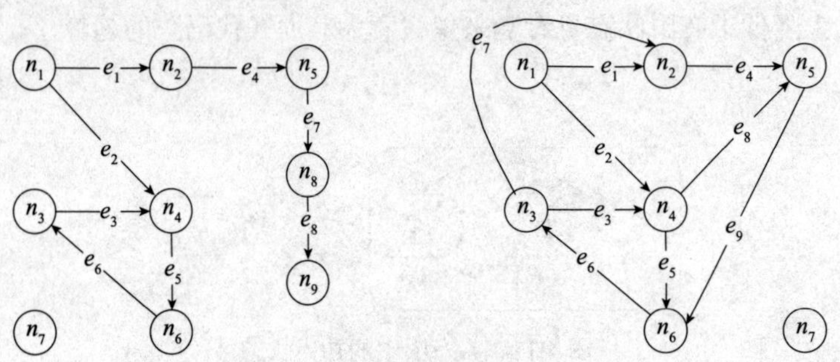

图 4.17　增加边对环复杂度的影响

6. 假设我们制作了一个图，其中节点是人，边对应于某种形式的社交互动，例如“交谈”或“社交”。探查与流行度、小圈子和隐士等社会概念相对应的图论概念。这对想要分析 Facebook 好友的人有什么影响？
7. 从图论的角度讨论流行的“六度分离”。（2008 年，在检查了 300 亿次电子对话后，微软研究人员计算出地球上任何两个人之间的分离度为 6.6，可以四舍五入为 7。）
流行病学家如何使用有向图追踪病毒流行？

4.5 参考文献

Harel, David, On visual formalisms, *Communications of the ACM*, Vol. 31, No. 5, pp. 514–530, May, 1988.

第二部分

单元测试

我们先来解释一下术语“单元”。关于单元的组成，有几种解释方式。在面向过程编程语言（procedural programming language）中，单元可以代表以下几种含义：

- 一个独立的过程。
- 一个函数。
- 一段完成独立功能的代码片段。
- 一页源代码。
- 可以在 4~40h（在工作分解结构中）之内完成的一段代码。
- 能够独立编译并执行的最小的代码片段。

在面向对象编程语言中，关于单元有一个共识：一个类（class）就是一个单元。但是，类中的方法（method）也可能完全符合上文中介绍的面向过程编程语言中单元的定义。

最好是由实现代码的组织自己来确定如何定义单元。我个人的建议是：一个单元应该是被一个人或者一个小组成员独立设计、编码和测试的一段程序。本书第 5~10 章是关于单元级测试的讨论。

边界值测试

在第 3 章我们说过，函数将一个集合（其定义域）里面的数值映射到另一个集合（其值域），函数的定义域和值域也可能是其他集合的叉乘积。任何程序都可以在某种程度上被视为一个函数，程序的输入就是定义域，输出就是值域。本章和后面两章，我们将研究如何使用程序的函数本质，来设计程序的测试用例。输入域测试（也称为边界值测试）是最为人熟知的一种基于规范的测试技术。历史上看，这种类型的测试通常集中在输入域测试，事实上，这种测试技术也有很多基于值域进行测试用例设计的补充。

关于输入域测试，还有另外两个值得考虑的地方。第一个要考虑的是我们是否需要关注变量的非法值。常规的边界值测试，只关注输入变量的有效值，带有鲁棒性的边界值测试需要同时考虑非法值和有效值。第二个要考虑的是我们是否需要按照可靠性理论，假设存在单点故障。这一假设的前提是单个变量的不正确值导致了失效的发生，如果不能保证这一点，我们就得考虑两个或更多变量的交互关系，也就是说我们需要考虑独立变量之间的叉乘积。总体来说，一共存在四种边界值测试的变体：

- 常规边界值测试（NBVT）。
- 鲁棒性边界值测试（RBVT）。
- 最坏情况边界值测试（WCBVT）。
- 带有鲁棒性最坏情况边界值测试（RWCBVT）。

为便于理解，本章的讨论以函数 F 为例，F 有两个变量 x_1 和 x_2。如果将 F 视为一个程序，那么输入变量 x_1 和 x_2 就有以下几种可能的边界值：

$$a \leqslant x_1 \leqslant b$$
$$c \leqslant x_2 \leqslant d$$

很显然，$[a, b]$ 和 $[c, d]$ 这两个区间用来指代 x_1 和 x_2 的取值范围，但事实上，“取值范围”这个词存在一定的误解。从上下文中，我们能够很清楚地看出其预期的含义。强类型的语言（例如 Ada 和 Pascal）要求这类变量必须显式定义其值域。实际上，因为一些历史原因，强类型这个概念就是要阻止程序员犯下那些很容易被边界值测试发现的错误。因此，对于使用非强类型语言的程序员来说，边界值测试就非常适用。我们这里的函数 F，其输入空间（也就是输入域）如图 5.1 所示。任何阴影部分的点（包括边界上的点）都是函数 F 的合法输入。

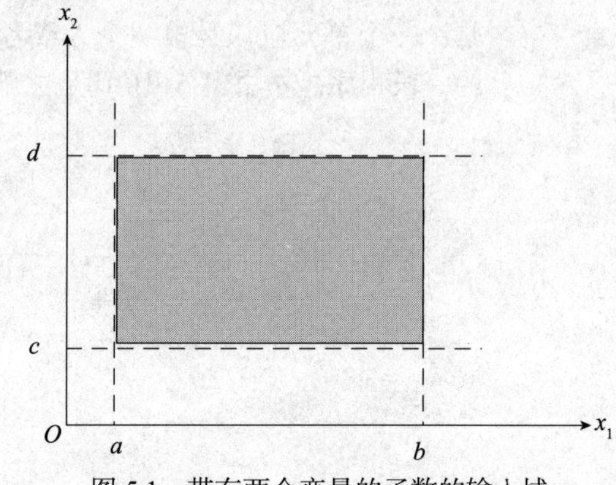

图 5.1　带有两个变量的函数的输入域

5.1 常规边界值测试

上文所述的四种边界值测试技术，都使用输入空间的边界值来设计测试用例。边界值测试背后的逻辑是：在输入变量的极限值（边界值）附近很容易发生错误。以循环条件为例，很可能将小于等于（≤）误写成小于（<），而计数器就很容易发生“错一个位”这样的错误。在有些编程语言中，计数器从 0 开始，有些则是从 1 开始。边界值分析的基本原理是使用最小值、略大于最小值、常规值、略小于最大值和最大值这五种边界值。在 20 世纪 90 年代早期，有一个商用的测试工具（最开始名为 T），可以针对具有良好规范的程序生成这类测试用例。这个工具与两个当时普遍使用的前端 CASE 工具可以无缝集成。更多信息请参见 http://www.aonix.com/pdf/2140-AON.pdf。工具 T 将这些边界值表示为 min、min+、nom、max− 和 max。如果设计带有鲁棒性的边界值，则增加两个值 min− 和 max+。

边界值分析的第二步基于一个关键的假设，在可靠性理论中，我们称之为“单点故障”假设。也就是说，程序中同时发生两个或更多错误的情况是极小概率事件。所以，在生成常规用例和鲁棒性用例时，仅让其中一个变量的取值发生变化，也就是让它在边界值分析得到的取值集合中取值，而其余的变量则取一个固定的正常值。

使用常规边界值分析方法生成测试用例，针对图 5.2 所示的带有两个变量的函数 F，我们使用常规边界值分析方法生成以下测试用例：

$\{<x_{1nom}, x_{2min}>, <x_{1nom}, x_{2min+}>, <x_{1nom}, x_{2nom}>, <x_{1nom}, x_{2max-}>, <x_{1nom}, x_{2max}>, <x_{1min}, x_{2nom}>, <x_{1min+}, x_{2nom}>, <x_{1max-}, x_{2nom}>, <x_{1max}, x_{2nom}>\}$

本书第 18 章所介绍的全配对测试技术，与单点故障的假设刚好相反。在软件控制的医疗系统中，几乎所有的错误都是由于一对变量之间的交互结果产生的。而这就是最坏情况边界值测试法背后的逻辑。

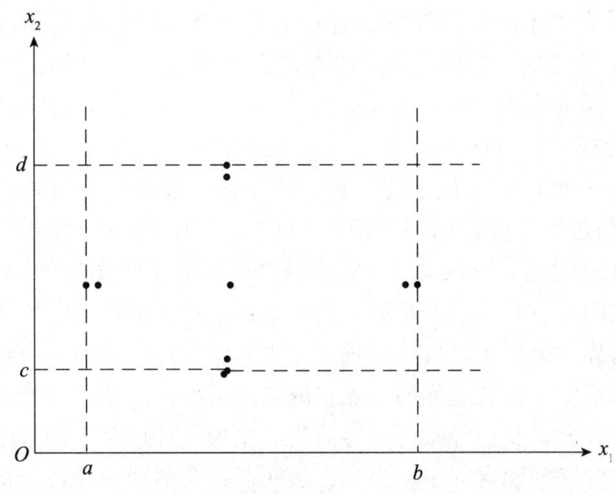

图 5.2　带有两个变量的函数，边界值分析的测试用例

5.1.1 通用边界值分析

基本的边界值分析技术，可以使用两种方法生成测试用例：根据变量的个数和根据值域的类型。根据变量的个数生成测试用例是很容易的。假设某个函数有 n 个变量，我们选择其中一个变量进行边界值分析，分别设置为 min、min+、nom、max− 和 max 五个边界值，其

余变量则保持取值不变。然后我们再针对所有变量执行这个操作。对于 n 个变量的函数，使用边界值分析法，我们可以得到 $4n+1$ 个不重复的测试用例。

根据值域来生成测试用例，结果会更依赖变量的本质（更确切地说是类型）。以 NextDate 函数为例，其变量包括年（year）、月（month）和日（day）三个变量。我们使用 1 代表 1 月、2 代表 2 月，以此类推。如果是类似 Pascal 和 Ada 这种支持用户自定义类型的语言，我们可以将月份这个变量定义为枚举类型 {1 月 , 2 月 ,…, 12 月 }。不管用哪种方法，我们都可以从上下文清楚地确认 min、min+、nom、max– 和 max 这几个边界的数值。如果一个变量是离散的，而且带有清晰的边界数值，比如在佣金问题中的变量，那么就很容易确定 min、min+、nom、max– 和 max 的数值。如果变量没有显式的边界（例如三角形问题），我们就会创造一个“人为的”边界。比如边长的下边界很明显可以为 1（边长为负就比较愚蠢了）。但是边长的上边界要如何确认呢？默认的最大整数边界在有些语言中定义为 MAXINT，它是个可选项。或者我们干脆定一个随机数（比如 200 或 2000）作为上边界。对于其他数据类型来说，只要一个变量的取值支持某种排序关系（详见第 3 章），我们就能比较容易地确定 min、min+、nom、max– 和 max 的数值。对于小写字符来说，测试输入通常就是 $\{a, b, m, y, z\}$。

对于布尔变量来说，边界值分析没有什么意义。布尔变量只能取值 TRUE 和 FALSE，不太可能出现第三个数值。在第 7 章我们可以看到，布尔变量特别适用于决策表技术。对逻辑变量使用边界值方法也是个难题。在登录（login）的例子中，用户的密码就是个逻辑变量，手机号码也是。对于这些数值来说，我们可以使用边界值分析法来进行过程演示，但是这样的练习对于测试人员来说意义不大。

5.1.2　边界值分析的局限性

如果被测程序具有多个独立的变量，且每个变量都代表具有明确边界的物理量，此时边界值分析法是非常适用的。数学上说，变量必须是真实可排序的，也就是说，在有序对 $<a, b>$ 中，每一对变量 a 和 b，都可以说 $a \leqslant b$。在第 3 章，我们曾详细描述顺序关系的定义。汽车的颜色集合或者足球队名的集合不支持排序关系，因此不适用于使用边界值分析的测试方法。这里我们要注意“独立的”和“物理量”这两个关键词。让我们快速浏览一下 NextDate 程序中的边界值分析的测试用例（见 5.5 节），你可以看到这些测试用例是不充分的。其中，针对 2 月的压力测试就很少，而且几乎没有关于闰年的测试。问题就出在年、月、日这三个变量之间，它们存在非常有趣的依赖性。边界值测试需要假设每个变量都是独立的。尽管如此，边界值分析还是碰巧发现了月末和年末这两种情况下可能发生的错误。边界值分析的测试用例通常来自有边界的、独立的物理量的极限值，基本不考虑函数的本质或变量在语义上的含义。所以我们经常把边界值测试视为一种最基本的方法，因为它们几乎不关注变量的内在需求含义和隐含需求。当然，从我们花费的成本来说，边界值测试也就只能达到这样的效果了。

除了独立性，物理量原则也是同等重要的。如果一个变量指代一个物理量，比如温度、压力、空速、迎角、负载等，这些变量的物理边界是非常重要的。在 1992 年 6 月 26 日，凤凰城的 Sky Harbor 国际机场被迫关闭，因为当天的气温达到了 122 ℉（50℃）。飞行员没法完成起飞前特定的仪器设置，因为这些仪器能够接受的气温极值是 120 ℉（约 49℃）。再来看一个例子，医疗分析系统使用步进电机驱动器来定位传送带上的样品。结果人们发现，每次把传送带退回起点时，机械臂总是会错过第一个样品。

5.2 鲁棒边界值测试

鲁棒边界值测试法是常规边界值测试法的简单扩充，除了变量的常规五个边界值以外，还需要测试略超出变量最高值的情况或略低于变量最低值的情况下，软件会发生什么情况。鲁棒边界值法生成的测试用例见图 5.3。

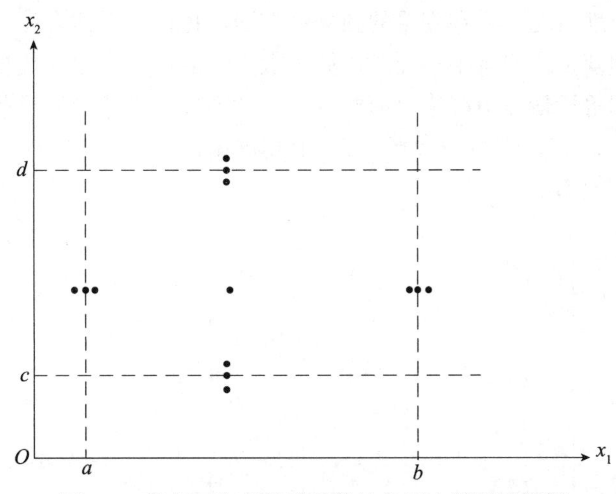

图 5.3 带有两个变量的函数的鲁棒边界测试用例

常规边界值分析方法中的绝大多数内容都直接适用于鲁棒性测试，尤其是生成用例的方法及其局限性。鲁棒性测试最有趣的地方不在于如何确定输入，而在于如何确定输出。如果一个物理量超过其最大值，会发生什么？如果飞行器机翼的攻角超过了边界值，飞行器可能就会失速。如果这是个日期（比如 5 月 32 日），我们就会预期弹出一个错误消息。鲁棒性测试的主要价值就在于它格外关注软件的意外处理。在强类型语言中，鲁棒性测试可能会显得非常笨拙。因为在强类型语言中，如果一个变量被定义在特定的区间里，那么变量一旦超出该区间就会引发软件的运行时错误，然后退出正常的执行。这也引出了一个有趣而又现实的决策问题。在实际项目中，为了达到考察鲁棒性的目标，我们是通过显性的鲁棒边界值来对软件的异常处理进行测试好呢，还是坚持相信强类型语言的要求好呢？通常，软件异常处理部分强制要求进行鲁棒性测试。

有些时候没法实施鲁棒性测试。比如水温的边界，可能是 0℃≤水温≤ 100℃。对于低于 0℃的情况，水就变成了冰；对于高于 100℃的情况，水又变成了水蒸气。如果应用程序中使用水温来表示液体的特性，比如黏性或盐的溶解性，那么鲁棒性测试在这种情况下就没有任何实际的意义。

5.3 最坏情况边界值测试

不管是常规边界值测试，还是鲁棒边界值测试，正如我们之前所说的，都是在可靠性理论的单点故障假设下实现的。本章我们将常规的最坏情况边界值测试和鲁棒性最坏情况边界值测试一起讨论，因为两者相似度颇高。此时我们不做单点故障假设，因为我们更加关注一个以上的变量处于极限值时系统的反应如何。在电路分析中，这叫作最坏情况分析。此处我们也是用这个概念来生成最坏情况的测试用例。对于每个变量来说，我们先从五个元素的集合开始，包括 min、min+、nom、max- 和 max 五个数值。然后我们使用这些集合的笛卡儿积（见第 3 章）来生成测试用例。

图 5.4 所示为两个变量的情况。很明显，最坏情况边界值测试要更加充分，因为常规边界值分析的测试用例是最坏情况测试用例的一个子集。同时，这样做的成本也高很多，对于一个有 n 个变量的函数来说，最坏情况边界值分析产生 $5n$ 个测试用例，与之对应的，是常规边界值分析产生的 $4n+1$ 个测试用例。最坏情况测试用的也是边界值分析时的生成模式，因此也有同样的局限性，尤其是在变量的独立性方面。也许，最适合使用最坏情况边界值测试的场景，就是物理变量之间有很多交互，而函数失效后会产生很大代价的场景。在极限情况下，我们可以使用鲁棒最坏情况边界值测试。这就需要在鲁棒边界值测试中，使用七个元素的集合进行笛卡儿积，结果大概会产生 $7n$ 个测试用例。图 5.5 显示了两个变量的情况下最坏情况边界值测试的图示。

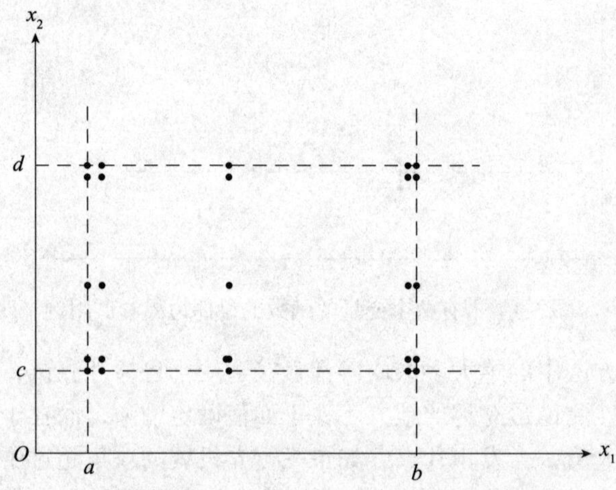

图 5.4　带有两个变量的函数的最坏情况测试用例（一）

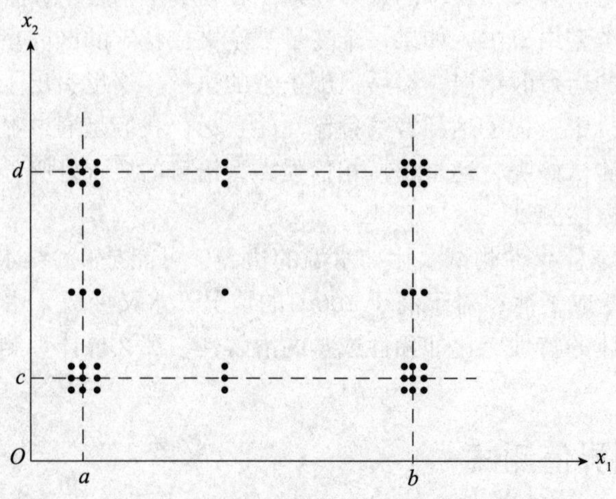

图 5.5　带有两个变量的函数的最坏情况测试用例（二）

5.4　特殊值测试

特殊值测试可能是功能测试中使用最广泛的测试方法。同时，也是最依赖直觉、最不正规的测试方法。如果测试人员想要基于领域知识、过往的测试经验，或对于某个“薄弱环节”来设计测试用例，那么特殊值测试最为适用。我们也可以称之为特别测试。此时的最佳实践就是最佳工程判断。因此特殊值测试高度依赖测试人员的能力。

除了这些明显的劣势以外，特殊值测试有时也是非常有用的。后面我们会对两个之前使用的案例使用特殊值测试法进行用例设计。如果仔细观察就会发现，这两个案例中的测试用例都不够充分，尤其是 NextDate 函数。但是如果使用特殊值测试法，用例中就一定会包含诸如 2 月 28 日、2 月 29 日和闰年的例子。虽然特殊值测试有很强的主观性，但它可能会生成揭示错误效率非常高的测试用例集，比边界值测试可能高得多，而这正是软件测试工艺师的价值所在。

5.5 案例

下面的两个例子，都是带有三个变量的函数。如果把每个问题的测试用例都写出来，是非常占篇幅的，所以我们只选择了一些样本（靠近“角落”的数值），来说明最坏情况边界测试和鲁棒性最坏情况边界测试。

5.5.1 三角形问题的测试用例

在三角形问题中，并没有规定边长的条件，只规定边长为整数类型。毫无疑问，边长值的下界都是 1。我们随机选取 200 作为边长值的上界。对于每个边长来说，测试数据可以是 {1, 2, 100, 199, 200}。鲁棒边界值测试用例会在此基础上增加 {0, 201}。表 5.1 表示使用这些边界数值构建的测试用例。注意，测试用例 3,8,13 是完全一样的（表中的粗体部分），所以需要删除其中的两个。同样应注意的是，表中缺少对不等边三角形这种情况进行覆盖的测试用例。

表 5.1 常规边界值测试用例

测试用例	*a*	*b*	*c*	预期结果
1	100	100	1	等腰三角形
2	100	100	2	等腰三角形
3	**100**	**100**	**100**	**等边三角形**
4	100	100	199	等腰三角形
5	100	100	200	非三角形
6	100	1	100	等腰三角形
7	100	2	100	等腰三角形
8	**100**	**100**	**100**	**等边三角形**
9	100	199	100	等腰三角形
10	100	200	100	非三角形
11	1	100	100	等腰三角形
12	2	100	100	等腰三角形
13	**100**	**100**	**100**	**等边三角形**
14	199	100	100	等腰三角形
15	200	100	100	非三角形

如果将这些测试数据进行叉乘，将产生 125 个测试用例（其中有些是重复的），全部列出来会很累赘。我们可以很容易地用电子表格生成测试用例全集。表 5.2 只列出了三角形问题的前 25 个最坏情况边界值测试用例。你可以把它们想象成一个穿过立方体的平面切片（实际上它是一个长方体），其中 a=1，而另外两个变量取其全集的交叉乘积。如果我们观察一下使用常规边界值生成的测试用例，会发现这些用例不能覆盖不等边三角形。

表 5.2　最坏情况边界测试用例（节选）

测试用例	a	b	c	预期结果
1	1	1	1	等边三角形
2	1	1	2	非三角形
3	1	1	100	非三角形
4	1	1	199	非三角形
5	1	1	200	非三角形
6	1	2	1	非三角形
7	1	2	2	等腰三角形
8	1	2	100	非三角形
9	1	2	199	非三角形
10	1	2	200	非三角形
11	1	100	1	非三角形
12	1	100	2	非三角形
13	1	100	100	等腰三角形
14	1	100	199	非三角形
15	1	100	200	非三角形
16	1	199	1	非三角形
17	1	199	2	非三角形
18	1	199	100	非三角形
19	1	199	199	等腰三角形
20	1	199	200	非三角形
21	1	200	1	非三角形
22	1	200	2	非三角形
23	1	200	100	非三角形
24	1	200	199	非三角形
25	1	200	200	等腰三角形

5.5.2　NextDate程序的测试用例

表 5.3 展示了 NextDate 程序的全部 125 个最坏情况测试用例。让我们花一点时间观察一下，这里面是否存在没有被覆盖的功能和冗余的测试用例？是否真的有人想要在 5 个不同的年份里都测试 1 月 1 日？但是 2 月的最后一天却没有得到充分的测试，用例中既没有针对 2 月 28 日的测试用例，也没有针对 2 月 29 日的测试用例。

表 5.3 最坏情况测试用例

测试用例	月	日	年	预期结果
1	1	1	1842	1, 2, 1842
2	1	1	1843	1, 2, 1843
3	1	1	1942	1, 2, 1942
4	1	1	2041	1, 2, 2041
5	1	1	2042	1, 2, 2042
6	1	2	1842	1, 3, 1842
7	1	2	1843	1, 3, 1843
8	1	2	1942	1, 3, 1942
9	1	2	2041	1, 3, 2041
10	1	2	2042	1, 3, 2042
11	1	15	1842	1, 16, 1842
12	1	15	1843	1, 16, 1843
13	1	15	1942	1, 16, 1942
14	1	15	2041	1, 16, 2041
15	1	15	2042	1, 16, 2042
16	1	30	1842	1, 31, 1842
17	1	30	1843	1, 31, 1843
18	1	30	1942	1, 31, 1942
19	1	30	2041	1, 31, 2041
20	1	30	2042	1, 31, 2042
21	1	31	1842	2, 1, 1842
22	1	31	1843	2, 1, 1843
23	1	31	1942	2, 1, 1942
24	1	31	2041	2, 1, 2041
25	1	31	2042	2, 1, 2042
26	2	1	1842	2, 2, 1842
27	2	1	1843	2, 2, 1843
28	2	1	1942	2, 2, 1942
29	2	1	2041	2, 2, 2041
30	2	1	2042	2, 2, 2042
31	2	2	1842	2, 3, 1842
32	2	2	1843	2, 3, 1843
33	2	2	1942	2, 3, 1942
34	2	2	2041	2, 3, 2041
35	2	2	2042	2, 3, 2042

（续）

测试用例	月	日	年	预期结果
36	2	15	1842	2, 16, 1842
37	2	15	1843	2, 16, 1843
38	2	15	1942	2, 16, 1942
39	2	15	2041	2, 16, 2041
40	2	15	2042	2, 16, 2042
41	2	30	1842	无效日期
42	2	30	1843	无效日期
43	2	30	1942	无效日期
44	2	30	2041	无效日期
45	2	30	2042	无效日期
46	2	31	1842	无效日期
47	2	31	1843	无效日期
48	2	31	1942	无效日期
49	2	31	2041	无效日期
50	2	31	2042	无效日期
51	6	1	1842	6, 2, 1842
52	6	1	1843	6, 2, 1843
53	6	1	1942	6, 2, 1942
54	6	1	2041	6, 2, 2041
55	6	1	2042	6, 2, 2042
56	6	2	1842	6, 3, 1842
57	6	2	1843	6, 3, 1843
58	6	2	1942	6, 3, 1942
59	6	2	2041	6, 3, 2041
60	6	2	2042	6, 3, 2042
61	6	15	1842	6, 16, 1842
62	6	15	1843	6, 16, 1843
63	6	15	1942	6, 16, 1942
64	6	15	2041	6, 16, 2041
65	6	15	2042	6, 16, 2042
66	6	30	1842	7, 1, 1842
67	6	30	1843	7, 1, 1843
68	6	30	1942	7, 1, 1942
69	6	30	2041	7, 1, 2041
70	6	30	2042	7, 1, 2042

（续）

测试用例	月	日	年	预期结果
71	6	31	1842	无效日期
72	6	31	1843	无效日期
73	6	31	1942	无效日期
74	6	31	2041	无效日期
75	6	31	2042	无效日期
76	11	1	1842	11, 2, 1842
77	11	1	1843	11, 2, 1843
78	11	1	1942	11, 2, 1942
79	11	1	2041	11, 2, 2041
80	11	1	2042	11, 2, 2042
81	11	2	1842	11, 3, 1842
82	11	2	1843	11, 3, 1843
83	11	2	1942	11, 3, 1942
84	11	2	2041	11, 3, 2041
85	11	2	2042	11, 3, 2042
86	11	15	1842	11, 16, 1842
87	11	15	1843	11, 16, 1843
88	11	15	1942	11, 16, 1942
89	11	15	2041	11, 16, 2041
90	11	15	2042	11, 16, 2042
91	11	30	1842	12, 1, 1842
92	11	30	1843	12, 1, 1843
93	11	30	1942	12, 1, 1942
94	11	30	2041	12, 1, 2041
95	11	30	2042	12, 1, 2042
96	11	31	1842	无效日期
97	11	31	1843	无效日期
98	11	31	1942	无效日期
99	11	31	2041	无效日期
100	11	31	2042	无效日期
101	12	1	1842	12, 2, 1842
102	12	1	1843	12, 2, 1843
103	12	1	1942	12, 2, 1942
104	12	1	2041	12, 2, 2041
105	12	1	2042	12, 2, 2042

（续）

测试用例	月	日	年	预期结果
106	12	2	1842	12, 3, 1842
107	12	2	1843	12, 3, 1843
108	12	2	1942	12, 3, 1942
109	12	2	2041	12, 3, 2041
110	12	2	2042	12, 3, 2042
111	12	15	1842	12, 16, 1842
112	12	15	1843	12, 16, 1843
113	12	15	1942	12, 16, 1942
114	12	15	2041	12, 16, 2041
115	12	15	2042	12, 16, 2042
116	12	30	1842	12, 31, 1842
117	12	30	1843	12, 31, 1843
118	12	30	1942	12, 31, 1942
119	12	30	2041	12, 31, 2041
120	12	30	2042	12, 31, 2042
121	12	31	1842	1, 1, 1843
122	12	31	1843	1, 1, 1844
123	12	31	1942	1, 1, 1943
124	12	31	2041	1, 1, 2042
125	12	31	2042	1, 1, 2043

5.6　随机测试

关于随机测试的讨论至少已经延续了 20 年。不过有趣的是，这些讨论大部分都集中在学术层面或统计学的角度。本书中的两个例子都很适合用来讨论随机测试。随机测试的基本观点是，与其采用 min、min+、nom、max− 和 max 这几个边界值，倒不如使用一个随机数生成器来挑选测试用例的输入。这样可以避免测试中任何的偏见。当然这样也带来了一个严肃的问题：多少个随机测试用例才算是充分呢？后面讨论结构化测试覆盖率的时候，我们会有更好的答案。目前来说，表 5.4 和表 5.5 展示了随机生成的测试用例。这些数值是从一个 Visual Basic 应用程序中得到的，该程序从 $a \leqslant x \leqslant b$ 中随机选取一个数值 x：

$$x=\text{Int}((b-a+1)*\text{Rnd}+a)$$

其中，函数 Int 返回一个浮点数的整数部分，而函数 Rnd 在 0 和 1 之间随机生成一个数值。程序会持续生成随机测试用例，直到至少产生一个输出。在每个表格中，程序会执行 7 次“循环”，每次循环都结束在“很难生成”的一个测试用例上。在表 5.4 和表 5.5 中，最后一行的数字显示了对应那一列生成的随机测试用例的百分比。在表 5.5 中，其百分比与最后一行计算出的概率非常接近。就算是随机生成最小的测试用例集，在随机达到较“难”的测试用例之前，三角形问题会有 1289 个测试用例，而 NextDate 程序则有 913 个测试用例，可想而知这必然会产生极多的冗余用例。而且，每个随机测试用例都只涉及测试用例的输入部分，还得有一种办法生成测试用例中的预期输出。对于 NextDate 程序来说，预期输出比较容易获取，但通常来说，获得预期输出是一项比较困难的工作。那么我们的结论是什么呢？随机测试只在学术上有价值。

表 5.4 三角形问题的随机测试用例

测试用例	非三角形	不等边三角形	等腰三角形	等边三角形
1289	663	593	32	1
15436	7696	7372	367	1
17091	8556	8164	367	1
2603	1284	1252	66	1
6475	3197	3122	155	1
5978	2998	2850	129	1
9008	4447	4353	207	1
百分比	49.83%	47.87%	2.29%	0.01%

表 5.5 NextDate 程序的随机测试用例

测试用例	大月的 1~30 日	大月的 31 日	小月的 1~29 日	小月的 30 日
913	542	17	274	10
1101	621	9	358	8
4201	2448	64	1242	46
1097	600	21	350	9
5853	3342	100	1804	82
3959	2195	73	1252	42
1436	786	22	456	13
百分比	56.76%	1.65%	30.91%	1.13%
概率	56.45%	1.88%	31.18%	1.88%

2 月 1~27 日	闰年的 2 月 28 日	平年的 2 月 28 日	闰年的 2 月 29 日	不可能的日期
45	1	1	1	22
83	1	1	1	19
312	1	8	3	77
92	1	4	1	19
417	1	11	2	94
310	1	6	5	75
126	1	5	1	26
7.46%	0.04%	0.19%	0.08%	1.79%
7.26%	0.07%	0.20%	0.07%	1.01%

5.7 边界值测试指南

除了特殊值测试以外，基于函数（或程序）的输入域的测试方法是所有基于规范的测试方法中最基础的一种。这些方法的共同假设是输入变量必须都是独立的。一旦这个假设不成立，这些方法所生成的测试用例就不会太令人满意，比如在 NextDate 例子中，类似 1942 年 6 月 31 日这样的输入。本章讨论的每一种边界值方法，也都可以用于程序的输出域。

另一种基于输出的测试用例生成方法是尝试让系统生成错误消息。测试人员应该利用测试用例，检查系统在适当的情况下，能够生成错误消息；而在其他情况下，则不会生成错误信息。边界值分析法也可以用于内部变量，例如循环控制变量、索引和指针等。严格说来，这些都不是输入变量，但是这些变量的使用错误是很常见的。测试内部变量的时候，使用鲁棒性测试是个很好的选择。

在第 10 章有一个关于“测试钟摆”的讨论，它指的是在开发测试用例时，需要考虑语法和语义之间的关系。举例来说，如果有一个由 3 个变量 a、b 和 c 组成的函数 F。其变量边界为：$0 \leqslant a<10\,000$，$0 \leqslant b<10\,000$，$0 \leqslant c<18.8$。函数 F 为 $F=(a-b)/c$。表 5.6 展示了常规边界值分析的测试用例。在缺乏语义知识的情况下，边界值测试工具会生成表 5.6 中的测试用例（工具不会生成预期输出）。暂且不从语义角度来看，而是单从语法的角度来看，这些用例也是有问题的——它不能覆盖测试用例 11 中被零除的这种情况。（注意，冗余的测试用例均为粗体。）

表 5.6　函数 $F = (a-b)/c$ 的常规边界测试用例

测试用例	a	b	c	F
1	0	5000	9.4	−531.9
2	1	5000	9.4	−531.8
3	**5000**	**5000**	**9.4**	**0.0**
4	9998	5000	9.4	531.7
5	9999	5000	9.4	531.8
6	5000	0	9.4	531.9
7	5000	1	9.4	531.8
8	**5000**	**5000**	**9.4**	**0.0**
9	5000	9998	9.4	−531.7
10	5000	9999	9.4	−531.8
11	5000	5000	0	#DIV/0!
12	5000	5000	1	0.0
13	**5000**	**5000**	**9.4**	**0.0**
14	5000	5000	18.7	0.0
15	5000	5000	18.8	0.0

如果我们添加一些关于函数 F 的语义信息：F 函数用来计算汽车每加仑[⊖]汽油能够行驶

⊖ 1 加仑 =3.785 升。——编辑注

的英里[⊖]数，而其中 a 和 b 是结束和开始行程时，里程表的数值，c 则是油箱的容量，我们将会看到更严重的问题：

- 必须保证 $a \geqslant b$，这样就可以避免 F 出现负值（测试用例 1,2,9,10）。
- 测试用例 3,8 和 12~15，全都对应长度为 0，因此它们可以被压缩为一个测试用例，可以是测试用例 8。
- 被零除显然是一个问题，因此要去掉测试用例 11。利用语义知识可以将测试用例优化为表 5.7 中的测试用例集。
- 表 5.7 仍然是有问题的，我们没有看到有关油箱容量方面的边界值考虑。

表 5.7　函数 $F = (a-b)/c$ 的语义边界测试用例

测试用例	结束里程数	开始里程数	油箱容量	每加仑英里数
4	9998	5000	9.4	531.7
5	9999	5000	9.4	531.8
6	5000	0	9.4	531.9
7	5000	1	9.4	531.8
8	5000	5000	9.4	0.0

5.8　习题

1. 制作一个 Venn 图，表示出常规边界值分析、鲁棒性测试、最坏情况测试和鲁棒性最坏情况测试的测试用例之间的关系。
2. 对表 5.6 和表 5.7 中的每加仑英里数这个变量应用特殊值测试，并说明你的理由。
3. 我们将从四边形程序的鲁棒性常规边界测试用例中学到什么？这些值为：
   c_1. $0 \leqslant a \leqslant 201$（顶部）
   c_2. $0 \leqslant b \leqslant 201$（左侧）
   c_3. $0 \leqslant c \leqslant 201$（底部）
   c_4. $0 \leqslant d \leqslant 201$（右侧）
4. 讨论不同类型的边界值测试方法对四边形程序的适用度。
5. 对 NextWeek 函数重复习题 3 和习题 4。取值范围如下：
   c_1. 0 ≤月≤ 13
   c_2. 0 ≤日≤ 32
   c_3. 1841 ≤年≤ 2043

⊖　1 英里 =1.609 千米。——编辑注

等价类测试

等价类是功能测试的基础之一，其中有两个主要原因：一个是对完整测试的追求，另一个是希望测试中避免冗余。而这两点都不能仅靠边界值测试来实现——在边界测试中，通过测试用例的表格可以很容易看到大量的用例冗余，如果仔细看，还会发现很多未被测试的内容。等价类测试与边界值测试一样遵循两个决定性假设：鲁棒性和单 / 多个故障假设。本章介绍了等价类测试的传统观点，然后基于这两个假设区分出四种不同的形式。单个与多个故障假设产生了弱 / 强的区别，而对无效数据的关注产生了第二个区别：正常与鲁棒。总之，这两个假设导致弱正常、强正常、弱鲁棒和强鲁棒四种等价类测试。

鲁棒性测试中有两个问题。首先是，规范中通常没有定义无效输入对应的预期输出应该是什么。（我们可以辩解说，这是规范的一个缺陷，但这并不能帮助我们取得任何进展。）因此，测试人员会花费大量时间来定义这些测试用例的预期输出。第二个问题是强类型语言不需要考虑无效输入。传统的等价测试产生于 Fortran 和 COBOL 等语言占主导地位的时代，因此，这种类型的错误很常见。 事实上，也正是此类错误的高发生率才导致了强类型语言的出现。

6.1 等价类

在第 3 章，我们注意到等价类的一个重要特征：它们能够形成一个集合的划分，集合内部是互不重合的子集，而子集的合集就是整个集合。由此可见，等价类测试有两个重要的隐含含义：全集能提供测试充分性，内部子集不相交确保了没有冗余。子集是靠等价关系来决定的，因此子集内部的元素一定具有某种共通性。等价类测试的概念，就是使用每个等价类中的任意一个元素来生成测试用例。如果正确定义了等价类并选择其中的元素，就能极大减少测试用例之间的冗余。在三角形问题中，我们肯定会有等边三角形这种等价类，所以就能选择 (5, 5, 5) 作为测试用例的输入。通过这样的思路，我们就不会再使用 (6, 6, 6) 和 (100, 100, 100) 这样的测试用例。直觉能够告诉我们，后两个测试用例的结果与第一个测试用例的结果肯定是一样的，因此后两个就是冗余的。正如第 8 章基于代码的测试技术将要提到的，“同样对待”也就是在程序中“覆盖同样的路径”。等价类测试的四种形式都能够解决边界值测试技术中存在的测试不充分问题和测试冗余问题。对于边界值测试相关的假设，同样适用于等价类测试。这两种技术只在一个点上可能会重叠：使用边界值定义了等价类。在这种情况下，将边界值技术和等价类技术结合起来，会得到更适合的结果。在 ISTQB 教材中，将这种方法称为“边缘测试”，在 6.3 节我们会详细讨论。

6.2 传统等价类测试

大部分标准的测试教科书，例如 Myers（1979）和 Mosley（1993），都基于有效和无效变量值来讨论等价类。因此这些书中提到的等价类测试与本书 6.3.3 节中讨论的弱鲁棒性等价类测试相同。这种传统的方式主要关注无效数据值，这是 20 世纪 60 年代和 70 年代主流编程方式的产物。那时，输入数据的有效性是很重要的问题，“错误的输入必然导致错误的输出”是程序员的座右铭。早年间，程序员要负责提供合法有效的数据。如果出现非法数据，就不能保证结果的正确性。这个术语很快就被称为 GIGO（Garbage In, Garbage Out）。应对 GIGO 的方法，就是在程序中增加大量的输入有效性检查。很多业界的领军人物都要强调：在经典的结构化编程的架构中，输入 – 处理 – 输出结构构成了 80% 的源代码。因此，输入数据的有效性很自然地成了重中之重。早期也有一些其他应对 GIGO 的策略，那就是加大测试力度，保证输入的有效性。随着逐步转向现代编程语言的趋势（尤其是那些强数据类型语言），以及使用图形用户接口（GUI）来获取输入的编程策略，已经能够基本保证输入数据的有效性。实际上，使用类似下拉菜单和滚动条这样的用户接口设计，能够明显减少输入错误。

传统的等价类测试与边界值测试过程非常相似。图 6.1 表示一个带有两个变量 x_1 和 x_2 的函数 F 的测试用例。如我们在第 5 章所讨论的，有 n 个变量的、实用性更高的测试用例设计，应如下所示：

1．针对所有的变量，测试 F 的有效数值。如果可行，那么执行步骤 2。

2．设置 x_1 为非法值，其他变量都是合法值。任何失效，都是因为 x_1 无效导致的。

3．对其他变量，重复步骤 2。

这个过程明显的好处是，我们能集中在非法输入造成的失效上。由于 GIGO 关注非法数据，我们在最坏情况边界值测试中的各种组合情况在这里就可以被忽略掉。图 6.1 显示了带有两个变量的函数 F 的 5 个测试用例。

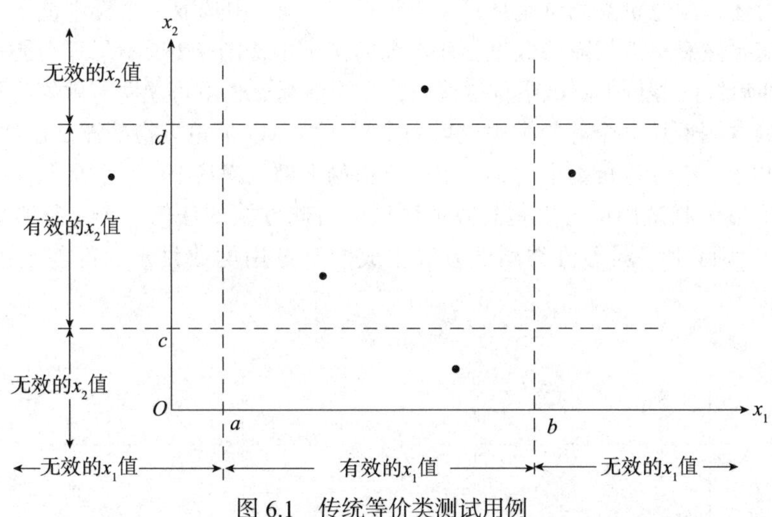

图 6.1　传统等价类测试用例

6.3　改进的等价类测试

等价类测试的关键是选择能够确定等价类的等价关系。通常，我们可以通过猜测软件可能的实现方式以及根据软件实现过程中必须要有的功能操作来确定等价关系，我们会在后续的例子中说明这一点。为此，我们需要丰富一下我们在边界值测试中使用的函数。为了简单起见，我们仍然使用带有两个变量 x_1 和 x_2 的函数 F。如果将 F 视为一个程序，输入变量 x_1

和 x_2 就有以下的边界值和边界之内的区间。

$a \leqslant x_1 \leqslant d$, 区间为 $[a, b), [b, c), [c, d]$

$e \leqslant x_2 \leqslant g$, 区间为 $[e, f), [f, g]$

其中方括号和圆括号分别代表闭区间和开区间。不同的区间可能对应被测程序的不同实现。这些范围就是等价类。x_1 和 x_2 的非法值是 $x_1 < a, x_1 > d$ 以及 $x_2 < e, x_2 > g$。有效等价类如下所示：

$V_1=\{x_1 : a \leqslant x_1 < b\}$

$V_2=\{x_1 : b \leqslant x_1 < c\}$

$V_3=\{x_1 : c \leqslant x_1 \leqslant d\}$

$V_4=\{x_2 : e \leqslant x_2 < f\}$

$V_5=\{x_2 : f \leqslant x_2 \leqslant g\}$

无效等价类如下所示：

$NV_1=\{x_1 : x_1 < a\}$

$NV_2=\{x_1 : d < x_1\}$

$NV_3=\{x_2 : x_2 < e\}$

$NV_4=\{x_2 : g < x_2\}$

等价类 $V_1, V_2, V_3, V_4, V_5, NV_1, NV_2, NV_3$ 和 NV_4 都是不相交的，且它们的合集就是整个输入域。在后面的讨论中，我们采用区间形式的表示而不采用集合定义的正规表示方式。

6.3.1　弱等价类测试

如前文所述，弱等价类测试是从每个等价类（区间）中选取一个样本值作为测试用例的输入。这里需要注意单点故障的假设。在本节的例子中，图 6.2 展示了三个弱等价类测试用例。该图会在后续的等价类测试中重复使用，为简洁起见，不再说明有效等价类和无效等价类。这三个测试用例从每个等价类中选取一个样本值。左下角方格的测试用例，对应 $[a, b)$ 等价类的 x_1 以及 $[e, f)$ 等价类中的 x_2。中间方格的上部，对应 $[b,c)$ 等价类的 x_1 和 $[f, g)$ 等价类的 x_2。第三个测试用例可以是有效值区域中右侧方格的任何一个。很明显，这是系统的分析方法。实际上，弱等价类测试方法生成的测试用例数目永远都与子集的最大数目相等。

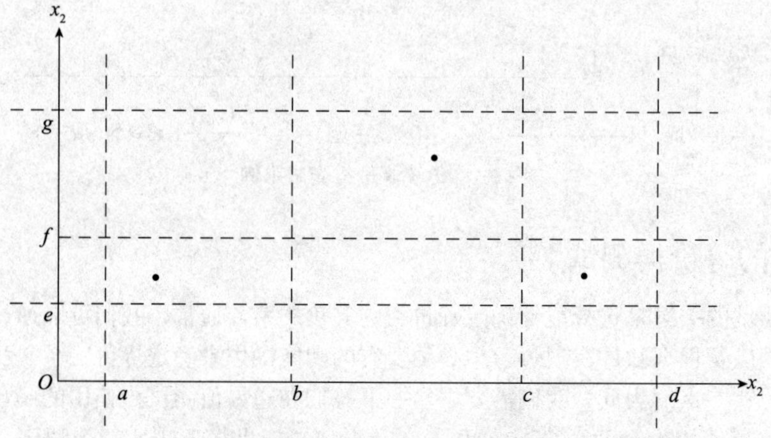

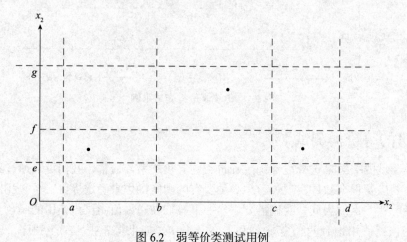

图 6.2　弱等价类测试用例

如果某个弱等价类测试用例失败（比如，实际输出与预期输出不符），我们能获取什么信息呢？可能是 x_1 造成了失败，也可能是 x_2 造成了失败，还有可能是两个变量之间的交互出了问题。如果对测试用例的失败率预期比较低（比如在回归测试阶段），这种方法还是可以接受的。但如果需要定位多个错误，那么就需要我们接下来讨论的较强的等价类形式。

6.3.2 强等价类测试

强等价类测试基于多故障假设，因此我们要针对等价类进行笛卡儿乘积，在每个乘积的结果中生成一个测试用例，如图 6.3 所示。注意这些测试用例模式之间的关系和利用命题逻辑构建真值表的方法具有很强的相似性。笛卡儿乘积从两个方面保证了测试充分性：覆盖了所有的等价类和在每个可能的输入组合中都选取了代表值。我们在后面的例子中会看到，等价类测试的关键是等价关系的选择。一定要注意，“同样对待”这个规则的含义。大部分时候，等价类是针对输入域而言的。当然，针对输出域也一样可以。实际上，对于三角形的例子来说，针对输出域是更简单的选择。

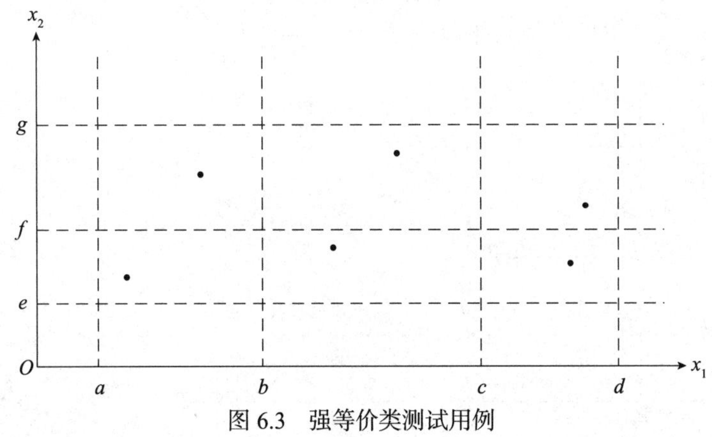

图 6.3　强等价类测试用例

6.3.3 弱鲁棒等价类测试

弱鲁棒性等价类测试，这个名字看上去有点自相矛盾。一个技术，怎么可能既较弱，又具备鲁棒性呢？这种技术的鲁棒性，源于对非法数值的考虑；而弱的部分，则源于单点故障的假设。弱鲁棒性等价类技术的实现过程，是弱等价类测试的简单扩展，只要从每个等价类中选取一个代表值生成测试用例即可。在图 6.4 中展示的有效等价类中的测试用例与图 6.2 中相同，多出来的两个测试用例，则覆盖了四个无效等价类。这个过程，与边界值测试技术很相似。

- 对于有效输入来说，从每一个有效等价类中选取一个数值即可。这一步与常规等价类测试技术中一样。注意，这些测试用例中的每个输入都是有效输入。或者，对于非法输入，测试用例中只有一个变量含有一个非法值，而其他输入都是合法值，这样的话，如果出现单点故障，测试用例就会失败。
- 对于无效输入，一个测试用例将有一个无效值，其余的值都是有效的。（因此，“单缺陷假设”就会导致测试用例失败。）

图 6.4 为使用弱鲁棒性方法生成的测试用例。这些测试用例中有个隐含的问题。考虑一下左

上角和右下角的测试用例，每个测试用例都代表了两个无效等价类中的样本值。如果这两个测试用例失败，则可能源于两个无效变量之间的交互。图 6.5 显示了在“纯”弱的常规等价类及其鲁棒性扩展之间的一个折中。

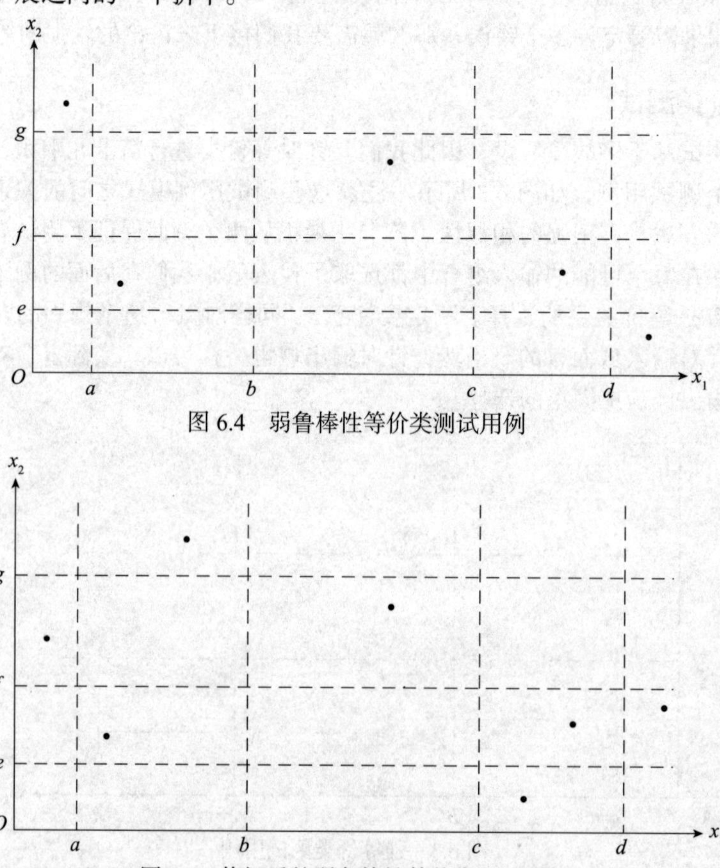

图 6.4　弱鲁棒性等价类测试用例

图 6.5　修订后的弱鲁棒性等价类测试用例

6.3.4　强鲁棒等价类测试

强鲁棒性等价类测试，至少从名字上看，还是很合理的，只是有些冗余。如前文所示，鲁棒性源于对非法数值的考虑，强的部分，源于多点故障的假设。我们要从所有等价类的笛卡儿乘积中，针对每一个乘积结果选取一个样本值（如图 6.6 所示），既包括有效值，也包括无效值。

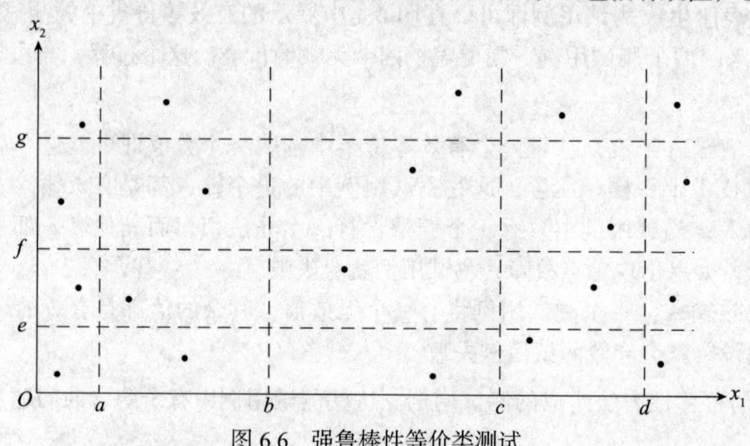

图 6.6　强鲁棒性等价类测试

6.4 三角形问题的等价类测试用例

在三角形问题中，有四种可能的输出情况：非三角形、不等边三角形、等腰三角形和等边三角形。我们可以将这四种情况标识为输出域的四个等价类，如下所示：

R_1 = {<a, b, c>: 边长为 a, b, c 的三角形是等边三角形}

R_2 = {<a, b, c>: 边长为 a, b, c 的三角形是等腰三角形}

R_3 = {<a, b, c>: 边长为 a, b, c 的三角形是普通三角形}

R_4 = {<a, b, c>: 边长为 a, b, c 不能组成三角形}

如果使用弱等价类技术，可以生成四个等价类。从每个等价类中随机选取样本值，其结果如下所示：

测试用例	*a*	*b*	*c*	
WN_1	5	5	5	等边三角形
WN_2	2	2	3	等腰三角形
WN_3	3	4	5	普通三角形
WN_4	4	1	2	非三角形

由于在变量 *a*, *b* 和 *c* 中，没有合法的子区间，因此强常规等价类测试与弱等价类测试用例相同。

如果考虑 *a*, *b* 和 *c* 的无效值，可以生成下表所示的增加出来的弱鲁棒性等价类测试用例。非法值可以是 0、任意负数或任意大于 200 的数值。

测试用例	*a*	*b*	*c*	预期结果
WR_1	−1	5	5	*a* 的数值不在允许的范围
WR_2	5	−1	5	*b* 的数值不在允许的范围
WR_3	5	5	−1	*c* 的数值不在允许的范围
WR_4	201	5	5	*a* 的数值不在允许的范围
WR_5	5	201	5	*b* 的数值不在允许的范围
WR_6	5	5	201	*c* 的数值不在允许的范围

这是增加了强等价类测试用例之后的三维空间中立方体的一个“角”：

测试用例	*a*	*b*	*c*	预期输出
SR_1	−1	5	5	*a* 的数值不在允许的范围
SR_2	5	−1	5	*b* 的数值不在允许的范围
SR_3	5	5	−1	*c* 的数值不在允许的范围
SR_4	−1	−1	5	*a*，*b* 的数值不在允许的范围
SR_5	5	−1	−1	*b*，*c* 的数值不在允许的范围
SR_6	−1	5	−1	*a*，*c* 的数值不在允许的范围
SR_7	−1	−1	−1	*a*，*b*，*c* 的数值不在允许的范围

注意，预期输出非常完整地描述了无效输入域中的数值。

很明显，等价类测试对用于定义等价类的等价关系非常敏感。如果我们的等价类基于输入域，就能得到更丰富的测试用例集。对于这三个整数 *a*, *b* 和 *c* 来说，到底有哪些可能性？

它们可以全都相等。如果两两相等，会有三种情况，或者三个整数互不相等。

$D_1 = \{<a, b, c>: a = b = c\}$

$D_2 = \{<a, b, c>: a = b, a \neq c\}$

$D_3 = \{<a, b, c>: a = c, a \neq b\}$

$D_4 = \{<a, b, c>: b = c, a \neq b\}$

$D_5 = \{<a, b, c>: a \neq b, a \neq c, b \neq c\}$

我们还可以考虑另一种情况：这三个整数是否能够组成一个三角形？例如 <1, 4, 1> 这种组合，完全满足有两条边相等这个条件，但是根本就不能组成一个三角形。

$D_6 = \{<a, b, c>: a \geqslant b + c\}$

$D_7 = \{<a, b, c>: b \geqslant a + c\}$

$D_8 = \{<a, b, c>: c \geqslant a + b\}$

如果我们想要再充分一些，我们可以将“大于或等于”这个条件，分成两个测试用例，于是 D_6 就可以分解为：

$D_6' = \{<a, b, c>: a = b + c\}$

$D_6'' = \{<a, b, c>: a > b + c\}$

D_7 和 D_8 也可以进行同样的分解。

6.5 NextDate 函数的等价类测试用例

NextDate 函数能够很好地说明，在选择等价类关系时工匠技术的重要性。回想一下 NextDate，这是一个有月份，日期，年份的三个变量的函数，下文描述了有效值的区间：

$M_1 = \{$ 月份 : $1 \leqslant$ 月份 $\leqslant 12\}$

$D_1 = \{$ 日期 : $1 \leqslant$ 日期 $\leqslant 31\}$

$Y_1 = \{$ 年份 : $1842 \leqslant$ 年份 $\leqslant 2042\}$

无效区间则如下所示：

$M_2 = \{$ 月份 : 月份 $< 1\}$

$M_3 = \{$ 月份 : 月份 $> 12\}$

$D_2 = \{$ 日期 : 日期 $< 1\}$

$D_3 = \{$ 日期 : 日期 $> 31\}$

$Y_2 = \{$ 年份 : 年份 $< 1842\}$

$Y_3 = \{$ 年份 : 年份 $> 2042\}$

因为有效等价类的数目等于独立的变量数目，所以只需要生成一个弱等价类测试用例就可以，强等价类测试用例则与之相同。

用例 ID	月份	日期	年份	预期输出
WN_1, SN_1	6	15	1942	6/16/1942

下表为弱鲁棒性等价类测试用例集

用例 ID	月份	日期	年份	预期输出
WR_1	6	15	1942	6/16/1942
WR_2	–1	15	1942	月份的数值不在 1~12 内
WR_3	13	15	1942	月份的数值不在 1~12 内

（续）

用例 ID	月份	日期	年份	预期输出
WR_4	6	−1	1942	日期的数值不在 1~31 内
WR_5	6	32	1942	日期的数值不在 1~31 内
WR_6	6	15	1841	年份的数值不在 1842~2042 内
WR_7	6	15	2043	年份的数值不在 1842~2042 内

与三角形问题一样，下表增加了强等价类测试用例之后的三维空间中立方体的一个“角”。

用例 ID	月份	日期	年份	预期输出
SR_1	−1	15	1942	月份的数值不在 1~12 内
SR_2	6	−1	1942	日期的数值不在 1~31 内
SR_3	6	15	1841	年份的数值不在 1842~2042 内
SR_4	−1	−1	1942	月份的数值不在 1~12 内 日期的数值不在 1~31 内
SR_5	6	−1	1841	日期的数值不在 1~31 内 年份的数值不在 1842~2042 内
SR_6	−1	15	1841	月份的数值不在 1~12 内 年份的数值不在 1842~2042 内
SR_7	−1	−1	1841	日期的数值不在 1~31 内 月份的数值不在 1~12 内 年份的数值不在 1842~2042 内

如果我们更加仔细地选取等价关系，就能获得更加有用的等价类。回想一下早期我们提到的等价类关系的要点，是要求在一个等价类中，输入被“同样对待”。传统做法的不足之处就在于“处理”这个词，是在有效或无效这个层面的。我们后续就要集中在更特殊的“处理”关系上，以降低测试用例的颗粒度。

对于输入日期来说，我们必须要做什么？如果不是一个月的最后一天，那么 NextDate 函数只要简单加 1 就可以。如果是月末最后一天，那么 NextDate 就应该返回 1，然后月份加 1。如果是一年的最后一天，那么月份和日期，都要置为 1，然后年份加 1。最后，我们还要考虑闰年的情况，闰年的时候，月份的最后一天需要一些特殊处理。有上述考虑之后，我们就可以得到下面所示的等价类：

M_1 = { 月份：该月有 30 天 }

M_2 = { 月份：该月有 31 天 }

M_3 = { 月份：该月为 2 月 }

D_1 = { 日期：1 ≤ 日期 ≤ 28}

D_2 = { 日期：日期 = 29}

D_3 = { 日期：日期 = 30}

D_4 = { 日期：日期 = 31}

Y_1 = { 年份：年份 = 2000}

Y_2 = { 年份：不是世纪闰年，是普通闰年 }

Y_3 = { 年份 : 普通年份 }

我们将 30 天的月份和 31 天的月份定义为不同的等价类，由此简化了月末最后一天这个问题。我们将 2 月视为一个单独的等价类，这样可以更好地考虑闰年这个问题。我们还特别关注到日期的数值，D_1 中，日期（几乎）永远都是加一的，而 D_4 中的日期，只关注 M_2 等价类中的月份。最终，我们有 3 个等价类与年份相关：一个特殊的针对 2000 年的等价类、闰年等价类和非闰年等价类。这不是完美划分等价类的结果，但使用起来，能够揭示很多隐含的错误。

这些等价类将生成下表所示的弱等价类测试用例。跟前面的例子一样，样本值是从等价类差不多中间部位选取的。

用例 ID	月份	日期	年份	预期输出
WN_1	6	14	2000	6/15/2000
WN_2	7	29	1996	7/30/1996
WN_3	2	30	2002	日期输入不合法
WN_4	6	31	2000	日期输入不合法

如果只是机械化地选择输入数值，不考虑领域知识，就会出现两个不太可能出现的日期。这类问题在“自动”生成测试用例时，经常会遇到，因为在选择等价类时，没有用到我们的领域知识。使用领域知识修订后的强等价类测试用例如下所示。

用例 ID	月份	日期	年份	预期结果
SN_1	6	14	2000	6/15/2000
SN_2	6	14	1996	6/15/1996
SN_3	6	14	2002	6/15/2002
SN_4	6	29	2000	6/30/2000
SN_5	6	29	1996	6/30/1996
SN_6	6	29	2002	6/30/2002
SN_7	6	30	2000	7/1/2000
SN_8	6	30	1996	7/1/1996
SN_9	6	30	2002	7/2002
SN_{10}	6	31	2000	无效的输入
SN_{11}	6	31	1996	无效的输入
SN_{12}	6	31	2002	无效的输入
SN_{13}	7	14	2000	7/15/2000
SN_{14}	7	14	1996	7/15/1996
SN_{15}	7	14	2002	7/15/2002
SN_{16}	7	29	2000	7/30/2000
SN_{17}	7	29	1996	7/30/1996

（续）

用例 ID	月份	日期	年份	预期结果
SN_{18}	7	29	2002	7/30/2002
SN_{19}	7	30	2000	7/31/2000
SN_{20}	7	30	1996	7/31/1996
SN_{21}	7	30	2002	7/31/2002
SN_{22}	7	31	2000	8/1/2000
SN_{23}	7	31	1996	8/1/1996
SN_{24}	7	31	2002	8/1/2002
SN_{25}	2	14	2000	2/15/2000
SN_{26}	2	14	1996	2/15/1996
SN_{27}	2	14	2002	2/15/2002
SN_{28}	2	29	2000	3/1/2000
SN_{29}	2	29	1996	3/1/1996
SN_{30}	2	29	2002	无效的输入
SN_{31}	2	30	2000	无效的输入
SN_{32}	2	30	1996	无效的输入
SN_{33}	2	30	2002	无效的输入
SN_{34}	2	31	2000	无效的输入
SN_{35}	2	31	1996	无效的输入
SN_{36}	2	31	2002	无效的输入

从弱测试到强测试肯定会带来一些冗余问题，这就跟我们在边界值测试中遇到的问题一样。从弱到强的过程中，不论是常规的还是鲁棒的测试用例，总会假设独立性，而这就会带来等价类的交叉乘积问题。3 个月份等价类、4 个日期等价类和 3 个年份等价类会产生 36 个强常规等价类测试用例。如果给每个变量再增加 2 个无效等价类，就会产生 150 个强鲁棒等价类测试用例，用例数目太多，我们就不在这里展示了。

我们可以从年份等价类的角度整理这些测试用例。如果我们将 Y_1 和 Y_2 合并，就可以产生一个闰年等价类，由此就可以将 36 个测试用例减少到 24 个。这个改变不再考虑 2000 年这个特殊情况，因此就增加了闰年判断的复杂度。从这个例子中，我们可以看到，如何平衡复杂度和测试用例数目的问题。

6.6 completeOrder 方法的等价类测试用例

在第 2 章，开发 completeOrder 方法所采用的行为驱动开发技术，会生成带有三个条件和七个行为的决策表。删除条件 c_3 对应的“结束”选项之后，我们可以得到表 6.1 所示的决策表。

表 6.1　针对 completeOrder 方法的精简后的决策表

c_1. 订单来源	会员			顾客
c_2. 订单价格	<200 美元	200~800 美元	>800 美元	—
a_1. 没有折扣	x	—	—	x
a_2.10% 折扣	—	x	—	—
a_3.15% 折扣	—	—	x	—
a_4. 计算各种税	x	x	x	x
a_5. 计算运费	x	—	—	x
a_6. 打开支付页面	x	x	x	x

条件 c_1 和 c_2 定义了针对订单来源（会员或顾客）以及价格区间的等价类。

S_1 = { 会员 }, S_2 = { 顾客 }, P_1 = {<200 美元 }, P_2 = {200~800 美元 }, P_3 = {>800 美元 }

在 6.3 节，我们有个完全一样的等价类集合。图 6.7 和图 6.8 显示了等价类测试用例的常规格式。

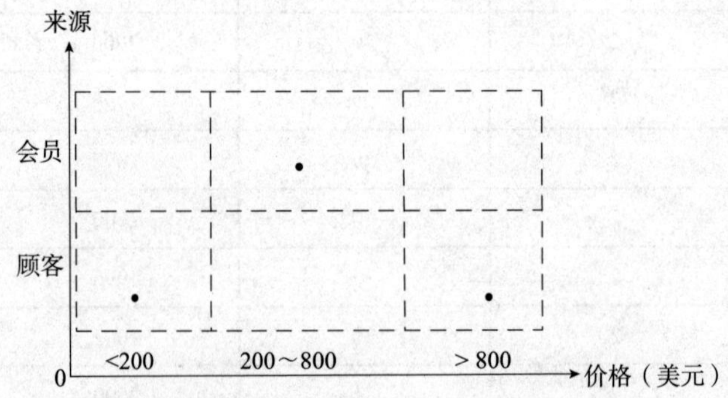

图 6.7　针对 completeOrder 方法的弱等价类测试用例

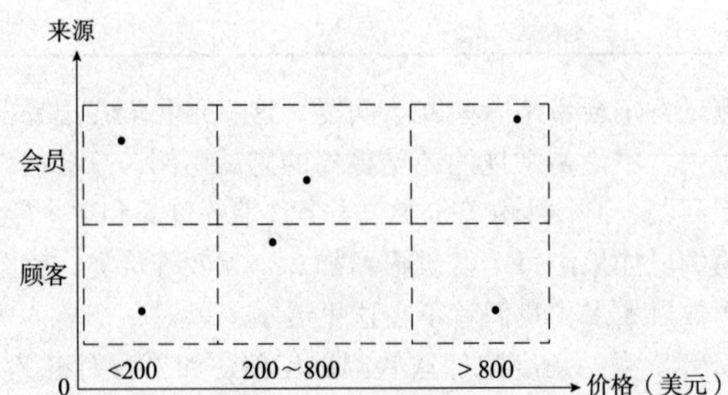

图 6.8　针对 completeOrder 方法的强等价类测试用例

表 6.2 和表 6.3 中的阴影单元，显示了 completeOrder 方法中，常规等价类测试用例的覆盖率。

表 6.2　针对 completeOrder 方法的弱等价类测试用例的覆盖率

c_1. 订单来源	会员	会员	会员	顾客	顾客	顾客
c_2. 订单价格（美元）	<200	200~800	>800	<200	200~800	>800

表 6.3 针对 completeOrder 方法的强等价类测试用例的覆盖率

c_1. 订单来源	会员	会员	会员	顾客	顾客	顾客
c_2. 订单价格（美元）	<200	200~800	>800	<200	200~800	>800

鲁棒性的等价类技术，并不太适用于 completeOrder 方法，因为会员和顾客类涵盖了“美食家”应用中所有类型的用户，而三个格区间也涵盖了所有可能的订单价格。我们可以将“小于 200 美元”这个等价类改为：订单价格在 0~200 美元（0 美元 < 订单价格 <200 美元）之间等价类和负数价格这个等价类，这样可以稍微增加一些鲁棒性。

6.7 边缘测试

ISTQB 高级教材中，将边界值分析和等价类测试两种方法结合，给出了一个新方法——边缘测试。这种情况是因为在某个特定变量的连续空间可能产生一个等价类。如图 6.2 所示，x_1 有三个有效等价类，x_2 有两个有效等价类。这就意味着，这些等价类都满足“同样对待”这个要求。同时，在等价类的边界值附近，可能会产生失效，而边缘测试技术就是要试图触发这些隐含的错误。图 6.2 中边缘测试的完整测试数值集合如下所示：

x_1 的常规测试数值：$\{a, a+, b-, b, b+, c-, c, c+, d-, d\}$

x_1 的鲁棒测试数值：$\{a-, a, a+, b-, b, b+, c-, c, c+, d-, d, d+\}$

x_2 的常规测试数值：$\{e, e+, f-, f, f+, g-, g\}$

x_2 的鲁棒测试数值：$\{e-, e, e+, f-, f, f+, g-, g, g+\}$

边缘测试与前文所述方法的不同之处在于，其测试数据不包括我们在边界值分析中得到的典型数据。一旦确定边缘测试数据集，边缘测试就可以使用等价类测试的四种形式中的任何一种。很明显这将增加测试用例的数目。

订单价格的边缘测试用例集数据包括：

{0 美元，1 美元，199 美元，200 美元，201 美元，799 美元，800 美元，801 美元}

将上述边缘测试用例数据与两种用户相结合，就会产生 8 个弱常规边缘测试用例和 16 个强常规边缘测试用例。

6.8 关于无效等价类

如果清晰定义了等价关系，识别无效等价类就比较简单了。尤其是对于 6.3 节中提到的带有两个变量以及边界的函数示例。在 NextDate 的例子中，如果我们对日期和月份使用数字来表示，就可以很容易识别出无效等价类。同时，不符合定义的数据集合，就是无效等价类最好的候选。

一般来说，被测函数 ($X\text{->}Y$) 的输入域 X，可能覆盖了所有可能的输入集合，也可能不能覆盖。而用来描述集合 X 的数据类型集合 D，很可能包括 X 以外的数值，也就是说 D 不是 X 的一个子集，因此有些在 D 中的数值 d 就不在 X 中。正如对于一个连续函数来说，集合 D 中可能有一些值不在集合 X 中一样（例如，对于平方根函数来说，如果它的定义域不包含虚数，那么 −1 这个值就在集合 D 中，但却不在集合 X 中）。反之亦然。当然也有些例子可以证明，$D=X$（也就是所有的输入都是有效的）。鲁棒性测试可以覆盖无效数值的输入，当且仅当集合 D 中存在不属于定义域集合 X 的某个元素 d。

对于枚举类型中的离散集合该如何处理呢？假设我们有个颜色集合 C

　　C={ 红，橙，黄，绿，蓝，靛，紫 }

我们可能将其视为一个彩虹的颜色集，然后将红外线和紫外线识别为无效等价类。但是考虑下面这个集合：

　　F={ 红，白，绿 }

对于集合 F，我们就很难定义无效等价类，如果所有非 F 的成员都视为无效等价类，那么这个无效等价类里面，就会出现 Lewis Carroll 的鞋子、船只、蜂蜡、垃圾、国王等元素。因此对枚举型变量的无效等价类问题，没有什么通用的答案。但我们仍然可以回到软件工艺师的角度上来。就算是枚举型的集合，也会有一些隐含的规则，软件工艺师可以使用这些隐含的知识，来定义有用的无效等价类。

6.9　等价类方法的使用指南

现在，我们已经完成了两个例子的讨论，我们来总结一下使用等价类测试技术的要点：

- 很明显，等价类测试技术的弱形式（常规的或鲁棒的）都不如对应的强形式更加全面。
- 如果使用强类型的编程语言，也就是说非法数值会产生运行时错误，那么使用鲁棒性测试就没有意义了。
- 如果程序中错误处理的优先级很高，那么鲁棒性测试就很适合。
- 如果输入数据以区间和离散数值集合的方式定义，那么非常适合使用等价类测试技术。很明显，一旦出现超出边界的数值，系统就会出现故障。
- 如果将边界值和等价类技术相结合（例如使用边缘测试技术），测试强度会明显增强。我们可以在定义等价类的时候，顺便使用边界值技术。
- 如果系统很复杂，适合使用等价类测试技术。这种情况下，函数的复杂度能够帮助我们识别有用的等价类，例如 NextDate 函数。
- 强等价类测试有个假设前提就是独立性，而交叉乘积的结果，使得测试用例数目成倍增加，同时也带来了冗余。如果存在依赖关系，就会生成错误的测试用例，如 NextDate 函数所示。第 7 章所述的决策表技术能够解决这个问题。
- 想要正确识别等价关系需要多尝试几次，如 NextDate 的例子所示。有些时候，我们能清楚地看出来明显的或天然的等价关系。如果对等价关系有疑问，最好的办法就是思考一下程序比较合理的实现方式。
- 对强等价类测试形式和弱等价类测试形式之间区别的理解，有助于区分连续测试和回归测试。

6.10　习题

1. 从 NextDate 函数的 36 个强等价类测试用例开始，通过修改日期类，找到其他 9 个测试用例。
2. 如果你使用的是强类型语言的编译器，请讨论它将如何响应鲁棒性等价类的测试用例。
3. 对单 / 多故障假设与边界值和等价类测试进行比较。
4. 在 completeOrder 方法中，将“<200 美元”这个等价类修改为“正常价格（0 美元 < 订单价格 <200 美元）”和负价格，并生成对应的鲁棒性等价类测试用例。将此与 6.7 节的

边缘测试用例进行比较。

5. 在春季和秋季，标准时间和夏令时之间的切换为电话账单带来了一个有趣的问题。在春季，这种转换发生在周日凌晨 2:00（3 月初），此时时钟被重置为凌晨 3:00。对应的另一个转换通常发生在 11 月的第一个周日，此时时钟从凌晨 2:59 回到 2:00。

   为长途电话服务功能设计等价类，呼叫计费的费率结构如下：

   - 通话时间≤ 20min，则每分钟或不足 1min 都按 0.05 美元收费。
   - 通话时间 > 20min，则按每分钟 1.00 美元收费，超出 20min 的部分按每分钟或不足 1min 都加 0.10 美元。
   - 做出以下假设：
     - 通话计费时间从被呼叫方应答时开始，到主叫方断开时结束。
     - 通话时间不足 1min 的，按照 1min 来算。
     - 通话时间不能超过 30h。

6. 为 NextWeek 函数开发一组等价类，它们与 NextDate 函数的等价类有显著的不同吗？
7. 使用四边形类型的七个定义（见图 2.1）为四边形程序开发一组等价类。考虑等价类测试的四种变体是否有意义？如果仅基于你设计的等价类进行测试，是否就足够了？

6.11 参考文献

Mosley, Daniel J., *The Handbook of MIS Application Software Testing*, Yourdon Press, Prentice Hall, Englewood Cliffs, NJ, 1993.

Myers, Glenford J., *The Art of Software Testing*, Wiley Interscience, New York, 1979.

ISTQB Advanced Level Working Party, ISTQB Advanced Level Syllabus, 2012

基于决策表的测试

决策表方法是所有功能测试中最严谨的一种方法，因为它们具有很强的逻辑基础。决策表涉及两种密切相关的方法：因果图法（Elmendorf（1973）和 Myers（1979））和决策表法（Mosley（1993））。两种方法结合起来一起用会非常复杂，并且与决策表方法是完全冗余的。但由于这两种方法在 Mosley（1993）中都进行了介绍，所以出于完整性的考虑，我们在 7.5 节也对因果图进行了简要介绍。

7.1 决策表

自 20 世纪 60 年代初以来，决策表就一直被用于表示和分析复杂的逻辑关系。决策表非常适合分析不同条件组合情况下的行为组合。表 7.1 中说明了一些基本决策表术语。

表 7.1 决策表示例

	规则							
	1	2	3	4	5	6	7	8
c_1	T	T	T	T	F	F	F	F
c_2	T	T	F	F	T	T	F	F
c_3	T	F	T	F	T	F	T	F
a_1	X	X			X			
a_2	X					X		
a_3		X			X			
a_4			X	X			X	X

	规则					
	1	2	3, 4	5	6	7, 8
c_1	T	T	T	F	F	F
c_2	T	T	F	T	T	F
c_3	T	F	—	T	F	—
a_1	X	X		X		
a_2	X				X	
a_3		X		X		
a_4			X			X

决策表分为四个部分，粗竖线左边的部分是桩部分，右边是入口部分；粗横线上方是条件，下方是动作。因此，我们可以将其分别称为条件桩、条件入口、行为桩、行为入口。入口部分的每一列是一条规则。如果有某个行为与某个规则对应，那就是说，在那种情况下，应该采取何种行动。在表 7.1 的决策表中，当条件 c_1、c_2 和 c_3 都为真时，会发生行为 a_1 和 a_2。当 c_1 和 c_2 都为真而 c_3 为假时，就会发生行为 a_1 和 a_3。右侧的决策表派生于左侧的决策表，请注意，规则 3 和规则 4 相同。由此我们可以得出结论，条件 c_3 对要执行的操作没有影响。c_3 的"—"称为无关条目。无关条目有两种主要解释：条件不相关或条件不适用。有时人们会用"n/a"符号来表示后一种解释。

如果我们使用二进制的条件（真 / 假，是 / 否，0/1），决策表的条件部分就是一个旋转了 90° 的根据命题逻辑得到的真值表。这种结构确保我们能够考虑到每一个条件值可能的组合。当我们使用决策表进行测试用例设计时，决策表的完备性保证了测试的完整性。如果决策表中所有的条件都是二进制的，我们称之为有限入口决策表（LEDT）。决策表中如果有部分条件带有可选的有限数值，其他都是严格的二进制，我们称之为混合入口决策表（MEDT）。当有限入口和混合入口条件都存在时，我们会得到一个混合入口决策表（MEDT）。当我们使用规则计数来表示完整的决策表时，这两种决策表之间的区别将变得很重要。决策表是主动声明式的（而不是命令式的），条件之间没有特定的顺序，所以产生的行为也不会以任何特定的顺序发生。

7.2 决策表技术

利用决策表来设计测试用例时，我们可以将输入表示为条件，将输出表示为行为。有时，条件最终指的是输入的等价类，而行为指的是被测对象的主要功能，这样，规则就可以成为测试用例。因为决策表的定义决定了其完整性，所以我们可以在一定程度上保证得到的测试用例是相对完整的。有几种生成决策表的技术对测试人员非常有用。其中之一是通过添加一个行为来表明某项规则何时在逻辑上是不可能的。在表 7.2 的决策表中，我们看到了无关条目和不可用规则的示例。如果整数 a、b 和 c 不构成三角形，我们就可以不用考虑第一条规则了。在规则 3、4 和 6 中，如果两对整数相等，那么通过传递性，第三对就必须相等，因此这三条规则就是不可用规则。规则 2 和规则 9 描述了等边三角形和不等边三角形，规则 5、7 和 8 描述了三种等腰三角形的情况。

表 7.2 三角形问题的决策表

	1	2	3	4	5	6	7	8	9
c_1：a, b, c 形成三角形	F	T	T	T	T	T	T	T	T
c_2：$a = b$?	—	T	T	T	T	F	F	F	F
c_3：$a = c$?	—	T	T	F	F	T	T	F	F
c_4：$b = c$?	—	T	F	T	F	T	F	T	F
a_1：非三角形	X								
a_2：不等边三角形									X
a_3：等腰三角形					X		X	X	
a_4：等边三角形		X							
a_5：不可能			X	X		X			

表 7.3 所示的决策表说明了另一种情况：通过对条件的选择可以对决策表进行扩展。表 7.3 中，我们扩展了原来的条件（c_1：a、b、c 形成三角形？）以便可以更详细地刻画出不同类型三角形的属性。如果其中任何一个失败，则三个整数不构成三角形的边。

表 7.3 三角形问题的精确定义决策表

c_1：$a<b+c$?	F	T	T	T	T	T	T	T	T	T	T
c_2：$b<a+c$?	—	F	T	T	T	T	T	T	T	T	T
c_3：$c<a+b$?	—	—	F	T	T	T	T	T	T	T	T
c_4：$a = b$?	—	—	—	T	T	T	T	F	F	F	F
c_5：$a = c$?	—	—	—	T	T	F	F	T	T	F	F
c_6：$b = c$?	—	—	—	T	F	T	F	T	F	T	F
a_1：非三角形	X	X	X								
a_2：不等边三角形											X

（续）

a_3：等腰三角形						X		X	X	
a_4：等边三角形				X							
a_5：不可能					X	X		X			

我们还可以进一步扩展这一点，因为条件中的不等式还有两种不满足的可能：一条边长等于其他两边长之和，或大于两边之和。

当条件指向等价类时，决策表的外观会有所不同。表 7.4 中决策表中的条件来自 NextDate 问题，它们表明月份变量存在互斥的可能性。因为一个月份只能属于一个等价类，所以我们永远不可能有两个条目为真的规则。在这种情况下，无关条目（—）的真正意思是“肯定是假的”。

表 7.4　在表 7.3 中加入规则计数

c_1：$a<b+c$?	F	T	T	T	T	T	T	T	T	T	T
c_2：$b<a+c$?	—	F	T	T	T	T	T	T	T	T	T
c_3：$c<a+b$?	—	—	F	T	T	T	T	T	T	T	T
c_4：$a=b$?	—	—	—	T	T	T	T	F	F	F	F
c_5：$a=c$?	—	—	—	T	T	F	F	T	T	F	F
c_6：$b=c$?	—	—	—	T	F	T	F	T	F	T	F
规则计数	32	16	8	1	1	1	1	1	1	1	1
a_1：非三角形	X	X	X								
a_2：不等边三角形											X
a_3：等腰三角形							X		X	X	
a_4：等边三角形				X							
a_5：不可能					X	X		X			

使用无关条目对构建完整的决策表有一定的影响。对于存在 n 个条件的有限入口决策表，则必须有 2^n 个独立规则。当无关条目确实表明条件不相关时，我们就可以制定一个如下的规则计数：没有无关条目出现的规则计为一个规则；存在无关条目的规则中每存在一个无关条目，则该规则的计数加倍。在表 7.4 中的规则计数表示的是表 7.3。请注意，规则计数的总和是 64（也应该是）。

如果我们将这个简单的算法应用于表 7.5，我们会得到表 7.6 中显示的规则计数。 本例中应该只有八个规则，所以我们显然在某个环节出现了问题。为了找出问题所在，我们扩展了三个规则中的每一个，将“—”条目替换为 T 和 F 的可能性，如表 7.7 所示。

表 7.5　具有互斥条件的决策表

	R_1	R_2	R_3
c_1：M_1 中的月份？	T	—	—
c_2：M_2 中的月份？	—	T	—
c_3：M_3 中的月份？	—	—	T
a_1			

表 7.6 具有互斥条件和规则计数的决策表

	R_1	R_2	R_3
c_1：M_1 中的月份？	T	—	—
c_2：M_2 中的月份？	—	T	—
c_3：M_3 中的月份？	—	—	T
规则计数	4	4	4
a_1			

表 7.7 表 7.6 的扩展规则

条件	R_1				R_2				R_3			
扩展	*a*	*b*	*c*	*d*	*e*	*f*	*g*	*h*	*i*	*j*	*k*	*l*
c_1：在 M_1 中	T	T	T	T	T	T	F	F	T	T	F	F
c_2：在 M_2 中	T	T	F	F	T	T	T	T	T	F	T	F
c_3：在 M_3 中	T	F	T	F	T	F	T	F	T	T	T	T
规则计数	1	1	1	1	1	1	1	1	1	1	1	1
a_1	X	X	X	—	X	X	X	—	X	X	X	—

请注意，我们有三个规则，其中所有条目都是 T：R_1 的 *a*、R_2 的 *e* 和 R_3 的 *i*。我们还有两条关于 T、T、F 条目的规则：R_1 的 *b* 和 R_2 的 *f*。同样，R_1 的 *c* 和 R_3 的 *j* 相同，R_2 的 *g* 和 R_3 的 *k* 也是如此。如果我们删除重复项，我们最终会得到七个规则，缺失的规则是所有条件都为假的规则。此过程的结果显示在表 7.8 中，其中还显示了不可用规则。

表 7.8 带有不可用规则的互斥条件

规则	*a*	*b*	*c*	*d*	*g*	*h*	*i*	
c_1：在 M_1 中	T	T	T	T	F	F	F	F
c_2：在 M_2 中	T	T	F	F	T	T	F	F
c_3：在 M_3 中	T	F	T	F	T	F	T	F
规则计数	1	1	1	1	1	1	1	1
a_1	X	X	X	—	X	—	—	X

识别（和开发）完整决策表的能力使我们在冗余和不一致方面处于有利地位。表 7.9 中的决策表是冗余的——存在三个条件和九个规则。（规则 9 与规则 4 相同。）请注意，规则 9 中的行为与规则 1~4 中的相同。如果冗余规则中的行为与决策表的相应部分相同，我们就不会有太大问题。如果行为条目不同，如表 7.10 所示，我们就会遇到更大的问题。

表 7.9 一个冗余的决策表

规则	1~4	5	6	7	8	9
c_1	T	F	F	F	F	T
c_2	—	T	T	F	F	F
c_3	—	T	F	T	F	F
a_1	X	X	X	—	—	X
a_2	—	X	X	X	—	—
a_3	X	—	X	X	X	X

表 7.10 不一致的决策表

规则	1~4	5	6	7	8	9
c_1	T	F	F	F	F	T
c_2	—	T	T	F	F	F
c_3	—	T	F	T	F	F
a_1	X	X	X	—	—	—
a_2	—	X	X	X	—	X
a_3	X	—	X	X	X	—

表 7.10 中，如果要处理 c_1 为真且 c_2 和 c_3 均为假的情况，规则 4 和规则 9 都适用。我们可以得出：

- ❑ 规则 4 和规则 9 是不一致的。
- ❑ 决策表是不确定的。

因为行为集不同，所以规则 4 和规则 9 是不一致的。因为无法决定使用规则 4 还是规则 9，所以整个表是不确定的。一般来说，测试人员在决策表中使用无关条目时，应该尤其谨慎一些。

7.3 三角形问题的测试用例

利用表 7.3 中三角形问题的决策表，我们可以得到 11 种功能测试用例，包括三种不可用的用例、三种不符合三角形属性的用例、一种等边三角形的用例、一种不等边三角形的用例和三种等腰三角形的用例（参见表 7.11）。我们还需要为条件中的变量提供实际的数值，但对于不可用条件，我们无法赋值。如果我们要扩展决策表以便区分出不满足三角形属性的情况，那么我们将选择另外三个测试用例（一条边是另外两边之和）。由于规则会呈指数增长，因此需要对此进行一些判断。这样做的结果是，我们最终会得到更多无关条目和更多不可用规则。

表 7.11 从决策表 7.3 得到的测试用例

用例 ID	a	b	c	预期输出
DT_1	4	1	2	非三角形
DT_2	1	4	2	非三角形
DT_3	1	2	4	非三角形
DT_4	5	5	5	等边三角形
DT_5	?	?	?	不可能
DT_6	?	?	?	不可能
DT_7	2	2	3	等腰三角形
DT_8	?	?	?	不可能
DT_9	2	3	2	等腰三角形
DT_{10}	3	2	2	等腰三角形
DT_{11}	3	4	5	不等边三角形

7.4 NextDate 函数的测试用例

NextDate 函数中包含典型输入域中的依赖性问题。而决策表对于解决这类依赖关系具有非常好的效果，这使它成为基于决策表测试的完美示例。我们在第 6 章的 NextDate 函数的输入域中确定了等价类，而我们在第 6 章发现的问题之一是：如果不加选择地从等价类中选择输入值，会导致不可用的测试用例，例如“找到 1842 年 6 月 31 日的下一个天”。这个问题的根本原因在于我们假设变量是独立的。如果它们是独立的，那么等价类的笛卡儿积是有意义的。但是当输入域中的变量之间存在逻辑上的依赖关系时，这些依赖关系会在笛卡儿积中消失（或者称为被抑制）。在决策表的表示方法中，我们可以使用“不可能”行为的概念来强调这种依赖关系，以表示条件之间的不可能组合（实际上就是不可能的规则）。在本节中，我们将对 NextDate 函数采用决策表方法进行三轮测试。

7.4.1 第一轮测试

在决策表方法中，确定合适的条件和行为是需要一定技术的。在表 7.12 中，我们从一组类似第 6 章中使用的等价类开始。

M_1 = { 月份：月份有 30 天 }

M_2 = { 月份：月份有 31 天 }

M_3 = { 月份：月份是 2 月 }

D_1 = { 日期：1 ≤日期≤ 28}

D_2 = { 日期：日期 = 29}

D_3 = { 日期：日期 = 30}

D_4 = { 日期：日期 = 31}

Y_1 = { 年份：年份是闰年 }

Y_2 = { 年份：年份不是闰年 }

对应的有限入口决策表将有 256 条规则（我们可以使用 T、F 条目来表示条件 c_8：Y_1 中的年份）。256 条规则中将有 24 条有用的规则，其中的前八条规则显示在表 7.12 中。

表 7.12　具有 256 条规则的第一轮决策表测试（其中有 232 条不可用规则）

条件 / 规则	1	2	3	4	5	6	7	8
c_1：M_1 中的月份	T	T	T	T	T	T	T	T
c_2：M_2 中的月份	—	—	—	—	—	—	—	—
c_3：M_3 中的月份	—	—	—	—	—	—	—	—
c_4：D_1 中的日期	T	T	—	—	—	—	—	—
c_5：D_2 中的日期	—	—	T	T	—	—	—	—
c_6：D_3 中的日期	—	—	—	—	T	T	—	—
c_7：D_4 中的日期	—	—	—	—	—	—	T	T
c_8：Y_1 中的年份	T	F	T	F	T	F	T	F
a_1：不可用	—	—	—	—	—	—	—	—
a_2：下一个日期	X	X	X	X	X	X	X	X

7.4.2 第二轮测试

如果我们关注 NextDate 函数中的闰年情况，就可以使用第 6 章中的等价类集合。这些等价类有一个包含 36 个三元组的笛卡儿积，其中有几个是不可能的情况。

为了说明另一种决策表技术，这次我们将开发一个扩展入口的决策表，以便更加细致地探讨行为桩。在设计扩展入口决策表时，我们必须确保等价类形成输入域的真实划分。（第 3 章中我们提到过，划分是一组不相交的子集，且所有子集的并集是整个集合。）如果规则之间存在任何“重叠”，我们就会得到冗余的测试用例，冗余用例可以满足多条规则。这里，Y_2 是 1842~2042 年之间的一组年份，除了 2000 年之外，都可以被 4 整除。

M_1 = { 月份：月份有 30 天 }

M_2 = { 月份：月份有 31 天 }

M_3 = { 月份：月份是 2 月 }

D_1 = { 日期：1 ≤日期≤ 28}

D_2 = { 日期：日期 = 29}

D_3 = { 日期：日期 = 30}

D_4 = { 日期：日期 = 31}

Y_1 = { 年份：年份 = 2000}

Y_2 = { 年份：年份是非世纪闰年 }

Y_3 = { 年份：年份是普通年份 }

从某种意义上说，我们使用了一种“灰盒”技术，因为我们更加仔细地探究了 NextDate 问题。为了生成给定日期的下一个天，我们需要五种可能的操作：递增和重置日期（day ++ 和 day = 1）、递增和重置月份（month++ 和 month = 1）以及递增年份（year ++）。（我们不会通过重置年份来让时间倒流。）这样分析下来，我们其实并没有看到程序的实现细节——我们还是通过表格的方式来操作的（见表 7.13 和表 7.14）。

表 7.13　包含 36 条规则（第一部分）的第二轮决策表测试

	1	2	3	4	5	6	7	8
c_1：月份在	M_1	M_1	M_1	M_1	M_2	M_2	M_2	M_2
c_2：日期在	D_1	D_2	D_3	D_4	D_1	D_2	D_3	D_4
c_3：年份在	—	—	—	—	—	—	—	—
规则计数	3	3	3	3	3	3	3	3
a_1：不可用				X				
a_2：day++	X	X			X	X	X	
a_3：day = 1			X					X
a_4：month++			X					?
a_5：month = 1								?
a_6：year++								?

表 7.14 包含 36 条规则（第二部分）的第二轮决策表测试

	9	10	11	12	13	14	15	16
c_1：月份在	M_3	M_3	M_3	M_3	M_3	M_3	M_3	M_3
c_2：日期在	D_1	D_1	D_1	D_2	D_2	D_2	D_3	D_4
c_3：年份在	Y_1	Y_2	Y_3	Y_1	Y_2	Y_3	—	—
规则计数	1	1	1	1	1	1	3	3
a_1：不可用				X		X	X	X
a_2：day++	X	X	?					
a_3：day = 1			?		X			
a_4：month++	?		?		X			
a_5：month = 1								
a_6：year++								

7.4.3 第三轮测试

第三轮测试，我们可以通过第三组等价类来减少对年份的考虑，重点对日期和月份进行分析。此处我们恢复到第一轮测试中更简单的闰年或普通年的条件，因此，不必特别关注 2000 年。（我们还可以继续第四轮测试，就像第二轮测试一样关注年份的等价类，这就是我们的思路。）

M_1 = { 月份：月份有 30 天 }

M_2 = { 月份：月份除 12 月外有 31 天 }

M_3 = { 月份：月份是 12 月 }

M_4 = { 月份：月份是 2 月 }

D_1 = { 日期：1 ≤日期≤ 27}

D_2 = { 日期：日期 = 28}

D_3 = { 日期：日期 = 29}

D_4 = { 日期：日期 = 30}

D_5 = { 日期：日期 = 31}

Y_1 = { 年份：年份是闰年 }

Y_2 = { 年份：年份是普通年份 }

上述集合的笛卡儿积包含 40 个元素。表 7.15 和表 7.16 给出了带有无关条目的组合规则，与第二轮测试的 36 条规则相比，它有 22 条规则。第 1 章中我们提出了一个问题：大量的测试用例是否一定比少量的测试用例更好？事实上，我们这里有一个包含 22 条规则的决策表，它比包含 36 条规则的决策表更清楚地表示出了 NextDate 函数。前五个规则处理包含 30 天的月份，请注意，在这里我们暂时不考虑闰年的情况。接下来的两组规则（规则 6~15）处理包含 31 天的月份，其中规则 6~10 处理除 12 月以外的月份，规则 11~15 则处理 12 月。决策表的这一部分中没有列出不可用的规则，尽管这样做会产生一些冗余，可能会导致专业测试人员的质疑。十条规则中有八条只是增加了一天。对于这个子功能，我们真的需要八个单独的测试用例吗？可能并不需要，但是此处我们只是为了说明我们通过决策表来表示出更多的细节信息。最后的七条规则集中在普通年和闰年的 2 月。

表 7.15　NextDate 函数的决策表（规则 1~10）

	1	2	3	4	5	6	7	8	9	10
c_1：月份在	M_1	M_1	M_1	M_1	M_1	M_2	M_2	M_2	M_2	M_2
c_2：日期在	D_1	D_2	D_3	D_4	D_5	D_1	D_2	D_3	D_4	D_5
c_3：年份在	—	—	—	—	—	—	—	—	—	—
a_1：不可用					X					
a_2：day++	X	X	X			X	X	X	X	
a_3：day = 1				X						X
a_4：month++				X						X
a_5：month = 1										
a_6：year++										

表 7.16　NextDate 函数的决策表（规则 11~22）

	11	12	13	14	15	16	17	18	19	20	21	22
c_1：月份在	M_3	M_3	M_3	M_3	M_3	M_4	M_4	M_4	M_4	M_4	M_4	M_4
c_2：日期在	D_1	D_2	D_3	D_4	D_5	D_1	D_2	D_2	D_3	D_3	D_4	D_5
c_3：年份在	—	—	—	—	—	—	Y_1	Y_2	Y_1	Y_2	—	—
a_1：不可用										X	X	X
a_2：day++	X	X	X	X		X	X					
a_3：day = 1					X			X	X			
a_4：month++								X	X			
a_5：month = 1					X							
a_6：year++					X							

表 7.15 和表 7.16 中的决策表是第 2 章中 NextDate 函数源代码的基础。顺便说一句，这个例子很好地展示了一个良好的测试是如何改进编程的。所有的决策表分析都可以在 NextDate 函数的详细设计阶段来完成。

我们可以使用决策表的代数原则来进一步简化这 22 个测试用例。如果有限入口决策表中有两条规则的行为集相同，则必须至少有一个条件允许将两条规则与无关条目相组合。这与我们在确定等价类时使用的原则是一样的，即“同样对待”的决策表等价原则。从某种意义上说，我们是在分析规则的等价类。例如，规则 1、2 和 3 涉及 30 天月份的 D_1、D_2 和 D_3 日期类（称为 D_6 类）。对于 31 天月份规则中的 D_1、D_2、D_3 和 D_4（称为此 D_7 类）以及 2 月的 D_4 和 D_5，这些都可以进行类似的组合。上述分析的结果显示在表 7.17 和表 7.18 中。

表 7.17　NextDate 函数的精简决策表（第一部分）

	1~3	4	5	6~9	10	11~14	15
c_1：月份在	M_1	M_1	M_1	M_2	M_2	M_3	M_3
c_2：日期在	D_6	D_4	D_5	D_7	D_5	D_7	D_5
c_3：年份在	—	—	—	—	—	—	—
a_1：不可用			X				

（续）

	1~3	4	5	6~9	10	11~14	15
a_2：day++	X			X		X	
a_3：day = 1		X			X		X
a_4：month++		X			X		
a_5：month = 1							X
a_6：year++							X

表 7.18 NextDate 函数的精简决策表（第二部分）

	16	17	18	19	20	21	22
c_1：月份在	M_4	M_4	M_4	M_4	M_4	M_4	M_4
c_2：日期在	D_1	D_2	D_2	D_3	D_3	D_4	D_5
c_3：年份在	—	Y_1	Y_2	Y_1	Y_2	—	—
a_1：不可用					X	X	X
a_2：day++	X	X					
a_3：day = 1			X	X			
a_4：month++			X	X			
a_5：month = 1							
a_6：year++							

表 7.19 中列出了相关的测试用例。我们通过以上的三轮测试说明了如何开展基于决策表测试的全过程。

表 7.19 NextDate 函数的测试用例

测试用例	列	月份	日期	年份	预期输出
1	1~3	4	15	2018	4/16/2018
2	4	4	30	2018	5/1/2018
3	5	4	31	2018	无效日期
4	6~9	1	15	2018	1/16/2018
5	10	1	31	2018	2/1/2018
6	11~14	12	15	2018	12/16/2018
7	15	12	31	2018	1/1/2019
8	16	2	15	2018	2/16/2018
9	17	2	28	2020	2/29/2020
10	18	2	28	2018	3/1/2018
11	19	2	29	2020	3/1/2020
12	20	2	29	2018	无效日期
13	21	2	30	2018	无效日期
14	22	2	31	2018	无效日期

我们很少能够在第一轮测试时就搞定所有内容。从第一轮测试（共有 256 条规则，其中 232 条不可用）到第二轮测试（共有 36 条规则，其中 10 条不可用），直至最后进行第三轮测

试（共有 22 条规则，其中 4 条不可用）。事实上，到第三轮测试时，我们只留下了一小部分测试用例，但是我们对这些测试用例的完整性却充满信心。

7.5 因果图

在计算机发展的早期，软件领域借鉴了许多硬件领域的想法。其中有一些很有效，但有时，软件领域的问题与已有的硬件技术却并不匹配。因果图就是一个很好的例子。因果图中的硬件概念用来描述由具有与（AND）、或（OR）、异或（EOR）、非（NOT）门独立元器件组成的电路。而电路图通常有一个输入侧，然后可以沿着各种组件的输入流一路从左到右。这样，硬件故障（例如，常 1 或常 0）的影响就可以一直追踪到输出端。这个技术非常有利于进行电路测试。

因果图也试图遵循这种模式，通过在图形左侧显示输入单元，并使用与、或、异或和非“门”来表示单元之间的数据流。图 7.1 展示了基本的因果图结构。它们还可以通过较少使用的一些操作来提高描述能力，例如，标识、掩码、要求和唯一。

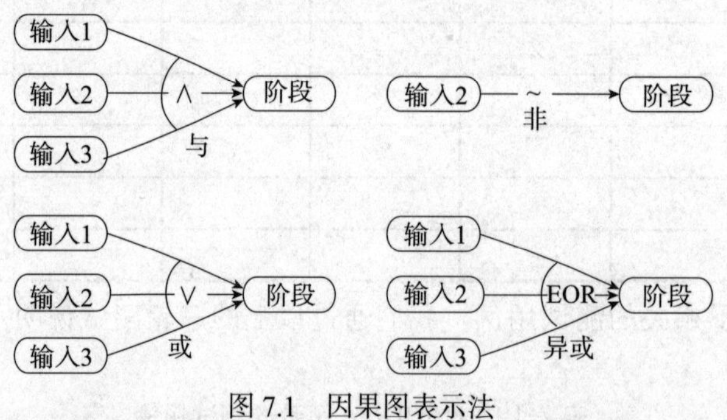

图 7.1　因果图表示法

我们可以从因果图中学到的是，如果输出出现问题，那么可以回溯路径找到影响输出的输入。但是这一点对于确定测试用例来说几乎没有用处。

7.6 基于决策表测试的指南

与其他测试技术一样，基于决策表的测试只适用于某些类型的应用程序（例如 NextDate），但对于有些程序来说则显得过于烦琐。这也并不奇怪，决策表方法比较适用的情况包括：含有大量决策的情况（例如三角形问题）以及输入变量之间存在重要逻辑关系的情况（例如 NextDate 函数）。

- ❑ 决策表技术适用于具有以下任意一种特征的程序：
  - 具有明显的 if-then-else 逻辑。
  - 输入变量之间存在逻辑关系。
  - 涉及输入变量子集的计算。
  - 输入和输出之间具有因果关系。
  - 具有较高的环复杂度（见第 9 章）。
- ❑ 决策表的扩展性不好（具有 *n* 个条件的有限入口决策表会出现 2*n* 条规则。），有几种方法可以处理这个问题：使用扩展入口决策表、代数简化表、将大表“分解”为小表，以及寻找条件入口的重复模式等。读者可以尝试分解 NextDate 的扩展入口表（见

表 7.15 和表 7.16)。

- ❑ 与其他技术一样，迭代也是有帮助的。第一次获取的条件和行为可能并不令人满意，但我们可以将其作为基础，逐步改进，直到最后得到一个满意的决策表为止。

7.7 习题

1. 为 NextWeek 函数开发一个决策表。将结果与第 5 章习题中的边界值测试结果以及第 6 章习题中的等价类测试结果进行比较。
2. 为四边形问题开发一个决策表。将结果与第 5 章习题中的边界值测试结果以及第 6 章习题中的等价类测试结果进行比较。
3. 为雨刷器控制系统开发一个决策表（见第 2 章习题）。
4. 讨论一下决策表测试是如何处理多故障假设的。
5. 为时间变化问题设计出决策表测试用例（见第 6 章，习题 6）。
6. 2010 年，密歇根州立法机构改变了公立学校教师的退休计划。密歇根州公立学校教师的退休金是他们退休前三年的平均工资乘以一个百分比。通常，这个百分比乘数是教学的年数。为了鼓励高级教师提前退休，密歇根州立法机构制定了以下奖励机制：
   - ❑ 教师必须在 2010 年 6 月 11 日之前申请奖励。
   - ❑ 目前有资格退休的教师（年龄≥ 63 岁）的工资乘数应为 1.6%，最高为 90 000 美元，包括 90 000 美元，超过 90 000 美元的薪酬部分乘数为 1.5%。
   - ❑ 年龄达到 80 岁（加上教学年限）的教师，其退休金（不超过 90 000 美元）的乘数为 1.55%，超过 90 000 美元的退休金乘数为 1.5%。

开发一个决策表来描述退休金政策，一定要仔细考虑退休资格标准。一个现年 64 岁、教了 20 年、薪水为 95 000 美元的教师，其薪酬乘数应该是多少？

7.8 参考文献

Elmendorf, William R., Cause–Effect Graphs in Functional Testing, *IBM System Development Division, Poughkeepsie, NY*, TR-00.2487, 1973.

Mosley, Daniel J., *The Handbook of MIS Application Software Testing*, Yourdon Press, Prentice Hall, Englewood Cliffs, NJ, 1993.

Myers, Glenford J., *The Art of Software Testing*, Wiley Interscience, New York, 1979.

第 8 章

Software Testing: A Craftsman's Approach, Fifth Edition

基于代码的测试

基于代码的测试技术最独特之处在于（正如其名所示），所有的测试方法都基于被测程序的源代码，而非基于规范。由于代码具有形式上的严格性，所以基于代码的测试方法遵从严谨的定义、数学化的分析和准确的测量结果。本章我们研究两种最常见的路径测试方法。这两种方法从 20 世纪 70 年代中期开始就为业界所用，现在已经有公司在市场上推出了非常成功的工具能够实现这些技术。这两种技术都来自程序流程图，所以我们有必要在这里重复一下第 4 章中改进后的程序流程图定义。

8.1 程序流程图

定义 给定一个使用强类型语言编写的程序，其程序流程图就是一个有向图，其中的节点代表一个语句块，边代表一个控制流。（一个完整的语句就是一个默认的语句块。）

如果 i 和 j 是程序流程图中的节点，当且仅当节点 j 代表的语句块能够在节点 i 代表的语句块执行之后立即执行时，从 i 到 j 有一条边。

从给定的程序中获取程序流程图是很容易的一件事情。图 8.1 展示了四种基本结构化编程架构，同时也是第 2 章中三角形函数的 Java 实现。图中边的个数表示了语句和语句块的个数。对于判断语句的处理方法是，可以将判断语句标识为一个独立的节点，或将其与其他语句块结合在一起。例如，使用花括号作为一个节点，看起来就更好一些。

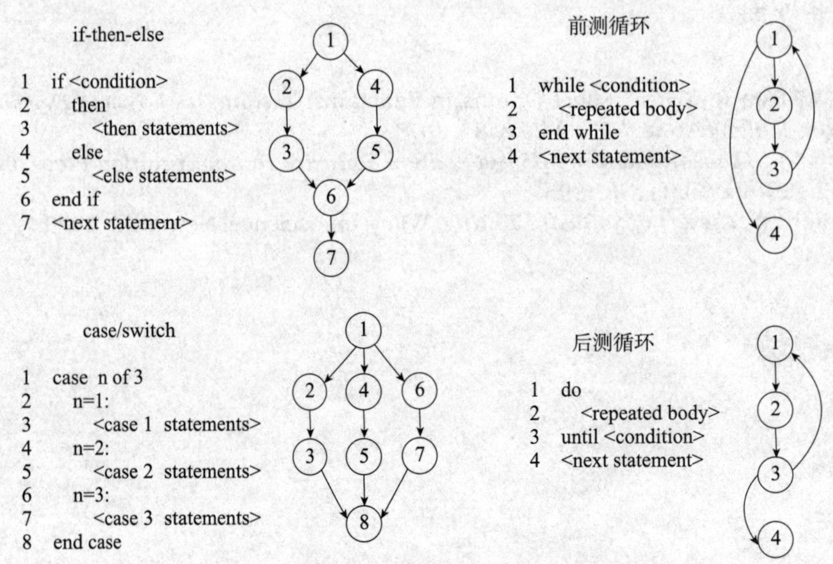

图 8.1 四种结构化编程架构的程序流程图

对于那些不可执行的语句（比如变量和类型定义等）是否需要将其作为一个节点呢？本

书中，我们没有这样做。

图 8.2 展示了第 2 章中三角形问题的第三个版本的程序流程图。

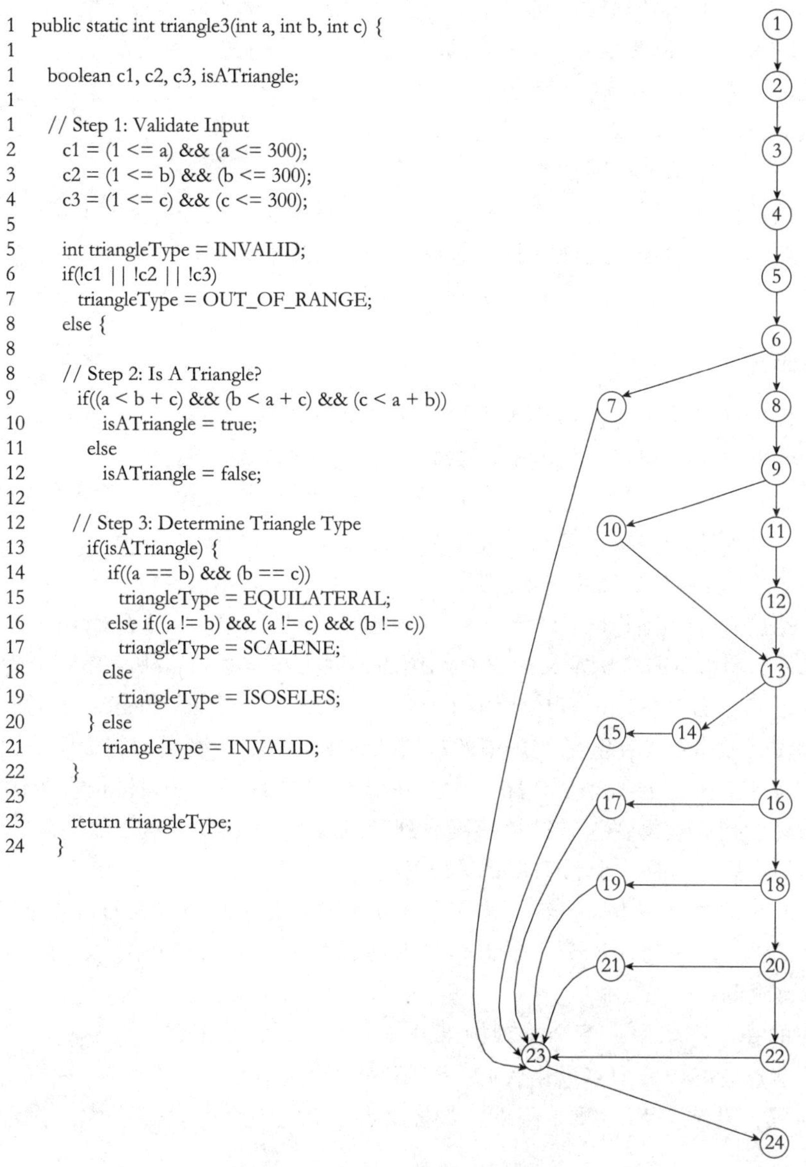

1 public static int triangle3(int a, int b, int c) {
1
1 boolean c1, c2, c3, isATriangle;
1
1 // Step 1: Validate Input
2 c1 = (1 <= a) && (a <= 300);
3 c2 = (1 <= b) && (b <= 300);
4 c3 = (1 <= c) && (c <= 300);
5
5 int triangleType = INVALID;
6 if(!c1 || !c2 || !c3)
7 triangleType = OUT_OF_RANGE;
8 else {
8
8 // Step 2: Is A Triangle?
9 if((a < b + c) && (b < a + c) && (c < a + b))
10 isATriangle = true;
11 else
12 isATriangle = false;
12
12 // Step 3: Determine Triangle Type
13 if(isATriangle) {
14 if((a == b) && (b == c))
15 triangleType = EQUILATERAL;
16 else if((a != b) && (a != c) && (b != c))
17 triangleType = SCALENE;
18 else
19 triangleType = ISOSELES;
20 } else
21 triangleType = INVALID;
22 }
23
23 return triangleType;
24 }

图 8.2　三角形问题的程序流程图

节点 1~5 是一个序列，节点 6~23 包括若干嵌套的 if-then-else 架构。节点 1 和节点 24 是程序的起始节点和结束节点，对应单入口和单出口的准则。图中不存在循环结构，因此这是一个有向无环图。程序流程图的重要性在于，程序的执行可以对应为从起始节点到结束节点的一条路径。测试用例可以“迫使”程序执行某一条路径，因此我们就可以在测试用例和程序执行路径之间建立清晰的对应关系。从原理上说，我们也能用更好的方法来应对程序中存在大量执行路径的问题。

对于基于代码的测试，业界也有一些反对的声音。图 8.3 展示了一个非结构化的、很简单的程序所对应的程序流程图。反对基于代码的测试的人经常用这个例子来说明他们的观点：就算是一个很简单的程序，测试充分性也面临着计算上的难题。这个例子最早出现在（Schach（1993））中。在这个程序中，从节点 *B* 到节点 *F* 有五条路径，都存在于一个内部循环中。如果循环达到 18 次，就可以出现 477 000 亿条不同的程序执行路径，更确切地说，是 4 768 371 582 030 条路径。但是，这些反对者的声音是典型的逻辑扩展的谬误，也就是：先找到一个条件，将其扩展到极限后，使用这个极限值来支持他们的观点，随后再用该观点回答原始的问题。反对者忽略了基于代码测试的要点，这一点，我们会在本章后面详细论述。我们将看到如何使用非常好的理由和技术，将这些巨大的数目减少到更加容易管理的规模。

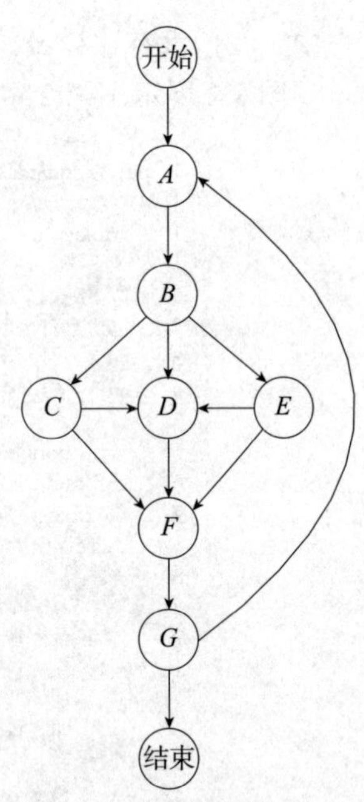

图 8.3　数亿条路径的示例

8.2　DD 路径

基于代码的测试技术中，最广为人知的概念就是"判定到判定"路径，也称为 DD 路径（Miller（1977））。对于现代编程语言来说，Miller 的 DD 路径有点像没有内部判定的一个"块"。在 Java 语言中，代码中的多行语句块被花括号括起来，而且带有缩进。DD 路径这个名字本身就说明了这是一个语句序列，用 Miller 的话来说，就是从一个判定的"出口"到下一个判定的"入口"。对于 COBOL 和 Fortran 这样的语言来说，Miller 的原始定义是没有问题的，因为在这些语言中，判定语句会使用标号来指向目标语句。而在现代语言中（例如 Pascal, Ada®, C, Visual Basic, Java），语句块的概念解决了 Miller 原始定义在实际应用中的难题。否则，我们最终得到的程序流程图中，就会有一些语句被包含在不止一条 DD 路径中。在 ISTQB 的体系里（同样也在英国的技术体系中），DD 路径的概念被解释为"线性代码序列和跳转"，也被缩写为 LCSAJ。LCSAJ 与 DD 表达了同样的意思，但是这个名字真是又长又难念。

定义　*有向图中的一条链，指的是一个节点序列，其中起始节点的入度大于等于 0，而结束节点的出度大于等于 0。每一个内部节点都满足入度 = 出度 = 1。在压缩图的情况中，一条链可以只包括一个节点。*

在这样的一个序列中，不会出现内部分支，因此对应的节点就好像一列多米诺骨牌，当第一个倒下的时候，其他的都会顺序倒下，如图 8.4 所示。

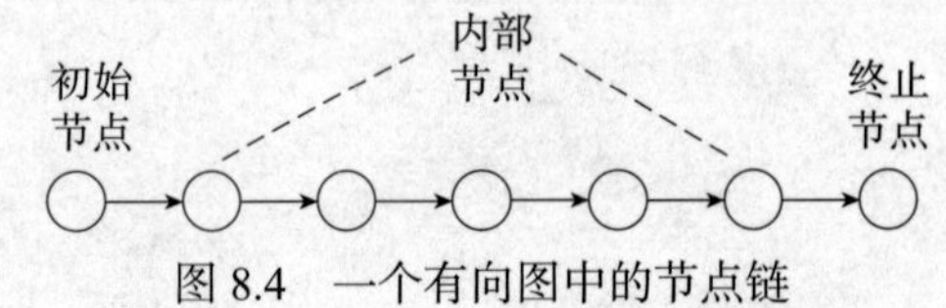

图 8.4　一个有向图中的节点链

定义　*一条 DD 路径就是一条表示语句块的链。*

定义　*给定一个用强类型语言编写的程序，其 DD 路径图是一个有向图，其中的节点，就是程序流程图中的 DD 路径，而边则是相连接的 DD 路径之间的控制流。*

从结果上看，DD 路径图就是一种在第 4 章讨论过的压缩图的形式。在这个压缩图中，两个相互连接的部分压缩成了一个独立的节点。DD 路径图对于以计算为核心的程序来说非常有用。图 8.5 中的 DD 路径非常短，只有 1~2 个实际的程序节点，图 8.5 不能算是图 8.2 的一个压缩形式。

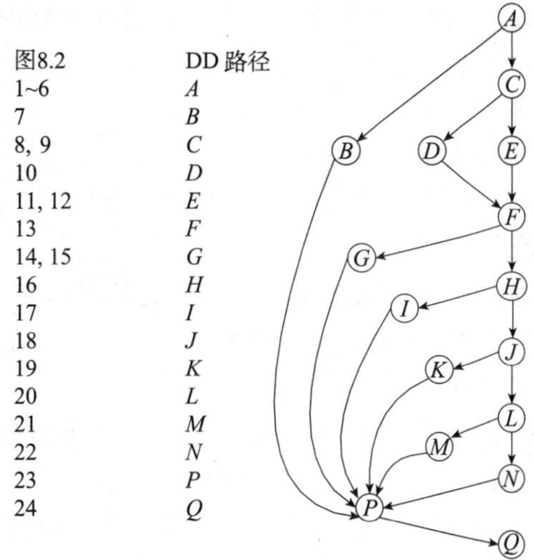

图 8.5 图 8.2 中三角形问题的 DD 路径图

8.3 代码覆盖

DD 路径存在的一个重要理由，在于它能够非常精确地描述测试用例集覆盖了哪些对应的源代码。我们回想一下第 5~7 章中讲到的基于规范的测试技术，其根本局限就在于不能准确知道有多少测试用例是冗余的，也不能知道测试用例是否覆盖了程序中所有可能的执行路径。在第 1 章，我们使用了 Venn 图来表示规范规定的行为、程序实现的行为以及已测试的行为之间的关系。而代码覆盖能够清晰地说明一个测试用例对于程序代码的覆盖程度。

8.3.1 基于程序流程图的覆盖

给定一个程序流程图，我们可以定义以下几种测试覆盖。我们将给出这些覆盖率与其他类型覆盖之间的对应关系。

定义 给定一个程序的一个测试用例集，如果在程序执行时，程序流程图中每个节点都被这个测试用例集所遍历，称这个测试用例集满足节点覆盖。我们使用 G_{node} 来表示这一层级的覆盖，其中 G 表示程序流程图。

既然节点代表语句块，节点覆盖保证了每一个语句块都被某个测试用例所覆盖。如果我们小心地定义语句块节点，这同样可以保证判定语句的所有输出都已经被执行过。

定义 给定一个程序的一个测试用例集，如果在执行测试用例时，程序流程图中每一条边都被这个测试用例集所遍历，则称这个测试用例集满足边覆盖，我们将这一层级的覆盖表示为 G_{edge}。

G_{node} 和 G_{edge} 之间的区别在于，后者能够保证判定语句的所有分支都可以被执行到。在三角形问题中（见图 8.2），节点 9、10、11、12 和 13 是一个完整的 if-then-else 语句。如果我们要求将每一条语句都视为一个节点，那么我们只要执行判定中的一个分支就可以满足语句覆盖的要求。现在，我们将 if-then-else 结构中的语句块视为单独的节点（条件测试中的 True 结果和 False 结果），这样做可以获得更准确的输出覆盖。不管我们遵循哪一个传统，这些覆盖都要求我们找到一个测试用例集，当执行这些用例的时候，程序流程图中的每一个节点至少可以被遍历一次。

定义　给定一个程序的一个测试用例集，如果执行测试用例的时候，程序流程图中的每个长度大于或等于 2 的链都被遍历，则称这组测试用例集满足链覆盖。我们将这一层级的覆盖称为 G_{chain}。

在一个给定程序的程序流程图中，DD 路径图中的节点覆盖与 G_{chain} 是相同的。在 Miller 最初的测试覆盖理论中（在 8.3.2 节中定义），DD 覆盖很重要，现在我们就有了纯程序流程图架构和 Miller 的测试覆盖之间的清晰的联系。

定义　给定一个程序的一个测试用例集，当执行这些测试用例的时候，如果程序流程图中的起始节点到结束节点的每一条路径都能够被遍历，我们称这个测试用例集满足路径覆盖。我们将其表示为 G_{path}。

如果程序中有循环（如图 8.3 所示），路径覆盖就会有严重的缺陷。Miller 部分地解决了这个问题，他将循环覆盖假定为：能够覆盖从起始节点到结束节点之间的一个子集的覆盖。在第 4 章，我们注意到程序流程图中的每一个循环，都代表一个强连接的（例如，3- 连接的）的节点。为了应对循环带来的规模问题，我们只需要两个测试用例来覆盖每个循环，一个遍历整个循环，一个退出循环。这样就可以将原始程序流程图转化成一个压缩图，该图是一个有向无环图。

8.3.2　Miller 的覆盖

表 8.1 展示了目前最广泛被接受和使用的测试 / 代码覆盖，这些内容都来自 Miller 在早期书籍中使用的“测试覆盖”概念（Miller（1977））。只有对程序被测试覆盖的程度有一个成体系的概念，才能更有效地管理测试过程。大部分有规模的企业，都将 C_1 覆盖（DD 路径覆盖）作为测试覆盖的最低要求。

表 8.1　Miller 的测试覆盖度量（统一其中的用词）

度量	覆盖描述
C_0	每一条语句
C_1	每一条 DD 路径
C_{1p}	每个判断条件的每个输出
C_2	C_1 覆盖 + 循环覆盖
C_d	C_1 覆盖 + 每一个 DD 路径的依赖对
C_{MCC}	多条件覆盖
C_{ik}	每一个包含最多 k 个循环的程序路径（k=2）
C_{stat}	路径的统计显著分支
C_∞	所有可能的执行路径

这些覆盖组成了一个代数意义上的度量，其中有些覆盖是等价的，有些是被其他覆盖包含的。覆盖层级的重要性在于：在每个级别，总有一些错误类型是只能在这个层级才会被发现的，在比较低的层级，就发现不了这些错误。Miller 总结说，如果一个测试用例集能够满足 DD 路径覆盖的要求，那么就可以揭示 85% 的错误（Miller（1991））。同时，表 8.1 中所示的覆盖，只能告诉我们应该去测试什么，并没有说如何去测试。本章，我们将仔细讨论这些能够执行源代码的技术。我们一定要记住，Miller 的测试覆盖，是基于“所有的语句都是节点”的程序流程图，而我们的程序流程图形式允许语句块存在，因此我们可以将整个语句

视为一个节点。

8.3.2.1 语句测试

既然我们在程序流程图中将语句块作为独立的节点，那么 Miller 的 C_0 度量就可以被纳入我们的 G_{node} 度量。

语句覆盖通常来说是最低级的覆盖要求。如果测试用例没有覆盖某些语句，很明显测试充分性是不够的。尽管语句覆盖度量 C_0 比 DD 路径覆盖的充分性差，但也仍然被广泛应用。在 ANSI 标准 187B 中，语句覆盖是强制要求的。而且在 IBM 公司，从 20 世纪 70 年代中期至今一直在使用语句覆盖。

8.3.2.2 DD路径测试

如果每一条 DD 路径都被遍历，也就是满足 C_1 度量，我们就知道每一个判定分支都已经被执行过了，即 DD 路径图或程序流程图中的每一条边都已经被遍历。因此 C_1 度量就是我们所说的 G_{chain} 度量。

对于 if-then 和 if-then-else 语句来说，这即意味着判定为真和为假的分支都已经被覆盖，也就是满足 C_{1p} 覆盖的要求。而且对于 case/switch 语句来说，每一个语句块也都被覆盖。除此之外，我们得问，到底要如何测试一个 DD 路径呢？较长的 DD 路径通常来说代表了较为复杂的运算过程，我们完全可以将其视为一个独立的功能。因此对于这样的 DD 路径来说，使用一组功能测试可能更加适合，尤其是使用边界值和特殊值的测试用例。

8.3.2.3 简单循环覆盖

C_2 度量要求 DD 路径覆盖（也就是 C_1 度量）加上循环测试。

循环测试，简单来说就是每个循环都包括一个判定条件，我们需要测试这个判定的两个出口，一个用例用来执行循环操作，而另一个用例用来退出（或者根本不进入）循环。这些内容在（Huang（1979））中已经得到了充分的证明。注意这个要求与 G_{edge} 测试覆盖要求是等效的，一条边可以重复循环，而另一条边可以退出循环。

8.3.2.4 断言输出测试

断言输出测试要求判定的每一个输出都必须被执行。我们的程序流程图允许语句块成为一个独立的节点，所以 Miller 的 C_{1p} 度量可以被纳入我们定义的 G_{edge} 度量。不管是 Miller 的测试覆盖，还是基于图的覆盖，都没有应对复合条件组成的判定。这些是 8.3.3 节的内容。

8.3.2.5 DD路径的依赖对

我们必须在代码级别识别出依赖性问题。单纯考虑程序流程图是没法做到这一点的。C_d 覆盖已经涉及了第 9 章的一些内容——数据流测试。在 DD 路径对中，最常见的依赖关系是定义 / 引用关系，一个变量在一条 DD 路径中被定义之后（获取了一个数值），在另一条 DD 路径中被引用。这些依赖关系的重要性表现在它们与不可达路径问题密切相关。图 8.2 展示了节点的依赖对示例。变量 IsATriangle 在节点 10（DD 路径 *D*）中设为 TRUE，在节点 12（DD 路径 *D*）中设置为 FALSE。如果 IsATriangle 在节点 13（DD 路径 *F*）中被设置为 TRUE，那么就会走节点 14（DD 路径 *D*）对应的分支。任何包括节点 10 和节点 21（DD 路径 *M*）的路径都将成为不可达路径。简单的 DD 路径覆盖是不能发现这些依赖关系的，因此也就不能揭示深层次的错误。

8.3.2.6 复杂循环测试

Miller 的 C_{ik} 覆盖扩展了循环覆盖，增加了包含某个特定循环的从起始节点到结束节点的全部路径。

在第 4 章提到的压缩图，为我们提供了解决测试循环问题的较好的解决方案。有很多研究都是针对循环测试的。这是有道理的，因为循环是一个非常容易出错的源代码段。首先，让我们看一下循环结构的分类，包括级联的、嵌套的和打结的（Beizer（1984）），如图 8.6 所示。

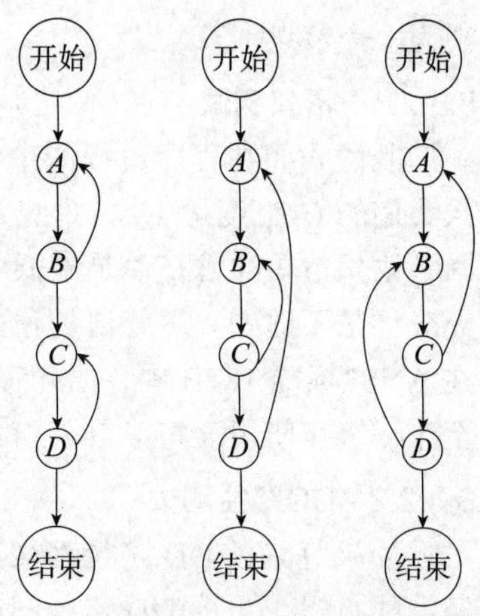

图 8.6　循环结构的三种类型

级联循环只是一系列不相交循环的序列，而嵌套循环是一个循环中包含另一个循环的结构。打结循环（Beizer 称之为“恐怖的”），在结构化编程中是不可能出现的，但是在类似 Java 的语言中，由于 Java 带有 try/catch 结构，因此可能出现打结循环结构。如果一个循环内部存在从外部进入（或跳到外部）的分支，而这些分支同时又是另外一个循环的内部分支，此时就会出现 Beizer 所说的打结循环。我们在这里可以使用修订后的边界值分析法，针对循环索引给出最小值、正常值和最大值，如第 5 章所示。当然我们也可以更进一步使用全边界值的测试方法，甚至是鲁棒性的测试方法。如果一个简单循环体是一个完成复杂运算的 DD 路径，正如我们之前已经讨论过的，此时应该加入功能测试。如果一个循环已经被测试过，测试员就可以将其压缩为一个节点。如果循环是嵌套的，这个过程可以从最内部的循环开始，一直重复到最外侧的循环。这会产生类似乘积效果的测试用例数目，跟我们在边界值测试分析时一样。这很好理解，每一层的循环索引变量都可以被视为一个输入变量。如果循环是打结的，就有必要使用我们将在第 9 章讨论的数据流的方法进行仔细分析。我们可以想象一下，如果一个循环会影响另外一个循环的索引变量，就很可能产生死循环。

8.3.2.7　多条件覆盖

Miller 的 C_{MCC} 覆盖是针对复合条件的测试问题而提出的。仔细看一下 DD 路径 *B* 和 *H* 中的复合条件。此时我们不应该仅关注是否覆盖了“为真”和“为假”的两个输出分支，我们同时应该仔细研究产生每个输出的不同条件。解决方法之一是做一个决策表。有三个简单条件的判定会生成 8 个规则（如表 8.2 所示），从而产生 8 个测试用例。另一个可行的方法是重新编写复合条件，改为嵌套的 if-then-else 逻辑，由此会产生更多的 DD 路径。此处我们可以看到语句复杂度与路径复杂度之间存在一个有趣的折中。而多条件覆盖保证了语句复杂度不会被 DD 路径覆盖所屏蔽。这个覆盖可以修订为 8.3.3 节所述的 MCDC 覆盖。

表 8.2　图 8.7 中程序片段的决策表

条件	规则 1	规则 2	规则 3	规则 4	规则 5	规则 6	规则 7	规则 8
a	T	T	T	T	F	F	F	F
b	T	T	F	F	T	T	F	F
c	T	F	T	F	T	F	T	F
a AND (*b* OR *c*)	True	True	True	False	False	False	False	False
行为								
y = 1	X	X	X	—	—	—	—	—
y = 2	—	—	—	X	X	X	X	X

8.3.2.8 统计显著覆盖

C_{stat} 覆盖是很笨拙的一种说法，什么是针对一个全程序路径的“统计显著”的覆盖？也许这指代的是顾客或用户满意的某个级别吧。

8.3.2.9 全路径覆盖

Miller 在这里使用的 C_∞ 标识已经说明了一切。对于带有循环的程序来说（如图 8.3 所示），C_∞ 可能是个巨大的数值。对于没有循环的程序来说，C_∞ 覆盖是有意义的，对于能够将带有循环的程序缩减为压缩程序流程图的程序来说，C_∞ 覆盖也是有意义的。

8.3.3 剖析组合条件

读者可以在网络上搜索到一个 214 页的文献（Chilenski），其中对复合条件有非常好的解释。本节的定义就来自这份文献。这些定义与 8.3.1 节和 8.3.2 节的定义相关。

8.3.3.1 布尔表达式

布尔表达式的计算结果是传统上称为 False 和 True 的两种可能（布尔）结果之一。

一个布尔表达式可能是一个简单的布尔变量，或者是一个复合表达式，包含一个或多个布尔操作符。Chilenski 将布尔操作符归纳为以下四种类别。

操作符类型	布尔操作符
一元操作（单操作数）	NOT (~,!)
二元操作（双操作数）	AND(∧ , &), OR(∨ , |), XOR(⊕)
短路运算符	AND (AND-THEN), OR (OR-ELSE)
关系运算符	=, ≠ ,<, ⩽ ,>, ⩾

在数学的逻辑中，布尔表达式也被称为逻辑表达式，其中的逻辑表达可以是：

- ❑ 简单命题。不含逻辑连接符。
- ❑ 复合命题。包含至少一个逻辑连接符。

同义词：谓词、命题、条件。

在编程语言中，Chilenski 所说的布尔表达式可以表示为在判断语句中的条件：if-then, if-then-else, if-elseif, case/switch, for, while 和 until 循环。本节关注与复合条件相关的测试。在程序流程图中，复合条件显示为一个单独的节点，因此它们所带来的复杂度在程序流程图中是显示不出来的。

8.3.3.2 条件

条件是一个布尔操作（布尔函数、对象和操作符）的操作数。

一般来说，条件指的是最低一层的条件，例如不是布尔操作符本身的操作数。通常这些条件就是表达树结构上的叶子节点。注意，条件是一个布尔（子）表达式。

在数学逻辑中，Chilenski 所说的条件，也就是简单的或原子的命题。命题可以是简单的，也可以是复合的。复合命题至少包括一个逻辑连接符。命题也可称为谓词，这是 Miller 使用的术语。

8.3.3.3 组合条件

如果改变一个条件也会相应地改变另一个，我们称一个或多个条件是耦合的。

如果两个条件耦合，不太可能独立改变其中的一个条件，因为与之耦合的另一个条件可能也会相应改变。Chilenski 发现，条件可能是强耦合的，也可能是弱耦合的。在强耦合条件对中，改变一个条件一定会改变另一个；而在弱耦合条件对中，改变一个条件可能会改变另一个，但不会改变第三个。Chilenski 给出了下面的例子：

- ❑ 在 In $(((x = 0)$ AND $A)$ OR $((x \neq 0)$ AND $B))$ 的判断中，条件 $(x = 0)$ 和 $(x \neq 0)$ 就是强耦合的。
- ❑ 在 In $((x = 1)$ OR $(x = 2)$ OR $(x = 3))$ 的判断中，$(x = 1)$、$(x = 2)$ 和 $(x = 3)$ 这三个条件就是弱耦合的。

8.3.3.4　屏蔽条件

屏蔽条件是指将操作中一个操作数设置为某个数值时，改变另一个操作数的数值不会影响操作的结果。

在 3.4.3 节中，屏蔽用到了同一律，对于一个 AND 操作来说，如果将一个操作数保持 False，那么就可以屏蔽另一个操作数。

X AND False = False AND X = False，不论 X 取值如何

对于 OR 操作来说，如果将一个操作数保持 True，那么就可以屏蔽另一个操作符。

X OR True = True OR X = True，不论 X 取值如何

8.3.3.5　修正的条件判定（MCDC）覆盖

在 DO-178B 标准中，A 级软件必须要满足修订的条件判定覆盖（MCDC）的要求。MCDC 有三个变种：屏蔽的 MCDC、单一原因的 MCDC 和单一原因 + 屏蔽的 MCDC。Chilenski 的文献中有非常详细的解释。Chilenski 的结论是，屏蔽的 MCDC 是三种 MCDC 覆盖中最弱的一种，也是 DO-178B 标准中推荐的一种。下面的定义来自 Chilenski 文献。

定义　修正的条件判定覆盖要求：

1. 每条语句必须被至少执行一次。
2. 程序的每个入口和出口必须被调用一次。
3. 每个条件语句的每个可能的输出必须至少被执行一次。
4. 每个非常数的布尔表达式的输出必须取值为真或为假。
5. 每个非常数布尔表达式中的条件的输出必须取值为真或为假。
6. 每个非常数的布尔表达式中的条件必须能够独立影响表达式的结果。

我们在这里稍微解释一下 MCDC 的基础定义。那些需要进行判断的语句（比如 if 语句、case/switch 语句和循环语句等）我们称之为控制语句。在程序流程图中，控制语句的出度大于 1。常量布尔表达式是那些输出同样数值的语句。例如，布尔表达式 $(p \vee \sim p)$ 就永远都为真，条件 $a=a$ 也是一样。同样的，$(p \wedge \sim p)$ 和 $(a \neq a)$ 也是常数布尔表达式，其结果永远为假。在程序流程图中，上文中 MCDC 的要求 1 和要求 2 可以解释成节点覆盖要求，要求 3 和要求 4 可以解释成边覆盖要求，要求 5 和要求 6 是 MCDC 测试中比较复杂的部分。Chilenski 所提到的三种变种，都试图想说明要求 6 的含义，也就是“独立起作用”的含义。

“单一原因的 MCDC 要求一个独立的原因，对于所有可能的（耦合）条件来说，改变一个独立的条件就可以改变表达式的结果。”

定义　单一原因 + 屏蔽的 MCDC 要求一个独立起作用的原因，对于所有可能的（非耦合）条件来说，改变一个独立的条件就可以改变表达式的结果。在强耦合的条件中，我们是可以仅仅屏蔽某个条件的，例如我们可以使其他不耦合的条件都保持固定。

定义 屏蔽的MCDC允许对所有可能的条件进行屏蔽，不管是耦合的还是不耦合的，改变一个条件就可能改变表达式的结果。在本例中，强耦合的条件是可以屏蔽某个条件的，前提是其他不耦合的条件保持固定取值。

Chilenski解释说，在强耦合的条件中，DO-178B没有提供任何指南来说明应该如何满足这些条件的覆盖。

8.3.4 案例

本节的示例，针对带有复合条件的代码。

8.3.4.1 两个简单条件的条件测试

我们先看一下图8.7中的程序片段，这是个非常简单的程序，环复杂度为2。

表8.2所示为条件(*a* AND (*b* OR *c*))的决策表(参见第7章)。执行每一条规则，就可以至少覆盖一次行为，因此可以满足判定覆盖要求。执行规则3和规则4对应的测试用例，可以满足判定覆盖率要求，执行规则1和规则8也可以满足判定覆盖要求。如果执行一组规则，每个条件都能满足为真或为假的判断，就可以达到条件覆盖要求。执行规则1和规则8对应的测试用例，与执行规则4和规则5相同，都可以满足判定覆盖要求。

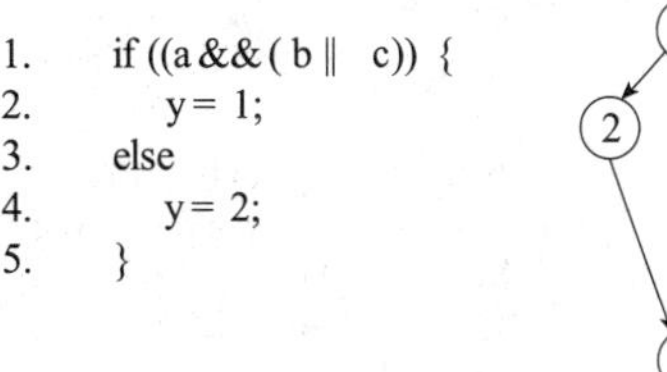

if ((a && (b || c)) {
y= 1;
else
y= 2;
}
1
2
3
4
5

图8.7 一个复合条件和它的程序流程图

如果想要满足MCDC覆盖，每个条件必须在其他条件不变的情况下，为真为假各一次，而且每个条件的取值必须能够影响输出结果。规则1和规则5是针对条件*a*的两个取值，规则2和规则4是针对条件*b*的两个取值，而规则3和规则4则是针对条件*c*的两个取值。

在其扩展形式(*a* AND *b*) OR (*a* AND *c*)中，布尔变量*a*不适用于单独原因的MCDC测试，因为它出现在两个AND操作中。

从这些复杂的讨论来看（Chelinski给出了更多的复杂分析），最有实践指导意义的解决方案，是针对实际代码做一个决策表分析，然后找到不可能的规则。因为规则之间的依赖性将导致出现不可能的规则。

8.3.4.2 案例：NextDate函数的组合条件测试

托尔斯泰的小说《安娜·卡列尼娜》是这样开头的："幸福的家庭都是相似的，不幸的家庭则各有各的不幸"。这个模式被称为"安娜·卡列尼娜法则"。成功需要若干因素的组合，缺少任何一个都会导致失败。在医院的监护室里面，需要监视脉搏、收缩压和舒张压等。如果所有的指标都在正常范围之内，就没有问题；如果任何一个指标超出了正常值，立刻就会响起警报。在核电站也是同样的情况，核变温度、冷凝水温度、泵机压力等，都是需要监视的核反应堆指标，以避免核泄漏。实际上，这种模式对于很多控制系统来说都是相似的，因此就必须测试这些情况。

在这里我们还是以NextDate程序为例，该问题中需要检查年份、月份和日期等数值的合法性。图8.8所示为该问题的Java实现片段，表8.3展示了与之对应的决策表。因为年份、月份、日期这三个数值都是独立的，所以每个变量都可以独立为真或为假。

```
1.   int day, int month, int year;
1.   boolean dayOK, monthOK, yearOK, rangesOK;
1.  java.util.Scanner inputScanner = new java.util.Scanner(System.in);

2.  ranges OK= false;

3.  do
3.     {
4.         month = inputScanner.nextInt();
4.         day= inputScanner.nextInt();
4.         year= inputScanner.nextInt();
4.         inputScanner.close();

5.         if((day > 0) &&(day < 32))
6.            dayOK = true;
7.         else {
8.            dayOK = false;
9.         }

10.          if((month > 0) &&(month < 13))
11.             monthOK = true;
12.          else {
13.             monthOK = false;
14.          }

15.          if((year > 1841) &&(year < 2043))
16.             yearOK = true;
17.          else {
18.             yearOK = false;
19.          }
20.      }

21.  while (!(dayOK &&monthOK && yearOK));

22.  rangesOK = true;
```

图 8.8　NextDate 程序片段及程序流程图

如果我们使用表 8.3 来生成条件组合覆盖的测试用例，可以得到表 8.4 中的 8 个测试用例。

表 8.3　NextDate 程序片段的决策表

条件	规则 1	规则 2	规则 3	规则 4	规则 5	规则 6	规则 7	规则 8
dayOK	T	T	T	T	F	F	F	F
monthOK	T	T	F	F	T	T	F	F
yearOK	T	F	T	F	T	F	T	F
until 条件	True	False	False	False	False	False	False	False
行为								
退出循环	X	—	—	—	—	—	—	—
重复循环	—	X	X	X	X	X	X	X

表 8.4 从表 8.3 得到的测试用例

	测试 1	测试 2	测试 3	测试 4	测试 5	测试 6	测试 7	测试 8
day	3	3	3	3	32	32	32	32
month	8	8	13	13	8	8	13	13
year	2019	1819	2019	1819	2019	1819	2019	1819
退出循环	X	—	—	—	—	—	—	—
重复循环	—	X	X	X	X	X	X	X

表 8.4 中的测试用例仅仅测试了三个变量 dayOK, monthOK 和 yearOK 为假的一种情况。我们应该增加一些边界条件，形成一个更完整的决策表，例如 day >0, day <32, month >0, month <13, year >1841 和 year <2043。如果我们把所有为真和为假的组合都包含进来，那么就会出现这 6 个条件，决策表就应该有 $2^6 = 64$ 条规则。在这些规则中，有 37 个是不可能的规则，而且 dayOK, monthOK 和 yearOK 分别有九次为真的情况。在表 8.5 中，我们更加详细地分析了 day >0 和 day <32 的情况，以及对应的不可用的规则。

表 8.5 表 8.3 的进一步分析

day >0	T	T	F	F
day <32	T	F	T	F
不可用	—	—	—	X
dayOK	True	False	False	—

如果 day >0 和 day <32 这两个条件都为假，需要日期小于 0 的同时，还要大于 32。这个例子很好地说明了 MCDC 覆盖中屏蔽的概念。完整的条件组合覆盖就假设所有的条件都是真正独立的，如表 8.3 所示。

如果执行任何一对规则，使得每个行为被至少执行一次，就可以满足判定覆盖的要求。在本例中，如果执行对应规则 1 的测试用例，再加上规则 2~8 中任何一个规则对应的测试用例，就能满足判定覆盖的要求。条件组合覆盖则要求执行所有的测试用例集，使得每个条件必须为真和为假一次。如果使用对应 8 个规则的 8 个测试用例，也是可以满足判定覆盖的。

表 8.6 中的决策表，是将含有 64 个规则的全决策表删除了不可能的规则后压缩得到的。我们使用测试用例的编号来指代其对应的规则，以表述在图 8.8 中代码段里面测试用例的覆盖层次。

表 8.6 用于范围检查的压缩决策表

原始规则数															
	1	2	3	5	6	7	9	10	11	17	18	19	21	22	23
day >0	T	T	T	T	T	T	T	T	T	T	T	T	T	T	T
day <32	T	T	T	T	T	T	T	T	T	F	F	F	F	F	F
month >0	T	T	T	T	T	T	F	F	F	T	T	T	T	T	T
month <13	T	T	T	F	F	F	T	T	T	T	T	T	F	F	F
year >1841	T	T	F	T	T	F	T	T	F	T	T	F	T	T	F
year <2043	T	F	T	T	F	T	T	F	T	T	F	T	T	F	T
不可用															

（续）

原始规则数															
	1	2	3	5	6	7	9	10	11	17	18	19	21	22	23
dayOK 为 T	X	X	X	X	X	X	X	X	X						
monthOK 为 T	X	X	X							X	X	X			
yearOK 为 T	X			X			X			X			X		
测试用例	1	2	3	4	5	6	7	8	9	10	11	12	13	14	15

原始规则数												
	25	26	27	33	34	35	37	38	39	41	42	43
day >0	T	T	T	F	F	F	F	F	F	F	F	F
day <32	F	F	F	T	T	T	T	T	T	T	T	T
month >0	F	F	F	T	T	T	T	T	T	F	F	F
month <13	T	T	T	T	T	T	F	F	F	T	T	T
year >1841	T	T	F	T	T	F	T	T	F	T	T	F
year <2043	T	F	T	T	F	T	T	F	T	T	F	T
不可用												
dayOK 为 T												
monthOK 为 T				X	X	X						
yearOK 为 T	X			X				X		X	X	
测试用例	16	17	18	19	20	21	22	23	24	25	26	27

我们可以使用图 8.8 中的节点来描述从表 8.6 中派生出的测试用例所遍历的路径。这个过程很烦琐，我们这里只针对一小部分测试用例进行演示。

- 用例 1 遍历节点 1, 2, 3, 4, 5, 6, 9, 10, 11, 14, 15, 16, 19, 20, 21, 22。
- 用例 14 遍历节点 1, 2, 3, 4, 5, 7, 8, 9, 10, 12, 13, 14, 15, 17, 18, 19, 20, 21, 3。
- 用例 15、19、23、25、26 和 28 与测试用例 14 遍历节点相同。

8.3.4.2.1　基于程序流程图的覆盖度量

综上所述，测试用例 1 和测试用例 14、15、19、23、25、26 和 27 中的任何一个，都能够提供以下代码覆盖：

- 节点（语句块）。
- 边（判定的输出）。
- 循环覆盖（先运行测试用例 14、15、19、23、25、26 和 27 中的任何一个，然后再运行测试用例 1）。
- 路径覆盖。

请注意，测试用例 5、10、15 和 21 每一个都对应一个复合条件，而这些复合条件在程序流程图中是不可见的。这是程序流程图的一个局限性。复合条件是基于图论的测试覆盖准则必须被基于代码的覆盖准则替代的原因。幸运的是，决策表中的规则能够识别和分析由复合条件带来的复杂度。

8.3.4.2.2 基于模型的（决策表）覆盖度量

首先，测试用例 1 可以覆盖四个复合条件中所有简单条件都为真的情况。我们首先看一下节点 21 的复合条件（dayOK && monthOK && yearOK）。从决策表（表 8.6）中，可以产生以下几种情况：

- 规则 17（测试用例 10）与测试用例 1 中 day <32 条件取值相反。
- 规则 33（测试用例 19）与 day >0 条件取值相反。
- 规则 9（测试用例 7）与 month >0 条件取值相反。
- 规则 5（测试用例 4）与 month <13 条件取值相反。
- 规则 2（测试用例 2）与 year <2043 条件取值相反。
- 规则 3（测试用例 3）与 year >1841 条件取值相反。

上述六个测试用例（测试用例 2、3、4、7、10 和 20），与测试用例 1 一起，可以组成复合条件 ((day >0) &&(day <32)), ((month >0)&&(month <13)) 和 ((year >1841) &&(year <2043)) 的完整测试用例集。而其中的七个测试用例（测试用例 1、2、3、4、7、10 和 20）则提供了 MCDC 覆盖。

表 8.6 中所有 27 个测试用例都满足了复合条件覆盖，也就是全条件覆盖。下面是从表 8.6 中获取的测试用例数值。

测试	规则	day	month	year	dayOK	monthOK	yearOK	循环
1	1	9	8	2019	T	T	T	退出
2	2	9	8	2044	T	T	F	重复
3	3	9	8	1840	T	T	F	重复
4	5	9	14	2019	T	F	T	重复
5	6	9	14	2044	T	F	F	重复
6	7	9	14	1840	T	F	F	重复
7	9	9	0	2019	T	F	T	重复
8	10	9	0	2044	T	F	F	重复
9	11	9	0	1840	T	F	F	重复
10	17	33	9	2019	F	T	T	重复
11	18	33	9	2044	F	T	F	重复
12	19	33	9	1840	F	T	F	重复
13	21	33	14	2019	F	F	T	重复
14	22	33	14	2044	F	F	F	重复
15	23	33	14	1840	F	F	F	重复
16	25	33	0	2019	F	F	T	重复
17	26	33	0	2044	F	F	F	重复
18	27	33	0	1840	F	F	F	重复
19	33	0	9	2019	F	T	T	重复
20	34	0	9	2044	F	T	F	重复
21	35	0	9	1840	F	T	F	重复
22	37	0	14	2019	F	F	T	重复

（续）

测试	规则	day	month	year	dayOK	monthOK	yearOK	循环
23	38	0	14	2044	F	F	F	重复
24	39	0	14	1840	F	F	F	重复
25	41	0	0	2019	F	F	T	重复
26	42	0	0	2044	F	F	F	重复
27	43	0	0	1840	F	F	F	重复

8.3.4.2.3 三角形问题中的复合条件分析

本节的示例与前两个示例有很重要的区别。图 8.9 展示了三角形问题的一个代码片段，其功能是检查边长 *a*, *b* 和 *c* 的数值是否能构成一个三角形。第一个区别是，这个程序中包含了一个严格的定义，即两边和必须大于第三边。注意，图 8.7 和图 8.9 是完全一致的。NextDate 和三角形问题都是带有三个变量的函数。第二个区别是，三角形问题中的 *a*, *b* 和 *c* 是相互依赖的，而 NextDate 代码段中 dayOK, monthOK 和 yearOK 是独立的变量。

```
if ((a< b + c) && (b < a + c) && (c< a + b)) {
    IsA Triangle = true;
else
    IsA Triangle = false;
}
```

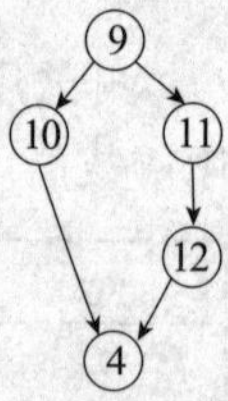

图 8.9 三角形问题程序片段及程序流程图

a, *b* 和 *c* 之间的依赖性，是导致表 8.7 中决策表里有四个不可能规则的原因。下面我们给出证明。

表 8.7 三角形程序片段的决策表

条件	规则 1	规则 2	规则 3	规则 4	规则 5	规则 6	规则 7	规则 8
$(a < b + c)$	T	T	T	T	F	F	F	F
$(b < a + c)$	T	T	F	F	T	T	F	F
$(c < a + b)$	T	F	T	F	T	F	T	F
IsATriangle = True	X	—	—	—	—	—	—	—
IsATriangle = False	—	X	X	—	X	—	—	—
不可用	—	—	—	X		X	X	X

事实：在数学上，不可能两个条件同时为假。

证明（反证法）：假设任意一对条件同时为真。随机选取前两个条件同时为真，可得下面两个不等式：

$$a > (b+c)$$
$$b > (a+c)$$

将两个不等式相加，可得：

$$(a+b) > (b+c)+(a+c)$$

整理不等式右侧，可得：

$$(a+b) > (a+b)+2c$$

因为 a, b 和 c 都大于 0，因此该不等式不成立。证明完毕。

执行任何一对规则保证每个行为都能至少被覆盖一次，就可以满足判定覆盖要求。执行对应规则 1 和规则 2 的测试用例，可以达到判定覆盖。执行规则 1 和规则 3，规则 1 和规则 5 也可以满足判定覆盖。但是规则 4、6、7 和 8 则不可用，因为在数学上不可能。

执行一组规则保证每个条件都要至少取值为真为假各一次，就可以满足条件覆盖的要求。执行对应规则 1 和规则 2 的测试用例，能够满足 $(c < a + b)$ 条件的覆盖，执行规则 1 和规则 3 对应的测试用例，能够满足 $(b < a + c)$ 条件的覆盖，而执行规则 1 和规则 5 对应的测试用例，能满足 $(a < b + c)$ 条件的覆盖。

因为三个条件之间存在数学和逻辑上的不可用情况，所以 MCDC 覆盖显得更加复杂一些。三个规则对中的四条规则（规则 1 和规则 2，规则 1 和规则 3，规则 1 和规则 5）能够满足 MCDC 覆盖要求。

在像这样的复杂情况下，决策表始终是一种有效的解决方案。如果将示例中复杂的复合条件语句，改写为使用嵌套的 if 逻辑，可以得到以下语句。

```
9.1   if (a < b + c) {
9.2      if (b < a + c) {
9.3         if (c <a + b) {
10.            IsATriangle = true;
11.1        else
12.1           IsATriangle =false;
11.2        }
11.3     else
12.2        IsATriangle =false;
11.4     }
11.5     else
12.3        IsATriangle =false;
11.6  }
```

改写后的代码避免了 a、b 和 c 在数学取值上的不可能，其程序流程图中有 4 条不同的路径，分别对应决策表中的规则 1、2、3、5。

8.3.4.3 测试覆盖分析

有很多测试工具能够支持自动的覆盖分析，使用这些分析工具，测试员可以在插装后的程序上执行一组测试用例。通过插装获取的信息，分析工具能够生成覆盖分析报告。以 DD 路径覆盖为例，插装能够识别并标识原始程序中的 DD 路径。测试用例执行时，插装程序能够记录每个测试用例遍历的 DD 路径。这样，测试员就可以获取不同的测试用例执行之后的覆盖信息。

8.3.4.4 表8.8中测试的Java代码

```
import static org.junit.Assert.*;
import org.junit.Test;

public class SimpleDateTest {

      @Test
      public void testInvalidDates() {

         SimpleDate simpleDate = new SimpleDate(1, 1, 2000);
```

```
        assertFalse(simpleDate.rangesOK(8, 9, 2044)); // Invalid
        assertFalse(simpleDate.rangesOK(8, 9, 1840)); // Invalid
        assertFalse(simpleDate.rangesOK(14, 9, 2019)); // Invalid
        assertFalse(simpleDate.rangesOK(14, 9, 2044)); // Invalid
        assertFalse(simpleDate.rangesOK(14, 9, 1840)); // Invalid
        assertFalse(simpleDate.rangesOK(0, 9, 2019)); // Invalid
        assertFalse(simpleDate.rangesOK(0, 9, 2044)); // Invalid
        assertFalse(simpleDate.rangesOK(0, 9, 1840)); // Invalid
        assertFalse(simpleDate.rangesOK(9, 33, 2019)); // Invalid
        assertFalse(simpleDate.rangesOK(9, 33, 2044)); // Invalid
        assertFalse(simpleDate.rangesOK(9, 33, 1840)); // Invalid
        assertFalse(simpleDate.rangesOK(14, 33, 2019)); // Invalid
        assertFalse(simpleDate.rangesOK(14, 33, 2044)); // Invalid
        assertFalse(simpleDate.rangesOK(14, 33, 1840)); // Invalid
        assertFalse(simpleDate.rangesOK(0, 33, 2019)); // Invalid
        assertFalse(simpleDate.rangesOK(0, 33, 2044)); // Invalid
        assertFalse(simpleDate.rangesOK(0, 33, 1840)); // Invalid
        assertFalse(simpleDate.rangesOK(9, 0, 2019)); // Invalid
        assertFalse(simpleDate.rangesOK(9, 0, 2044)); // Invalid
        assertFalse(simpleDate.rangesOK(9, 0, 1840)); // Invalid
        assertFalse(simpleDate.rangesOK(14, 0, 2019)); // Invalid
        assertFalse(simpleDate.rangesOK(14, 0, 2044)); // Invalid
    }

    @Test
    public void testValidDates() {
        SimpleDate simpleDate = new SimpleDate(1, 1, 2000);
        assertTrue(simpleDate.rangesOK(8, 9, 2019)); // Invalid
    }

    @Test
    public void testValidDateConstructor() {
        new SimpleDate(8, 9, 2019);
    }

    @Test(expected = IllegalArgumentException.class)
    public void testInvalidDateConstructor1() {
        new SimpleDate(8, 9, 2044);
    }

    @Test(expected = IllegalArgumentException.class)
    public void testInvalidDateConstructor2() {
        new SimpleDate(8, 9, 1840);
    }

    @Test(expected = IllegalArgumentException.class)
    public void testInvalidDateConstructor3() {
        new SimpleDate(14, 9, 2019);
    }

    @Test(expected = IllegalArgumentException.class)
    public void testInvalidDateConstructor4() {
        new SimpleDate(14, 9, 2044);
    }

    @Test(expected = IllegalArgumentException.class)
    public void testInvalidDateConstructor5() {
```

```
        new SimpleDate(14, 9, 1840);
    }

    @Test(expected = IllegalArgumentException.class)
    public void testInvalidDateConstructor6() {
        new SimpleDate(0, 9, 2019);
    }

    @Test(expected = IllegalArgumentException.class)
    public void testInvalidDateConstructor7() {
        new SimpleDate(0, 9, 2044);
    }

    @Test(expected = IllegalArgumentException.class)
    public void testInvalidDateConstructor8() {
        new SimpleDate(0, 9, 1840);
    }

    @Test(expected = IllegalArgumentException.class)
    public void testInvalidDateConstructor9() {
        new SimpleDate(9, 33, 2019);
    }

    @Test(expected = IllegalArgumentException.class)
    public void testInvalidDateConstructor10() {
        new SimpleDate(9, 33, 2044);
    }

    @Test(expected = IllegalArgumentException.class)
    public void testInvalidDateConstructor11() {
        new SimpleDate(9, 33, 1840);
    }

    @Test(expected = IllegalArgumentException.class)
    public void testInvalidDateConstructor12() {
        new SimpleDate(14, 33, 2019);
    }

    @Test(expected = IllegalArgumentException.class)
    public void testInvalidDateConstructor13() {
        new SimpleDate(14, 33, 2044);
    }

    @Test(expected = IllegalArgumentException.class)
    public void testInvalidDateConstructor14() {
        new SimpleDate(9, 33, 1840);
    }

    @Test(expected = IllegalArgumentException.class)
    public void testInvalidDateConstructor15() {
        new SimpleDate(14, 33, 2019);
    }

    @Test(expected = IllegalArgumentException.class)
    public void testInvalidDateConstructor16() {
        new SimpleDate(14, 33, 2044);
    }
```

```
    @Test(expected = IllegalArgumentException.class)
    public void testInvalidDateConstructor17() {
       new SimpleDate(14, 33, 1840);
    }

    @Test(expected = IllegalArgumentException.class)
    public void testInvalidDateConstructor18() {
       new SimpleDate(0, 33, 2019);
    }

    @Test(expected = IllegalArgumentException.class)
    public void testInvalidDateConstructor19() {
       new SimpleDate(0, 33, 2044);
    }

    @Test(expected = IllegalArgumentException.class)
    public void testInvalidDateConstructor20() {
       new SimpleDate(0, 33, 1840);
    }

    @Test(expected = IllegalArgumentException.class)
    public void testInvalidDateConstructor21() {
       new SimpleDate(9, 0, 2019);
    }

    @Test(expected = IllegalArgumentException.class)
    public void testInvalidDateConstructor22() {
       new SimpleDate(9, 0, 2044);
    }

    @Test(expected = IllegalArgumentException.class)
    public void testInvalidDateConstructor23() {
       new SimpleDate(9, 0, 1840);
    }

    @Test(expected = IllegalArgumentException.class)
    public void testInvalidDateConstructor24() {
       new SimpleDate(14, 0, 2019);
    }

    @Test(expected = IllegalArgumentException.class)
    public void testInvalidDateConstructor25() {
       new SimpleDate(14, 0, 2044);
    }

    @Test
    public void testEqual() {
           assertTrue(new SimpleDate(8, 9, 2019).equals(new
SimpleDate(8,  9, 2019)));
    }

    @Test
    public void testUnequal() {
           assertFalse(new SimpleDate(8, 9, 2019).equals(new
SimpleDate(8,  10, 2019)));
    }
}
```

```
public class SimpleDate {

       int month;
       int day;
       int year;

       public SimpleDate(int month, int day, int year) {

              if(!rangesOK(month, day, year))
                     throw new IllegalArgumentException("Invalid Date");

              this.month = month;
              this.day = day;
              this.year = year;
       }

       public int getMonth() {
          return month;
       }
       public void setMonth(int month) {
          this.month = month;
       }
       public int getDay() {
          return day;
       }
       public void setDay(int day) {
          this.day = day;
       }
       public int getYear() {
          return year;
       }
       public void setYear(int year) {
          this.year = year;
       }

       boolean rangesOK(int month, int day, int year) {

          boolean dateOK = true;

          dateOK &= (year > 1841) && (year < 2043); // Year OK?
          dateOK &= (month > 0) && (month < 13); // Month OK?
          dateOK &= (day > 0) && (
              ((month == 1 || month == 3 || month == 5 || month == 7 ||
              month == 8
              || month == 10 || month == 12) && day < 32)
              || ((month == 4 || month == 6 || month == 9 || month == 11)
                 && day < 31)
              || ((month == 2 && isLeap(year)) && day < 30)
              || ((month == 2 && !isLeap(year)) && day < 29));

          return dateOK;
       }
       private boolean isLeap(int year) {

              boolean isLeapYear = true;

              if(year % 4 != 0)
                 isLeapYear = false;
```

```
            else if(year % 100 != 0)
               isLeapYear = true;
            else if(year % 400 != 0)
               isLeapYear = false;

            return isLeapYear;
      }

      public boolean isLeap() {
         return isLeap(year);
      }

      @Override
      public boolean equals(Object obj) {

            boolean areEqual = false;
            if(obj instanceof SimpleDate) {
               SimpleDate simpleDate = (SimpleDate) obj;
               areEqual = simpleDate.getDay() == getDay() &&
                  simpleDate.getMonth() == getMonth() &&
                  simpleDate.getYear() == getYear();
            }
            return areEqual;
      }
}
```

8.3.4.5 Junit的测试结果

```
Test run finished after 147 ms.
      [3 containers found].
      [0 containers skipped]
      [3 containers started]
      [0 containers aborted]
      [3 containers successful]
      [0 containers failed]
      [30 tests found]
      [0 tests skipped]
      [30 tests started]
      [0 tests aborted]
      [30 tests successful]
      [0 tests failed]
```

8.3.4.6 代码覆盖测试工具的能力

工具名称	行/语句覆盖	块覆盖	不可达语句	判定覆盖	条件覆盖	MCDC	路径覆盖
Clover	X	X	X	X			
JaCoCo	X	X	X				
McCabeIQ	X	X	X	X	X	X	X
Parasoft Jtest	X	X	X	X	X	X	X
squish coco	X	X	X	X	X		
Testwell	X	X	X	X	X	X	

8.4 基本路径测试

“基本”这个词的数学含义用在基于代码的测试技术中很有吸引力。每个向量空间都有一个基，而这个基，对于整个集合来说，是非常重要的属性。

定义 要使集合 V 成为向量空间，必须为集合中的元素定义两个操作（加法和标量乘法）。此外，对于所有向量 $\boldsymbol{x}$，$\boldsymbol{y}$，$z \in V$，以及所有标量 k、l、0 和 1，以下标准必须成立：

- ❑ 如果 $\boldsymbol{x}, \boldsymbol{y} \in V$, 则 $\boldsymbol{x} + \boldsymbol{y} \in V$。
- ❑ $\boldsymbol{x} + \boldsymbol{y} = \boldsymbol{y} + \boldsymbol{x}$。
- ❑ $(\boldsymbol{x} + \boldsymbol{y}) + z = \boldsymbol{x} + (\boldsymbol{y} + z)$。
- ❑ V 中有向量 $0 \in V$，且 $\boldsymbol{x} + 0 = \boldsymbol{x}$。
- ❑ 任意 $\boldsymbol{x} \in V$, 都有 $-\boldsymbol{x} \in V$，且 $\boldsymbol{x} + (-\boldsymbol{x}) = 0$。
- ❑ 任意 $\boldsymbol{x} \in V$, 都有 $k\boldsymbol{x} \in V$, 其中 k 是一个标量常数。
- ❑ $k(\boldsymbol{x} + \boldsymbol{y}) = k\boldsymbol{x} + k\boldsymbol{y}$。
- ❑ $(k + l)\boldsymbol{x} = k\boldsymbol{x} + l\boldsymbol{x}$。
- ❑ $k(l\boldsymbol{x}) = (kl)\boldsymbol{x}$。
- ❑ $1\boldsymbol{x} = \boldsymbol{x}$。

向量空间的基，是相互独立的一组向量，向量空间中任意一个元素，都可以唯一地表示成基向量的线性组合。

定义 给定一个向量空间 V，V 中一个向量集合 B，如果 B 是符合以下两条要求的向量的最大集合，则称 B 为向量集合 V 的一个基。

- ❑ B 中元素相互独立。
- ❑ V 中的所有向量 $v \in V$，都可以通过 B 中的向量通过线性组合得到。

一组基向量以某种方式代表了整个向量空间的“本质”：空间中的其他所有内容都可以用基向量来表示，如果删除一个基元素，这个覆盖的属性就会丢失。该理论用于测试的希望是，如果我们可以将程序视为向量空间，那么这种空间的基将是一组非常有趣的待测试的元素。如果基元素都是正确的，我们可以希望所有可以用基元素来表达的结果也是正确的。

给定某程序的所有路径集合 P，如果满足以下条件，则 P 不是一个基向量：

- ❑ 对 P 中两个元素做加法操作是没有意义的。
- ❑ 对于程序路径来说，标量也是没有意义的。
- ❑ 对于任何 $p \in P$，不存在“恒等元素”O，满足 $p + O = p$。
- ❑ 设想存在 $0 \in P$，其路径长度可能为 0，也可能是一条空路径。
- ❑ 给定一个元素 $p \in P$，没有其“求反元素 $-p$”，满足 $p + -p = 0$。

由于上述条件，程序中的路径集合不是一个向量空间。本节，我们讨论 Thomas McCabe（McCabe（1982））的一些早期工作成果。

8.4.1 McCabe 的基本路径法

McCabe 的基本路径法主要集中在从图论中得出的成果：一个强连通的图，其环复杂度（见第 4 章）等于图中线性独立路径数目。如果程序流程图不是强连通的，那么按照结构化编程的要求，增加一条从单一出口节点到单一入口节点的边之后，可以将程序流程图转换成强连通图。注意，如果违反了单入口单出口的原则，就会大幅度增加环复杂度，因为需要对每一个出口节点到入口节点增加一条边。这勉强可以满足面向对象程序中使用 return 语句的要求。我们先来看一下图 8.2 中的三角形问题。

这样转换以后，一个给定的程序流程图，其环复杂度必然等于其独立路径数目。如果我们忽略从出口到入口增加的那条边，我们就可以得到独立的程序路径。

关于如何正确表达环复杂度的公式，目前还有些争论。有些文献给出的定义是 $V(G) = e–n + p$，而其他文献则使用 $V(G) = e–n + 2p$。其中 e 表示边的个数，n 表示节点的个数，p 表示连通区域个数。这些困惑的来源，毫无疑问是将一个程序流程图转换为强连通有向图的过程。增加出来的边，肯定会影响根据公式计算出来的数值，但是不应该影响回路的数值。是否将增加的边计算进来，影响了 p 的系数（也就是连通的区域个数）。因为 p 通常都是 1，增加一个边，意味着从 $2p$ 变成 p。

McCabe 接着开发了一个称为基线法的算法，来确定一个基路径集。先要挑选一个基路径，这条路径应该对应程序执行过程中某个“常规情况”。这条路径可以是随机的，但 McCabe 的建议是选择一条覆盖尽可能多判定节点的路径。然后，重新规划基路线，在每个判定节点做一次“翻转”，也就是说，如果某个节点有大于 2 的出度，那么就选择与基线路径不同的那个分支。很明显，每一条新路径都与前面的路径相互独立。重复这个“翻转”过程，在达到环复杂度的路径数目之后停止。表 8.8 展示了针对图 8.2 中 Java 程序的这个过程。

表 8.8　图 8.2 中的基本路径

路径	节点序列	三角形类型
p_1	1~6, 8, 9, 11, 12, 13, 16, 18, 20, 22, 23, 24	不可行路径
p_2 翻转 9	1~6, 8, 9, 10, 13, 16, 18, 20, 22, 23, 24	不可行路径
p_3 翻转 13	1~6, 8, 9, 11, 12, 13, 14, 15, 23, 24	等边三角形
p_4 翻转 16	1~6, 8, 9, 11, 12, 13, 16, 17, 23, 24	不等边三角形
p_5 翻转 18	1~6, 8, 9, 11, 12, 13, 16, 18, 19, 23, 24	等腰三角形
p_6 翻转 20	1~6, 8, 9, 11, 12, 13, 16, 18, 20, 21, 23, 24	非三角形
p_7 翻转 6	1~6, 7, 23, 24	超出范围

图 8.2 中的 Java 程序流程图，其环复杂度应为 $V(G) = 29–24 + 2 = 7$，其基路径算法得到的结果与基路径的数目相同。如果将一条不可能的路径作为基路径，肯定是没有意义的。但是如果不考虑对应节点语句的语义信息，就很容易导致程序流程图出现这样的结果。

现在我们来看一下 NextDate 程序，该程序验证日期、月份和年份都在正确的范围内。图 8.8 展示了 Java 代码和程序流程图。本例的环复杂度为 $V(G) = 5$，表 8.9 使用的分析方法与图 8.2 对应图 8.8 中的方法一样。

表 8.9　图 8.8 中的基本路径

路径	节点序列	结果
p_1	1, 2, 3, 4, 5, 6, 9, 10, 11, 14, 15, 16, 19, 20, 21	rangesOK = True
p_2 翻转 5	1, 2, 3, 4, 5, 7, 8, 9, 10, 11, 14, 15, 16, 19, 20, 21, 3	dayOK = False
p_3 翻转 10	1, 2, 3, 4, 5, 6, 9, 10, 12, 13, 14, 15, 16, 19, 20, 21, 3	monthOK = False
p_4 翻转 15	1, 2, 3, 4, 5, 6, 9, 10, 11, 14, 15, 17, 18, 19, 20, 21, 3	yearOK = False
p_5 翻转 21	1, 2, 3, 4, 5, 6, 9, 10, 11, 14, 15, 16, 19, 20, 21, 22	退出循环

基路径算法特别适合 NextDate。只是在循环控制判定中，出现了一个小问题。按说路径 p_1（快乐路径）应该退出循环，但我们从语义上知道，路径 p_2、p_3 和 p_4 都要重复这个循环。此处语义上清晰的依赖关系，再一次影响了算法的结果。

8.4.2 McCabe 基本路径测试的观察

尽管程序流程图中的路径不是一个向量空间，基本路径算法仍然可以标识出一组独立路径，而且具有正确的元素数目（等于环复杂度）。当然，因为程序流程图的节点中不包含任何的语义信息（见第 10 章），总会出现一些值得商榷的结果。但有个比较大的问题是，在基本路径算法中，不能防止将一个不可能的路径作为基本路径。最后，如果将基本路径集视为测试的充分集，就过于简单化了。在前面章节的讨论中，我们可以看到，如果只有两个判定，基本路径法还是足够的，但是对于更高级别的代码覆盖，基本路径法就很难是充分的。

8.4.3 基本复杂度

McCabe 关于环复杂度的研究，更多在于改善了编程技术而非测试技术。本节中，我们将快速回顾一下这个将图论和结构化编程优雅地结合在一起的技术，以及讨论如何将其应用于测试。我们的讨论将集中在 McCabe（1982）提出的基本复杂度，这是根据压缩之后的程序流程图获取的环复杂度。回想一下压缩图，这是一种将现有程序流程图简化的方法。目前来说，我们的简化要么删除强部件，要么删除 DD 路径。但是现在，我们要集中在结构化编程的架构上，如图 8.10 所示。

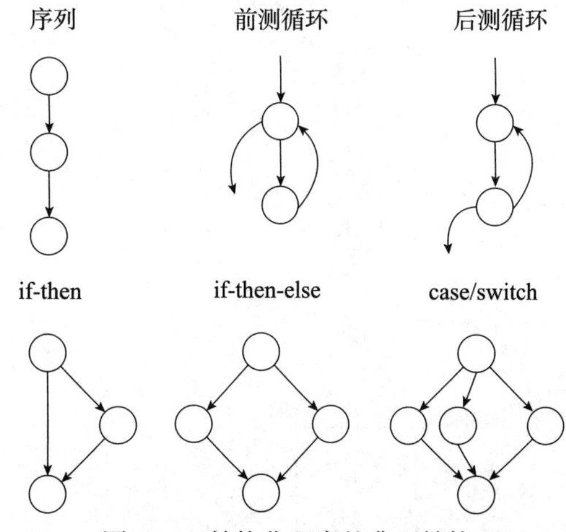

图 8.10 结构化程序的典型结构

程序流程图是识别基本复杂度的基础。首先要在程序流程图中找到结构化的编程架构，将其转换成一个独立的节点，重复此过程，直到不再存在结构化的编程架构。这样一个压缩的程序流程图，其环复杂度就是 McCabe 所说的基本复杂度。图 8.11 展示了这个过程。首先，找到图 8.8 中 Java 程序的程序流程图中的 if-else 结构（涉及节点 5, 6, 7, 8），将其压缩为节点 *a*。然后以此类推，将其他两个 if-else 结构，压缩为节点 *b* 和 *c*。然后将节点 4, *a*, *b*, *c*, 20 一起压缩成节点 *d*。接着将节点 3, *d* 和 21 里面的 do-while 循环，压缩成节点 *e*。最后，节点 2, *e* 和 22 压缩成节点 *f*。最终我们得到一个基本环复杂度 $EV(G) = 1$ 的压缩图。通常来说，如果程序是完全结构化的（也就是全部由结构化程序架构组成），则一定可以将其压缩成一个只有一条路径的图，也就是环复杂度为 1 的程序流程图。

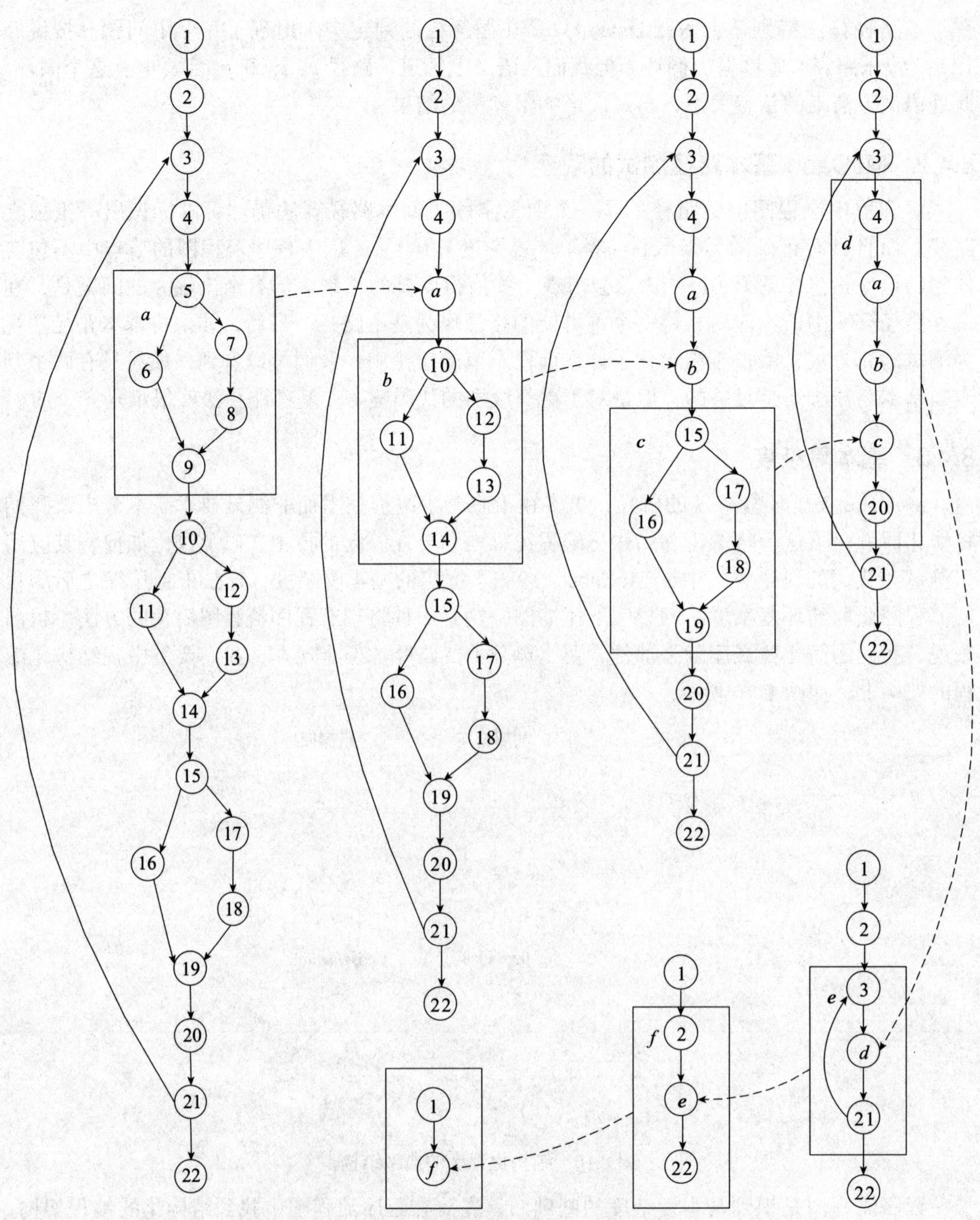

图 8.11　关于结构化编程结构的压缩图

McCabe 接着寻找那些违反了结构化编程要求的基本的非结构元素。如图 8.12 所示。每一个违反的情况都包含三条不同的路径，与对应的结构化编程架构中的两条路径刚好相反。有些人认为这种违规增加了环复杂度，但是 McCabe 分析中的重点是说这些违规情况并不是自己发生的。如果在一个程序里发生了一个违规，肯定不可能只有这一个，所以该程序就不可能是轻微的非结构化。非结构化增加了环复杂度，因此测试用例的最小数目也会增加。在下一章，我们将会看到这些违规对数据流测试的影响。

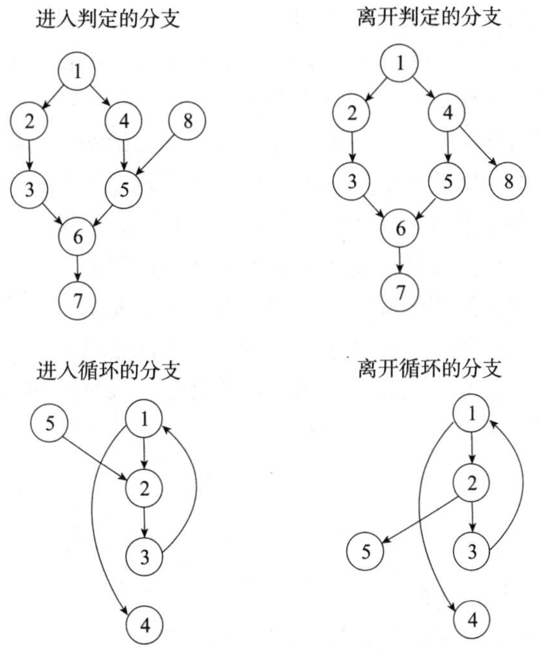

图 8.12　违反结构化程序的情况

对于测试人员来说，环复杂度高的程序，自然需要更多的测试。而对于关注环复杂度覆盖的机构来说，很多机构都设置了可接受的最高环复杂度，一般来说最大为 $V(G) = 10$。如果一个单元的环复杂度比较高，该如何处理呢？有两个可能的选择：要么简化该单元，要么增加测试。如果单元是结构化编程的，其基本环复杂度为 1，就可以很容易地简化。如果该单元的基本环复杂度大于 1，最好的办法就是减少对结构化编程的违规。

8.5　基于代码测试的指南

在我们研究基于规范的测试技术时，我们发现测试不充分和测试冗余并存，而且我们还很难识别到底是测试不充分，还是测试冗余。原因是基于规范的测试不关注源代码。路径测试是基于代码的测试技术，它又让我们摇摆到了另一个极端，从代码转移到了有向图，而程序流程图这种形式，又不能清楚地说明代码中蕴含的重要需求信息，尤其是很难分辨程序流程图中哪些路径可行而哪些路径不可行。同样的，没有任何一种基于代码的测试技术能够揭示需求中的功能缺失这种错误。在下一章中，我们将关注基于数据流的测试技术。这些技术都是非常依赖代码结构的测试技术，所以我们将会从测试的路径分析极端稍微摇摆过来一点。

McCabe 曾经说过：“一定要记住，这只是衡量测试质量的准则，而不是识别测试用例的过程。”这个说法大部分情况下是正确的，因为 McCabe 这里指的是 DD 路径覆盖。他所提出的基路径是基于环复杂度的。基路径测试，只是给出了测试充分性的最低要求。

基于代码的测试所提供给我们的覆盖信息，可以与基于规范的测试结果进行交叉检查。我们可以使用基于代码的测试技术所提供的覆盖信息，解决测试不充分和测试冗余的问题。如果我们发现若干功能测试用例覆盖了同一条程序路径，我们就可以猜测，这些多余的测试用例不会再揭示新的错误。如果我们不能达到 DD 路径覆盖的要求，我们也可以确认，功能测试用例应该是不充分的。举例来说，假如某个程序包含很多错误处理，如果我们仅使用边界值测试用例对之进行测试，包括 min, min+, nom, max− 和 max 等测试输入。因为这些都是允许的合法数值，因此这些测试用例就不会覆盖 DD 路径中对应错误处理的代码。而如果我们增加一些从鲁棒测试技术或等价类测试技术派生出来的测试用例，就会提高 DD 路径的覆盖。除了这些覆盖能够带来的明显的用处之外，对于软件工艺师来说，如何确认覆盖的作用是个展现自己能力的好机会。8.3 节中的任何一个覆盖都有两方面的作用：一方面是作为强制的标准，例如所有的单元都必须得到充分地 DD 路径覆盖；另一方面作用是针对一些特别重要的代码需要实施特殊的测试策略。我们可能对带有复杂逻辑的模块，实施条件组合覆盖；而对于循环代码来说，就采用循环覆盖技术。这可能是结构化测试最重要的特点：利用源代码的特性，来识别合适的覆盖要求，然后将其与基于规范的测试技术相结合。如果没有达到理想的覆盖，再使用路径来增加一些基于特殊值的测试用例。

8.6　习题

1. 求出图 8.3 中的环复杂度。
2. 找出图 8.3 中的一组基路径集。
3. 讨论一下 McCabe 提出的翻转出度大于 3 的节点的概念。
4. 完成图 8.8 中第 21 行语句的组合条件测试用例。

   Until (dayOK && monthOK && yearOK)
5. 在第 2 章，我们开发了一个 NextWeek 程序，将你在第 5 章做的习题中边界值测试用例的结果应用在 NextWeek 程序中。能得到的覆盖是多少？
6. 将你在第 6 章做的等价类的测试用例应用到 NextWeek 程序。能得到的覆盖是多少？
7. （仅用数学方法证明）对于一个向量空间：集合 V，集合中的每个元素，必须定义加和量积两个操作。除此之外，所有 V 中的向量 $\boldsymbol{x}$、$\boldsymbol{y}$、$\boldsymbol{z}$ 和所有量积 k、l、0、1 必须满足下面的规则：

   A. 如果 $\boldsymbol{x}, \boldsymbol{y} \in V$，向量 $\boldsymbol{x}+\boldsymbol{y} \in V$。

   B. $\boldsymbol{x}+\boldsymbol{y}=\boldsymbol{y}+\boldsymbol{x}$。

   C. $(\boldsymbol{x}+\boldsymbol{y})+\boldsymbol{z}=\boldsymbol{x}+(\boldsymbol{y}+\boldsymbol{z})$。

   D. 存在 $0 \in V$ 使得 $\boldsymbol{x}+0=\boldsymbol{x}$。

   E. 对任意 $\boldsymbol{x} \in V$，存在一个向量 $-\boldsymbol{x} \in V$ 使得 $\boldsymbol{x}+(-\boldsymbol{x})=0$。

   F. 对任意 $\boldsymbol{x} \in V$，存在向量 $k\boldsymbol{x} \in V$, k 为标量常数。

   G. $k(\boldsymbol{x}+\boldsymbol{y})=k\boldsymbol{x}+k\boldsymbol{y}$。

   H. $(k+l)\boldsymbol{x}=k\boldsymbol{x}+l\boldsymbol{x}$。

   I. $k(l\boldsymbol{x})=(kl)\boldsymbol{x}$。

   J. $1\boldsymbol{x}=\boldsymbol{x}$。

   对于一个程序中的路径向量空间，能符合这十条规则中的几条？

8.7　参考文献

Beizer, Boris, *Software Testing Techniques*, Van Nostrand, New York, 1984.

Chilenski, John Joseph, "An Investigation of Three Forms of the Modified Condition Decision Coverage (MCDC) Criterion," *DOT/FAA/AR-01/18*, April 2001 [http://www.faa.gov/about/

office_org/headquarters_offices/ang/offices/tc/library/, see actlibrary.tc.faa.gov]

Huang, J.C., Detection of dataflow anomaly through program instrumentation, *IEEE Transactions on Software Engineering,* SE-5, 226–236, 1979.

Miller, Edward F. Jr., Tutorial: program testing techniques, *COMPSAC '77 IEEE Computer Society*, 1977.

Miller, Edward F. Jr., Automated software testing: a technical perspective, *Amer. Programmer,* Vol. 4, No. 4, April 1991, 38–43.

McCabe, Thomas J., A complexity metric, *IEEE Transactions on Software Engineering,* Vol. SE-2, No. 4, December 1976, 308–320.

McCabe, Thomas J., Structural Testing: A Software Testing Methodology Using the Cyclomatic Complexity Metric, *National Bureau of Standards* (Now NIST), Special Publication 500–599, Washington, D.C., 1982.

McCabe, Thomas J., *Structural Testing: A Software Testing Methodology Using the Cyclomatic Complexity Metric,* McCabe and Associates, Baltimore, 1987.

Perry, William E., *A Structured Approach to Systems Testing,* QED Information Systems, Inc., Wellesley, MA, 1987.

Schach, Stephen R., *Software Engineering,* 2nd ed., Richard D. Irwin, Inc., and Aksen Associates, Inc., 1993.

面向对象软件测试

"我的语言的界限意味着我的世界的界限。"
——路德维希·维特根斯坦

维特根斯坦观察到，他的语言的界限（边界）就是他的世界的界限。在本章中，我们介绍了两个概念——定义 / 使用路径和程序切片。有了这两个概念，我们就可以更准确地描述软件测试问题。定义 / 使用路径特别适用于面向对象软件，而切片主要适用于单元级别，但也可以扩展到面向对象软件。

自 20 世纪 90 年代后半期以来，面向对象软件测试的理论和实践工作都蓬勃发展，导致范式在 2013 年明显占据了主导地位。面向对象软件的最初设计目的之一是使对象可以被重用，无须修改或额外测试。这个目的是基于这样的一个假设：精心设计的对象中封装了"属于同一类"的功能和数据，一旦开发和测试了这些对象，它们就会成为可重用的组件。但现实情况可远没有这样乐观，面向对象的软件可能比传统软件存在更严重的测试问题。本章，我们介绍了两种有助于解决测试面向对象软件的困难的方法：单元测试和数据流分析。

9.1 单元测试框架

单元测试的起源，可以追溯到 Kent Beck 的研究工作，包括 Smalltalk 和他创建的 SUnit（Beck（1994））。SUnit 可以用于面向对象软件、早期极限编程、关键部件的测试、敏捷应用、单元测试等，也适用于其他软件生命周期和语言范例。实际上，早在 SUnit 诞生之前，单元测试就已经在小型可运行的模块中得到了很好的应用。SUnit 的问世，推动了单元测试的形式化，使得自动执行单元测试变得更加普遍。针对 Java 语言的 JUnit 是最常见的单元测试框架，JUnit 采用 XUnit 格式，推动了单元测试框架在很多语言中的流行（见 https://martinfowler.com/bliki/Xunit.html），然而，尽管单元测试能够测试每一行代码，但是并不能保证代码的正确性（Gaffney（2004））。

9.1.1 通用的单元测试框架

目前，大概有将近 100 种带有单元测试支持的语言（见 https://en.wikipedia.org/wiki/List_of_unit_testing_frameworks），其中有大概十几种语言是能够直接支持单元测试的（见 https://en.wikipedia.org/wiki/Unit_testing）。下面三种单元测试框架是基于 XUnit 格式的使用最广泛的例子：

- ❑ 面向 Java 的 JUnit。
- ❑ 面向 C# 的 NUnit。
- ❑ 面向 C++ 的 CPPUnit。

由于本书使用 Java 源程序，所以此处我们列举几个使用 JUnit 的示例。

9.1.2 JUnit

图 9.1 中展示了 SimpleDate 类，该类带有一个 getters/setters 和一个构造函数，实现了一个日历日的计算（例如月份、日期、年份）。SimpleDate 的实现过程依赖函数 rangesOK，保证给出的月份、日期和年份都是有效的合法数值。rangesOK 函数依赖 isLeap 函数，该函数判定某个给定的年份是否为闰年（也就是，是否包括 2 月 29 日）。

```
public class SimpleDate {

    int month;
    int day;
    int year;

    public SimpleDate(int month, int day, int year) {

       if(!rangesOK(month, day, year))
           throw new IllegalArgumentException("Invalid Date");

       this.month = month;
       this.day = day;
       this.year = year;
    }

    public int getMonth() {
       return month;
    }

    public void setMonth(int month) {
       this.month = month;
    }
    public int getDay() {
       return day;
    }
    public void setDay(int day) {
       this.day = day;
    }
    public int getYear() {
       return year;
    }
    public void setYear(int year) {
       this.year = year;
    }

    boolean rangesOK(int month, int day, int year) {

       boolean dateOK = true;

       dateOK &= (year > 1841) && (year < 2043); // Year OK?
       dateOK &= (month > 0) && (month < 13); // Month OK?
       dateOK &= (day > 0) && (
           ((month == 1 || month == 3 || month == 5 || month == 7
           || month == 8
                  || month == 10 || month == 12) && day < 32)
                  || ((month == 4 || month == 6 || month == 9 ||
                     month == 11) && day < 31)
                  || ((month == 2 && isLeap(year)) && day < 30)
```

```
                || ((month == 2 && !isLeap(year)) && day < 29));
        return dateOK;
    }
    protected boolean isLeap(int year) {
        boolean isLeapYear = true;
        if(year % 4 != 0)
            isLeapYear = false;
        else if(year % 100 != 0)
            isLeapYear = true;
        else if(year % 400 != 0)
            isLeapYear = false;
        return isLeapYear;
    }
    public boolean isLeap() {
        return isLeap(year);
    }
    @Override
    public boolean equals(Object obj) {
        boolean areEqual = false;
        if(obj instanceof SimpleDate) {
            SimpleDate simpleDate = (SimpleDate) obj;
            areEqual = simpleDate.getDay() == getDay() &&
                  simpleDate.getMonth() == getMonth() &&
                  simpleDate.getYear() == getYear();
        }
        return areEqual;
    }
}
```

图 9.1　SimpleDate 类的 Java 代码

一般来说，如果我们想要对 rangesOK 函数实施单元测试，我们就得像图 9.2 那样，创建一个 JUnit 测试用例，测试用例从第 5 行开始，第 4 行则是一个 Java 注解“@Test”。这个单元测试能够保证在闰年的时候，rangesOK 函数能够在 2 月 29 日时，返回为真，如果不是闰年，则返回为假。

```
1  import org.junit.Test;
2  import static org.junit.Assert.*;
3  public class SimpleDateTest {
4      @Test
5      public void testWithDependency() {
6          // This test has a dependency on SimpleDate.isLeap
```

```
        SimpleDate simpleDate = new SimpleDate(1, 1, 2000);
        assertTrue(simpleDate.rangesOK(2, 29, 2000)); // Valid due to leap year
        assertFalse(simpleDate.rangesOK(2, 29, 2001)); // Invalid due to leap year
    }
}
```

图 9.2 闰年和平年 2 月 29 日的 JUnit 测试用例

图 9.2 的问题在于，每个单独的日期都需要一整行代码来实施测试，哪怕与前一行只有微小的区别也不例外。如果使用 JUnitParams（见 https://github.com/Pragmatists/JUnitParams），我们可以将测试数据以列表参数的形式传递给测试用例。例如，在图 9.3 中第 9 行开始的测试用例，将使用第 10 行和第 11 行以“@Parameters”开头的数据作为参数。实际的 JUnit 测试函数则从第 12 行开始，其中包括参数列表中定义的数据。本例中的测试目的是要确认针对 2 月 29 日的判断结果是否正确，因此只要修改输入的年份和预期的输出即可。最后一个小的修改，是 JUnit 测试类需要在 JUnitParams 测试环境中执行，而不是标准的运行环境。这个小小的改变在第 6 行可见，由 @RunWith 来标识。

```
1   import junitparams.JUnitParamsRunner;
2   import junitparams.Parameters;
3   import org.junit.Test;
4   import org.junit.runner.RunWith;
5   import static org.junit.Assert.assertEquals;
6   @RunWith(JUnitParamsRunner.class)
7   public class SimpleDataParamTest {
8     SimpleDate simpleDate = new SimpleDate(1, 1, 2000);
9     @Test
10    @Parameters({"2000, true",
11         "2001, false" })
12    public void daysInFebruary(int year, boolean expected) throws
      Exception {
13      assertEquals(expected, simpleDate.rangesOK(2, 29, year))
14    }
15  }
```

图 9.3 闰年和平年 2 月 29 日的 JUnit 参数化测试用例

使用 JUnit 与其他单元测试框架一样，都可以很容易地针对类中的公共函数增加测试用例。但问题是，rangesOK 函数仍然依赖被保护的 isLeap，这意味着在发生失效的时候，我们不能直接确认是哪个函数触发了失效。下一节我们将为此提供解决方案。

9.2 模拟对象和自动对象模拟

正如前文所述，单元测试关注独立的一个代码片段或程序中的一个模块，而不是整个应用程序。然而，不是所有的程序都是由可测试的独立部件构成的，很多程序都是由独立的部件或模块集成而成。单元测试软件要么需要模拟对象，要么坚持测试单个模块，将这些模块合并成其他模块，并重复这一步骤（额外的集成测试信息，包括自顶向下的技术，将在第 12 章中介绍）。

由于使用了模拟的对象，使得我们可以不关注代码的依赖性，独立测试某个模块。如前所述，有些依赖关系属于软件的正常集成过程，因此如果抛开其原始的依赖关系，就可能出现不同的错误。然而，也有一些依赖关系与其测试状态无关，不需要在测试中体现。例如，写入数据库的模块就必须使用模拟的对象来实现其依赖关系，在测试过程中我们不能真正地执行写入数据库的操作。

我们可以手工插入这些模拟的对象。图 9.4 就包括一个本应包含在图 9.1 的 JUnit 测试用例中的函数，此处使用一个继承的模拟对象替代了 isLeap 函数。

```
1   @Test
2   public void testWithoutDependencyManual() {
3     // This test has no dependency on SimpleDate.isLeap
4     SimpleDate simpleDate = new SimpleDate(1, 1, 2000) {
5       @Override
6       protected boolean isLeap(int year) {
7         if(2000 == year)
8            return true;
9         else if(2001 == year)
10           return false;
11        else
12           throw new IllegalArgumentException("No Mock for year " +
             year);
13      }
14    };
15    assertTrue(simpleDate.rangesOK(2, 29, 2000)); // Valid due to
      leap year
16    assertFalse(simpleDate.rangesOK(2, 29, 2001)); // Valid due to
      leap year
17  }
```

图 9.4　从闰年和平年 2 月 29 日的单元测试用例中手动移除依赖

第 1 行的“@Test”表示从第 2 行开始为 JUnit 的测试用例。然而，我们这里没有创建一个 SimpleDate 对象，我们创建了一个匿名的子对象，并且重写了 isLeap 函数。这个重写的版本带有预置的或者说灌装的预期输出，如果实际输出不符合预期输出，就会抛出一个异常。

在图 9.4 中，我们删除了 rangesOK 函数对 isLeap 的依赖关系，由此也增加了测试的复杂度。现在若干测试框架都能够自动生成模拟对象和函数，因此测试复杂度就是一个很严重的问题。例如，图 9.5 中就包含图 9.1 中 JUnit 测试用例中的一个函数（其标识为 import static org.mockito.Mockito.*;），使用 Mockito 框架（https://site.mockito.org/）就会自动将 isLeap 函数替换成两个专门的输入函数。

```
1  @Test
2  public void testWithoutDependencyAutomatic() {
3   // This test removes a dependency on SimpleDate.isLeap
4   SimpleDate simpleDate = mock(SimpleDate.class,
    CALLS_REAL_METHODS);
5   when(simpleDate.isLeap(2000)).thenReturn(true);
6   when(simpleDate.isLeap(2001)).thenReturn(false);
7   assertTrue(simpleDate.rangesOK(2, 29, 2000)); // Valid due to
    leap year
8   assertFalse(simpleDate.rangesOK(2, 29, 2001)); // Invalid due to
    leap year
9  }
```

图 9.5 从闰年和平年 2 月 29 日的单元测试用例中自动移除依赖

图 9.5 与图 9.2 大部分都是相同的，只有第 4~6 行有所区别。第 4 行自动创建了一个模拟对象，其中所有函数都默认调用原始 SimpleDate 对象中的方法。一旦有特殊值传递给 isLeap 函数，第 5 行和第 6 行的代码就会分别返回 isLeap 函数的输出数值。本例中，我们针对 2000 年和 2001 年进行了硬编码。这里第 7 行和第 8 行与没有模拟依赖性时的测试代码相比，没有变化。

9.3 数据流测试

数据流测试是一个比较奇怪的术语，从名字上看似乎与数据流图有某些关联，但实际上并没有。数据流测试指的是结构化测试的几种形式，关注的是变量在何时接收到数据又在何时使用这些数据（或者引用这些数据）。我们会看到数据流测试有点像针对路径测试的“事实性检查”，实际上，很多数据流测试的反对者（以及研究者）都将这种方法视为路径测试的一种形式。大多数程序都是以数据的形式完成某个功能的。代表某个数据的变量先接收到数据，然后利用这些数据，计算出（代表其他变量的）数据的数值。从 20 世纪 60 年代早期开始，程序员就已经开始使用“点”这种方式分析源代码（点可以是语句或语句段），通过探究变量在哪个点接收数据，又在哪个点使用了这些数据。研究人员将这些变量名出现的地方（通常是一个语句编号）形成一个列表，然后分析其一致性。一致性分析，是第二代编程语言编译器（在 COBOL 程序员中仍然很常见）中最常见的特性。早期的数据流分析经常集中在下面这些已知的定义 / 引用冲突错误上：

- ❑ 变量被定义但未被使用（或引用）。
- ❑ 变量在定义之前已经被使用。
- ❑ 变量在使用前被重复定义。

上述错误都可以从程序的一致性分析中识别出来。这些一致性信息是编译器生成的，所以这些冲突可以使用静态分析的方法揭示出来，静态分析就是不执行源代码而发现错误的方法。

9.3.1 定义 - 使用测试的定义

大部分的定义 - 使用测试形式，都是在 20 世纪 80 年代早期完成的（Rapps（1985））。Clarke et al.（1989）总结了大部分定义 - 使用的测试理论，本节的定义与之兼容。这些研究内容与我们在第4章和第8章使用的形式高度兼容。我们都需要一个程序流程图，其中的节点代表了语句段（一个语句段可能就是一整行语句），而且程序都遵循结构化编程的要求。

下文中，程序 P 的程序流程图为 $G(P)$，带有一组程序变量 V。$G(P)$ 的架构与第4章相同，其中的节点为语句段，边表示节点之间的顺序。$G(P)$ 只有单入口节点和单出口节点。此处不允许出现一条指向自己的边。路径、子路径和循环周期，与第4章的定义相同。P 中所有路径的集合，记为 PATHS(P)。

定义　对于节点 $n \in G(P)$，当且仅当变量 v 的数值在节点 n 中的语句段被定义时，称节点 n 为变量 $v \in V$ 的定义节点，记为 DEF(v, n)。

输入语句、赋值语句、循环控制语句和过程调用等，都是定义节点的示例。如果某个节点内的语句被执行，语句中变量对应的内存地址的内容就会被改写。

定义　对于节点 $n \in G(P)$，当且仅当变量 v 的数值在节点 n 中的语句段被使用时，称节点 n 为变量 $v \in V$ 的使用节点，记为 USE (v, n)。

输出语句、赋值语句、条件语句、循环控制语句和过程调用等，都是使用节点的示例。如果某个节点内的语句被执行，语句中变量对应的内存地址的内容不会被改写。

定义　当且仅当语句 n 是一个谓词语句时，一个使用节点 USE(v, n) 是一个谓词使用，记为 P-use；否则，节点 USE(v, n) 是一个计算使用，记为 C-use。

对应谓词使用的节点通常出度大于等于2，对应计算使用的节点通常出度小于等于1。

定义　一个变量 v 的定义－使用路径（记为 du-path）是 PATHS(P) 中的一条路径，该路径满足：存在某个 $v \in V$，总有定义节点 DEF(v, m) 和使用节点 USE(v, n)，其中 m 和 n 是路径的起始节点和结束节点。

定义　一个变量 v 的定义－清除路径（记为 dc-path）是 PATHS(P) 中的一条定义－使用路径，其中的起始节点为 DEF (v, m) 结束节点为 USE (v, n)，路径上没有其他节点是 v 的定义节点。

测试人员一定要注意，这些定义的关键在于如何使用被存储的数据数值进行计算。定义－使用路径和定义－清除路径描述了数据在源语句中，从被定义到被使用的流动过程。定义不明确的定义－使用路径可能是一个潜在的缺陷。所以定义－使用路径的主要价值，就是它们能够标识出在集成开发环境中编写代码时，应该设置变量的“观察点”和设置断点的位置。

9.3.2　定义－使用测试度量

使用定义－使用路径分析程序的重点是定义一组测试覆盖度量，称为 Rapps-Weyuker 数据流指标（Rapps and Weyuker（1985））。这些度量中的前三个就是全路径、全边和全节点覆盖，这三个覆盖度量与第8章中 Miller 的度量完全等价。其他的度量需要假设所有程序变量的定义和使用节点都已被识别，同时每个变量的定义－使用路径也已被识别。后续的定义中，T 是程序 P 的程序流程图 $G(P)$ 的一组路径集合，V 则是变量的集合。对于一个变量，仅使用定义节点和使用节点的交叉乘积来定义定义－使用路径是不够的。这种算法会导致不可能路径。在后续的定义中，我们假设所有的定义－使用路径都是可能路径。

定义　对于程序 P 中的某个集合 T，当且仅当对于每一个变量 $v \in V$，T 中包含从 v 的定义节点到 v 的使用节点的定义－清除路径时，称集合 T 满足全定义准则。

定义　对于程序 P 中的某个集合 T，当且仅当对于每一个变量 $v \in V$，T 中包含从 v 的

定义节点到 v 的使用节点和 USE(v, n) 的后续节点的定义 – 清除路径时，称集合 T 满足全使用准则。

定义 对于程序 P 中的某个集合 T，当且仅当对于每一个变量 $v \in V$，T 中包含从 v 的定义节点到 v 的每一个谓词使用的定义 – 清除路径，且如果 v 的定义中不含谓词使用，则 T 中至少包含一条能够到达 v 的一个计算使用节点的定义 – 清除路径时，称集合 T 满足全谓词使用 / 部分计算使用准则。

定义 如果程序 P 中的某个集合 T，当且仅当对于每一个变量 $v \in V$，T 中包含从 v 的每一个定义节点到 v 的每一个计算使用的定义 – 清除路径，且如果 v 的定义中不含计算使用，则 T 中至少包含一条能够到达 v 的一个谓词使用节点的定义 – 清除路径时，称集合 T 满足全计算使用 / 部分谓词使用准则。

定义 如果程序 P 中的某个集合 T，当且仅当对于每一个变量 $v \in V$，T 中包含从 v 的每一个定义节点到 v 的每一个使用节点及每一个 USE(v, n) 后续节点的定义 – 清除路径，且这些路径要么是单循环遍历的要么是没有循环的，称集合 T 满足全定义 – 使用路径准则。

这些测试覆盖度量有几种基于集合论的关系，在 Rapps（1985）中称为“包容关系”。图 9.6 展示了这些关系。我们因此能够更清楚地理解结构化测试，从最极端（基本不可能达到）的全路径度量，到可以接受的最小层级的全边度量。这样做有什么好处呢？定义 – 使用测试可以提供一个严格的系统化的方式，检查每一个可能产生错误的点。

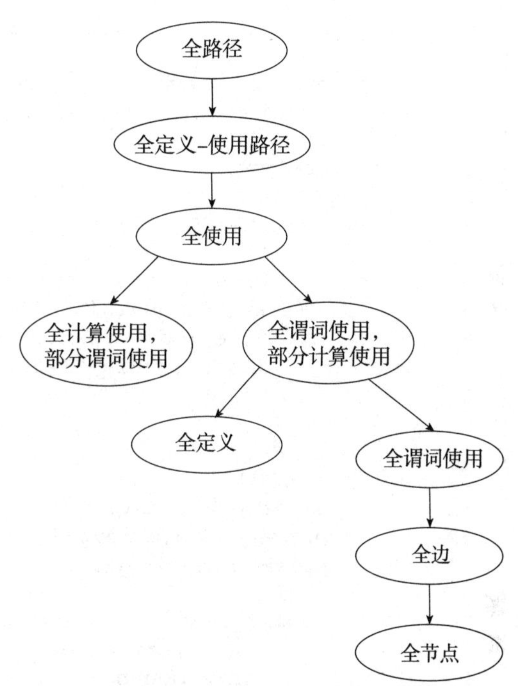

图 9.6 Rapps 的数据流覆盖度量之间的层次关系

9.3.3 定义 – 使用测试的例子

所有关于定义 – 使用的概念，到目前为止，都没有提到变量在什么地方被定义以及在什么地方被使用。在结构化代码中，我们通常假设这些操作是在一个单元内完成的，但是这个单元也可能调用了一个存在不正确耦合关系的单元。为此，我们使用“上下文无关”这个概念，来说明变量被定义之处与变量被使用之处是相互独立的。而面向对象的范式改变了这种情况，我们现在必须考虑类的聚集、继承、动态绑定和异构这些问题。面向对象的程序的数据流测试，实际上从单元级别转化到了集成级别，我们在第 12 章会再次讨论这个问题。

但是，如果我们以应用程序甚至是测试的形式对对象进行具体集成，就可以提供具体的数据路径和数据流，图 9.7 展示了 SimpleDate 程序的 UML 类图。图 9.8 显示了若干与日期相关的类，还有 JUnit 中的测试类。这些类包括：

- DateTest。带有单独测试函数（如 testSimple）的 JUnit 测试类。
- Date。带有月份、日期和年份的类，表示一个日期。

- ❑ Day。代表一个独立的日期。
- ❑ Month。代表一个独立的月份。
- ❑ Year。代表一个独立的年份。

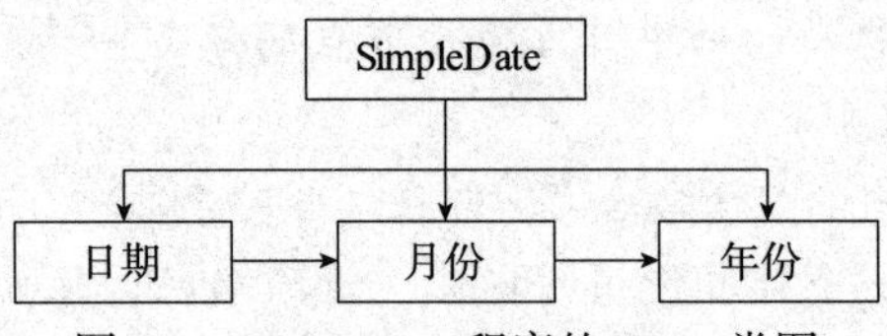

图 9.7 SimpleDate 程序的 UML 类图

```
import static org.junit.jupiter.api.Assertions.*;
import org.junit.jupiter.api.Test;

class DateTest {
        @Test
        void testSimple() {

            Date date = new Date(Month.MAY, 27, 2020); /* msg 1 */
            assertEquals("5-27-2020", date.getDate()); /* msg 2 */
            date = date.nextDate();                  /* msg 3 */
            assertEquals("5-28-2020", date.getDate()); /* msg 4 */
        }
}

public class Date {
        private Day day;
        private Month month;
        private Year year;

        public Date(int month, int day, int year) {
             this.year = new Year(year);          /* msg 5 */
             this.month = new Month(month, this.year); /* msg 6 */
             this.day = new Day(day, this.month);  /* msg 7 */
        }

        public String getDate() {
                return month.getMonth() + "-" + day.getDay() + "-"
                + year.getYear();
        }                              /* msg 8, msg 9, msg 10 */

        public Date nextDate() {
                Day nextDay = day.getNextDay();          /* msg 11 */
                Month month = nextDay.getMonth();        /* msg 12 */
                Year year = month.getYear();             /* msg 13 */
                return new Date(month.getMonth(), nextDay.
                getDay(), year.getYear());
                                 /* msg14, msg15, msg16 */
        }
}
```

```
public class Day {
        private int day;
        private Month month;

        public Day(int day, Month month) {
            this.day = day;
            this.month = month;
        }

        public int getDay() {
            return day;
        }

        public Day getNextDay() {
            if(day < month.numberOfDays())  /* msg 17 */
                    return new Day(day + 1, month); /* msg1 8 */
            else
                    return new Day(1, month.getNextMonth());
                    /* msg 19 */
        }

        public Month getMonth() {
            return month;
        }
}

public class Month {
        public static final int JANUARY = 1;
        public static final int FEBRUARY = 2;
        public static final int MARCH = 3;
        public static final int APRIL = 4;
        public static final int MAY = 5;
        public static final int JUNE = 6;
        public static final int JULY = 7;
        public static final int AUGUST = 8;
        public static final int SEPTEMBER = 9;
        public static final int OCTOBER = 10;
        public static final int NOVEMBER = 11;
        public static final int DECEMBER = 12;

        private int month;
        private Year year;

        public Month(int month, Year year) {
            this.month = month;
            this.year = year;
        }

        public int getMonth() {
            return month;
        }
```

```
        public int numberOfDays() {
            int numberOfDays = 0;
            switch (month) {
            // 31 day months
            case 1: case 3: case 5: case 7: case 8: case 10: case 12:
                    numberOfDays = 31;
                    break;
            // 30 day months
            case 4: case 6: case 9: case 11:
                    numberOfDays = 30;
                    break;
            // February
            case 2:
                    if(year.isLeapYear())              /* msg 20 */
                            numberOfDays = 29;
            else
                            numberOfDays = 28;
            break;
            }
            return numberOfDays;
        }

        public Month getNextMonth() {
            if(month < 12)
                    return new Month(month + 1, year); /* msg 21 */
            else
                    return new Month(1, year.getNextYear());
                    /* msg 22, msg 23 */
        }

        public Year getYear() {
            return year;
        }
}

public class Year {
        private int year;

        public Year(int year) {
            this.year = year;
        }

        public int getYear() {
            return year;
        }

        public boolean isLeapYear() {
            boolean isLeapYear = true;

        if(year % 4 != 0)
                    isLeapYear = false;
            else if(year % 100 != 0)
```

```
112                 isLeapYear = true;
113             else if(year % 400 != 0)
114                 isLeapYear = false;
115             return isLeapYear;
116         }
117         public Year getNextYear() {
118             return new Year(year + 1);                /* msg 24 */
119         }
120 }
```

图 9.8　NextDate 类和测试

表 9.1 中列出了每一个类成员变量的定义 - 使用节点。请注意，局部变量也有定义 - 使用节点，但是为了简洁起见，我们忽略这一点。

表 9.1　在 NextDate 类和测试中变量的定义 - 使用节点

变量	定义所在节点	使用所在节点
Date.day	15	18, 21
Date.month	14	15, 18, 22
Date.year	13	14, 18
Day.day	31	35, 38, 39
Day.month	32	38, 39, 41, 44
Month.month	63	67, 71, 89, 90
Month.year	64	79, 92, 95
Year.year	101	104, 108, 110, 112, 117

基于表 9.1 的实际数据流取决于类的使用以及它们的集成方式。例如，图 9.8 中 DateTest 类和 testSimple 函数的 JUnit 测试，将按照表 9.2 中所示的顺序，执行模块和模块中的语句行。每一行都会指定一条消息，该消息表明对实例的函数调用，无论哪个类都列出了下一个行号。基于集成的 Date, Day, Month 和 Year 的类的定义 - 使用路径如下所示：

- Date.day。15, 30, 31, 32, 4, 17, 18。
- Date.month。14, 62, 63, 64, 15。
- Date.year。13, 100, 101, 14。
- Day.day。31, 32, 4, 17, 18, 66, 67, 18, 34。
- Day.month。32, 4, 17, 18, 66, 67, 18, 34, 35。
- Month.month。63, 64, 15, 30, 31, 32, 4, 17, 18, 66, 67。
- Month.year。集成中没有用到，然而，如果是 2 月的话，就会用到。
- Year.year。101, 14, 62, 63, 64, 15, 30, 31, 32, 4, 17, 18, 66, 67, 18, 34, 35, 18, 103, 104。

表 9.2　NextDate 中的类及其测试的执行

日期测试	日期	年份	月份	日
3 (msg 1)				
	12			
	13 (msg 5)			
		100		
		101		
	14 (msg 6)			
			62	
			63	
			64	
	15 (msg 7)			
				30
				31
				32
4 (msg 2)				
	17			
	18 (msg 8)			
			66	
			67	
	18 (msg 9)			
				34
				35
	18 (msg 10)			
		103		
		104		
5 (msg 3)				
	21 (msg 11)			
				37
				38 (msg 17)
			69	
			70	
			71	
			72	
			73	
			74	
			86	
				39 (msg 18)

（续）

日期测试	日期	年份	月份	日
				30
				31
				32
	22 (msg 12)			
				43
				44
	23 (msg 13)			
			94	
			95	
	24 (msg 14)			
			66	
			67	
	24 (msg 15)			
				34
				35
	24 (msg 16)			
		103		
		104		
6 (msg 4)				
	17			
	18 (msg 8)			
			66	
			67	
	18 (msg 9)			
				34
				35
	18 (msg 10)			
		103		
		104		
7				

上述每一条路径都是定义－清除路径，显示了（例如在第 1 个节点）赋值操作之后，在数值被最后一个节点读取之前，不会被另一个赋值修改。但是，不是定义－清除路径的定义－使用路径，也是存在的。例如，Day.day 就有一条没有清除操作的定义－使用路径，其修改和读取（节点）标为粗体：**31**, 32, 4, 17, 18, 66, 67, 18,34, 35, 18, 103, 104, 5, 21, 37, 38, 69, 70, 71, 72, 73, 74, 86, 39, 30, **31**, 32, 22, 43, 44,23, 94, 95, 24, 66, 67, **34**。

定义－使用路径和定义－清除路径可以用来验证每一个可能的定义和使用组合是否都

已被测试。在本例中，我们可以看到 Month.year 从未被使用过，因为只有当月份是 2 月时，才会计算当月的天数。其他针对面向对象的代码的基于路径的集成测试方法，将在第 12 章详述。

9.4 面向对象的复杂度度量

Chidamber/Kemerer 度量（CK 度量）是最出名的面向对象的软件度量（Chidamber（1994））。六个 CK 度量全部都是顾名思义的。有些 CK 度量可以从调用图中直接获取，有些则要使用 15.2 节中所涉及的单元级复杂度。

- WMC。类中方法权重。
- DIT。继承树深度。
- NOC。子类个数。
- CBO。类间耦合度。
- RFC。类的响应。
- LCOM。内聚性缺失。

9.4.1 类中方法权重

类中方法权重（WMC）度量包括类里面方法的数目以及方法的环复杂度（也就是权重）。这个权重也可以扩展为包括 9.2 节中提到的判定的复杂度。在 Kemerer 后续发表的论文中，他注意到这个度量可以作为一个很好的指标，显示出实现的难度和测试的难度。

9.4.2 继承树深度

顾名思义，如果我们使用调用树来显示继承关系，继承树深度（DIT）就是从根节点到叶子节点之间最长继承路径的长度。从一个标准的 UML 类继承图中可以直接获取这个度量值。虽然 DIT 的度量值越大表明可重用性更好，但也同时增加了测试的难度。一个可行的策略，是将继承类"摊平"，让所有继承的方法位于同一个测试类中。目前推荐的 DIT 度量值（最大）为 3。在 NextDate 的 Java 版本中，其继承树的深度为 0，这里面没有包含从 Java 对象类中隐含的继承，因为在 NextDate, Day, Month 和 Year 类中，没有继承关系。

9.4.3 子类个数

DIT 度量的继承图中一个类的子类个数就是每个节点的出度。这个度量与调用图中的环复杂度很类似。在 NextDate 的 Java 版本中，其子类的个数为 0，同样没有包含从 Java 对象类中的隐含继承。

9.4.4 类间耦合度

这个度量来自 Yourdon 和 Constantine 提到的过程耦合度的概念。一个单元如果引用了另一个单元的变量，就会增加耦合度。在过程化代码中，有六个级别的耦合：内容、通用、外部、控制、标记和数据。正因为有这些耦合，才产生了面向对象的程序语言。适当的封装能够产生非常好的 o-o 代码，只存在数据耦合。耦合度越高，意味着测试难度越大，维护的成本越高。定义良好的类应该尽可能减少类间耦合度（CBO）数值。在 NextDate 的 Java 版本中，类之间的耦合只涉及数据耦合。

9.4.5 类的响应

类的响应（RFC）方法指的是从最初消息开始的消息序列的长度。在第 12 章我们会看到，这个长度也是集成测试中 MM 路径的长度。在 NextDate 的 Java 版本中，最长的 MM 路径长度为 4。

9.4.6 内聚性缺失

耦合与内聚是两个相反的概念，方法应该是高内聚低耦合，也就是说与其他方法之间尽量减少耦合度，同时应该在其内部增加内聚性。内聚性缺失（LCOM）描述的就是一个方法仅仅关注一个功能的程度。高内聚应该（或者最好是）好的封装操作的结果。在 NextDate 的 Java 版本中，所有的方法都展示出了高内聚的特性。

9.5 面向对象软件测试中的问题

本节的目的，是分析面向对象软件测试中可能存在的问题。首先，我们先来看一下因为继承、封装和异构所带来的问题，然后我们看一下如何将传统的测试方法应用到这些问题的解决方案上。

9.5.1 组合和封装的含义

组合（与其对应的是分解）是面向对象软件开发的核心设计理念。组合概念与面向对象技术的重用性目的一起，产生了非常强烈的单元测试需求。因为一个单元（类）是从以前未知的其他单元组合而成的，因此一定会用到传统的耦合与聚合。封装是解决这个问题的解决办法，但封装的前提是单元或类是高内聚低耦合的。实际上，高内聚低耦合这个要求不仅体现出可维护性的设计理念，更减少了测试的难度和工作量。如果增加了耦合度，那么每一个被引用到的单元都需要测试，必然会增加测试用例的数目。同样的，如果减少了内聚性，那些增加出来的功能，很可能是无关的功能，但也同样需要被测试。在单元级别，较好的面向对象的复杂度会减少测试的工作量。然而要说明的一点是，一个功能很可能天然具有复杂度，而这个复杂度来自单元之外，可能是单元之间组合的需求。以微服务来说，它们是非常高内聚低耦合的单元，可以应用于多个应用。而一个应用就是将多个微服务单元组合在一起，并且定义单元之间如何交互。组合技术的主要问题就在于，尽管假设已经进行了充分的单元测试，但是真正的测试压力却来自集成测试。

9.5.2 继承的含义

尽管将类视为单元是很自然的选择，但是继承让这个选择变得很复杂。如果一个类从超类中继承了一些属性和/或操作，那么一个单元就会牺牲应该具备的“单独可编译”原则。Binder（1996）建议使用“摊平的类”来解决这个问题。摊平的类，就是将一个原始的类进行扩展，包括所有其继承的属性和操作。注意，摊平的类可能会很复杂，其中包括多个继承、可选择的继承，以及可选择的多个继承。我们在这里暂时忽略这些问题。将一个摊平的类作为单元测试的对象能够解决继承的问题，但又带了另一个问题。摊平的类不是最终系统的一部分，因此必然存在不确定性。同样的，摊平的类中的方法可能还不足以支持测试这个类，所以我们还需要在类中增加一些专门用于测试的方法。这就可以满足将类视为单元的测试策略。但这又带来了最后一个问题：带有测试方法的类不是（也不应该是）最终交付系统的一部分。这个问题与传统软件测试中测试的是原始代码还是插装以后的代码这一问题，如出一辙。而且用于测试的方法同样可能有错误。如果一个测试方法错误地报告了一个错误，或者更糟糕地，错误地报告了成功，该如何处理？测试方法一样会遇到医疗实验中的假阳性和假阴性问题。这就带来了用一个测试方法测试另一个测试方法的无休无止的循环，就好像试图提供一个形式化系统一致性的外部证据一样。

图 9.9 展示了一个银行系统的 UML 继承图。支票账户和储蓄账户都有账号和余额，也都可以被修改和访问。处理支票账户的费用，必须从账户余额中扣除。而储蓄账户则必须计算利息，同时还要定期上报。

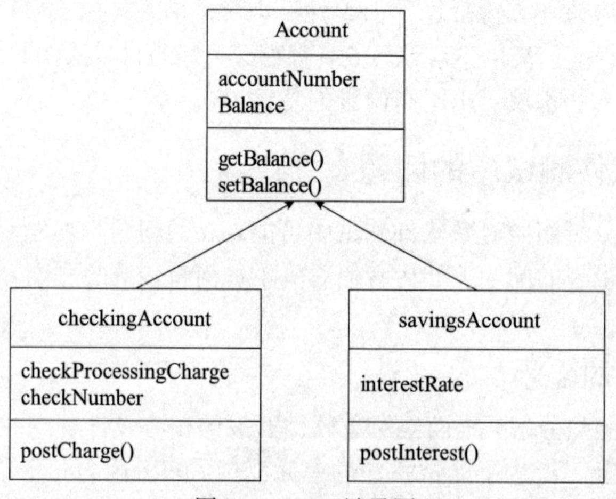

图 9.9 UML 继承图

如果我们不摊平 checkingAccount 和 savingsAccount 两个类，我们就没法访问余额属性，也就不能改变余额。这样进行单元测试肯定不符合要求。图 9.10 展示了摊平 checkingAccount 和 savingsAccount 两个类之后的情形。我们能看到独立的可以用于测试的单元。然而解决一个问题会引发另一个问题，因为形式化以后，我们就需要测试 getBalance 和 setBalance 操作两次，从而丧失了一些经济性（增加了测试成本）。

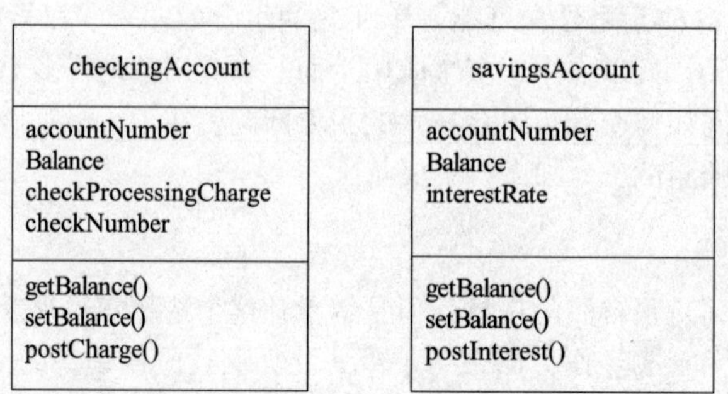

图 9.10 摊平后的 checkingAccount 和 savingsAccount 类

9.5.3 多态的含义

多态的好处就在于同一个方法可以用于不同的对象。如果我们将类视为一个单元，这样就意味着多态带来的问题，需要在类测试或单元测试中得到解决。

图 9.11 中的代码是图 9.5 中代码的升级版，其中包含了对图 9.5 中代码的继承和多态。除了对代码结构的改变以外（在图 9.12 所示的 UML 类图中可以看到这些改变），之前的测试（例如 DateTest.testSimple()）是维持不变的。

```java
import static org.junit.jupiter.api.Assertions.*;
import org.junit.jupiter.api.Test;

public class DateTest {
    @Test
    void testSimple() {

        Date date = new Date(Month.MAY, 27, 2020);
        assertEquals("5-27-2020", date.getDate());
        date = date.nextDate();
        assertEquals("5-28-2020", date.getDate());
    }

    @Test
    void testPolymorphismValidRange() {

        Date date = new Date(Month.FEBRUARY, 29, 2000);
        ValidRange arrayOfValidRanges[] = { date, date.day, date.month, date.year };
        for(ValidRange validRange : arrayOfValidRanges)
            assertTrue(validRange.validRange());
    }

    @Test
    void testPolymorphismInValidRange() {

        Date date = new Date(Month.FEBRUARY, 29, 2001);
        ValidRange arrayOfValidRanges[] = { date, date.day, date.month, date.year };
        boolean allValid = true;
        for(ValidRange validRange : arrayOfValidRanges)
            allValid &= validRange.validRange();

        assertFalse(allValid);
    }

}

abstract class ValidRange {

    protected int minimum, maximum;

    public ValidRange(int minimum, int maximum) {

        this.minimum = minimum;
        this.maximum = maximum;
    }
    public boolean validRange() {

        return minimum <= getValue() && getValue() <= maximum;
    }

    protected abstract int getValue();
}

class Date extends ValidRange {
    protected Day day;
    protected Month month;
    protected Year year;
```

```
   public Date(int month, int day, int year) {
      super(0, 0); // Values aren't used
      this.year = new Year(year);
      this.month = new Month(month, this.year);
      this.day = new Day(day, this.month);
   }

   public String getDate() {
      return month.getMonth() + "-" + day.getDay() + "-" + year.
      getYear();
   }

   public Date nextDate() {
      Day nextDay = day.getNextDay();
      Month month = nextDay.getMonth();
      Year year = month.getYear();
      return new Date(month.getMonth(), nextDay.getDay(), year.
      getYear());
   }
   @Override
   public boolean validRange() {
      // Inherited value overwritten
      return year.validRange() && month.validRange() && day.
      validRange();
   }

   @Override
   protected int getValue() {
      return 0;
   }
}

class Day extends ValidRange {
   private int day;
   private Month month;

   public Day(int day, Month month) {
      super(1, month.numberOfDays());
      this.day = day;
      this.month = month;
   }

   public int getDay() {
      return day;
   }

   public Day getNextDay() {
      if(day < month.numberOfDays())
          return new Day(day + 1, month);
      else
          return new Day(1, month.getNextMonth());
   }

   public Month getMonth() {
      return month;
   }

   @Override
   public boolean validRange() {
      return super.validRange() && month.validRange();
```

```java
    }

    @Override
    protected int getValue() {
       return day;
    }
}

class Month extends ValidRange {
    public static final int JANUARY = 1;
    public static final int FEBRUARY = 2;
    public static final int MARCH = 3;
    public static final int APRIL = 4;
    public static final int MAY = 5;
    public static final int JUNE = 6;
    public static final int JULY = 7;
    public static final int AUGUST = 8;
    public static final int SEPTEMBER = 9;
    public static final int OCTOBER = 10;
    public static final int NOVEMBER = 11;
    public static final int DECEMBER = 12;

    private int month;
    private Year year;

    public Month(int month, Year year) {
       super(1, 12);
       this.month = month;
       this.year = year;
    }

    public int getMonth() {
       return month;
    }

    public int numberOfDays() {
       int numberOfDays = 0;
       switch (month) {
       // 31 day months

       case 1: case 3: case 5: case 7: case 8: case 10: case 12:
           numberOfDays = 31;
           break;
       // 30 day months

       case 4: case 6: case 9: case 11:
           numberOfDays = 30;
           break;
       // February

       case 2:
           if(year.isLeapYear())
                  numberOfDays = 29;
           else
                  numberOfDays = 28;
           break;
       }

       return numberOfDays;
    }
```

```
   public Month getNextMonth() {
      if(month < 12)
          return new Month(month + 1, year);
      else
          return new Month(1, year.getNextYear());
   }

   public Year getYear() {
      return year;
   }

   @Override
   public boolean validRange() {
      return super.validRange() && year.validRange();
   }

   @Override
   protected int getValue() {
      return month;
   }
}

class Year extends ValidRange {
   private int year;

   public Year(int year) {
      super(1200, 2100);
      this.year = year;
   }

   public int getYear() {
      return year;
   }

   public boolean isLeapYear() {
      boolean isLeapYear = true;

   if(year % 4 != 0)
          isLeapYear = false;
      else if(year % 100 != 0)
          isLeapYear = true;
      else if(year % 400 != 0)
          isLeapYear = false;

      return isLeapYear;
   }

   public Year getNextYear() {
      return new Year(year + 1);
   }

   @Override
   protected int getValue() {
      return year;
   }
}
```

图 9.11　NextDate 类并使用继承进行测试

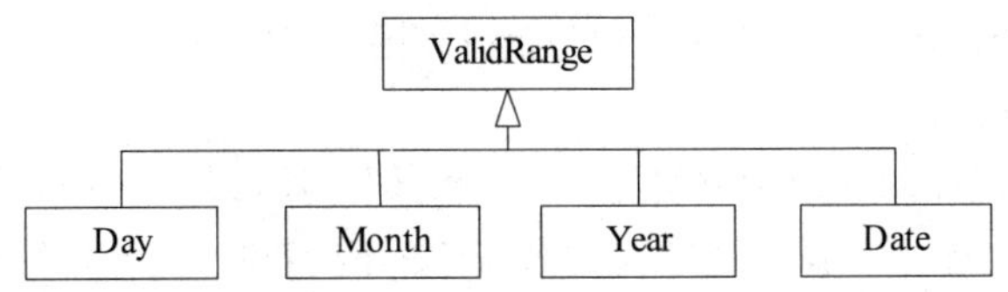

图 9.12　使用继承对日期类进行修订后的 UML 类图

图 9.5 中的代码没有包含继承，图 9.11 中的代码是包含继承的。尽管不是很严格，但是代码设计能够从以下几个方面说明继承和多态的问题：

- Date 类在第 56~60 行完全改写了父函数 ValidRange.valid- Range()。
- Month 和 Year 两个类改写了父函数，但是在第 86~89 行和第 145~148 行，分别作为自己的实现而使用。
- Year 类使用了父函数的功能，没有改写为自己的类定义。

重要的是，一定要验证每一个派生出来的子类的行为，以确保功能正确实现。我们要再强调一次，测试多态操作会带来冗余，也因此带来了更多的测试成本。

9.6　基于切片的测试技术

从 20 世纪 80 年代早期开始，软件工程领域就出现了程序切片技术。1979 年，Mark Weiser 首先在其论文中提出了程序切片的概念（Weiser（1979）)，随后在业界得到了更广泛的认可（Weiser（1985）)，很多工程都将程序切片技术作为实现软件维护性的一种方式（Gallagher（1991））。最近，程序切片技术被用在一种对功能内聚性进行量化的方法中（Bieman（1994））。在 20 世纪 90 年代早期，出现了很多关于切片技术的出版物，其中一篇论文（Ball（1994）)，描述了如何设计一个程序算法来实现程序切片的可视化，在后续的论文中还描述了一个业界可用的工具（注意，从这里可以看到，把一个概念转换成一个业界实践，竟然用了近 20 年的时间）。

程序切片技术的可用性和灵活性来自其天然的带有启发性的定义。如果我们非正式地下定义，程序切片是一组程序语句，它们在程序中的某个点改变变量的值或影响其值。“切片”这个术语，有很广泛的应用。我们在历史学习中，也会用到切片这个术语，包括美国历史、欧洲历史、俄罗斯历史、远东历史、罗马历史等。这些历史切片之间的交互关系，与程序切片之间的交互关系大同小异。

我们先从程序切片的定义开始，我们会沿用在定义 - 使用路径中用到的标识：程序 P，其程序流程图为 $G(P)$，程序变量集合为 V。我们首先要更正 Gallagher（1991）中的定义，使 $P(G)$ 中的节点能够表示语句段。

定义　*给定一个程序 P 和 P 中的一组变量 V，在语句 n 处的变量集 V 上的一个切片记为 $S(V, n)$，是 P 中所有对 V 中变量在节点 n 上的值有贡献的语句片段的集合。*

我们可以简单地将变量集合 V 视为只含有一个独立变量 v。我们当然可以将这个概念扩展到更多的变量，但这就会变得十分冗长。对多于一个变量的集合 V 来说，我们只要把所有 V 中单独变量的切片联合起来即可。程序切片有两个基本问题：是向前切片还是向后切片，以及它们是静态切片还是动态切片。向后切片指的是，在语句 n 处对变量 v 的数值有影响的语句段。向前切片指的是，受到在语句 n 处的变量 v 所影响的所有程序语句的集合。此时“定义 - 使用”概念就很有帮助了。在向后切片 $S(v, n)$ 中，可以将语句 n 理解为变量 v 的使用节点，也就是 Use(v, n)。向前的切片描述起来稍微困难一点，但是它们肯定也依赖变量 v 的谓词使用和计算使用。

静态切片和动态切片的区别稍微复杂一点。我们借用数据库中的两个术语来帮助我们理解其中的差别。在数据库中，我们经常提到数据库的内涵和外延。内涵是基本的数据库结构，一般使用数据建模语言来表达。将数据库部署后就产生了外延的概念。如果改变一个已经部署的数据库，就会产生新的外延。在这个基础上，静态向后切片 $S(v, n)$ 包括程序中所有在语句 n 决定了变量 v 的数值的语句，与在语句中使用的数值无关。动态切片指的是运行时，带有所有变量的特定值的静态切片在运行时的执行部分。图 9.13 和图 9.14 说明了这些内容。

将切片 $S(V, n)$ 中的元素都罗列出来是非常冗余的，因为从技术上来说，这些元素就是程序的语句段。如果只是列出 $P(G)$ 中的语句段的编号则容易得多，因此我们做了下面这些微小的改动。

定义　给定一个程序 P 及其程序图 $G(P)$，其中语句和语句段都已经编号，在 P 中有变量集合 V。定义在语句段 n，变量集 V 的静态向后切片为：能够在语句段 n 操作 V 中变量数值的 P 中所有语句段的节点编号集合，记作 $S(V, n)$。

程序切片能够将程序分成不同的部件，每个部件都有功能上的含义。那么程序切片是不是可执行的，就是我们要关注的下一个问题。如果将数据声明语句和其他语法相关的必要的语句加入切片，肯定会增加切片的规模，但是这样的切片就可以编译、单独执行和测试。另外，这样的一个可编译的切片还可以“叠”在一起，以自底向上的方式构成一个程序（Gallagher（1991））。Gallagher 将其称为“切片叠加”技术。某种意义上，这可以视为敏捷编程的雏形。为了节省篇幅，我们在这里只考虑程序段。最后，我们会开发一个静态切片的层级，这是一个静态切片的有向无环图，其中节点就是切片，边则对应子集关系。

切片概念中的“贡献”两个字的含义稍微复杂一点。很明显，数据声明语句对变量的数值也有影响。但就目前来说，我们在切片中只包含可执行语句。贡献的含义，可以用谓词使用和计算使用来表示（Rapps（1985））。

切片 $S(V, n)$ 是一个变量的切片，其中 V 由单个变量 v 构成。如果语句段 n 是 v 的定义节点，则 n 也在该切片中。如果语句段 n 是 v 的使用节点，则 n 不属于该切片。如果某个语句既是一个定义节点也是一个使用节点，则该语句应包含在切片中。在一个静态切片中，如果其他变量（不是切片集 V 中的 v）的谓词使用和计算使用能够影响变量 v 的数值，则也包含在该切片中。如果不论一个语句段是否被包含，v 的数值都不会被改变，则该语句段不应包含在切片中。

9.6.1　案例

我们使用一个计算型的示例来显示程序切片的基本特征。此处我们使用“美食家”应用程序中的一个方法 updateShoppingCart()，该方法是私有的静态双精度类型。我们将“美食家”应用程序的库存缩减为表 9.3 中的三个条目，订购的所有数量均以整盎司[⊖]为单位。这个方法假设有个事件监视器，能够随时显示 queueOfEvents 变量。图 9.13 是 updateShoppingCart() 的程序图，图 9.14 是 truffleSales 在第 39 行的切片程序图，记为 S(truffleSales, 39)。三个简单切片的源代码在图 9.14 之后展示。

⊖ 1 盎司 =28.3495 克。——编辑注。

表 9.3　缩减版 Foodie 库存示例

“美食家”应用程序中的条目	美元 / 盎司
意大利白松露	12.50
神户牛肉	18.75
藏红花	28.13

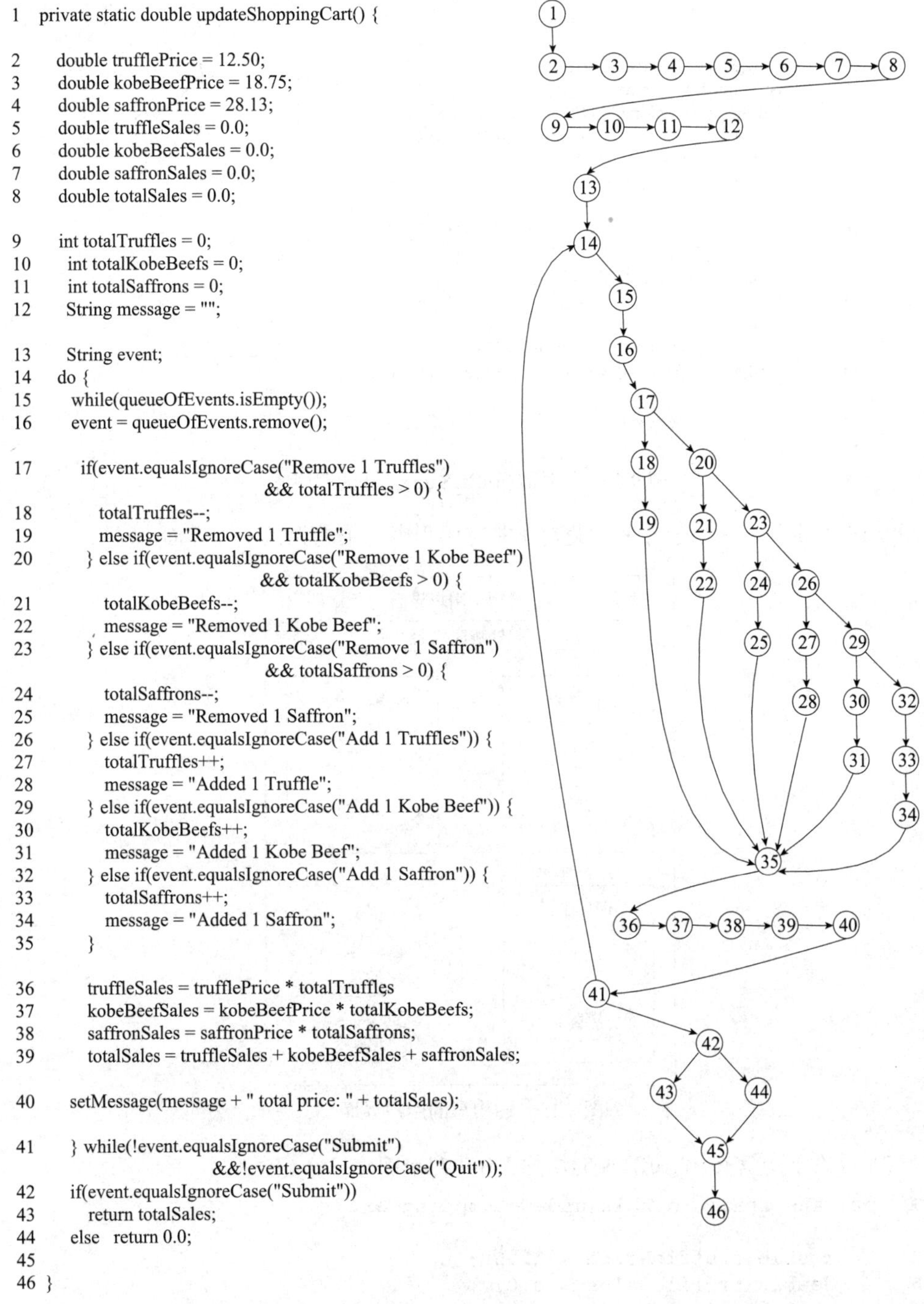

```
1  private static double updateShoppingCart() {

2     double trufflePrice = 12.50;
3     double kobeBeefPrice = 18.75;
4     double saffronPrice = 28.13;
5     double truffleSales = 0.0;
6     double kobeBeefSales = 0.0;
7     double saffronSales = 0.0;
8     double totalSales = 0.0;

9     int totalTruffles = 0;
10    int totalKobeBeefs = 0;
11    int totalSaffrons = 0;
12    String message = "";

13    String event;
14    do {
15      while(queueOfEvents.isEmpty());
16      event = queueOfEvents.remove();

17        if(event.equalsIgnoreCase("Remove 1 Truffles")
                              && totalTruffles > 0) {
18          totalTruffles--;
19          message = "Removed 1 Truffle";
20        } else if(event.equalsIgnoreCase("Remove 1 Kobe Beef")
                              && totalKobeBeefs > 0) {
21          totalKobeBeefs--;
22          message = "Removed 1 Kobe Beef";
23        } else if(event.equalsIgnoreCase("Remove 1 Saffron")
                              && totalSaffrons > 0) {
24          totalSaffrons--;
25          message = "Removed 1 Saffron";
26        } else if(event.equalsIgnoreCase("Add 1 Truffles")) {
27          totalTruffles++;
28          message = "Added 1 Truffle";
29        } else if(event.equalsIgnoreCase("Add 1 Kobe Beef")) {
30          totalKobeBeefs++;
31          message = "Added 1 Kobe Beef";
32        } else if(event.equalsIgnoreCase("Add 1 Saffron")) {
33          totalSaffrons++;
34          message = "Added 1 Saffron";
35        }

36        truffleSales = trufflePrice * totalTruffles
37        kobeBeefSales = kobeBeefPrice * totalKobeBeefs;
38        saffronSales = saffronPrice * totalSaffrons;
39        totalSales = truffleSales + kobeBeefSales + saffronSales;

40    setMessage(message + " total price: " + totalSales);

41    } while(!event.equalsIgnoreCase("Submit")
                  &&!event.equalsIgnoreCase("Quit"));
42    if(event.equalsIgnoreCase("Submit"))
43      return totalSales;
44    else   return 0.0;
45
46 }
```

图 9.13　私有静态双精度的方法 updateShoppingCart() 的程序图

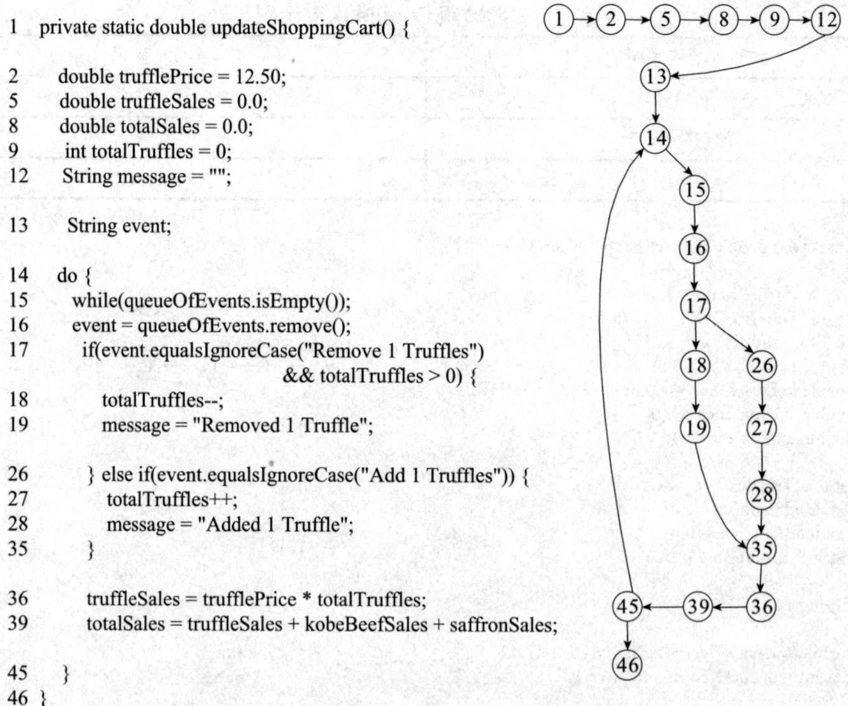
1 private static double updateShoppingCart() {
2 double trufflePrice = 12.50;
5 double truffleSales = 0.0;
8 double totalSales = 0.0;
9 int totalTruffles = 0;
12 String message = "";
13 String event;
14 do {
15 while(queueOfEvents.isEmpty());
16 event = queueOfEvents.remove();
17 if(event.equalsIgnoreCase("Remove 1 Truffles")
&& totalTruffles > 0) {
18 totalTruffles--;
19 message = "Removed 1 Truffle";
26 } else if(event.equalsIgnoreCase("Add 1 Truffles")) {
27 totalTruffles++;
28 message = "Added 1 Truffle";
35 }
36 truffleSales = trufflePrice * totalTruffles;
39 totalSales = truffleSales + kobeBeefSales + saffronSales;
45 }
46 }
1
2
5
8
9
12
13
14
15
16
17
18
26
19
27
28
35
45
39
36
46

图 9.14　切片 *S* (truffleSales, 39) 的程序图

图 9.15 为简单的、用于部署“美食家”应用程序订单的人机交互界面。

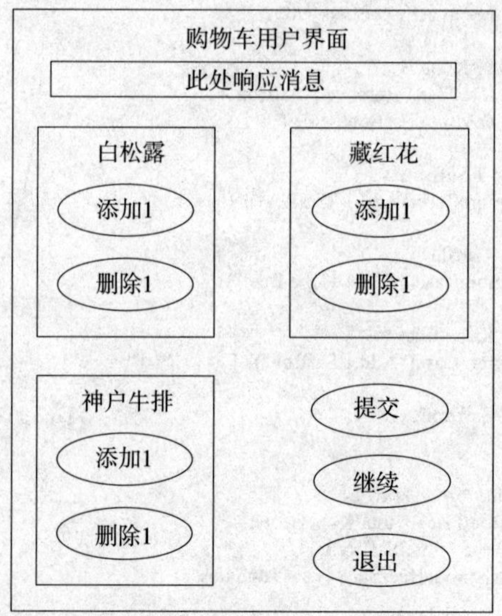
购物车用户界面
此处响应消息
白松露
添加1
删除1
藏红花
添加1
删除1
神户牛排
添加1
删除1
提交
继续
退出

图 9.15　购物车的用户界面

第 36 行关于变量 totalTruffles 的切片 *S* (totalTruffles, 36) 如下所示。

```
1   private static double updateShoppingCart() {

2       double trufflePrice = 12.50;
5       double truffleSales = 0.0;
8       double totalSales = 0.0;
```

```
9    int totalTruffles = 0;
12     String message = "";

13     String event;
14    do {
15     while(queueOfEvents.isEmpty());
16     event = queueOfEvents.remove();

17     if(event.equalsIgnoreCase("Remove 1 Truffles") && totalTruffles
       > 0) {
18        totalTruffles--;
19        message = "Removed 1 Truffle";
26     } else if(event.equalsIgnoreCase("Add 1 Truffles")) {
27        totalTruffles++;
28        message = "Added 1 Truffle";
35     }
36     truffleSales = trufflePrice * totalTruffles;
45    }
46  }
```

S(totalTruffles, 36) = {1,2,5,8,9,12,13,14,15,16,17,18,19,26,27,28,35,36}

第 27 行关于变量 totalTruffles 的切片 *S* (totalTruffles, 27) 如下所示。

```
1  private static double updateShoppingCart() {

2    double trufflePrice = 12.50;
5    double truffleSales = 0.0;
8    double totalSales = 0.0;

9    int totalTruffles = 0;
12     String message = "";

13     String event;
14    do {
15     while(queueOfEvents.isEmpty());
16     event = queueOfEvents.remove();

17       if(event.equalsIgnoreCase("Remove 1 Truffles") && totalTruffles
         > 0) {
18          totalTruffles--;
19          message = "Removed 1 Truffle";
26       } else if(event.equalsIgnoreCase("Add 1 Truffles")) {
27          totalTruffles++;
35       }
45    }
46  }
```

第 18 行关于变量 totalTruffles 的切片 *S* (totalTruffles, 18) 如下所示。

```
1  private static double updateShoppingCart() {

2     double trufflePrice = 12.50;
5     double truffleSales = 0.0;
8     double totalSales = 0.0;

9     int totalTruffles = 0;
12      String message = "";
```

```
13        String event;
14      do {
15        while(queueOfEvents.isEmpty());
16        event = queueOfEvents.remove();

17        if(event.equalsIgnoreCase("Remove 1 Truffles") && totalTruffles
          > 0) {
18            totalTruffles--;
35         }
45    }
46  }
```

这些切片作为程序子集是存在“真子集”关系的。此处列出的 5 个切片，都使用程序段的编号表示。

S (totalSales, 40) = { 1,2,3,4,5,6,7,8,9,10,11,12,13,14,15,16,17,18,19,20,21,22,23,
24,25,26,27,28,29,30,31,32,33,34,35,36,37,38,39,40}

S (truffleSales, 39) = {1,2,5,8,9,12,13,14,15,16,17,18,19,26,27,28,35,36,39}

S (truffleSales, 36) = {1,2,5,8,9,12,13,14,15,16,17,18,19,26,27,28,35,36}

S (totalTruffles, 27) = {1,2,5,8,9,12,13,14,15,16,17,18,19,26,27,35,36}

S (totalTruffles, 18) = {1,2,5,8,9,12,13,14,15,16,17,18,35,36}

由此，我们可以看到：

S (totalTruffles, 18) ⊂ S (totalTruffles, 27) ⊂ S (totalTruffles, 36)
⊂ S (truffleSales, 39) ⊂ S (totalSales, 40)

基于代码的结构，我们还可以推导出以下内容：

S (totalKobeBeefs,21) ⊂ S (totalKobeBeefs,30) ⊂ S (totalKobeBeefs,37)
⊂ S (kobeBeefsSales,37) ⊂ S (totalSales, 40)

S (totalSaffrons,24) ⊂ S (totalSaffrons,33)) ⊂ S (totalSaffrons,38) ⊂ S (saffronsSales,38)
⊂ S (totalSales, 40)

图 9.16 将切片子集表示成一个代数上的格，其中的关系就是“真子集”。

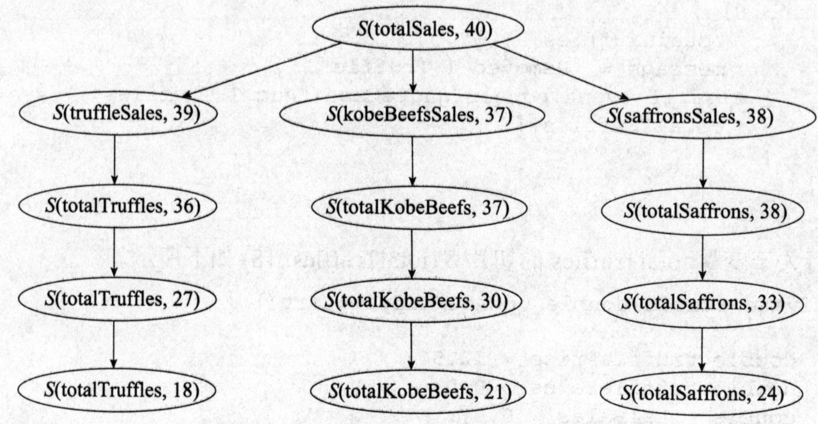

图 9.16　“感兴趣”切片构成的子集格

图 9.16 中的层次关系，就是基于切片测试的路径图。我们从层次图中一个分支的叶子

节点开始，先要保证 totalTruffles 的贡献是正确的。每往上走一步，切片就更加完整一点。只要测试的每一步都是正确的，我们就可以确认 totalTruffles 对 totalSales 的贡献是正确的。对于 totalKobeBeefs 和 totalSaffrons 的层次也是如此。

注意，基于切片的测试能够让我们以更好的方式，将测试集中在程序的某个部分上。然而，关注所有这些细节是不是必要的呢？对于我们的这个很简单的例子来说，可能不必要。但是对于更大更复杂的例子来说，这样做是正确的。

9.6.2 类型和技术

我们使用切片技术来分析一个程序的时候，可以集中在我们感兴趣的部分，而不用考虑不相关的部分。但对于定义 - 使用路径来说，我们就不能这样做，因为定义 - 使用路径中的序列既包含相关的语句和变量，也包含不相关的语句和变量。在讨论一些分析技术之前，我们可以在定义中增加一些规定，当然这些定义因此就更加严格了。

- 如果 V 中的变量 v 没有在语句段 n 中出现，最好不要生成切片 $S(V, n)$。从切片的定义来说，这是可能出现的情况，但这是不好的实现方式。本例中，我们在节点 40 定义了 truffleSales 的一个切片。如果要在程序的所有点都必须跟踪所有变量的数值，定义这类切片是有必要的。
- 要针对一个变量生成切片。切片中的集合 V 可以包括若干变量，有时这种包含多个变量的切片是有用的。例如，切片 $S(V, 40)$ 中 V = { totalSales, truffleSales, kobeBeefSales, saffronSales } 就包括除语句 40 以外的 S_{40}: S(totalSales, 40) 切片中的所有元素。
- 针对谓词使用节点生成切片。如果一个变量在谓词中被使用，该变量在判定语句上的切片就能够显示谓词变量是如何获取这个数值的。对于类似三角形和 NextDate 这样含有多个判定的程序来说，这一点非常有用。
- 尽量让切片可编译。切片定义中没有规定语句集应该是可编译的，但是如果我们能够保证这一点，就意味着在每一个切片中，都包含编译声明和数据声明语句。如果我们对 updateShoppingCart() 方法中所有的切片都增加这些语句集，并不会改变层次图，但是每一个切片都能够单独编译和运行。

9.6.3 切片拼接

Weiser 创造了“切片拼接”的概念（Weiser（1984））。updateShoppingCart() 方法虽然很短小，但也足够说明切片拼接的概念。图 9.10 中，updateShoppingCart() 方法被切割成 13 个切片，该图中的三个分支对应三个产品：白松露、神户牛排和藏红花。

第 1 章我们提到过，好的测试实践能够引领好的编程实践。这里就是个很好的例子。如果使用可编译的切片的方法来开发一个程序，我们就可以从切片层次图中的叶子开始往上走，每次编码实现一个切片，然后立刻对其进行测试。这正是敏捷开发的精髓所在。然后我们可以编码和测试更大的切片，此时低层次的切片都可以被视为正确的，因此也可以容易地实现错误定位。一旦三个分支都完成测试，我们就可以将其合并为一个全方法。这正是切片拼接的过程。

切片拼接也提供了在程序维护过程中需要的可理解性。切片能够让维护工程师集中在手头的事情上，避免受到较长的定义 - 使用路径上其他无关信息的干扰。

9.6.4 程序切片工具

所有读完上述内容的读者都会同意：程序切片不是一个能够手工完成的工作。我们甚至都不能在大学里给学生做切片练习的作业，因为时间成本太高了。如果有一个顺手的工具，程序切片技术还是可以有一席之地的。业界有一些程序切片的工具，大部分都是学术或实验性质的。当然也有极少的商用工具，Hoffner（1995）提供了一些工具的对比内容。

有些非常复杂的工具能够实现过程内的切片，这对于大型系统来说还是很有用处的。大部分程序切片技术都用于改善程序的可理解性，从而有助于维护工程师对软件的理解与维护。有一种名为 JSlice 的工具，对于面向对象的软件还是很适用的。表 9.4 总结了一些有用的程序切片工具。

表 9.4 部分程序切片工具

工具 / 产品	语言	静态 / 动态
Kamkar	Pascal	动态
Spyder	ANSI C	动态
Unravel	ANSI C	静态
CodeSonar®	C, C++	静态
Indus/Kaveri	Java	静态
JSlice	Java	动态
SeeSlice	C	动态

9.7 习题

1. 比较 DD 路径和定义 - 使用路径。
2. 如果一个模拟的函数与原始函数不同，是否会产生假阳性、假阴性或二者都有？如果会，提供一个例子；如果不会，提供解释。
3. 此处为 totalTruffles 在第 36 行的切片源程序 *S*(totalTruffles, 36)

```
1   private static double updateShoppingCart() {
2      double trufflePrice = 12.50;
5      double truffleSales = 0.0;
8      double totalSales = 0.0;
9      int totalTruffles = 0;
12      String message = "";
13      String event;
14     do {
15       while(queueOfEvents.isEmpty());
16       event = queueOfEvents.remove();
17       if(event.equalsIgnoreCase("Remove 1 Truffles") &&
         totalTruffles > 0) {
18         totalTruffles--;
19         message = "Removed 1 Truffle";
26      } else if(event.equalsIgnoreCase("Add 1 Truffles")) {
27          totalTruffles++;
28          message = "Added 1 Truffle";
35      }
36      truffleSales = trufflePrice * totalTruffles;
45    }
46  }
```

上面列出了所有 Def(totalTruffles) 节点的语句片段号。对所有 Use(totalTruffles) 节点做同样的操作。

4. 列出 totalTruffles 变量的定义 – 使用路径，指出哪些是定义清晰的。这些定义 – 使用路径与 totalTruffles 切片之间，是如何关联的？
5. 列出切片 *S* (saffronSales, 40) 中的元素。
6. 本章中，关于切片的讨论，实际上是关于“向后切片”的，因为我们更加关注能够在程序的某一个点操作变量数值的那些程序。我们也可以关注向前的切片，也就是变量被使用的那部分程序。将向前的切片与定义 – 使用路径做一个对比。

9.8 参考文献

Thomas Ball, and Stephen G. Eick, “Visualizing Program Slices”, *Proceedings of the 1994 IEEE Symposium on Visual Languages*, pp. 288–295, October 1994.

Kent Beck. “Simple smalltalk testing: With patterns”, *The Smalltalk Report* 4.2 (1994): 16–18.

Robert V. Binder “Testing object-oriented software: a survey.” *Software Testing, Verification and Reliability* 6.3–4 (1996): 125–252.

S. R. Chidamber and C. F. Kemerer, “A metrics suite for object-oriented design”, *IEEE Transactions of Software Engineering* vol. 20, No 6: pp. 476–493, (1994).

Lori A. Clarke et al., “A formal evaluation of dataflow path selection criteria”, *IEEE Transactions on Software Engineering*, Vol. SE-15, No. 11, pp. 1318–1332, November 1989.

https://martinfowler.com/bliki/Xunit.html

Chris Gaffney, Christian Trefftz, and Paul Jorgensen. “Tools for coverage testing: necessary but not sufficient”, *Journal of Computing Sciences in Colleges*, 20.1 (2004): 27–33.

K. B. Gallagher and J. R. Lyle, “Using program slicing in software maintenance”, *IEEE Transactions on Software Engineering*, vol. SE-17, no.8, pp. 751–761, Aug. 1991.

T. Hoffner, Evaluation and comparison of Program Slicing Tools, Technical Report, Dept. of Computer and Information Science, Linkoping University, Sweden, 1995.

Paul C. Jorgensen, and Carl Erickson. “Object-oriented integration testing”. *Communications of the ACM*, 37.9 (1994): 30–38.

https://github.com/Pragmatists/JUnitParams

https://site.mockito.org/

S. Rapps and E.J. Weyuker, “Selecting software test data using Dataflow information”. *IEEE Transactions on Software Engineering*, Vol. SE-11, No. 4, pp. 367–375, April, 1985.

M. Weiser, Program slices: Formal psychological and practical investigations of an automatic program abstraction method. PhD thesis University of Michigan, Ann Arbor, MI.

M. D. Weiser, “Program slicing”, *IEEE Transactions on Software Engineering*, vol. SE-10, no. 4, pp. 352–357, April, 1984.

https://en.wikipedia.org/wiki/List_of_unit_testing_frameworks

https://en.wikipedia.org/wiki/Unit_testing

第 10 章

Software Testing: A Craftsman's Approach, Fifth Edition

回顾单元测试

什么时候该停止单元测试？下面是一些可能的答案：

1. 给单元测试的时间用完。
2. 后续测试不会再产生新的失效。
3. 后续测试不会再揭露新的错误。
4. 到达一个测试收益开始递减的时间点。
5. 不能再设计出新的测试用例。
6. 已经达到强制的覆盖率要求。
7. 所有的错误都已经被移除。

很遗憾，第 1 个答案实在太常见了，而第 7 个答案是没法保证的。因此测试工艺师就得找个折中点。软件可靠性模型提供了一些可以支持第 2 个和第 3 个答案的方法，而且这两个答案在业界也的确得到了一些应用。第 4 个答案很有趣，如果你按照本书提到的定义来工作，这可能是一个还不错的答案。当然，换个角度来说，如果选择第 4 个答案作为停止单元测试的原因，那其实就是因为没有动力继续进行单元测试了，那这个答案跟第一个一样没有实践意义。到达测试收益开始递减的时间点是很吸引人的一个选项。如果一直保持严肃的测试态度，这一个答案意味着发现新错误的速度明显减慢，所以后续的测试可能会非常昂贵，但又不能发现新的错误。如果能够明确残留错误的代价或风险，此时做一个折中的选择是很好的决定，但这是很大的一个假设。现在就只剩覆盖率这一种选择了，而这确实是一个好的选择。本章我们将讨论如何将结构化测试技术与功能测试技术相结合，以获取更优的结果。我们首先回顾一下单元测试的方法。如果回顾之前我们讨论过的几种测试方法，我们就会像钟摆一样在两个极端之间摆动。钟摆的一头是基于严格语义方法的、抽象程度最高的代码测试技术；而钟摆的另一头是基于规范的、抽象程度最高的技术。我们首先将使用三角形问题作为示例，然后使用汽车保险问题作为示例，利用这两个例子，对比在钟摆两头的单元测试技术。

10.1 测试方法的钟摆

生活中的很多事情，都是在两个极端之间来回摇摆的。测试方法也在两个低语义的极端之间摇摆，一边是严格的拓扑，一边是纯粹的功能。测试方法就在两个极端之间来回移动，最后在趋于中间位置停下来，位于中间的测试方法通常更有效也更困难（见图 10.1）。

在基于代码的测试这端，基于路径的测试依赖程序流程图的连通性，因此不具备语义特性。程序流程图是代码的纯拓扑抽象，它不涉及代码的含义，只保留了控制流。因此自动化工具就永远无法识别某一条程序路径其实是不可能的路径。数据流测试技术可以识别出通过依赖关系创建的不可能的路径，而切片技术则让我们尽可能靠近了代码的语义含义。

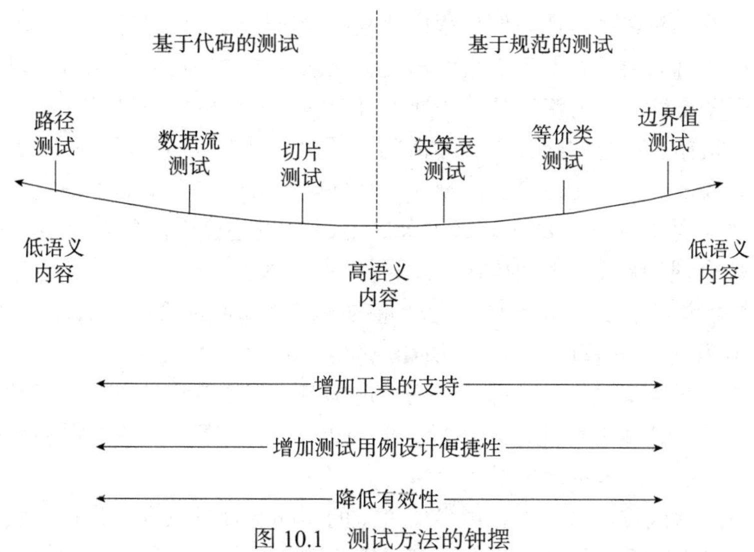

图 10.1 测试方法的钟摆

在基于规范测试这一端，如果仅仅基于变量的边界值来设计测试用例，就很容易陷入测试不充分和测试冗余的泥潭，而在纯粹的基于规范的测试中，这两种情况都无法避免。等价类测试，使用“同等的处理”这个概念来识别等价类，因此更多地使用了需求中的语义含义。决策表技术使用需求中定义的、必要的和不可能的条件组合来处理复杂的逻辑。

在测试钟摆的两侧，我们越靠近中段，测试用例的识别就更加容易，但同时也变得不太有效。当测试技术越靠近较高语义那边，就越难实现自动化，但却更加有效。不过，当 Edgar Allen Poe 写下“深坑和钟摆”的时候，他是将测试视为深坑，而方法视为钟摆吗？见仁见智吧。图 10.2 展示了这些概念的描述。

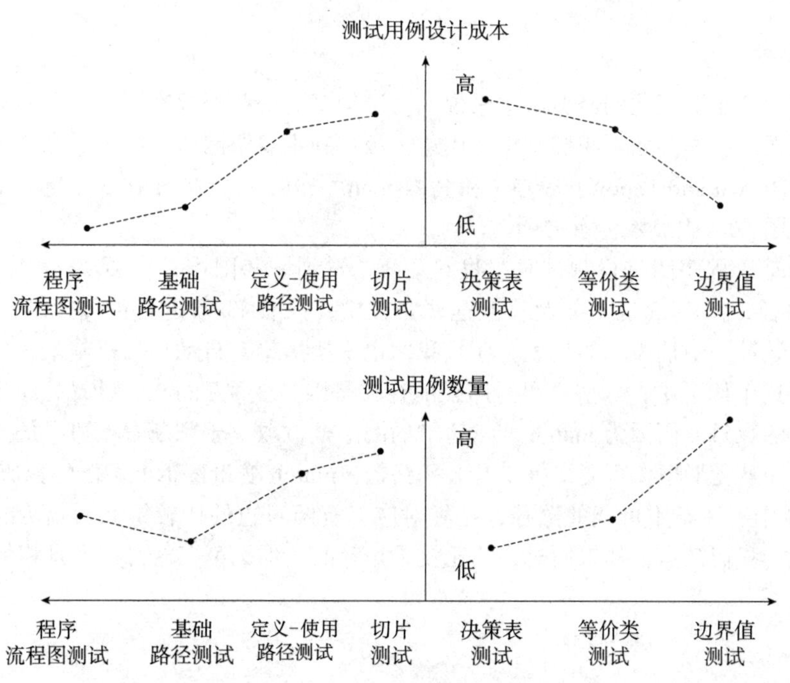

图 10.2 单元测试方法的成本和效果

这些图示需要一些解释。让我们从程序流程图测试开始，注意流程图中的节点都完全不包含语句段的任何语义信息，而节点之间的边，只描述了一个代码段是否可以在另一个代码段之后执行。程序流程图中的路径都是拓扑上可能的，完全可以通过 Warshall 的算法数学生成。问题在于，拓扑上可行的路径在实际情况下可能是不可行的路径，这一点我们在第 8 章已经讨论过了。在 8.4 节，我们曾经在 McCabe 的基本路径法中增加了一点语义的含义：先从一条能够包含常见单元功能的主路径开始，然后对主路径上的每个判定进行“翻转”操作。然而这样也会遇到麻烦，因为同样会遇到不可行的路径。如果使用定义 - 使用法，我们就会涉及更多的语义含义。我们要查看变量的数值是如何定义的，后续又是如何使用的。定义 - 使用路径和定义 - 清除路径之间的区别在于前者为测试员提供了更多语义的信息。向后切片的方法包括两个操作：去除了不需要的细节；集中在变量如何被使用上（也就是在程序中某个给定的点，所有可能影响变量数值的语句）。程序切片包含很多自动化切片算法的讨论，这就不在本书的范围之内了。

在基于规范的测试技术这一端，边界值测试的不同变种可以视为最抽象的技术。所有的测试用例都来自输入空间的属性，完全不考虑这些数值在单元中是如何被使用的。而在等价类测试技术中，区分等价类的原则就是“同等的处理”。很明显，这与语义含义是相关的。从等价类技术转换到决策表技术，通常是出于两个原因：变量之间的依赖关系和不同变量组合之间的可能性。而这两点，都跟语义信息密切相关。

图 10.2 的下半部分，就是基于规范的测试，这个时候，一定要考虑生成测试用例的成本和执行测试用例的成本之间的折中。如果使用自动化测试（比如 JUnit 环境），这个问题就不会很严重。但是在基于代码的测试技术中，随着测试方法更加复杂，会生成更多的测试用例。一定要结合基于规范的测试和基于代码的测试技术，同时还要考虑被测单元本身的特质，而这就是软件测试工艺师工匠精神的体现。

10.2　横摆

我们使用三角形问题的经典版本来说明测试钟摆的一些经验教训。让我们从一个早期特别流行的数据流版本开始。我们这里使用这个版本的主要原因，是因为它在测试领域的使用最为广泛（Brown and Lipov（1975）和 Pressman（1982））。在图 10.3 中重复了第 2 章的流程图，它在图 10.4 中显示为有向图。

当我们基于程序图进行测试时，我们会开始看到一些困难。在图 10.4 中有 352 个拓扑上可行的路径，图 10.3 也是如此。但这些路径中，只有 11 条是真正可行的，如表 10.1 所示。这是测试钟摆中抽象端的代表，而且我们也不能指望有自动化的措施来区分可行和不可行路径。在这个例子中，一些不可行路径的存在是因为变量 match。设置 match 变量的目的是减少判定的数目，而因为 match 变量增加的图形框，取决于判断三条边中任意两条边是否相等的次数。从菱形框 1 到菱形框 7 有 8 条路径，match 变量逻辑上可能的数值是 0, 1, 2, 3, 6。8 条路径中有 3 条不可能的路径，正好对应只有两对边的比较结果为相等的情况。然而根据传递性，我们知道，如果两对边的比较是相等的，那么第三对必然也是相等的。

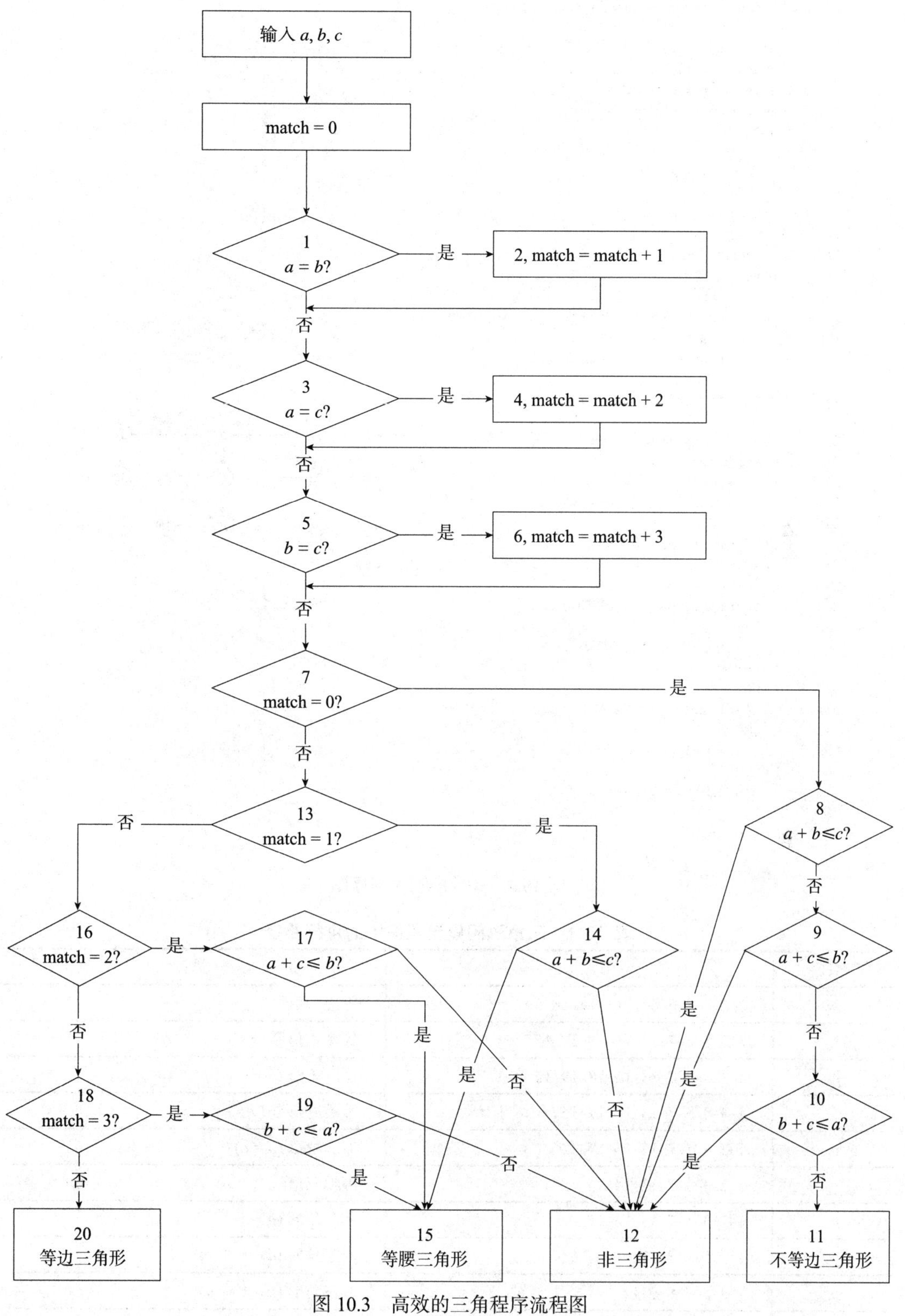

图 10.3 高效的三角程序流程图

```
1.   public static String triangleType(int a, int b, int c) {
1.       int match;
1.       String triangleType = "";
2.       System.out.println("Side A is " + a);
3.       System.out.println("Side B is " + b);
4.       System.out.println("Side C is " + c);
5.       match = 0;
6.       if(a == b)
7.           match = match + 1;
8.       if(a == c)
9.           match = match + 2;
10.      if(b == c)
11.          match = match + 3;
12.      if(match == 0) {
13.              if((a+b)<=c)
14.                  triangleType = "NotATriangle";
15.              else if((b+c)<=a)
16.                  triangleType = "NotATriangle";
17.              else if((a+c)<=b)
18.                  triangleType = "NotATriangle";
19.              else
20.                  triangleType ="Scalene";
21.      } else if(match == 1) {
22.          if((a+c)<=b)
23.              triangleType = "NotATriangle";
24.          else
25.              triangleType = "Isosceles";
26.      } else if(match == 2) {
27.          if((a+c)<=b)
28.              triangleType = "NotATriangle";
29.          else
30.              triangleType = "Isosceles";
31.      } else if(match == 3) {
32.          if((b+c)<=a)
33.              triangleType = "NotATriangle";
34.          else
35.              triangleType = "Isosceles";
36.      } else {
37.          triangleType = "Equilateral";
38.      }
39.      return triangleType;
40.  }
```

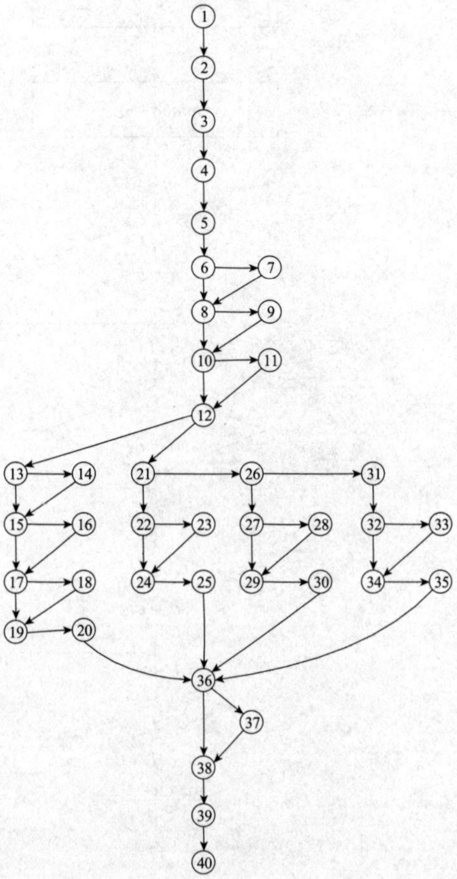

图 10.4　高效的三角程序图

表 10.1　三角形问题流程图中的可行路径

路径	节点序列	描述
p_1	1–2–3–4–5–6–7–13–16–18–20	等边三角形
p_2	1–3–5–6–7–13–16–18–19–15	等腰三角形 ($b = c$)
p_3	1–3–5–6–7–13–16–18–19–12	非三角形 ($b = c$)
p_4	1–3–4–5–7–13–16–17–15	等腰三角形 ($a = c$)
p_5	1–3–4–5–7–13–16–17–12	非三角形 ($a = c$)
p_6	1–2–3–5–7–13–14–15	等腰三角形 ($a = b$)
p_7	1–2–3–5–7–13–14–12	非三角形 ($a = b$)
p_8	1–3–5–7–8–12	非三角形 ($a + b \leqslant c$)
p_9	1–3–5–7–8–9–12	非三角形 ($b + c \leqslant a$)
p_{10}	1–3–5–7–8–9–10–12	非三角形 ($a + c \leqslant b$)
p_{11}	1–3–5–7–8–9–10–11	不等边三角形

如果使用数据流技术，这个版本就会对每一个两边之和只计算一次（$a + b$, $a + c$ 和 $b + c$），然后在检查三角不等式的判定中使用这个结果（判定 8、9、10、14、17 和 19）。

10.2.1 基于程序流程图的测试

当我们基于程序流程图进行测试时，就会开始看到一些困难（参见图 10.4，其中有 352 个拓扑上可行的路径）。图 10.3 也是这样，但这些路径中，只有 11 条是真正可行的，如表 10.2 所示。既然这是测试钟摆中抽象端的代表，我们就不能指望有自动化的措施来区分可行和不可行路径。设置 match 变量的目的是要减少判定的数目，而因为 match 变量增加的图形框，取决于判断三条边中任意两条边是否相等的次数。从节点 1 到节点 14 的 8 条路径中，match 可能的数值是 0, 1, 2, 3, 6。同样，从节点 15 到节点 19，也没有任何一对三角形边的不等式判断可以为真，因此可以去掉拓扑结构中可能路径中的四条路径。

表 10.2 图 10.4 中的可能路径与可行路径

节点片段	拓扑可能路径	可行路径
1 ~ 12	8	4
12 ~ 20	8	4
12 ~ 25	2	2
12 ~ 30	2	2
12 ~ 35	2	2
	序列组合	
1 ~ 20	64	4
1 ~ 25, 36	16	2
1 ~ 30, 36	16	2
1 ~ 35, 36	16	2
36 ~ 40	1	1
总计	112	11

10.2.2 基本路径测试

如果使用基本路径测试，我们会遇到另一个问题。图 10.4 中所示的程序流程图，其环复杂度是 14，按照 McCabe 的基本路径法，我们要找到 14 个测试用例，但这里面只有 11 条可行的路径，如表 10.3 所示。

表 10.3 图 10.4 中的可行路径

路径	节点序列	match	结果
p_1	1~6, 8, 10, 12, 13, 15, 17, 19, 20, 36, 38, 39, 40	0	不等边三角形
p_2	1~6, 7, 8, 10, 12, 13, 15, 17, 19, 20, 36, 38, 39, 40	1	等腰三角形 $a = b$
p_3	1~6, 8, 9, 10, 12, 26, 27, 29, 30, 36, 38, 39, 40	2	等腰三角形 $a = c$
p_4	1~7, 8, 10, 11, 12, 31, 32, 34, 35, 36, 38, 39, 40	3	等腰三角形 $b = c$
p_5	1~6, 8, 10, 12, 13, 14, 36, 37, 38, 39, 40	6	等边三角形
p_6	1~6, 8, 10, 12, 14, 38, 39, 40	0	非三角形 $(a + b) > c$
p_7	1~6, 8, 10, 12, 14, 15, 16, 38, 39, 40	0	非三角形 $(b + c) > a$

（续）

路径	节点序列	match	结果
p_8	1~6, 8, 10, 12, 14, 17, 18, 38, 39, 40	0	非三角形 $(a+c)>b$
p_9	1~6, 7, 8, 12, 21, 22, 23, 38, 39, 40	1	非三角形 $(a+c)>b$
p_{10}	1~6, 8, 9, 10, 12, 26, 27, 38, 39, 40	2	非三角形 $(a+c)>b$
p_{11}	1~6, 8, 10, 11, 12, 31, 32, 33, 38, 39, 40	3	非三角形 $(b+c)>a$

表10.4所示为一条主路径及其翻转路径，很多翻转路径都是违背常理的。在这个练习中，除了节点12以外，主路径在其余每个判定都走向为假的分支。这个选择违背了与节点相关的代码本身的语义要求，因此形成了一个几乎不可能的基本路径集。如果选择其他可能的主路径也会得到同样用处不大的结果。所以对于基于程序流程图的测试技术来说，基本路径测试几乎不能增加任何有用的信息，反而会越弄越糟。

表10.4 一个基本路径集

路径	翻转节点	节点序列	match	结果
1	主路径	1~6, 8, 10, 12, 13, 15, 17, 19, 20, 36, 38, 39, 40	0	不等边三角形
2	翻转6	1~6, 7, 8, 10, 12, 13, 15, 17, 19, 20, 36, 38, 39, 40	1	不等边三角形
3	翻转8	1~6, 8, 9, 10, 12, 13, 15, 17, 19, 20, 36, 38, 39, 40	2	不等边三角形
4	翻转10	1~6, 8, 10, 11, 12, 13, 15, 17, 19, 20, 36, 38, 39, 40	3	不等边三角形
5	翻转13	1~6, 7, 8, 10, 12, 13, 14, 15, 17, 19, 20, 36, 38, 39, 40	0	不等边三角形
6	翻转15	1~6, 7, 8, 10, 12, 13, 15, 16, 17, 19, 20, 36, 38, 39, 40	0	不等边三角形
7	翻转17	1~6, 7, 8, 10, 12, 13, 15, 17, 18, 19, 20, 36, 38, 39, 40	0	不等边三角形
8	翻转12	1~6, 8, 10, 12, 21, 22, 24, 25, 36, 38, 39, 40	0	等腰三角形
9	翻转22	1~6, 8, 10, 12, 21, 22, 23, 24, 25, 36, 38, 39, 40	0	等腰三角形
10	翻转21	1~6, 8, 10, 12, 21, 26, 27, 29, 36, 38, 39, 40	0	（无结果）
11	翻转27	1~6, 8, 10, 12, 21, 26, 27, 28, 29, 30, 36, 38, 39, 40	0	等腰三角形
12	翻转26	1~6, 8, 10, 12, 21, 26, 31, 32, 34, 35, 36, 38, 39, 40	0	等腰三角形
13	翻转32	1~6, 8, 10, 12, 21, 26, 31, 32, 33, 34, 35, 36, 38, 39, 40	0	非三角形
14	翻转36	1~6, 7, 8, 10, 12, 13, 14, 15, 17, 19, 20, 36, 37, 38, 39, 40	0	等边三角形

10.2.3 数据流测试

数据流测试会提供给我们一些有价值的观点。来看一下变量match的定义－使用路径。在这条路径上，有4个定义节点(5, 7, 9, 11)、3个计算使用节点(7, 9, 11)，以及4个谓词使用节点(12, 21, 26, 31)，因此有28条可能的定义－使用路径。通过计算定义－清除路径dc(5,7)可得变量match = 1，计算dc(5,9)可得变量match=2，计算dc(5,11)可得变量match=3。

看一下与triangleType类型相关的定义－使用路径，我们会发现一些有趣之处。我们可以假设变量triangleType在语句1中，初始化为“”，然后在节点14, 16, 18, 20, 23, 25, 28, 30, 33, 35, 37被赋值。每一条从节点1开始到后面任何一个定义节点的路径，都是三角形程序在逻辑上很重要的路径。有六条定义－使用路径将triangleType赋值为“Not A

Triangle"，分别是 (1, 14), (1, 16), (1, 18), (1, 23), (1, 28) 和 (1, 33)。同样的，有三条定义 - 使用路径将 triangleType 赋值为 " Isosceles"，分别是 (1, 25), (1, 30) 和 (1, 35)。只有一条路径将 triangleType 赋值为 "Scalene"，也只有一条路径将 triangleType 赋值为 "Equilateral"。每一条定义 - 使用路径都可以对应 11 条可行路径中的一条。这已经比独立路径方法好很多了。再来看一下表示三条边的变量 a, b, c 的定义 - 使用路径，这对于数据流来说就没有太大的帮助了，但是在基于切片的测试中非常重要。

10.2.4 基于切片的测试

使用向后静态切片的测试技术是个好主意。实际上，每一个 triangleType 的定义 - 使用路径都能够让测试工艺师关注到 triangleType 在程序的哪个点被赋值。使用切片技术比定义 - 使用路径更好的一点，因为能够更细致地检查一个切片中的程序逻辑，然后据此生成测试用例的数值。下面就是一个针对语句 20(*S*(triangleType, 20)) 的 triangleType 切片。

```
1.     public static String triangleType(int a, int b, int c) {
1.     int match;
1.     String triangleType = "";
5.          match = 0;
6.          if(a == b)
7.               match = match + 1;
8.          if(a == c)
9.               match = match + 2;
10.          if(b == c)
11.               match = match + 3;
12.          if(match == 0) {
13.                  if((a+b)<=c)
14.                       triangleType = "NotATriangle";
15.                  else if((b+c)<=a)
16.                       triangleType = "NotATriangle";
17.                 else if((a+c)<=b)
18.                       triangleType = "NotATriangle";
19.                 else
20.                       triangleType ="Scalene";
```

让我们仔细看一下语句 5~20，可以观察到 triangleType 的最终数值依赖 a, b, c 和 match 的数值。这样可以让我们找到 a, b, c 真实可用的测试用例数值。在语句 5~11 中，我们发现 a, b, c 的数值满足所有不等边三角形的三个组合。除此之外，因为 match = 0，所以我们知道不会出现等边的情况。表 10.5 展示了使用这个逻辑生成的边的备选测试数据。

表 10.5 基于切片生成的测试用例取值

情况	a	b	c	$(a+b) \leqslant c$?	$(b+c) \leqslant a$?	$(a+c) \leqslant b$?	等边?	三角形类型	语句编号
1	3	4	9	是	否	否	无	非三角形	14
2	11	4	5	否	是	否	无	非三角形	16
3	3	10	5	否	否	是	无	非三角形	18
4	3	4	5	否	否	否	无	不等边三角形	20
5	5	5	3	是	否	否	$a=b$	非三角形	23
6	3	3	4	否	否	否	$a=b$	等腰三角形	25
7	5	3	5	否	否	是	$a=c$	非三角形	28

（续）

情况	a	b	c	$(a+b) \leqslant c$?	$(b+c) \leqslant a$?	$(a+c) \leqslant b$?	等边?	三角形类型	语句编号
8	3	4	3	否	否	否	$a=c$	等腰三角形	30
9	3	5	5	否	是	否	$b=c$	非三角形	33
10	4	3	3	否	否	否	$b=c$	等腰三角形	35
11	5	5	5	否	否	否	所有	等边三角形	37

下面的源代码，是针对语句 14(*S*(triangleType, 14) 的 triangleType 切片。

```
1.   public static String triangleType(int a, int b, int c) {
1.   int match;
1.   String triangleType = "";
5.       match = 0;
6.       if(a == b)
7.           match = match + 1;
8.       if(a == c)
9.           match = match + 2;
10.       if(b == c)
11.           match = match + 3;
12.       if(match == 0) {
13.               if((a+b)<=c)
14.                   triangleType = "NotATriangle";
39.  return triangleType
40.  }
```

10.2.5 边界值测试

请注意，在测试方法的钟摆中，从抽象程度很高的程序路径到语义很丰富的基于切片的测试，测试技术是在不断进步的。因此我们也可以期待基于规范的测试技术同样有这样的进步。此处我们使用边界值测试来生成测试用例。我们将使用常规的和最坏情况的两种形式。表 10.6 展示了使用常规边界值测试方法生成的测试用例。最后一列为测试用例覆盖的路径(表 10.3 中)。

表 10.6 常规边界测试的路径覆盖

情况	a	b	c	预期输出	路径
1	100	100	1	等腰三角形	p_6
2	100	100	2	等腰三角形	p_6
3	100	100	100	等边三角形	p_1
4	100	100	199	等腰三角形	p_6
5	100	100	200	非三角形	p_7
6	100	1	100	等腰三角形	p_4
7	100	2	100	等腰三角形	p_4
8	100	100	100	等边三角形	p_1
9	100	199	100	等腰三角形	p_4
10	100	200	100	非三角形	p_5
11	10	100	100	等腰三角形	p_2

（续）

情况	a	b	c	预期输出	路径
12	2	100	100	等腰三角形	p_2
13	100	100	100	等边三角形	p_1
14	199	100	100	等腰三角形	p_2
15	200	100	100	非三角形	p_3

可以看到，我们覆盖了路径 $p_1, p_2, p_3, p_4, p_5, p_6, p_7$，没有覆盖路径 p_8, p_9, p_{10}, p_{11}。现在，假设我们使用一个更强有力的功能测试技术：最坏情况的边界值测试。我们在第 5 章知道这种技术会产生 125 个测试用例，此处的表 10.7 就是归纳总结的结果，能够看到其中有很多冗余的路径。

表 10.7　常规和最坏情况边界测试的路径覆盖

	p_1	p_2	p_3	p_4	p_5	p_6	p_7	p_8	p_9	p_{10}	p_{11}
常规	3	3	1	3	1	3	1	0	0	0	0
最坏情况	5	12	6	11	6	12	7	17	18	19	12

综上所述，125 个测试用例提供了全路径覆盖，但也造成了非常多的冗余。

10.2.6　等价类测试

现在让我们来看看等价类测试。对于三角形问题来说，对单独变量进行等价类分析是没有意义的。我们应该对三角形的类型进行等价类分析，而且边长变量 a, b, c 还有六种不能组成三角形的输入方式。在第 6 章（6.4 节），我们总结了这些等价类：

$D_1 = \{<a, b, c>: a = b = c\}$

$D_2 = \{<a, b, c>: a = b, a \neq c\}$

$D_3 = \{<a, b, c>: a = c, a \neq b\}$

$D_4 = \{<a, b, c>: b = c, a \neq b\}$

$D_5 = \{<a, b, c>: a \neq b, a \neq c, b \neq c\}$

$D_6 = \{<a, b, c>: a > b + c\}$

$D_7 = \{<a, b, c>: b > a + c\}$

$D_8 = \{<a, b, c>: c > a + b\}$

$D_9 = \{<a, b, c>: a = b + c\}$

$D_{10} = \{<a, b, c>: b = a + c\}$

$D_{11} = \{<a, b, c>: c = a + b\}$

根据上述等价类结果，我们只要设计 11 个测试用例就可以了，而且我们能够确认完全可以覆盖图 10.4 中的 11 条可能的路径。

10.2.7　决策表测试

使用决策表技术能否增加等价类测试技术生成的测试用例呢？答案是不能，但是决策表技术可以在三角形程序流程图的判定中，提供一些有价值的信息。在表 10.8 的决策表中，先要注意到，match 的条件是一个扩展的入口。尽管从拓扑上来说可能出现 match = 4 和 match = 5 的情况，但这些数值在逻辑上是不可能出现的。程序流程图中 c_2, c_3 和 c_4 这三个条件对应的就是这种逻辑不可能的情况。我们使用“F!”（一定为假）这个标识符，表示该条件不可能出现。同时，针对单独的变量 a, b 和 c 来设计条件是没有意义的。虽然使用决策表没有增加太多实质性内容，但决策表能够清晰地说明为什么表 10.9 中，有些测试用例是不可能的。

表 10.8 三角形问题的决策表

(a) 第一部分

c_1. match =	0				1				2			
c_2. $a+b \leqslant c$?	T	F!	F!	F	T	F!	F!	F	T	F!	F!	F
c_3. $a+c \leqslant b$?	F!	T	F!	F	F!	T	F!	F	F!	T	F!	F
c_4. $b+c \leqslant a$?	F!	F!	T	F	F!	F!	T	F	F!	F!	T	F
a_1. 不等边三角形				X								
a_2. 非三角形	X	X	X		X	X	X		X	X	X	
a_3. 等腰三角形							X					X
a_4. 等边三角形												
a_5. 不可能												

(b) 第二部分

c_1. match =	3				4	5	6			
c_2. $a+b \leqslant c$?	T	F!	F!	F	—	—	T	F!	F!	F
c_3. $a+c \leqslant b$?	F!	T	F!	F	—	—	F!	T	F!	F
c_4. $b+c \leqslant a$?	F!	F!	T	F	—	—	F!	F!	T	F
a_1. 不等边三角形										
a_2. 非三角形	X	X	X				X	X	X	
a_3. 等腰三角形				X						
a_4. 等边三角形										X
a_5. 不可能					X	X				

表 10.9 基于代码测试和基于规范测试技术的对比

路径	描述	程序图	基本路径	数据流	切片	边界值	等价类	决策表
p_1	等边三角形	是	是	是	是	是 (3)	是	是
p_2	等腰三角形 ($b=c$)	是	是	是	是	是 (2)	是	是
p_3	非三角形 ($b=c$)	是	是	是	是	是 (1)	是	是
p_4	等腰三角形 ($a=c$)	是	是	是	是	是 (2)	是	是
p_5	非三角形 ($a=c$)	是	是	是	是	是 (1)	是	是
p_6	等腰三角形 ($a=b$)	是	是	是	是	是 (1)	是	是
p_7	非三角形 ($a=b$)	是	否	是	是	是 (1)	是	是
p_8	非三角形 ($a+b \leqslant c$)	是	否	是	是	否	是	是
p_9	非三角形 ($b+c \leqslant a$)	是	否	是	是	否	是	是
p_{10}	非三角形 ($a+c \leqslant b$)	是	否	是	是	否	是	是
p_{11}	不等边三角形	是	是 (6)	是	是	否	是	是

10.3 保险费问题的案例

本节我们使用保险费问题作为例子，来比较基于规范的测试方法和基于代码的测试方法，同时给出一些实用的建议。假设有个保险费问题，该程序可以基于投保人年龄和驾驶记录这两个参数，计算出车险的价格。

保险费用 = 基本费率 * 年龄系数 − 安全驾驶优惠

年龄系数是投保人年龄的函数，当投保人驾驶执照上的当前分数（由交通法院根据交通违规行为确定）低于一个基于年龄确定的积分的临界值时，会给出一个安全驾驶优惠。该政策适用于年龄在 16~100 岁的驾驶员。一旦投保人的积分超过 12 分，司机的驾照就会被吊销（此时也不需要保险了）。基本费率会随着时间而改变。本例中，优惠价格是 500 美元。表 10.10 展示了保险费问题的相关数据。

表 10.10　保险费问题的相关数据

年龄范围	年龄系数	临界值	安全驾驶优惠
16 ≤ 年龄 < 25	2.8	1	50
25 ≤ 年龄 < 35	1.8	3	50
35 ≤ 年龄 < 45	1.0	5	100
45 ≤ 年龄 < 60	0.8	7	150
60 ≤ 年龄 < 100	1.5	5	200

10.4 基于规范的测试

如果使用最坏情况的边界值测试法，基于输入变量（年龄和积分）会产生如表 10.11 所示的一些年龄和积分的极端数值。图 10.5 显示了对应的 25 个测试用例。

表 10.11　保险费问题的边界值分析

变量	min	min+	nom	max−	max
年龄	16	17	54	99	100
积分	0	1	6	11	12

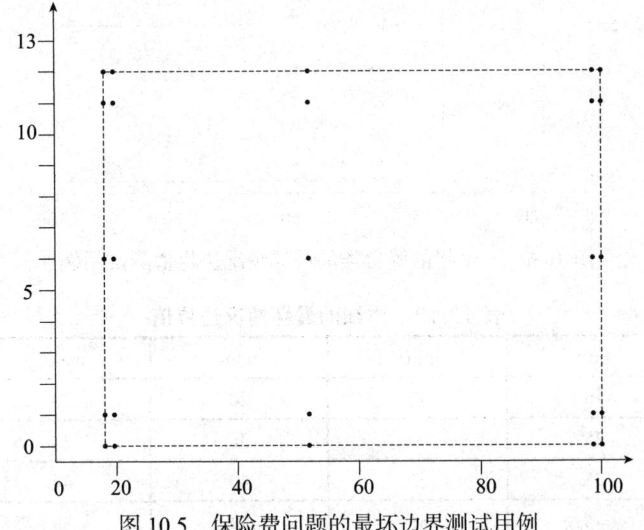

图 10.5　保险费问题的最坏边界测试用例

没有人会觉得这些测试用例令人满意。这些结果中实在是缺少了太多可能发现问题的测试用例。比如不同年龄的积分临界值就完全没有被测试到，临界值也没有算进去。让我们利用年龄域来做一个等价类分析，看看是否能够有些改善。

A_1 = { 年龄 : 16 ≤ 年龄 < 25}

A_2 = { 年龄 : 25 ≤ 年龄 < 35}

A_3 = { 年龄 : 35 ≤ 年龄 < 45}

A_4 = { 年龄 : 45 ≤ 年龄 < 60}

A_5 = { 年龄 : 60 ≤ 年龄 < 100}

下面是驾照积分方面，与年龄有关的等价类。

$P_1(A_1)$ = { 积分 = 0, 1}, { 积分 = 2, 3, ⋯,12}

$P_2(A_2)$ = { 积分 = 0, 1, 2, 3}, { 积分 = 4, 5, ⋯,12}

$P_3(A_3)$ = { 积分 = 0, 1, 2, 3, 4, 5}, { 积分 = 6, 7, ⋯, 12}

$P_4(A_4)$ = { 积分 = 0, 1, 2, 3, 4, 5, 6, 7}, { 积分 = 8, 9, 10, 11, 12}

$P_5(A_5)$ = { 积分 = 0, 1, 2, 3, 4, 5}, { 积分 = 6, 7, ⋯,12}

上述分析的复杂之处在于，积分的范围依赖投保人员的年龄，而且积分在不同的年龄等价类之间还可能重复。图 10.6 展示了 A_4 等价类中的这些限制条件，图中的虚线表示依赖年龄的等价类。图 10.6 列出了为针对等价类 A_4 的一组最坏情况测试边界值的测试用例以及与其相关的两个积分等价类。因为不同年龄的积分都以 12 分封顶，所以我们得到表 10.12 中显示的最坏情况的测试数据。请注意，积分变量属于离散数值，因此不能使用最小值和最大值这样的常规用例。这些变量数值产生了 103 个测试用例。

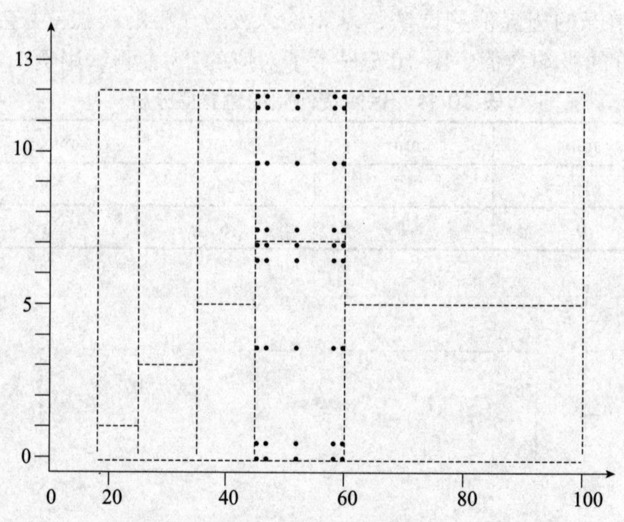

图 10.6　一个年龄等价类的最坏情况边界值测试用例

表 10.12　详细的最坏情况边界值

变量	min	min+	nom	max−	max
年龄	16	17	20	24	
年龄	25	26	30	34	
年龄	35	36	40	44	
年龄	45	46	53	59	

（续）

变量	min	min+	nom	max−	max
年龄	60	61	75	99	100
积分 (A_1)	0	—	—	—	1
积分 (A_1)	2	3	7	11	12
积分 (A_2)	0	1	—	2	3
积分 (A_2)	4	5	8	11	12
积分 (A_3)	0	1	3	4	5
积分 (A_3)	6	7	9	11	12
积分 (A_4)	0	1	4	6	7
积分 (A_4)	8	9	10	11	12
积分 (A_5)	0	1	3	4	5
积分 (A_5)	6	7	9	11	12

这里，我们看到了非常明显的冗余问题，此时可以使用等价类测试方法进行改进。A_1~A_5 的年龄集合，P_1~P_5 的积分集合都是等价类天然的选择。图 10.7 展示了弱鲁棒性的常规等价类测试用例。因为积分等价类不是独立的，所以我们不能应用交叉乘积这种方法。我们可以使用弱的鲁棒测试法，增加年龄小于 16 岁的司机，看看其输出是什么情况，或者增加积分超过 12 分的情况。

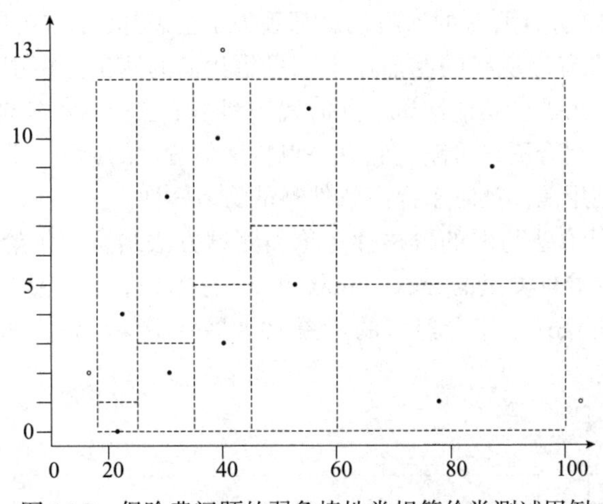

图 10.7 保险费问题的弱鲁棒性常规等价类测试用例

下面我们来看一下决策表技术是否能有所帮助。表 10.13 就是基于年龄等价类的决策表。此处的测试用例与图 10.7 中的测试用例基本相同，弱的鲁棒性测试用例中，只缺失了决策表中针对积分超过 12 分的那条规则。

表 10.13 保险费问题的决策表

变量	min	min+	nom	max−	max
年龄	16	17	20	24	
年龄	25	26	30	34	
年龄	35	36	40	44	
年龄	45	46	53	59	

（续）

变量	min	min+	nom	max−	max
年龄	60	61	75	99	100
积分 (A_1)	0	—	—	—	1
积分 (A_1)	2	3	7	11	12
积分 (A_2)	0	1	—	2	3
积分 (A_2)	4	5	8	11	12
积分 (A_3)	0	1	3	4	5
积分 (A_3)	6	7	9	11	12
积分 (A_4)	0	1	4	6	7
积分 (A_4)	8	9	10	11	12
积分 (A_5)	0	1	3	4	5
积分 (A_5)	6	7	9	11	12

保险费问题容易出错的地方在哪里？年龄域的最后一个有效值是个很好的研究起点，这让我们又回到了边界值方法。我们可以想象，很可能会收到一些投保人员的抱怨，他们说自己已经过了年龄域边界值的那个生日，但是保险费却没有展现出相应的变化。处理这些投诉的成本是很高的，所以在这里要充分考虑基于风险的测试。同样的，我们也应该考虑小于 16 岁和大于 100 岁的情况。最后，我们可能还需要考虑：如果安全驾驶优惠丢失了，应该会怎样？积分超过 12 分且所有的保险信息都丢失了会怎样？图 10.7 中体现了所有这些考虑。注意，这些内容没有出现在问题描述中，只是我们的测试分析引导我们想到了这些问题。我们也可以将其称为混合功能测试，此时我们利用了三种方法各自的优势，结合这个应用的本质，形成了一个混合测试策略。它有一点特殊值测试的影子。混合方法看上去是合适的，因为我们会经常利用混合策略来提高软件测试的多样性。

如果将边界值测试方法与弱的鲁棒性等价类测试方法结合，年龄等价类的边界值就会显得很有用。一个年龄等价类里的 max−, max 和 max+ 数值，自然就将我们带入下一个年龄等价类，因此，这个方法还是十分经济的。图 10.8 展示了保险费问题中，针对年龄范围在 35~45 的混合测试用例。

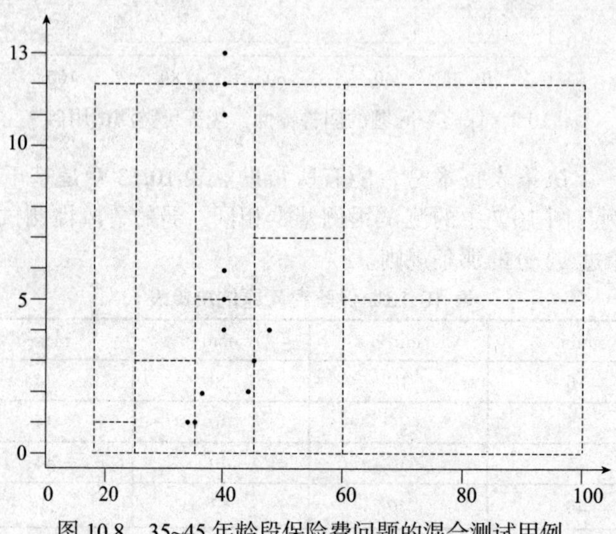

图 10.8　35~45 年龄段保险费问题的混合测试用例

10.4.1 基于代码的测试

到目前为止，我们的讨论还都集中在基于规范的层面。为了完整起见，我们是需要关注代码的。代码能够回答诸如年龄变量是否为一个整数（到目前为止我们还是在猜测应该是个整数）这样的问题。毫无疑问，积分这个变量肯定得是个整数。伪代码没有太多实际意义，里面几乎都没有错误检查这样的工作。伪代码及其程序流程图如图 10.9 所示。程序流程图是无环图，因此只存在有限的几条路径，对于本例来说，就是 11 条路径。我们的最佳选择，就是让测试用例把每个路径都执行一遍。这会自动满足语句覆盖和 DD 路径覆盖。利用最坏情况边界值测试用例和混合测试用例，可以对包含复合谓词的条件，实现组合条件覆盖。其余的基于路径的覆盖范围在此处都不适用。

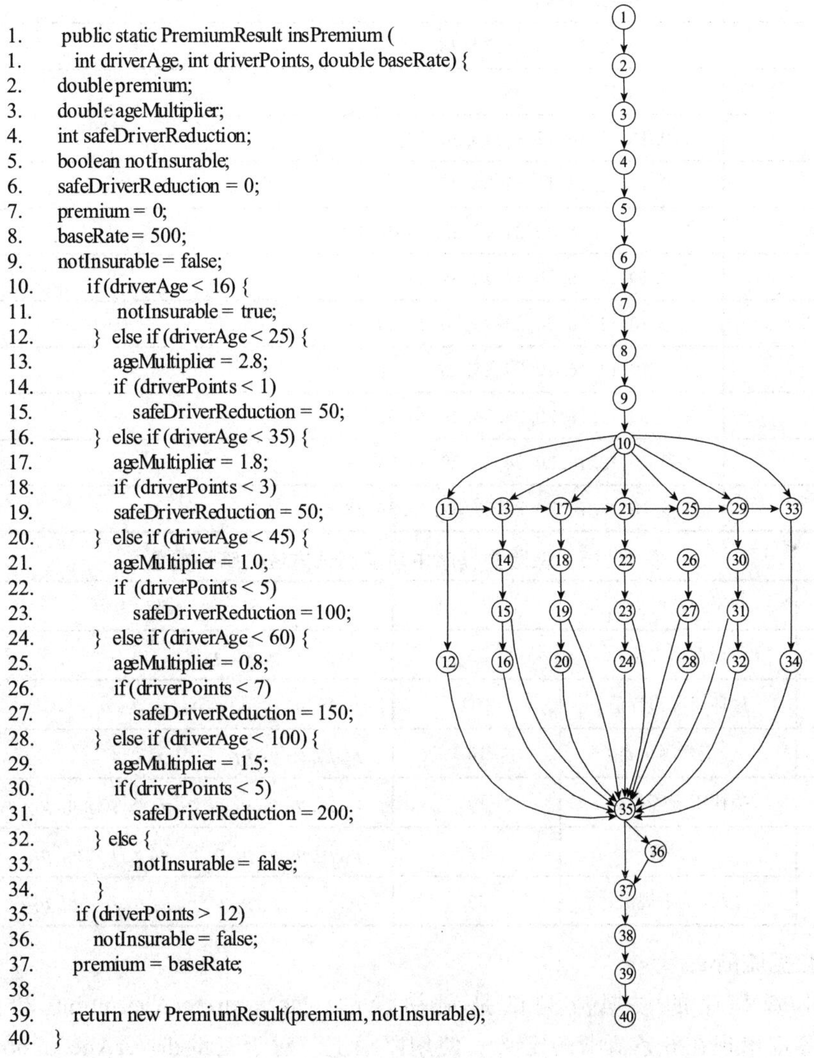

public static PremiumResult insPremium (
int driverAge, int driverPoints, double baseRate) {
double premium;
double ageMultiplier;
int safeDriverReduction;
boolean notInsurable;
safeDriverReduction = 0;
premium = 0;
baseRate = 500;
notInsurable = false;
if (driverAge < 16) {
notInsurable = true;
} else if (driverAge < 25) {
ageMultiplier = 2.8;
if (driverPoints < 1)
safeDriverReduction = 50;
} else if (driverAge < 35) {
ageMultiplier = 1.8;
if (driverPoints < 3)
safeDriverReduction = 50;
} else if (driverAge < 45) {
ageMultiplier = 1.0;
if (driverPoints < 5)
safeDriverReduction = 100;
} else if (driverAge < 60) {
ageMultiplier = 0.8;
if (driverPoints < 7)
safeDriverReduction = 150;
} else if (driverAge < 100) {
ageMultiplier = 1.5;
if (driverPoints < 5)
safeDriverReduction = 200;
} else {
notInsurable = false;
}
if (driverPoints > 12)
notInsurable = false;
premium = baseRate;
return new PremiumResult(premium, notInsurable);
}

图 10.9 保险费问题的 Java 伪代码和程序流程图

10.4.1.1 基于路径的测试

保险费程序的程序图，其环复杂度为 12，也正好有 12 条可行的路径。表 10.14 展示这些路径。表 10.15 展示了按照第 5 章中的伪代码生成的功能测试用例。从中我们可以看到结构化测试的一些痕迹，而且测试充分性和冗余性之间的问题仍然很明显。只有混合方法能够生成全路径覆盖的测试用例。如果我们把这 25 个用例与使用其他两种方法生成的同样数目的测试用例相比较，就会发现这 25 个边界值测试用例，仅仅覆盖了 6 条可行的路径；而 25 个弱的常规等价类测试用例，则覆盖了 10 条可行的路径。另一个区别是在 case 语句的条件覆盖方面，每个命题都是 a < = x < b. 的一个复合条件。只有最坏情况边界值测试用例（一共 103 个）加上混合用例（32 个），能够覆盖那些极端值。巧合的是，McCabe 的基本路径法也能够生成 12 个决策表测试用例之中的 11 个。

表 10.14　保险费程序中的可行路径

路径	节点序列
p_1	1~9, 10, 11, 34~38
p_2	1~9, 10, 12, 13, 14, 15, 34~38
p_3	1~9, 10, 12, 14, 34~38
p_4	1~9, 10, 12, 16, 17, 18, 19, 34~38
p_5	1~9, 10, 12, 16, 17, 18, 34~38
p_6	1~9, 10, 12, 16, 20, 21, 22, 23, 34~38
p_7	1~9, 10, 12, 16, 20, 21, 22, 34~38
p_8	1~9, 10, 12, 16, 20, 24, 25, 26, 27, 34~38
p_9	1~9, 10, 12, 16, 20, 24, 25, 26, 34~38
p_{10}	1~9, 10, 12, 16, 20, 24, 28, 29, 30, 31, 34~38
p_{11}	1~9, 10, 12, 16, 20, 24, 28, 29, 30, 34~38
p_{12}	1~9, 10, 12, 16, 20, 24, 28, 32, 33, 34~38

表 10.15　保险费程序中功能测试方法的路径覆盖

图	基于规范的方法	测试用例	路径覆盖
图 10.5	正态边界值	25	$p_2, p_3, p_8, p_9, p_{10}, p_{11}$
图 10.6	最坏情况边界值	103	$p_2, p_3, p_4, p_5, p_6, p_7, p_8, p_9, p_{10}, p_{11}$
图 10.7	弱正规等价类	10	$p_2, p_4, p_6, p_8, p_{10}$
图 10.7	鲁棒正规等价类	12	$p_1, p_2, p_3, p_4, p_5, p_6, p_7, p_8, p_9, p_{10}, p_{11}, p_{12}$
图 10.7	决策表	12	$p_1, p_2, p_3, p_4, p_5, p_6, p_7, p_8, p_9, p_{10}, p_{11}, p_{12}$
图 10.8	混合基于规范	32	$p_1, p_2, p_3, p_4, p_5, p_6, p_7, p_8, p_9, p_{10}, p_{11}, p_{12}$

10.4.1.2　数据流测试

针对保费程序的数据流测试是很枯燥的。变量 driverAge, points 和 safeDriving Reduction 等都出现在 6 条清晰的定义 – 使用路径上。对于变量 driverAge 和 points 的使用也都是谓词使用。第 9 章里提到的全路径准则，适用于所有的低级数据流覆盖。

10.4.1.3　切片测试

切片测试也提供不了太多有价值的信息。本例中只有 4 个有用的切片，如下所示：

S (safeDrivingReduction, 33) = {1, 2, 3, 4, 5, 7, 8, 9, 10, 12, 13, 14, 15, 17, 18, 19, 20, 22, 23, 24, 25, 27, 28, 29, 32}

S (ageMultiplier, 33) = {1, 2, 3, 4, 5, 6, 10, 11, 15, 16, 20, 21, 25, 26, 32}

S (baseRate, 33) = {1}

S (Premium, 33) = {1, 2, 3, 4, 5, 6, 7, 8, 9, 10, 11, 12, 13, 14, 15, 16, 17, 18, 19, 20, 21, 22, 23, 24, 25, 26, 27, 28, 29, 32}

这些切片的合集就是全部程序。基于切片的测试能带给我们的信息，大概就是：如果在33行发生失效，切片 safeDrivingReduction 和切片 ageMultiplier 会将程序引向两个不同的路径，这个信息有助于缺陷隔离。

10.5 指南

我最喜欢的关于测试的故事之一，是关于一个在路灯下匍匐前进的醉酒的男人。当警察问他在做什么的时候，他回答说，他在找自己的车钥匙。“你的钥匙是在这里丢的吗？”警察问，“不，我在停车场丢的，但是这里的光线更好。”

这个小故事包含了关于测试工艺师的一个重要信息：在不太可能发生错误的地方寻找缺陷，是毫无意义的。最有效的方法应该是在最可能发生错误（损失也最大）的地方，选择最合适的测试方法去揭示错误。

很多时候我们甚至不知道可能会出现什么类型的错误。那该怎么办呢？此时我们能做的，就是利用程序已知的属性，选择适当的方法去应对这些属性，这有点像“视罪而罚”。在基于规范的测试中，最有用的方法如下：

- 变量是否代表物理的或逻辑的数量。
- 变量之间是否有依赖关系。
- 是否假设单一故障或多故障前提。
- 异常处理是否很重要。

下面是“专家系统”选择基于规范的测试方法时，应该考虑的内容：

- 如果变量指代物理数量，推荐使用域测试和等价类测试。
- 如果变量都是独立的，推荐使用域测试和等价类测试。
- 如果变量有依赖关系，推荐使用决策表测试。
- 如果是单点故障的假设，推荐使用边界值和鲁棒性测试。
- 如果假设多故障模式，推荐使用最坏情况、鲁棒最坏情况和决策表测试。
- 如果程序中包含重要的错误处理，推荐使用鲁棒性测试和决策表测试。
- 如果变量指代逻辑数量，推荐使用等价类测试和决策表测试。

上述七种情况可能会同时存在，因此我们在表10.16给出了一个决策表，帮助大家做选择。

表 10.16 功能测试方法的选择

c_1	变量（P，物理；L，逻辑）	P	P	P	P	P	L	L	L	L	L
c_2	独立变量?	Y	Y	Y	Y	N	Y	Y	Y	Y	N
c_3	单点故障假设?	Y	Y	N	N	—	Y	Y	N	N	—
c_4	错误处理?	Y	N	Y	N	—	Y	N	Y	N	—

（续）

a_1	边界值分析		X								
a_2	鲁棒性测试	X									
a_3	最坏情况测试				X						
a_4	鲁棒最坏情况			X							
a_5	弱鲁棒等价类	X		X			X		X		
a_6	弱正规等价类	X	X				X	X			
a_7	强正规等价类			X	X	X			X	X	X
a_8	决策表					X					X

该如何完成基于代码的测试呢？我们需要再次回到“视罪而罚”的原则。不过，请不要将好的测试视为惩罚。此时要用到代码覆盖度量。我们需要提醒大家的是，本书仅仅关注了单元测试中的应用。第一步是检查代码的主要特征。表 10.17 是一个很好的起点。

表 10.17　代码特征与推荐的匹配的方法

代码特征	推荐方法
结构合理吗？	计算环复杂度。如果过高（与项目相关的阈值），就简化
是否存在违反“结构化编程”的情况？	计算环复杂度，然后修改代码。重新审视“结构合理吗？”
是逻辑 / 决策密集型的吗？	（其中一些将在环复杂度的计算中显示出来。）开发一个程序图，并应用适当的边缘 / 决策覆盖
是否包含复合条件？	申请 MCDC 或多重条件保险
是否包含循环以及可能的嵌套循环？	使用循环覆盖度量（重复和退出循环）
是计算密集型吗？	使用精心选择的数据流和切片测试技术来更好地理解代码
是否难以阅读 / 理解？	应用“良好的编程实践”：适当的注释、良好的变量名等。然后重构

10.6　习题

1. 使用 2.2 节三角形问题和 8.1 节该问题对应的程序流程图，重复测试充分性和冗余性之间的分析。
2. 在图 10.9 保险费问题的 Java 程序中，没有检查驾驶员年龄超过 100 岁这个情况。但是第 32~33 行的 else 分支，会捕获这种情况，只是变量 notInsurable 的输出值不正确。哪种功能测试技术会揭示这个问题？哪种结构测试覆盖率，就算是没有达到覆盖率要求，也能揭示这个错误？
3. 图 10.9 第 37 行的语句是不正确的。哪种功能测试技术会揭示这个问题？哪种结构测试覆盖率，就算是没有达到覆盖率要求，也能揭示这个错误？

10.7　参考文献

Brown, J.R. and Lipov, M., *Testing for Software Reliability*, *Proceedings of the International Symposium on Reliable Software*, Los Angeles, pp. 518–527, April 1975.

Pressman, Roger S., *Software Engineering: A Practitioner's Approach*, McGraw-Hill, New York, 1982.

第三部分

超越单元测试

在第三部分中，在我们第二部分介绍的单元测试的基本思想的基础上，进行了一个主要的改进。我们更关心知道测试什么，而不太关心如何测试。为此，第三部分的讨论从基于模型的测试的整体思想开始。第11章讨论了基于软件开发生命周期模型的测试。第12章介绍了集成测试的基于模型的策略，并在第13章扩展到系统测试。在完成了这些内容之后，我们终于可以在第15章中严肃地看待软件复杂性了。我们在第16章和第17章将这些应用到一个相对较新的问题中，即测试系统的系统和测试功能交互。

基于生命周期的测试

本章我们将讨论在软件研发周期中，不同的开发模型对测试的潜在影响。在第 1 章我们做过一个软件开发瀑布模型的总览，其中以对称的方式识别了三个测试级别：单元、集成和系统。数十年来这个观点深入人心，一直沿用至今。但是，随着不同生命周期模型的出现，我们必须更深入地探讨之前曾采用的测试观点。我们还是从传统的瀑布模型开始，因为这是最广泛使用和最被人们所了解的模型，同时也将其作为其他近代模型的参考框架。然后我们看一下瀑布模型的变种，最后是一些主流敏捷技术的变种。

我们还需要转换思路，更加关注如何表达被测条目，因为被测条目的表达方式会限制我们识别测试用例的能力。

11.1 传统的瀑布测试

传统的软件开发模式是瀑布模型，如图 11.1 所示。有时，瀑布模型也会呈现为 V 字形式（如图 11.2 所示），以强调基础的测试级别如何在早期的瀑布阶段中体现。在 ISTQB 中，瀑布模型也称为 V 模型。在这种模型中，某个开发阶段的产出物会成为识别该级别测试用例的基础。我们肯定希望系统测试用例能够与需求规格说明清晰地对应，而单元测试用例则来自单元的设计文档。在瀑布模型的左上方，紧密的 what/how 循环非常重要。它们说明上一个阶段需要清晰地定义下一个阶段应该做什么。一旦完成，后续阶段就要说明它是“如何”完成自己应该做的工作的。这也是执行软件评审（见第 20 章）的最佳时机。有些人也幽默地称之为缺陷产生的阶段，而右侧则对应了发现缺陷的阶段。这里有两点要强调，此处应该使用功能测试，而且应该使用自底向上的测试顺序。此处的自底向上指的是抽象层级，首先进行单元测试，然后进行集成测试，最后进行系统测试。而在第 12 章，自底向上指的是单元集成（以及测试）的顺序。

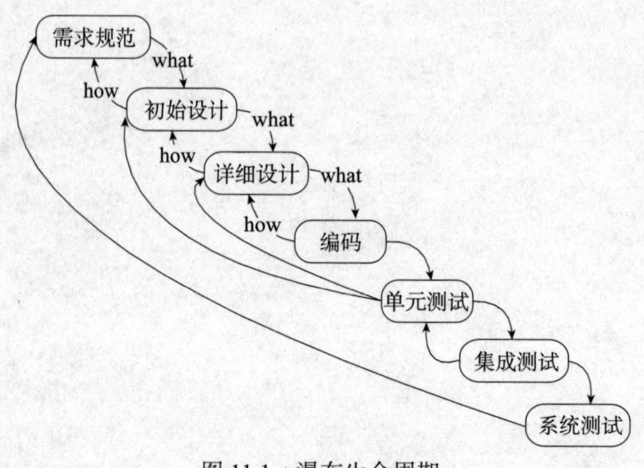

图 11.1 瀑布生命周期

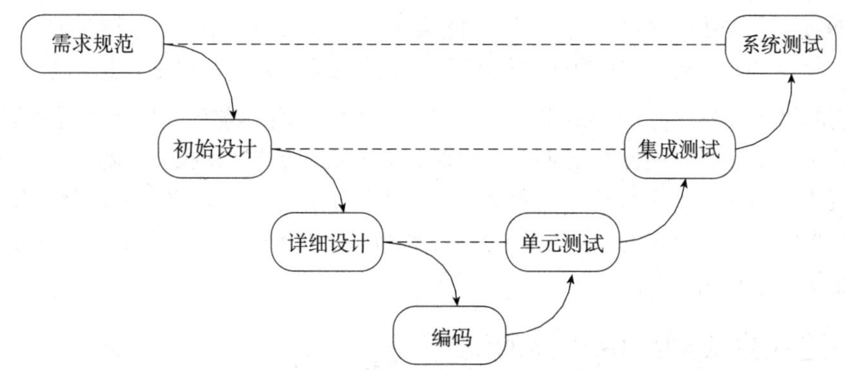

图 11.2　以 V 模型方式呈现的瀑布模型

在三个主要的测试级别单元、集成和系统中，单元测试是最好理解的。本书第二部分都是适用于单元测试的理论和技术。系统测试比集成测试更容易理解，但两者都需要一些说明。从自底向上这个名字就可以看出，先要测试单独的部件，然后将它们集成为一个分系统，直到整个系统被测试完成。系统测试是客户或用户能够理解的内容，通常可以延伸到客户验收测试。一般来说，因为缺少高级别的架构说明，系统测试通常是功能测试而非结构测试。

11.1.1　瀑布测试

瀑布模型与源于功能分解的自顶向下的开发和设计模式密切相关，非常适用于过程化语言完成的项目。瀑布模型的基本设计思路，是将整体系统分解成树状结构的功能部件。在分解的过程中，自顶向下的过程从主程序开始，检查向下一级的部件调用，以此类推，直到树结构的叶子节点。在每一步中，下一层的单元都被桩模块代替，桩模块用来替代下一层被调用单元最终将被抛弃的代码。自底向上的集成是相反的过程，从叶子单元开始，一直往上直到主程序。自底向上的过程中，高层单元被驱动模块（另一种被舍弃的代码）代替，以模拟调用的过程。"大爆炸"方式则是将所有单元一次性集成，不需要桩和驱动。不管使用哪种方式，传统的集成测试都是将预先测试过的单元按照功能分解树的要求集成起来。尽管我们描述了集成测试的过程，但这里没有涉及集成测试应该使用的技术。我们会在第 12 章对此进行详细描述。

11.1.2　瀑布模型的利和弊

自 1968 年第一次发布以来，瀑布模型就不断被分析和批评。瀑布模型的最早的版本来自 Agresti（1986），Agresti 是支持瀑布模型的，他认为：

- ❑ 瀑布模型的架构符合层次化管理模型。
- ❑ 瀑布模型的每一个阶段，都清晰地定义了结束产品（出口准则），因此便于项目管理。
- ❑ 详细设计阶段标志了可以并行开展单元测试的启动节点，因此缩短了整体项目开发周期。

更重要的是，Agresti 强调了瀑布模型的局限性。我们在本章后面可以看到其他的生命周期模式可以解决这些局限性。关于瀑布模型的局限性，Agresti 提到：

- ❑ 在需求规格说明和系统测试之间有很长的反馈周期，而在这个周期中，忽略了客户的作用。
- ❑ 模型过于强调分析和分解，以至于对综合的过程有所忽视，导致模型在集成测试阶段才第一次进行模块综合。

- 在单元级别进行大规模并行开发可能会造成研发人员短缺，更重要的是，此时需要有“完美的预见性”，因为此时任何需求错误或需求缺失都可能传播到余下的阶段。

在早期的瀑布开发过程中，需求缺失会造成很大的麻烦。瀑布模型要求所有早期的需求文档都要具备一致性、完整性和清晰性。而对于大多数需求规格说明技术来说，一致性是不太可能表现出来的（决策表可能是个例外），当然清晰性是很明显的要求。完整性一直都是需求的一个难题。后来出现的新的生命周期技术都假设需求是不完整的，因此需要一定程度的迭代才能逐步达到完整性。

11.2 在迭代生命周期中实施测试

在 20 世纪 80 年代早期，有些实践者就针对传统瀑布模型的缺点提出了一些修订方案。这些修订方案的重点都是将功能分解转换为迭代和集成。瀑布模型基于分解原理，但是只有全面了解系统，才能实现很好的功能分解，而且这个分析与分解的过程几乎完全没有集成环节。这样做的结果，就是在需求规格说明和最终完成的系统之间，出现了一个很长的时间周期，而在这个时间段中，整个系统与客户之间是没有任何交流的。

11.2.1 瀑布模型的细分

目前业界有三种主流的瀑布模型变种：递增开发模型、进化开发模型和螺旋模型（Boehm（1988））。每一种模型都包括图 11.3 所示的递增和构建过程。将初始设计作为一个完整而且独立的阶段是很重要的，不要试图将高层的设计按步骤与一系列构建混合起来（这样做会导致在早期构建期间所做的设计选择，在后期构建中不断被舍弃）。然而这种独立成章的设计阶段，在进化开发模型和螺旋模型中，是不可能做到的。这也是自底向上敏捷方法的主要局限性。

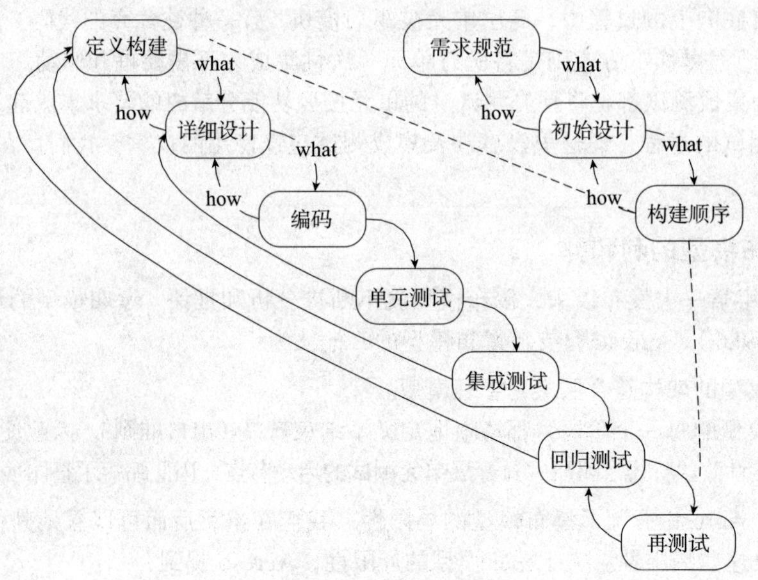

图 11.3 迭代开发

在每一次构建过程中，与常规的瀑布模型从详细设计到测试这一过程的重要区别在于系统测试分成了两个步骤：回归测试和再测试。一系列构建过程使得回归测试变得非常必要。

回归测试的目的是保证在增加新的代码后，上一个构建版本中正确实现的功能仍能正确实现。

回归测试可能在集成测试之前或之后进行，也可能在集成测试之前和之后都要进行回归测试。再测试则假设回归测试是成功的，而且新的功能都已经过测试。在一系列构建过程中，回归测试绝对是非常必要的阶段，因为众所周知，对已有系统的变更可能会带来一系列影响。业界普遍认为，在五个更改中，至少有一个可能会带来新的错误。

进化开发模型可以总结为基于客户的迭代过程。在这个瀑布模型的变种中，用户首先拿到一个很小的初始版本，然后再逐渐增加特性。在上市时间很关键的项目中，这种方法特别有用。初始版本可能会抓住一个目标市场的一小部分需求，而这一小部分将“锁定”在未来的进化版本中。一旦顾客认为自己的需求已经被“听到”，他们就会更愿意往这个新产品上投资。

Barry Boehm 的螺旋模型也带有一些进化开发模型的影子。两者最大的区别在于，递增部分是基于风险的，而不是基于顾客意见的。螺旋被置于一个 x-y 坐标系中，左上象限指代确定的目标，右上象限是风险分析，右下象限指代开发（和测试），左下象限是计划中的下一次迭代。确定目标、分析风险、开发和测试，以及下一次迭代的计划这四个阶段，是使用进化的方式来重复的。在每一次进化过程中，螺旋都会扩大一点。

回归测试有两个角度：一种是简单重复上一次迭代，另一种是集中在一小部分可能发现缺陷的测试用例。如果是自动测试环境，重复执行所有用例这种方法是可以的，但如果是手工执行用例，这种方法就不可取了。相比于再测试，回归测试时的测试用例的预期失效率应该更低一些。回归测试的测试用例失效率应该是重复再测试的 5%。而再测试的测试用例失效率可能达到 20%。如果手工完成回归测试，有一种特殊的回归测试用例术语：肥皂剧测试。这个概念的含义是执行长而且复杂的回归测试，类似电视剧里冗长而剧情复杂的肥皂剧。有很多原因可能造成肥皂剧测试用例失败，而再测试的测试用例只有很少的原因可能失败。如果一个肥皂剧测试用例失败了，很明显需要更集中的测试来定位错误。在第 20 章，我们会详细讨论这个问题。

三种瀑布模型的变种有何不同？区别就在于构建过程。递增开发模型中，单独构建的动力通常是为了摊平人员成本。而在纯粹的瀑布模型中，从详细设计到单元测试可能需要巨大的人力成本。很多机构不能支持这样快速的人力成本增长，因此系统就分为多次构建，这样现有人员就能应付这些工作量。在进化开发模型中，我们仍然要假设构建的顺序，但是只需要定义第一次构建即可。以此为基础，后续的构建可以按照客户或用户的优先级来依次完成，因此系统的进化就能满足客户的需求变更。这有点像敏捷方法中客户驱动的含义。螺旋模型是快速原型和进化模型的综合体，其中，构建的定义首先要是快速原型，然后构建就要符合基于技术相关风险因子的做 / 不做决策表。从这些分析中可以看出，在进化模型和螺旋模型中，要想保持初始设计是一个整体而且独立的阶段，是很困难的。但如果初始设计很难保持为一个整体阶段，这会影响到集成测试，但不会影响系统测试。

因为一次构建就是最终用户功能的一个可发布版本，因此前面所述的三种模型的共同优势，就是它们能够提供一个早期的结合体。由于这三种模型可以获得早期的用户反馈，因此就避免了传统瀑布模型的两个缺陷。下一章我们将描述两种应付“完美预见”问题的方法。

11.2.2 基于需求规格说明的生命周期模型

如果客户或开发人员不能充分理解待开发的系统，功能分解的方法就会非常危险。Barry Boehm 曾经幽默地说：“客户经常说‘我不知道我要什么，但如果我看到了我就能认出来。'"快速原型生命周期模型（如图 11.4 所示）就能够应付这种情况，原型可以让客户"看和感觉"到未来的系统。某种程度上，客户可以识别出他们"看到的"东西。这种很早期的整体原型能显著减少需求到客户之间的反馈循环。无须构建一个最终的系统，一个快速而简陋的原型就可以帮助客户理清思路，获得反馈。有了反馈以后，可能会有更多的原型迭代循环。一旦开发者和客户统一思想，确认某个原型确实代表了最终的系统，开发者就可以构建一个正确的需求规格说明。此时，任何一个瀑布模型循环都可以发挥作用，而敏捷模式就是这种模式的极端表现。

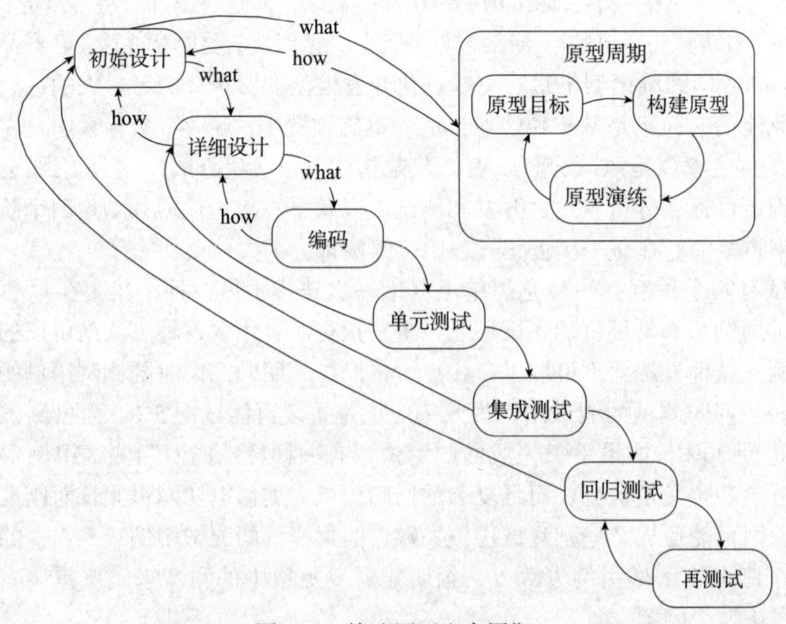

图 11.4 快速原型生命周期

快速原型对集成测试没有新的影响，但是对系统测试有影响。需求在哪里呢？最后一个原型算是需求吗？如何将测试用例追踪到原型？如果要回答这些问题，我们需要将原型周期视为信息收集的过程，最后还是要使用传统的方式生成需求规格说明。另一种方式是获取客户对原型的反馈，然后将其定义为场景，并据此获知对于客户来说什么是重要的，最后将所有的信息作为最终的系统测试用例。这个过程就类似敏捷测试中的用户故事。快速原型的主要贡献就在于它带来了需求规格说明在操作性的（或行为上的）的视图。通常来说，需求规格说明技术强调系统的结构而不是行为。显然这对于客户来说不是很方便，因为大多数客户都不关心结构，他们只关心行为。

图 11.5 所示的可执行的需求规格说明是快速原型概念的延伸。在这种方法中，需求规格说明是以可执行的形式（例如有限状态机、状态图或 Petri 网的方式）来规定的。客户可以执行需求规格说明，进而观察预期的系统行为，并提供反馈。这个过程与快速原型的方式基本相同。可执行模型可能是非常复杂的。建立一个可执行模型需要专家知识，执行模型则需要引擎。可执行的需求规格说明特别适用于事件驱动的系统，尤其是事件可能以不同的顺序到达时。状态图的发明者 David Harel，称这种系统为"可交互的"（Harel（1988）），因为它们对外界事件有所反应。在快速原型模型中，可执行的需求规格说明可以让客户体验到预期行为的场景。另一个相似性是，可执行的模型可以基于客户的反馈进行修订。另外，一个好

的可执行模型的引擎，能够获取系统交互中“令人感兴趣的”部分，而这部分可以使用某种机制转换成真实的系统测试用例。如果这个转换工作比较准确，系统测试用例能够直接追溯到需求规格说明。

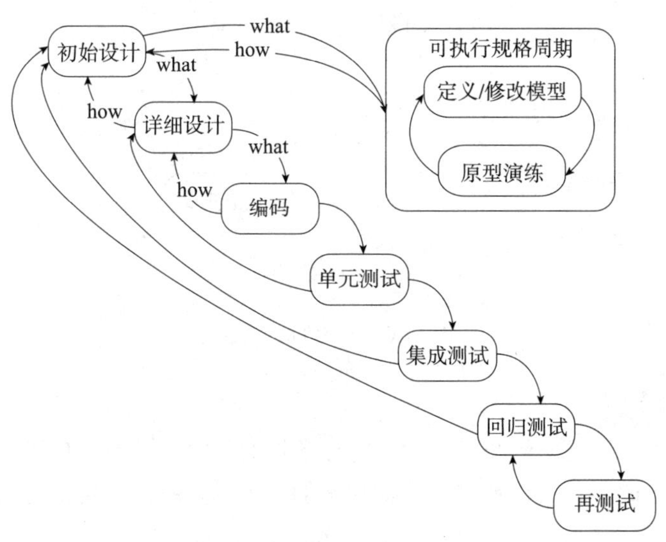

图 11.5 可执行的需求规格

我们再强调一遍，这种生命周期对集成测试是没有影响的。与其他生命周期较大的区别在于：与原型相比，系统规格说明不是显性说明的。更重要的是，通常会有一个机械化的过程，能够从可执行的需求规格说明中获取系统测试用例。在第 13 章，我们将会更详细地讨论这个问题。既然减少了系统测试用例的生成时间，那么多花一点时间完成可执行的需求规格说明就是值得的。另一个重要的区别在于：如果系统测试基于可执行的规格说明，我们还可以得到系统级别的结构化测试。最后，快速原型与可执行需求规格说明可以与任何一个迭代生命周期模型相结合。

11.3 敏捷测试

敏捷宣言是敏捷联盟的 17 位咨询专家于 2001 年 2 月份编写的（见 http://agilemanifesto.org/）。目前已经被翻译成 42 种语言，这极大地改变了软件开发行业。敏捷开发过程的普遍特征如下：

- ❑ 客户驱动。
- ❑ 自底向上开发。
- ❑ 拥抱变更。
- ❑ 尽早发布全功能组件。

图 11.6 显示了敏捷过程的特征。客户将他们的期待使用“用户故事”的方式予以呈现，然后这些用户故事就是每一次设计 - 编码 - 测试的极短迭代周期的需求规格说明。那么敏捷项目何时可以结束呢？客户没有更多的用户故事的时候，就是可以结束项目的时刻。我们能够在早期的迭代模型中看到敏捷开发的一些早期痕迹，尤其是 Barry Boehm 的螺旋模型。不同的网站会列出敏捷软件开发模式的变种，从 3 种到 40 种不等。本书主要讨论三种主流的敏捷模式，并重点关注它们如何对待测试。

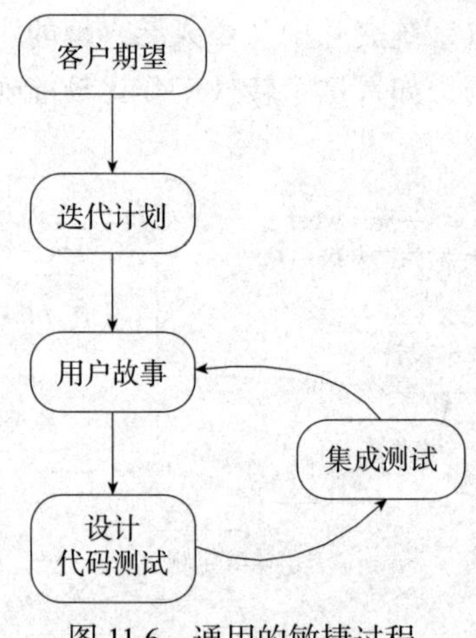

图 11.6 通用的敏捷过程

11.3.1 用户故事

用户故事是由客户提交给开发者的。它最常见的形式，是使用自然语言描述的一段话。另外还有两种其他的形式是在纯文字的格式中加入了结构特征，包括行为驱动开发（BDD）场景和使用用例。

11.3.1.1 行为驱动开发

行为驱动开发（BDD）与敏捷项目是完全一致的，它是测试驱动开发（见 11.3.4 节）的扩展。BDD 过程集中在用户故事，其结构能够很容易地转换成决策表。下面我们使用 Dan North 的一个例子来说明早期的 BDD 模式（Terhorst-North（2006））。

+ 场景 1:	账户有存款
c_1:	假定账户有存款
c_2:	信用卡有效
c_3:	取款机中有现金
c_4:	客户要求支取现金
a_1:	发放现金
a_2:	账户余额被扣除
a_3:	退出卡片

对于类似 BDD 场景这样的转换型应用，上面场景中的前四个语句可以对应决策表中的条件，后三个则对应决策表中的行为。因为条件的顺序无关紧要，所以决策表很适用于转换型应用。下面是一个更加正式的 BDD 场景定义。

定义 一个良好形式的 BDD 场景，有以下部分和结构。

short ID	
if	(<pre-condition(s)>),
and	(<data condition(s)>),
and	(<input event sequence>),
then	(<action sequence>),
and	(<output event sequence>),
and	(<post-condition(s)>).

给定一个良好格式的 BDD 场景，if 部分对应决策表的条件，then 部分则对应决策表中的行为。全部 BDD 场景可以转换成决策表的一条规则。下面我们从一系列分析决策表的操作开始，以此说明决策表的操作如何增强 BDD 的自底向上的特性（见表 11.1~ 表 11.10）。

在表 11.1 的决策表中，BDD 场景的 if 部分可以映射为条件 c_1, c_2, c_3 和 c_4，then 部分可以映射为三个行为入口。所有规则的入口都为真。

表 11.1　第一条规则

规则	1
c_1. 账户有存款	T
c_2. 信用卡有效？	T
c_3. 取款机中有现金	T
c_4. 客户要求支取现金	T
a_1. 发放现金	x
a_2. 账户余额被扣除	x
a_3. 退出卡片	x

如果我们仅仅使用同样的条件和行为机械地扩展规则 1，我们可以得到一个完全的有限入口决策表（LEDT），见表 11.2。随着我们逐步完成最终版本的决策表，我们可以逐步消除所有的“?”行为入口。此时一共有 16 条规则，此处我们可以将决策表分为两部分：11.2a 和 11.2b。同样，我们增加一个行为“a_4. 什么也不做”，以备不时之需。

表 11.2a　规则 1~ 规则 8

规则	1	2	3	4	5	6	7	8
c_1. 账户有存款？	T	T	T	T	T	T	T	T
c_2. 信用卡有效？	T	T	T	T	F	F	F	F
c_3. 取款机中有现金	T	T	F	F	T	T	F	F
c_4. 客户要求支取现金	T	F	T	F	T	F	T	F
a_1. 发放现金	x	?	?	?	?	?	?	?
a_2. 账户余额被扣除	x	?	?	?	?	?	?	?
a_3. 退出卡片	x	?	?	?	?	?	?	?
a_4. 什么也不做	—	?	?	?	?	?	?	?

表 11.2b　规则 9~ 规则 16

规则	9	10	11	12	13	14	15	16
c_1. 账户有存款？	F	F	F	F	F	F	F	F
c_2. 信用卡有效？	T	T	T	T	F	F	F	F
c_3. 取款机中有现金	T	T	F	F	T	T	F	F
c_4. 客户要求支取现金	T	F	T	F	T	F	T	F
a_1. 发放现金	?	?	?	?	?	?	?	?
a_2. 账户余额被扣除	?	?	?	?	?	?	?	?
a_3. 退出卡片	?	?	?	?	?	?	?	?
a_4. 什么也不做	?	?	?	?	?	?	?	?

这种机械化的扩展可能会带来更多的场景，而在这个过程中也会带来更多的行为。我们的建议是，尽量保持条件数目为常数。一个带有 n 个二进制条件的有限入口决策表将带有 2^n 个不同的条件，这也是为什么将其称为有限入口决策表的原因。

现在，表 11.3 中的规则 2 对应第二个场景。改变规则 2 不会影响规则 9~ 规则 16，因此一半的决策表都不会变，此处就不重复了。

场景 2：账户有存款
账户有存款。
信用卡有效。
取款机中有现金。
如果客户不需要现金。
归还卡片。
别的什么也不做。

剩下的工作就是简单地重复练习，我们可以“跟踪”每一条规则，看看它是否能对应某个场景。有些场景还可以简化决策表。比如某个场景对应一个无效卡片，那么其他条件都可以成为无关条件。决策表中没有，也不应该有顺序。如果我们交换条件 1 和条件 2，就可以得到表 11.4。

表 11.3　增加规则 2 的行为入口

规则	1	2	3	4	5	6	7	8
c_1. 账户有存款?	T	T	T	T	T	T	T	T
c_2. 信用卡有效?	T	T	T	T	F	F	F	F
c_3. 取款机中有现金	T	T	F	F	T	T	F	F
c_4. 客户要求支取现金	T	F	T	F	T	F	T	F
a_1. 发放现金	X	—	?	?	?	?	?	?
a_2. 账户余额被扣除	X	—	?	?	?	?	?	?
a_3. 退出卡片	X	X	?	?	?	?	?	?
a_4. 什么也不做	—	X	?	?	?	?	?	?

表 11.4a　交换条件 1 和条件 2 的规则 1~ 规则 8

规则	1	2	3	4	5	6	7	8
c_2. 信用卡有效?	T	T	T	T	T	T	T	T
c_1. 账户有存款?	T	T	T	T	F	F	F	F
c_3. 取款机中有现金	T	T	F	F	T	T	F	F
c_4. 客户要求支取现金	T	F	T	F	T	F	T	F
a_1. 发放现金	X	?	?	?	?	?	?	?
a_2. 账户余额被扣除	X	?	?	?	?	?	?	?
a_3. 退出卡片	X	X	?	?	?	?	?	?
a_4. 什么也不做	—	X	?	?	?	?	?	?

表 11.4b 交换条件 1 和条件 2 的规则 9~ 规则 16

规则	9	10	11	12	13	14	15	16
c_2.信用卡有效?	F	F	F	F	F	F	F	F
c_1.账户有存款?	—	—	—	—	—	—	—	—
c_3.取款机中有现金	—	—	—	—	—	—	—	—
c_4.客户要求支取现金	—	—	—	—	—	—	—	—
a_1.发放现金	—	—	—	—	—	—	—	—
a_2.账户余额被扣除	—	—	—	—	—	—	—	—
a_3.退出卡片	X	X	X	X	X	X	X	X
a_4.什么也不做	X	X	X	X	X	X	X	X

注意看表 11.4b，从规则 9 到规则 16。如果是无效卡片，条件 c_1, c_3 和 c_4 就是没有意义的条件。这三种情况下唯一的行为就是退回无效卡然后什么也不做。我们用“—”来对应这些条件的行为入口。

在表 11.5 中的“—”入口，既可以表示“无所谓”也可以表示“不适用”。如果是无效卡片，那就什么也不用做，如表 11.5 中规则 9~ 规则 16 所示。针对决策表进行“代数”运算会产生一个大大简化的决策表。如果两条规则产生相同的行为，那么其中至少有一个条件在这条规则中为真，另一条规则为假。既然真假结果不能影响最终的行为，我们就可以合并这两条规则，然后将此条件使用“—”来标识，也就是该条件的取值无所谓。

表 11.5 将规则 9~ 规则 16 压缩成一条规则

规则	1	2	3	4	5	6	7	8	9~16
c_2.信用卡有效?	T	T	T	T	T	T	T	T	F
c_1.账户有存款?	T	T	T	T	F	F	F	F	—
c_3.取款机中有现金	T	T	F	F	T	T	F	F	—
c_4.客户要求支取现金	T	F	T	F	T	F	T	F	—
a_1.发放现金	X		?	?	?	?	?	?	—
a_2.账户余额被扣除	X		?	?	?	?	?	?	—
a_3.退出卡片	X	X	?	?	?	?	?	?	X
a_4.什么也不做		X	?	?	?	?	?	?	X

决策表会强制我们使用自顶向下的视角，刚好可以与 BDD 方法自底向上的视角互补。如果对决策表机械地扩展，经常会产生很多对于开发者来说不可能出现的 BDD 场景。如果我们对决策表使用代数运算，通常又会简化决策表。我们继续上面的例子，看看其他规则是什么情况。

规则3和规则4

这两条规则不是常见的情况，但也可能发生。如果取款机中没有现金，就需要通知客户，但是不需要完成什么行为。c_4 条件入口（客户要求支取现金）就与之没有关系，因为反正也没有现金交易。对于规则 7 和规则 8 同理。我们还可以进一步简化，得到表 11.6。此时，两个合并后的规则（规则 3 和规则 4 合并，规则 7 和规则 8 合并）也可以合并，见表 11.7，因为它们对应的行为是一样的。

表 11.6 增加用户通知行为

规则	1	2	3 和 4	5	6	7 和 8	9~16
c_2. 信用卡有效?	T	T	T	T	T	T	F
c_1. 账户有存款?	T	T	T	F	F	F	—
c_3. 取款机中有现金	T	T	F	T	T	F	—
c_4. 客户要求支取现金	T	F	—	T	F	—	—
a_1. 发放现金	X	—	—	?	?	—	—
a_2. 账户余额被扣除	X	—	—	?	?	—	—
a_3. 退出卡片	X	X	X	?	?	X	X
a_4. 什么也不做	—	X	—	?	?	—	X
a_5: 通知客户，无现金	—		X	?	?	X	—

表 11.7 合并规则 3, 4, 7, 8

规则	1	2	3,4,7,8	5	6	9~16
c_2. 信用卡有效?	T	T	T	T	T	F
c_1. 账户有存款?	T	T	—	F	F	—
c_3. 取款机中有现金	T	T	F	T	T	—
c_4. 客户要求支取现金	T	F	—	T	F	—
a_1. 发放现金	X	—	—	?	?	—
a_2. 账户余额被扣除	X	—	—	?	?	—
a_3. 退出卡片	X	X	X	?	?	X
a_4. 什么也不做	—	X	—	?	?	X
a_5: 通知客户，无现金	—		X	?	?	—

规则5和规则6

现在我们假设有两种类型的卡片：信用卡和借记卡。因为 c_2 的条件入口为假，所以规则 5 和规则 6 都针对借记卡。表 11.8 显示，对待借记卡和信用卡的方式是相同的（规则 1 和规则 5 对应相同的行为，规则 2 和规则 6 对应相同的行为）。由此我们得到表 11.9。

表 11.8 完成后的规则 5 和 6

规则	1	2	3,4,7,8	5	6	9~16
c_2. 信用卡有效?	T	T	T	T	T	F
c_1. 账户有存款?	T	T	—	F	F	—
c_3. 取款机中有现金	T	T	F	T	T	—
c_4. 客户要求支取现金	T	F	—	T	F	—
a_1. 发放现金	X	—	—	X	—	—
a_2. 账户余额被扣除	X	—	—	X	—	—
a_3. 退出卡片	X	X	X	X	X	X
a_4. 什么也不做	—	X	—	—	X	X
a_5: 通知客户，无现金	—		X	—		—

表 11.9 合并规则 1 和 5, 合并规则 2 和 6

规则	1 和 5	2 和 6	3,4,7,8	9~16
c_2. 信用卡有效?	T	T	T	F
c_1. 账户有存款?	—	—	—	—
c_3. 取款机中有现金	T	T	F	—
c_4. 客户要求支取现金	T	F	—	—
a_1. 发放现金	X	—	—	—
a_2. 账户余额被扣除	X	—	—	—
a_3. 退出卡片	X	X	X	X
a_4. 什么也不做	—	X	—	X
a_5: 通知客户，无现金	—		X	—

我们仔细看一下规则 c_1：账户有存款，该条件的入口都是“无所谓”，因此我们可以完全删掉该条件，如表 11.10 所示。

表 11.10 最终版决策表

规则	1 和 5	2 和 6	3,4,7,8	9~16
c_2. 信用卡有效?	T	T	T	F
c_3. 取款机中有现金	T	T	F	—
c_4. 客户要求支取现金	T	F	—	—
a_1. 发放现金	X	—	—	—
a_2. 账户余额被扣除	X	—	—	—
a_3. 退出卡片	X	X	X	X
a_4. 什么也不做	—	X	—	X
a_5: 通知客户，无现金	—		X	—

现在我们只剩下 4 条规则，分别对应 4 种不同的 BDD 场景，每种都可以生成一个测试用例。

11.3.1.2 使用用例

使用用例是统一建模语言（UML）的核心部分。其主要优势在于使用用例可以很容易地被客户、用户和开发者所理解。使用用例抓住了行为的核心“does 视角”而不是强调结构的“is 视角”。客户和测试人员都倾向于使用 does 视角来思考，因此倾向于使用用例就是很自然的选择。很多年前，有个作者（Larman（2001））定义了使用用例的层次结构，其中每一层都比上一层增加了一些信息。Larman 将这些层级命名为：

- 高层级（类似敏捷中的用户故事）。
- 核心层级。
- 扩展核心层级。
- 实际层级。

这些信息的内容如图 11.7 所示。高层级的使用用例与敏捷开发过程中的用户故事相同。一组高层级的使用用例能够提供系统的 does 视角。核心层级的使用用例增加了端口的输入和输出事件序列。在这个级别，端口的边界对于用户 / 客户和开发者来说非常清晰。扩展核心层级的使用用例集中在使用用例的前置条件和后置条件上。实际层级的使用用例则使用测试用例中的输入和预期输出，替代了扩展核心级使用用例中的变量。

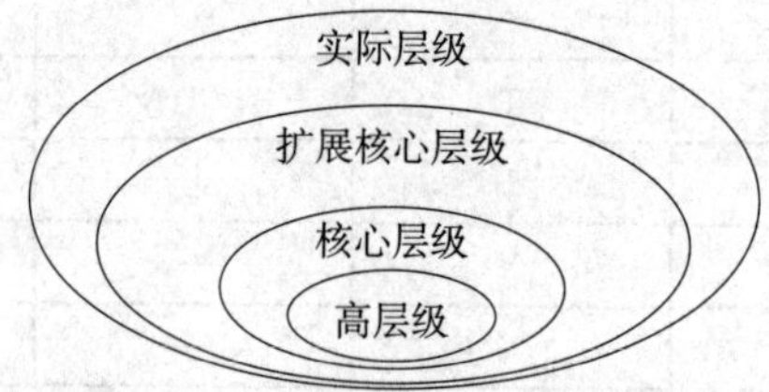

图 11.7　使用用例级的信息内容

11.3.2　极限编程

极限编程（XP）在 1996 年 Kent 的一个项目中第一次得到应用，Kent 当时在克莱斯的公司工作（http://www.extremeprogramming.org/）。这个项目很成功，虽然只是早期的版本，但由此催生了 Kent Beck 出版的那本书（Beck（2004））。图 11.8 展示了极限编程的主要观点。很明显极限编程是由客户驱动的，发布计划和系统测试都是用户故事驱动的。发布计划定义了一系列迭代，每一次迭代都会发布一个小的可工作的部件。极限编程的独特之处在于强调结对编程：一对开发人员密切合作，分享一个开发计算机和键盘。一个人在代码级工作，另一个在稍微高一点的层级工作。某种程度上说，这一对工程师实际上是在执行不断的互相审查。在第 20 章我们可以看到，这种方式更适合被称为持续代码走查。这个过程有很多与图 11.3 所示的基础迭代生命周期相似的地方。两者一个重要的区别在于，极限编程没有一个专门的设计阶段。这是为什么呢？因为极限编程是一个自底向上的过程。如果极限编程真的使用一系列用户故事来驱动，很难想象在发布计划阶段有什么可做的。

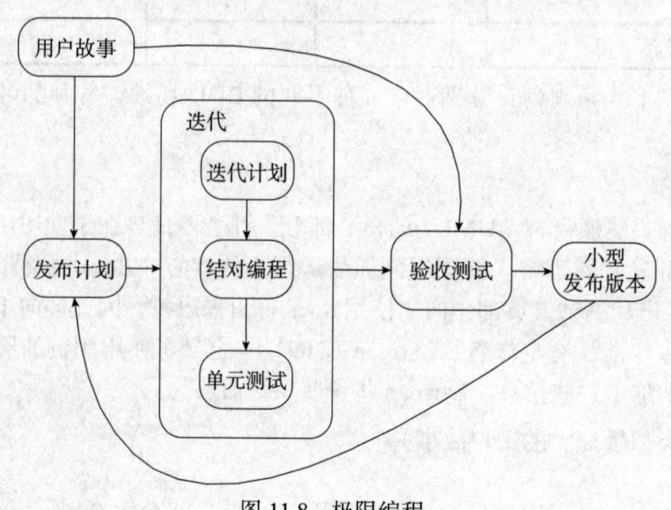

图 11.8　极限编程

11.3.3　Scrum 编程

Scrum 可能是敏捷开发中最常用的一种形式，Scrum 对团队成员和团队写作有强制性要求。该名字来自橄榄球比赛中的一种谋略：把对方球员都锁死在一起后，再想办法将橄榄球传回自己这边。橄榄球的 Scrum 策略要求组织化的团队协作，由此得到了 Scrum 这种软件开发模式的名字。

我们来快速浏览一下 Scrum 开发模式的特点，其实 Scrum 模式是新瓶装老酒。尤其是对于 Scrum 模式中的术语而言。我们来看三个术语：角色（role）、仪式（ceremony）和器物（artifact）。在常见的工程中，Scrum 模式中的角色也就是项目的参与者，仪式就是会议，而器物就是工作产品。Scrum 项目中有 Scrum 大师，也就是传统的监管人员，只是拥有较少的管理权力。产品所有者就是老说法中的顾客，而 Scrum 团队就是开发团队。图 11.9 来自官方 Scrum 同盟的 Scrum 文化。我们想一下图 11.3 中的迭代周期，将其中传统的迭代转化成延续 2~4 周的 Sprint；在 Sprint 中，每天都有站立会议，Scrum 团队会集中讨论前一天已经完成的工作和当天应该完成的工作。然后在当天结束工作之前，会有个简短的设计 – 编码 – 测试的集成。这其实就是敏捷开发中的每日构建，构建的结果就是一个短周期内形成的 Sprint 产品。Scrum 与传统的迭代开发最大的区别就在于特殊的词汇表和迭代的周期。

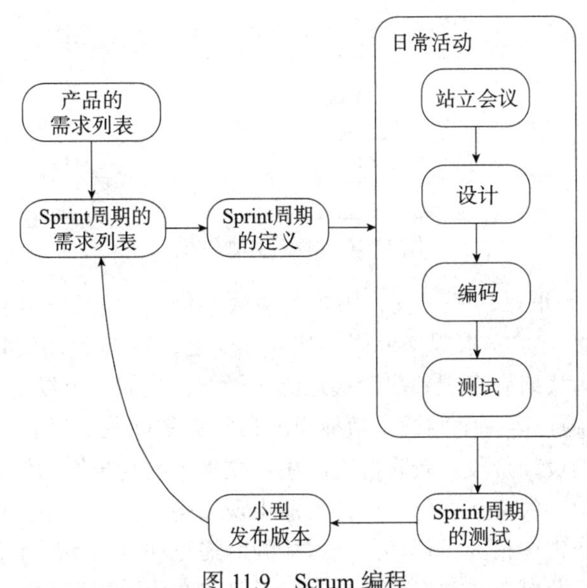

图 11.9　Scrum 编程

在 Scrum 中的测试分为两个级别：每天结束时的单元层级和每次 Sprint 结束时的小型发布版本的集成测试。产品所有者（也就是客户）会从产品需求列表中选择 Sprint 需求列表，这可以粗略地对应需求阶段的工作。Sprint 的定义与初始设计很相似，因为此时 Scrum 团队要针对每一次单独的 Sprint 标识出序列和内容。对质量的最低要求是什么呢？ Scrum 周期有两个测试级别：单元和集成 / 系统测试。为什么是集成 / 系统测试呢？小型发布版本是产品拥有者能够使用的一个产品版本，因此这是一个系统级工作产品。但这也是所有开发成果的第一次集成的结果。

11.3.4　测试驱动开发

测试驱动开发（TDD）是敏捷方法的极限情况。如图 11.10 所示，TDD 由一系列用户故事驱动。一个用户故事可能包括若干个任务，这是 TDD 的特殊之处。在某个任务编码实现之前，开发者先要确认如何测试这个任务。于是测试用例就成为需求。下一步就有意思了，要在不存在的代码上执行测试用例。很自然这些用例都会失败，但这就引出了 TDD 最好的一个特性：错误定位极其简单。一旦执行某个测试用例并失败，开发人员就编写足够的代码，让测试用例通过，然后再次执行测试用例。只要有一个用例失败，开发者就需要返回代码，进行必要的修改。一旦所有的测试用例都通过，那就可以开始实现下一个用户故事。有时，开发人员还需要重构已有的代码。然后就可以将已有的测试用例施加到重构之后的代码上，这个过程非常类似回归测试。如果想要在工程中实施 TDD，必须具备能够支持自动化测试的测试环境，典型的自动化测试环境就是 JUnit。

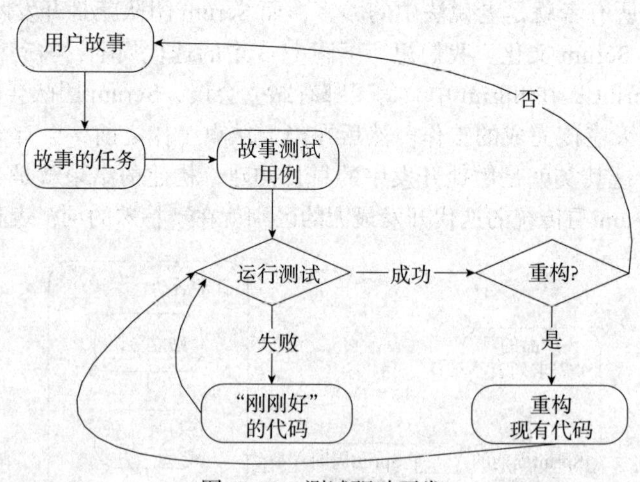

图 11.10 测试驱动开发

TDD 里面的测试是很有趣的过程，因为是由故事级别的测试用例来驱动的编码过程，所以这些测试用例其实就是需求规格说明。某种程度上，TDD 使用的是基于需求规格说明的测试方法。但是因为代码有意识地尽量接近测试用例，我们也可以说，这是基于代码的测试。TDD 有两个小问题。第一个问题是敏捷里面最常见的问题，自底向上的方法使得 TDD 不存在单独的高级别的设计阶段。较晚出现的用户故事可能与早期的设计相冲突，因此不仅会在代码级别出现重构，就算在设计阶段都可能出现重构的问题。敏捷同盟总是鼓吹说，多次重复的重构会产生非常优雅的设计。但是敏捷的前提正如其名字所示，是因为客户并不太明白自己想要什么，因此可能经常变更需求，所以只有在代码层级和设计层级都进行重构才可能真正实现优雅的设计。这也是自底向上开发过程不可避免的限制。

第二个问题是，所有的开发人员都可能犯错，这也是我们要实施测试的首要原因。所以我们有什么理由相信 TDD 的开发人员所制定的测试用例是完美的呢？更糟糕的是，如果后期出现的用户故事与早期的用户故事不一致，该怎么办呢？TDD 的最后一个限制是，在整个周期中，一直没有要求用户故事级别的交叉互检。

11.3.5 敏捷的模型驱动开发

Paul 有一个德国朋友 Georg，他是数学博士、软件开发人员，也是一个围棋手。好几个月以来，他们一直针对敏捷开发进行邮件讨论。有一天 Georg 问 Paul 会不会下围棋。Georg 说道，想要成为一个成功的棋手，必须既有战略也有战术。缺少任何一项都会让棋手处于劣势。在软件开发领域，他将战略等同于整体设计，战术等同于单元级别的开发。他认为敏捷开发缺少了战略，因此就必须在敏捷世界和传统开发之间找到一个平衡。本节我们首先看一下 Scott Ambler 提出的敏捷模型驱动开发（AMDD），然后重新组织 Ambler 的工作，本书将其称为模型驱动的敏捷开发（MDAD）。

AMDD 的敏捷部分体现在建模步骤中。Ambler 的建议是，只针对现有的用户故事进行建模，然后使用 TDD 技术实现这些用户故事。AMDD 与其他敏捷方法最大的区别在于 AMDD 有一个单独的设计阶段。敏捷人员经常表达出他们对建模的厌恶之情，并称之为预先做大量设计（Big Design Up Front，BDUF），如图 11.11 所示。

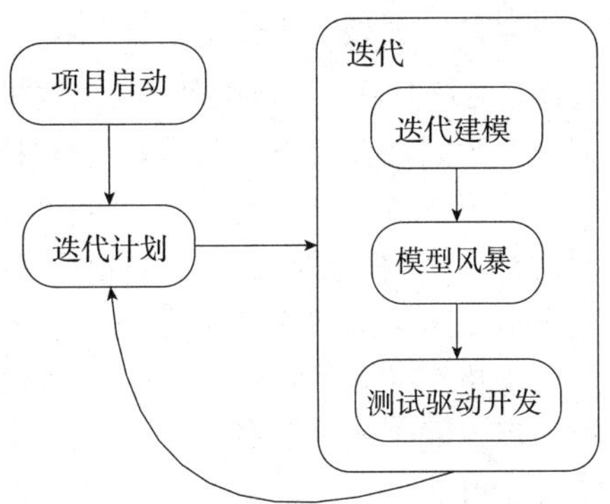

图 11.11 敏捷模型驱动开发

Ambler 发现在敏捷开发过程中，的确需要一个独立的设计阶段，这是他的贡献。但同时带来另一个问题：在敏捷软件开发过程中，能有设计的一席之地吗？很多人都认同：在任何一个敏捷过程中，都应该有设计阶段。但尽管如此，在 AMDD 中，却并没有集成 / 系统测试的一席之地。

11.3.6 模型驱动的敏捷开发

模型驱动的敏捷开发（MDAD）是我提出的名词，希望在传统和敏捷之间找到一个折中。这个概念是受到了 Georg 提到的战略和战术两手都要硬的启发。MDAD 与迭代开发有何区别呢？ MDAD（图 11.12）将测试驱动开发视为战术，使用了 Ambler 关于短迭代的观点。MDAD 的战略部分强调整体模型，因此可以支持基于模型的测试。在 MDAD 中存在三个测试级别：单元、集成和系统测试。

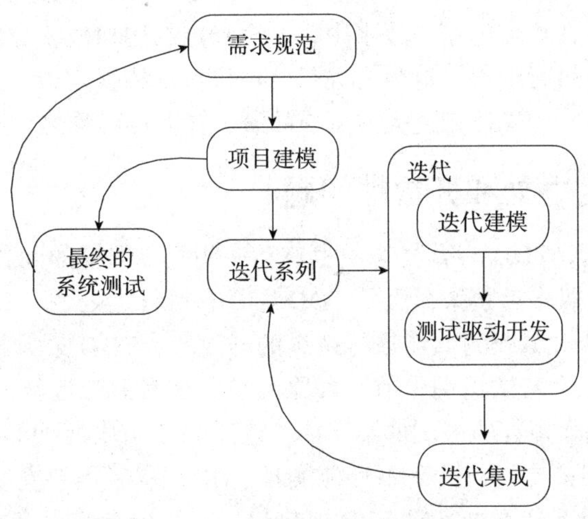

图 11.12 模型驱动的敏捷开发

11.4　遗留问题

本节我们主要讨论前面内容的一些遗留问题。

11.4.1　基于需求还是基于代码

测试驱动开发是基于代码还是基于规范的测试技术呢？某种程度上，测试用例可以算是很低级别的需求规格，所以测试驱动开发看上去应该是基于规范的测试技术。但是测试用例与代码是紧密结合的，因此 TDD 也带有基于代码的测试技术的特征。当然，代码覆盖，至少 DD 路径覆盖，是避免不了的。我们是否可以认为所有测试用例的组合就可以构成需求规格说明了呢？我们可以想象一下，让一个客户通过测试用例集来理解 TDD 的程序。从敏捷编程角度来看，每个测试用例就是一个用户故事，而用户故事是可以被客户接受的。这个问题实际上要看测试用例的细节和详细程度。我们由此倒可以引出 TDD 的一个变种。技术人员使用小步递增的方式，逐步建立更大的测试用例，然后建立更大规模的代码。这样做的好处是每次只生成一小部分代码，可以减少重构的频率。然后就可以使用自顶向下的思维方法实现更严格的自底向上的纯粹的 TDD。

11.4.2　配置管理

可想而知，TDD 是配置管理的噩梦。就算是类似 NextDate 这样的小程序，从开始到交付也会有十几个版本。而这正是重构的价值所在。TDD 使用自底向上的代码开发模式。在某些特定的时刻，程序员会重构代码进行优化。何时进行代码重构，并没有明确规定，但一旦重构，就一定要确认原始的测试用例都被保存。如果重构之后的代码没有通过所有的测试用例，那么重构一定出了问题，此时就要关注错误定位。重构之后所有测试用例都通过的时刻，就是进行配置管理的最佳时刻。当然也有一些其他的时刻，可以将设计对象纳入配置管理。如果后期代码没有通过早期的测试用例，很明显这是另一个配置管理的时间点。配置管理的对象应该是设计，而设计本来就是要面对经常的变更的。

11.4.3　粒度

11.3.1 节所示的用户故事序列使用了非常合理的细节。我们也可以考虑表 11.5 中所示的更大的用户故事粒度。在更大的用户故事中，一个特定的用户故事分解成一系列更精细的任务，然后对每一个任务进行编码。这种方式仍然可以保证错误定位。那么，要如何区分这些不同粒度的用户故事呢？如果使用更大的用户故事，我们可以称之为故事驱动开发。

11.5　TDD 的优劣之处和开放性问题

与大多数变革相同，TDD 有其优势、劣势和一些亟待回答的问题。TDD 的优势非常明显。虽然测试 / 编码周期非常紧张，但是 TDD 还是有可行之处的。TDD 项目可以转换为其他的形式，例如交给结对编程的人员进行持续的开发等。TDD 最大的优势就是非常有利于实现错误定位。如果某个测试用例失败，其原因必定是因为最近新添加的代码。TDD 的另一个优势，是可以被绝大多数的测试框架支持，包括 11.2 节中所列的那些。

如果没有测试框架的支持，几乎不可能实现 TDD，或者需要花费很大的力气才能实现 TDD。但没有测试框架不是不去实现 TDD 的借口，因为现在绝大多数编程语言都有可用的框架结构。如果一个测试人员不能找到其项目使用的语言所对应的测试框架，TDD 就不是个好的选择了，更好的选择是改变编程语言。更深一层来说，TDD 不可避免地依赖测试人员的能力。对于 TDD 来说，好的测试用例是必要的，但对于生成好的代码来说，仅有好的测试用例还不够。TDD 自底向上的特性很难造就好的设计，这也部分地影响了代码的质量。

TDD 声称经过一系列重构最终是可以达到一个较好的设计的，因为每次重构都能小幅度改善代码。TDD 的最后一个弊端，是其自底向上的过程造成的“深层次的错误”，例如只能通过数据流测试才能发现的错误，不太可能通过不断递增的测试用例来揭露。这些错误需要对代码有深入的了解才可能被揭露。TDD 的这个弊端很可能因我们在第 15 章将要讨论的线程交互错误而加重。任何一种新的技术或技巧都有一些开放性问题，对于 TDD 来说也是如此。最早的问题就是如何将 TDD 应用于大型应用系统。至于如何让个人在开发过程中时刻保持警醒，也是个工程实践上的难题。程序模块化和信息隐藏技术就是用来解决这些问题的，这两种技术也是面向对象编程的基础。如果应用的规模是个问题，那么应用的复杂度问题就更大。而且，TDD 开发的系统能够有效地应对适用性和安全性的问题吗？安全性和适用性问题都需要复杂的模型，而 TDD 是不能产出这些模型的。最后，还存在如何提供系统长期维护和支持的问题。敏捷编程联盟和 TDD 都声称自己不需要像传统开发模式一样编写大量的文档，更有极端人士声称源代码中都不需要写注释。他们的观点是测试用例就是需求文档，而带有有意义的变量和方法的名字以及良好编写的程序，其自身就可以提供文档支持。这些，就留给时间来证明吧。

11.6 回顾 MDD 和 TDD

北美地区的夏安人一直都在讲述从自然中得到的故事。当他们提到药物之轮（Medicine Wheel）时，他们会把动物跟四个方向中的每一个结合，动物具有自然界中可见的特征。一个很有趣的组合是老鹰和老鼠。老鹰有“更大的视角”，因此能够理解事物之间的联系，而老鼠则只能看到它生活的地面以及自己遇到的草地，都是些非常细节的视角。带着药物之轮的视角来生活，意味着每一个视角都值得称赞，每个视角都需要更好的理解。

夏安人不可能了解模型驱动开发（MDD）和测试驱动开发（TDD）的知识，但是上面的故事告诉我们：对于一个待开发的程序而言，两种技术都需要更好的理解。这也不是什么奇怪的事情。20 世纪 70 年代和 80 年代，软件联盟经常充满激情地辩论基于规范的测试和基于代码的测试孰优孰劣。有远见的人很快就总结，只有两者结合才是有效的。我们用布尔函数 isLeap 为例，分别说明这两种方法的优劣。isLeap 函数给出某一年是平年还是闰年的判断（见表 11.11）。使用模型驱动的方法开发 isLeap 函数，可以从一个决策表开始，如表 11.11 所示。

表 11.11 闰年决策表

规则	1	2	3	4	5	6	7	8
c_1. 年份是 4 的倍数	T	T	T	T	F	F	F	F
c_2. 年份是世纪年	T	T	F	F	T	T	F	F
c_3. 年份是 400 的倍数	T	F	T	F	T	F	T	F
逻辑上不可能			X		X	X	X	
a_1. 年份是平年		X						X
a_2. 年份是闰年	X			X				
测试用例：年份 =	2000	1900		2008				2011

使用决策表来建模的好处是具有完整性、一致性且没有冗余。规则 1 对应属于闰年的世纪年份，而规则 2 则对应平年的世纪年份。规则 4 描述了非世纪年的闰年，规则 8 则是非世纪年的平年。其他规则在逻辑上不可能。如果我们使用这个决策表来编写 isLeap，我们可以得到图 11.13 所示的代码。

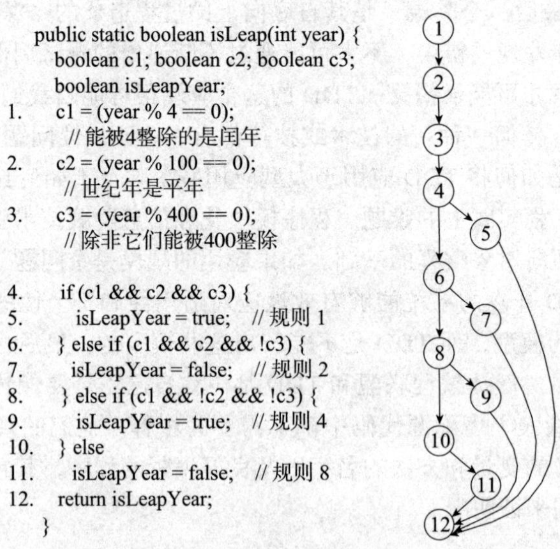

public static boolean isLeap(int year) {
boolean c1; boolean c2; boolean c3;
boolean isLeapYear;
1. c1 = (year % 4 == 0);
// 能被4整除的是闰年
2. c2 = (year % 100 == 0);
// 世纪年是平年
3. c3 = (year % 400 == 0);
// 除非它们能被400整除
4. if (c1 && c2 && c3) {
5. isLeapYear = true; // 规则 1
6. } else if (c1 && c2 && !c3) {
7. isLeapYear = false; // 规则 2
8. } else if (c1 && !c2 && !c3) {
9. isLeapYear = true; // 规则 4
10. } else
11. isLeapYear = false; // 规则 8
12. return isLeapYear;
}
1
2
3
4
5
6
7
8
9
10
11
12

图 11.13　isLeap 的 MDD 版本

请注意，这里从原点到终点一共有 4 条路径。通过节点 5 的路径可以对应规则 r_1，通过节点 7 的路径对应规则 r_2，以此类推。大部分开发人员都不会在 if 逻辑中嵌套三层，至少不会在首次编程实现的时候这样做。而且，大部分的开发人员都不太可能第一次就做对，因此此处 MDD 要加一分。

TDD 则会得到不同的复杂度。11.1 节是针对用户故事 14~17 的代码，注意 TDD 的代码会逐步发展出复合的 if 语句，而不是 MDD 版本产生的嵌套的 if 逻辑，在图 11.14 中我们做了轻微的重构。我们使用一个复合条件 (c_1 AND NOT(c_2)) OR (c_3) 的真值表来检查一下。

c_1	c_2	c_3	NOT(c_2)	c_1 AND NOT(c_2)	(c_1 AND NOT(c_2)) OR c_3	年份
T	T	T	F	F	T	2000
T	T	F	F	F	F	1900
T	F	T	T	T	T	imp
T	F	F	T	T	T	2008
F	T	T	F	F	T	imp
F	T	F	F	F	F	imp
F	F	T	T	F	T	imp
F	F	F	T	F	F	2011

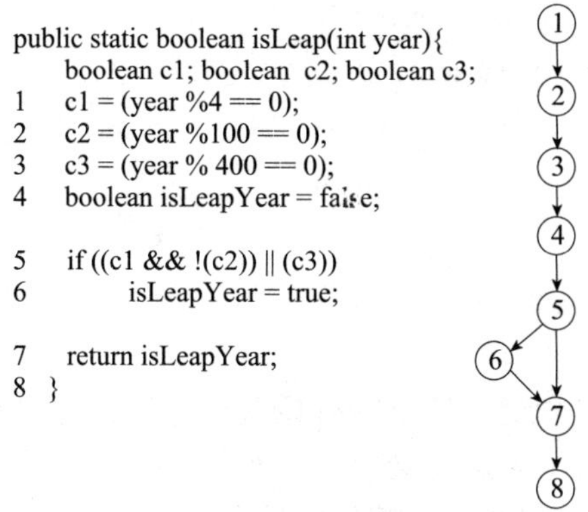
public static boolean isLeap(int year){
boolean c1; boolean c2; boolean c3;
c1 = (year %4 == 0);
c2 = (year %100 == 0);
c3 = (year % 400 == 0);
boolean isLeapYear = false;
if ((c1 && !(c2)) || (c3))
isLeapYear = true;
return isLeapYear;
}
1
2
3
4
5
6
7
8

图 11.14 isLeap 的 TDD 版本

请注意，在真值表的行以及决策表的列上，出现了相同的测试用例和不可能出现的情况（“imp”入口），因此 isLeap 的两个版本在逻辑上是等价的。我们可以看一下两个版本的程序图，MDD 版本看上去更复杂一点。实际上，MDD 版本的环复杂度是 4，而 TDD 版本的环复杂度只有 2。另外，从测试的角度看，TDD 版本的复合条件会要求更多的条件覆盖。两个版本都需要 4 个测试用例才能达到测试充分性。

我们能从这些讨论中得到什么结论呢？MDD 方法会产生类似鹰眼的大视角。从决策表上我们可以看出，MDD 的结果是正确的。对于 TDD 方法，我们得多做一点工作才能达到 MDD 方法所提供的信心水平。当然最后两种实现方式是逻辑等价的。环复杂度方面的明显不同，也被多条件覆盖测试的工作量抵消了。只是将嵌套的 if 复杂度转移到了条件复杂度而已。

两种方法有什么缺点呢？MDD 方法最终依赖于建模技巧，而 TDD 方法依赖于测试技巧。这里没有太多的区别。至于规模，MDD 版本稍微长一点，有 17 个语句块，而 TDD 版本有 9 个语句块，但是 TDD 的过程需要更多的键盘输入。所以也没有太大的区别。

最大的区别在于维护性。从老鹰的视角来看，模型对于维护者来说很有帮助的。但是从老鼠的视角来看，从 TDD 方法得到的测试用例，能够帮助维护者再现错误并定位错误。

11.7 参考文献

Agresti, W.W., *New Paradigms for Software Development*, IEEE Computer Society Press, Washington, D.C., 1986.

Beck, Kent, *Extreme Programming Explained: Embrace Change*, 2nd Edition, Addison Wesley, Boston, 2004.

Boehm, B.W., A spiral model for software development and enhancement, *IEEE Computer*, Vol. 21, No. 6, IEEE Computer Society Press, Washington, D.C., May 1988, pp. 61–72.

Harel, David, On visual formalisms, *Communications of the ACM*, Vol. 31, No. 5, pp. 514–530, May, 1988. http://www.scrumalliance.org/learn_about_scrum

Larman, C., *Applying U.M.L. and Patterns, Prentice-Hall*, Upper Saddle River, New Jersey, 2001.

第 12 章

Software Testing: A Craftsman's Approach, Fifth Edition

集成测试

1999 年 9 月，火星气候轨道飞行器在开始绕火星运行时突然消失了，而在此之前它已经成功地运行了 41 周，飞行了 4.16 亿英里[⊖]。导致这次事故的原因是，洛克希德·马丁航天公司使用了英制单位的加速度数据，而喷气推进实验室使用了公制单位进行计算，这个缺陷本来是可以通过集成测试发现的。美国国家航空航天局（NASA）发起了一个 50 000 美元的项目，来发现和研究这个缺陷是如何发生的（Fordahl（1999））。看来他们已经了解了这一章要讲的内容，因为之后的火星恒心漫游者号在 2021 年的表现要好得多。

在软件测试的三个级别（单元、集成和系统）中，人们对集成测试的了解是最不充分的，因此在实践中，集成测试也是做得最差的阶段。本章研究了两种主流的和一种小众的集成测试策略。我们还是先通过一个程序示例来说明传统的集成测试策略，接下来介绍面向对象软件的集成测试，然后介绍一种针对结构化程序和面向对象程序的“统一理论”。本章最后讨论了基于模型的集成测试。

软件测试工艺师的技能一般体现在两个方面：一个是他们对所在的行业中使用的工具有深入的了解，另一个是他们对他们工作的对象有充分的了解，以便他们能够从如何处理工作对象的角度来加深对工具的理解。在本书的第二部分中，我们专注于单元级别的测试工艺师可用的工具（即测试技术）。我们的目标是了解测试技术相对于特定类型软件的优势和局限性。在这里，我们继续强调基于模型的测试，目的是通过更好地理解三个基础模型来提高软件测试工艺师的判断力。

12.1 基于分解的集成

从 20 世纪 90 年代开始到现在的 30 多年间，主流的软件工程教材与著作（例如 Pressman（1992）和 Schach（1993）），都会针对结构化软件，基于功能分解的思想提出四种集成测试策略，分别为自顶向下、自底向上、三明治和“big bang”策略。

许多经典的软件测试著作和文献都采用了这种分类方法，例如 Deutsch（1982）、Hetzel（1988）、Kaner et al.（1993）、Mosley（1993）等。集成测试策略描述了软件单元集成为软件系统的顺序。这几种策略中最容易理解的当数 big bang 集成（也可认为它没有顺序），在这种集成策略中，所有单元都通过编译链接在一起，并对其进行测试。但是 big bang 策略的缺点是，当（不是如果！）测试过程出现软件失效时，很少有线索可以帮助我们隔离和定位到发生故障的位置。（回想一下我们在第 1 章中对故障和失效所做的区分。）

除 big bang 策略之外的三种集成测试策略的基础都是功能分解树，功能分解树可以从源代码中获得所有单元之间的结构关系，所以是非常重要的表达方式。三种集成测试的策略都假定所有单元已经完成了单独的测试，因此，基于分解的集成测试的目标主要是针对单独

⊖ 1 英里 =1.6093 千米。——编辑注

测试后各个单元之间的接口进行测试。功能分解树根据单元的编译顺序，反映出单元之间在计算机语言层面上的结构关系，这样可以确保单元名和变量范围的正确引用。在本章中，我们将熟悉的 NextDate 程序单元扩展为一个主程序 Calendar，使其具有了完整的过程和功能。图 12.1 表示了 Calendar 程序的功能分解树，后面还给出了伪代码。

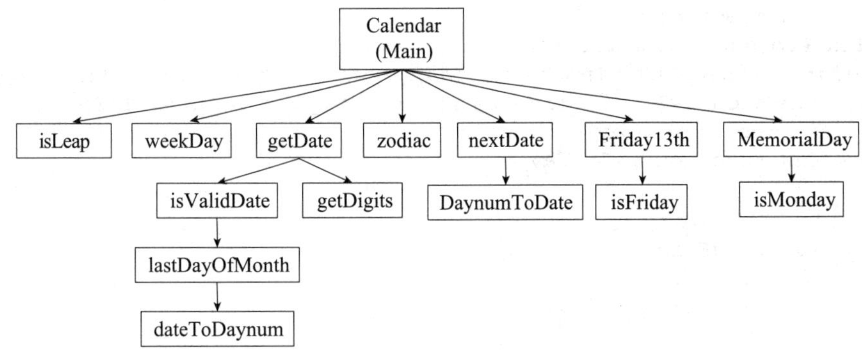

图 12.1　Calendar 程序的功能分解树

Calendar 程序以 mm，dd，yyyy 形式的日期为输入，功能概要如下：

- 给出输入日期的下一个日期（由我们已经很熟悉的 NextDate 程序完成）。
- 给出输入日期对应的是星期几（例如星期一、星期二等）。
- 给出输入日期对应的星座。
- 给出阵亡将士纪念日在 5 月 27 日这一天的最近的年份。
- 给出最近的一次 13 号遇到星期五的日子。

下面我们给出 Calendar 程序的基本架构，作为图 12.1 中功能分解树的基础。

Calendar 程序的伪代码

```
Main   Calendar
Data Declarations
    mm, dd, yyyy, dayNumber, dayName, zodiacSign
Function isLeap (input yyyy, returns T/F)
    (isLeap is sefl-contained)
End Function isLeap


Procedure getDate (returns mm, dd, yyyy, dayNumber)
    Function isValidDate (inputs mm, dd, yyyy; returns T/F)
        Function lastDayOfMonth (inputs mm, yyyy, returns 28, 29, 30, or 31)
            lastDayOfMonth body
                (uses isLeap)
            end lastDayOfMonth body
        End Function lastDayOfMonth

        isValidDate body
            (uses lastDayOfMonth)
        end isValidDate body
    End Function isValidDate

    Procedure getDigits(returns mm, dd, yyyy)
        (uses Function isValidDate)
    End Procedure getDigits

    Procedure memorialDay (inputs mm, dd, yyyy ; returns yyyy)
```

```
        Function isMonday (inputs mm, dd, yyyy ; returns T/F)
            (uses weekDay)
        End Function isMonday

        memorialDaybody
            isMonday
        end memorialDay
    End Procedure memorialDay
Procedure friday13th (inputs mm, dd, yyyy ; returns mm1, dd1, yyyy1)
        Function isFriday (inputs mm, dd, yyyy ; returns T/F)
            (uses weekDay)
        End Function isFriday

    friday13th body
        (uses isFriday)
    end friday13th
End Procedure friday13th

getDate body
    getDigits
    isValidDate
    dateToDayNumber
end getDate body
End Procedure getDate
Procedure nextDate (input daynum, output mm1, dd1, yyyy1)
    Procedure dayNumToDate
    dayNumToDate body
        (uses isLeap)
    end dayNumToDate body
nextDate body
    dayNumToDate
end nextDate body
End Procedure nextDate

Procedure weekDay (input mm, dd, yyyy; output dayName)
    (uses Zeller's Congruence)
End Procedure weekDay

Procedure zodiac (input dayNumber; output dayName)
    (uses dayNumbers of zodiac cusp dates)
End Procedure zodiac

Main program body
    getDate
    nextDate
    weekDay
    zodiac
    memorialDay
    friday13th
End Main program body
```

Calendar 程序在语言层面的包含关系

```
Main   Calendar
    Function isLeap
    Procedure weekDay
    Procedure getDate
        Function isValidDate
```

```
        Function lastDayOfMonth
     Procedure getDigits
  Procedure memorialDay
        Function isMonday
  Procedure friday13th
     Function isFriday
  Procedure nextDate
     Procedure dayNumToDate
  Procedure zodiac
```

12.1.1 自顶向下的集成

自顶向下的集成从主程序（树的根）开始。主程序调用的任何一个较低级别的单元都称之为“桩”，这个桩模块用来模拟被调用单元的临时代码。如果我们对 Calendar 程序执行自顶向下的集成测试，第一步是为主程序调用的所有单元开发桩模块——isLeap、weekDay、getDate、zodiac、nextDate、Friday13th 和 MemorialDay。在每一个单元的桩模块中，测试人员都需要编码实现对调用单元发出的请求的正确响应。例如，在 zodiac 的桩模块中，如果主程序通过参数 05,27,2012 调用了 zodiac 程序，则桩模块 zodiacStub 应该返回“双子座”。在一些特殊的实践中，可能会出现返回“假装返回双子座”的情况。在这里使用“假装”这个前缀，主要是强调它并非真正的响应。在测试实践中，开发桩模块通常是一项非常重要的工作，所以有充分的理由将桩模块代码视为软件项目的一部分并在配置管理体系中对它进行维护。图 12.2 显示了自顶向下集成的第一步。灰色阴影单元都是桩模块。第一步的目标是检查主程序功能是否正确。

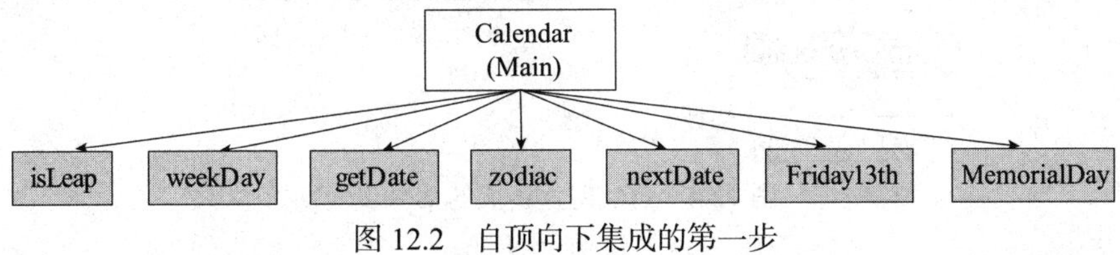

图 12.2　自顶向下集成的第一步

主程序的测试完成后，我们会每次用一个实际代码模块替换相应的桩模块，同时将其他模块保留为桩模块。图 12.3 显示了用实际代码逐渐替换桩模块的前三个步骤。通常我们会基于分解树的广度优先遍历方法逐渐替换桩模块，直到所有桩模块都已被实际代码模块替换。（在图 12.2 和图 12.3 中，为了简化，我们没有将第一层以下的单元显示出来。）

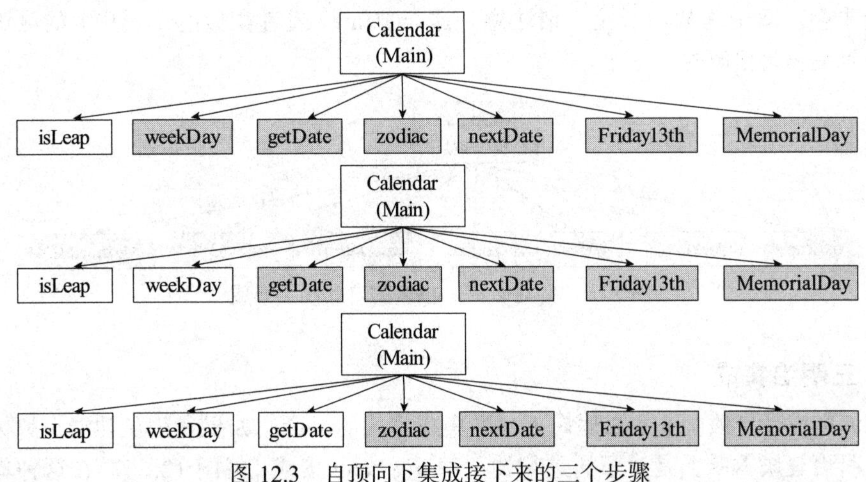

图 12.3　自顶向下集成接下来的三个步骤

自顶向下集成的“理论”是，每次替换一个桩模块时，如果出现了问题，那么这个问题一定与最近替换的一个桩模块的接口有关。（注意，此处的故障隔离分析类似于测试驱动开发）。这种集成策略的问题是，功能分解树往往具有欺骗性。因为功能分解树源自大多数编译器所需的语言层次的包含关系，所以这个过程会产生一些不可能的测试关系。例如 Calendar 主程序就从来没有直接调用过 isLeap 或 weekDay，因此这些测试关系是无法实施的。

12.1.2 自底向上的集成

自底向上的集成是自顶向下集成顺序的一种“镜像”，不同之处在于使用驱动模块替换桩模块，驱动模块模拟的是功能分解树中上一层级的单元。（在图 12.4 中，灰色单元都是驱动模块。）自底向上的集成从功能分解树的叶子开始，并由它的驱动模块来提供测试用例，这一点与单元级测试中的驱动单元是相似的。随着单元的逐渐集成，驱动模块会逐渐被真实代码的单元所替换，这个过程直到遍历完整个功能分解树为止。在自底向上的集成测试中，临时编写并被丢弃的代码比较少，但问题是，仍然存在一些不可能测试的接口。

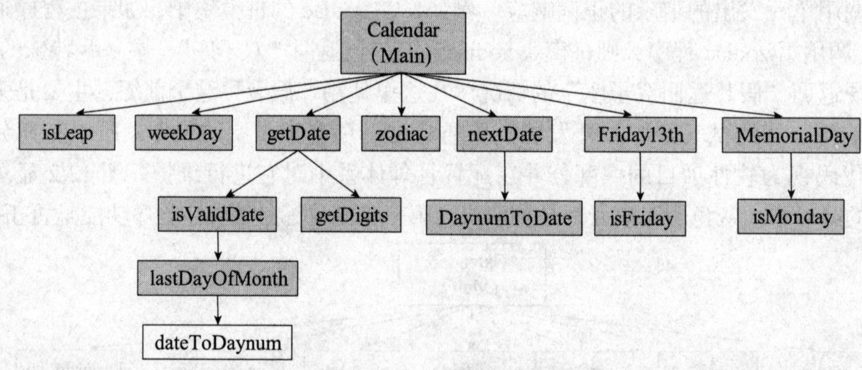

图 12.4 自底向上集成的第一步

图 12.5 显示了一个用驱动模块测试单元（zodiac 单元）的情况。在这种情况下，Calendar 程序可以使用 36 个测试用例调用 zodiac 模块来进行集成测试，这些用例涉及星座切换的日期、切换日期的前一天和切换日期的后一天。12 个星座有 12 个切换日期，每个日期上取 3 个值，一共需要 36 个用例。双子座的切换日期是 5 月 21 日，因此驱动模块会调用 3 次 zodiac 模块，输入的日期分别是 5 月 20 日、5 月 21 日和 5 月 22 日。预期的响应应该分别是金牛座、双子座和双子座。请注意，这与 JUnit（或者类似的工具中）的测试环境中的断言机制是非常相似的。

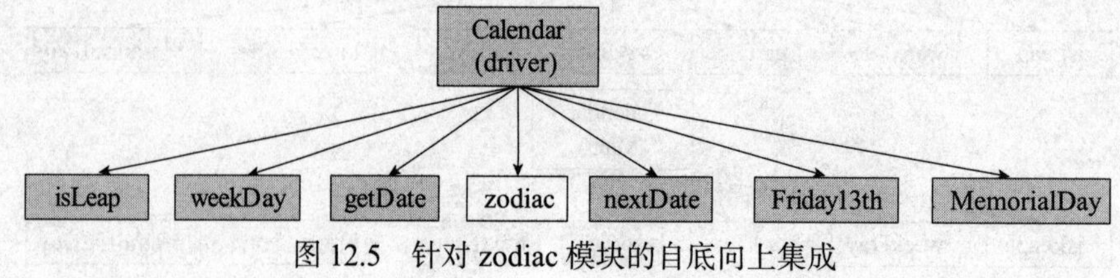

图 12.5 针对 zodiac 模块的自底向上集成

12.1.3 三明治集成

三明治集成是自顶向下和自底向上两种集成方式的综合。如果我们从功能分解树的角度来看，三明治集成本质上是对子树进行的一种 big bang 集成（见图 12.6）。在这种集成方式中，桩模块和驱动模块的开发工作都会有所减少，但这样做也会带来大棒集成中故障隔离困难的问题。这个问题的解决可能需要我们讨论一下三明治的大小，这个讨论留待以后进行。

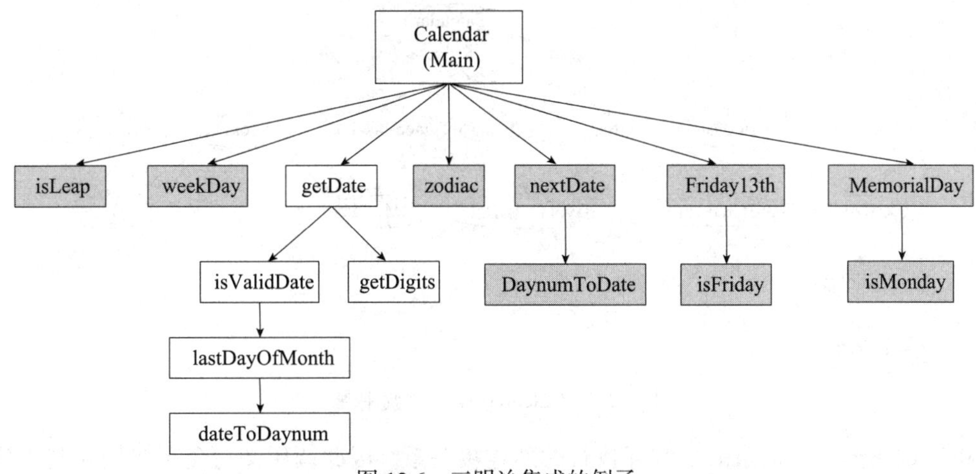

图 12.6 三明治集成的例子

三明治集成是从功能分解树的根到叶子的一个完整路径。在图 12.6 中，这组单元的集合在语言层面上几乎是完整一致的，只是缺少了 isLeap 模块。所以这组单元可以进行有意义的集成，但会缺少对闰年中 2 月最后一天进行测试的用例。这里还要强调一下，三明治集成方法不具备自顶向下和自底向上方法的故障隔离能力。在三明治集成中不需要桩模块也不需要驱动模块。

12.1.4 利弊分析

除了 big bang 集成，其他几种基于分解的集成方法都非常直观和清晰。将经过测试的单元逐步集成在一起，每当观察到失效时，首先怀疑最近添加的单元。根据功能分解树可以很容易地跟踪集成测试的进度。(如果分解树很小，那么在一个节点成功集成后对该节点进行屏蔽也是一种不错的选择。) 自顶向下和自底向上的集成一般建议对分解树进行广度优先遍历，当然这也不是强制性的。(我们还可以使用全高度三明治的集成方法以深度优先的方式来进行集成测试。)

对基于功能分解和瀑布式的软件开发模型最常见的反对意见之一是：这两种方法都是依靠人工来完成的，而且是从项目管理者的需求出发，不是从软件开发人员的需求出发的。事实上，这个观点也适用于基于分解的测试模型。因为整个机制建立在单元的体系结构基础上，这就假定软件的正确行为是源自单独正确的单元和单元之间正确的接口。(测试从业者对这一点应该更有体会。) 桩模块和驱动模块带来的额外开发工作量也是这种基于分解的测试模型的困难之一，尤其是面临重新测试的时候，这个困难就会更加明显。

12.2 基于调用关系图的集成

基于分解的集成策略是有缺陷的，其中一个原因是这种策略建立在功能分解树的基础之上。我们也看到了在功能分解树中会出现不可测试的关系对。如果我们改用调用图，就可以较好地解决这个缺陷，这也让我们朝着结构化测试的方向前进了一步。在调用图中，我们将单元视为节点，如果单元 A 调用了单元 B，则从节点 A 到节点 B 存在一条边。请注意，这种表示方法也适用于面向对象的软件，其中的节点是面向对象的单元，而边则表示消息。Calendar 程序的调用图如图 12.7 所示。

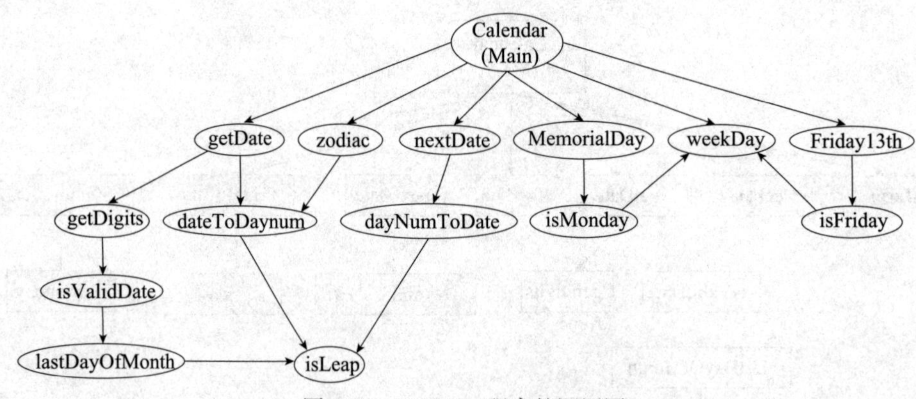

图 12.7　Calendar 程序的调用图

由于调用图中的边指的是实际执行时的连接关系，因此调用图避免了我们在基于分解树的集成策略中遇到的所有问题。事实上，我们可以根据图 12.7 中单元的桩模块和驱动模块来重新对 12.1 节的内容进行讨论，这样就可以避免基于分解的集成策略中的缺点，并且还保留了基于分解策略中的故障隔离特性。图 12.8 显示了基于调用图的自顶向下集成的第一步。

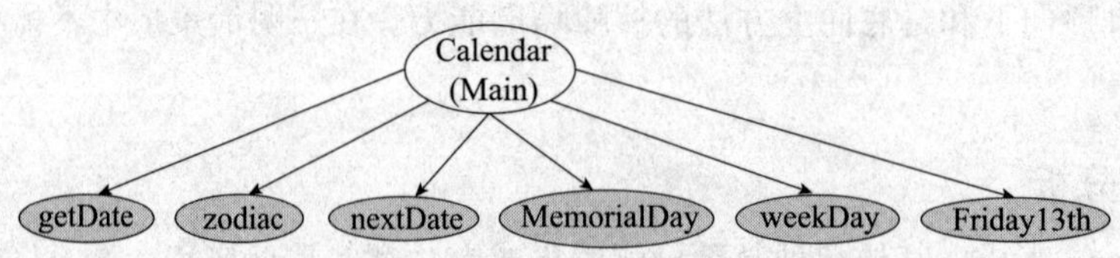

图 12.8　Calendar 程序的基于调用图的自顶向下集成

第一步中的桩模块可以如下操作：当 Calendar 主程序调用 getDate 桩的时候，桩模块可能会返回 2020 年 5 月 27 日。调用 zodiac 桩的时候会返回“双子座”，依此类推。一旦主程序的逻辑被测试完，桩模块也将被替换掉，正如我们在 12.1 节中讨论的那样。如果桩模块和驱动模块都基于调用图而不是功能分解树，12.1 节的三种策略都可以很好地工作。

我们现在应该感受到在前面的章节中讨论图论知识的好处了。因为调用图就是有向图，但为什么我们不像之前使用程序流程图那样使用它呢？这种思考引导我们提出两种新的集成测试方法，我们将它们称为成对集成和邻域集成。我们再次强调一下，这两种方法同样适用于结构化程序和面向对象的程序。

12.2.1　成对集成

成对集成背后的思想是尽量减少桩模块和驱动模块的开发工作量。为什么不使用实际代码进行测试而要去开发桩模块和驱动模块的程序呢？这听起来像是一种 big bang 集成策略，但如果我们每次先聚焦调用图中的一对单元，以此类推，最终的结果是我们可以为调用图中的每条边都生成一个集成测试对。当一个节点（单元）被两个或多个其他单元使用时，成对集成策略会导致集成对数量明显增加。在 Calendar 程序的例子中，采用自顶向下的集成时，有 15 个单独的集成测试对，而在成对集成中，这个数目会增加到 19 个（调用图中的每条边就是一个)。虽然集成测试对的数量增加了，但是桩模块和驱动模块的开发工作量却减少了。图 12.9 显示了三个成对集成的测试过程，第一对是 getDate 和 getDigits，第二对是 nextDate 和 dayNumToDate，第三对是 weekDay 和 isFriday。

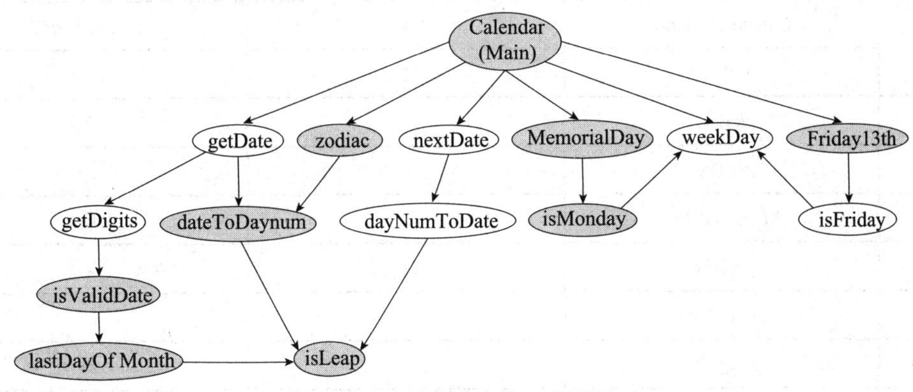

图 12.9 成对集成中的三个测试对

成对集成的主要优点是提供了很强的故障隔离能力。如果测试出程序失效，那么故障一定出现在两个单元中的一个里面。成对集成最大的缺点是对于包含在多个集成对中的单元，如果针对一个对中的故障进行了修复，该修复在另一个集成对中可能不起作用。另外，基于我们在第 10 章中讨论的测试钟摆理论，调用图集成虽然比基于分解树的方法略好，但两者在实际的测试实践中都可能不被采用。

12.2.2 邻域集成

我们可以借助拓扑学中邻域的概念，让我们的方法更加数学化一些。在一个图中，一个节点的邻域是距离该节点一条边的节点集合。(从技术上说，这是一个半径为 1 的邻域，在较大的系统中，有时候是需要增加邻域半径的。) 在有向图中，领域集合中包括了所有直接的前导节点和所有直接的后继节点（请注意，领域集合也对应该节点的桩模块和驱动模块集合)。节点 isValidDate、nextDate 和 MemorialDay 的邻域如图 12.10 所示。

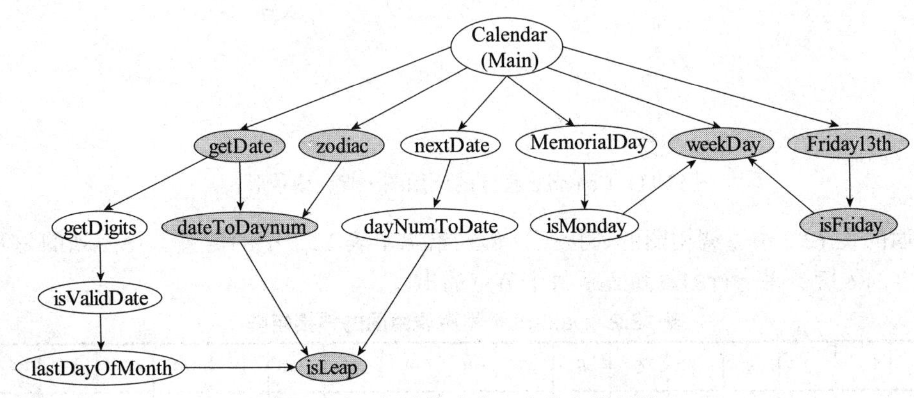

图 12.10 领域集成中三个节点的领域

Calendar 示例中的 15 个邻域（基于图 12.7 和图 12.10 中的调用图）在表 12.1 中列出。为了使表更简单，我们用节点编号替换了原始的单元名称（在图 12.11 中)，通常编号的顺序是广度优先的。

表 12.1　Calendar 程序调用图中半径为 1 的邻域

Calendar 程序调用图中的邻域			
节点	单元名称	前导节点	后继节点
1	Calendar (Main)	（无）	2, 3, 4, 5, 6, 7
2	getDate	1	8, 9
3	zodiac	1	9
4	nextDate	1	10
5	MemorialDay	1	11
6	weekday	1, 11, 12	（无）
7	Friday13th	1	12
8	getDigits	2	13
9	dateToDayNum	3	15
10	dayNumToDate	4	15
11	isMonday	5	6
12	isFriday	7	6
13	isValidDate	8	14
14	lastDayOfMonth	13	15
15	isLeap	9, 10, 14	（无）

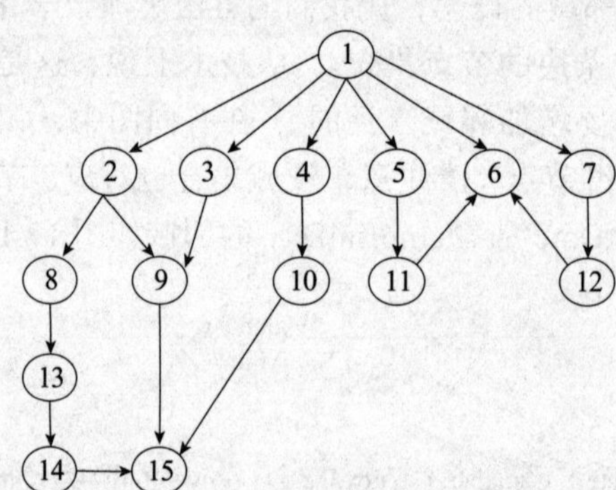

图 12.11　Calendar 程序的调用图（节点编号形式）

下面的表 12.2 中以调用图的邻接矩阵形式给出了表 12.1 中的信息。每一列的总和表示每个节点的入度，每一行的总和表示每个节点的出度。

表 12.2　calendar 程序调用图的邻接矩阵

	1	2	3	4	5	6	7	8	9	10	11	12	13	14	15	行总和
1		1	1	1	1	1	1									6
2								1	1							2
3									1							1

（续）

	1	2	3	4	5	6	7	8	9	10	11	12	13	14	15	行总和
4										1						1
5											1					1
6																0
7												1				1
8													1			1
9															1	1
10															1	1
11							1									1
12							1									1
13														1		1
14															1	1
15																0
列总和	0	1	1	1	1	1	3	1	2	1	1	1	1	1	3	

我们总是可以计算出给定调用图的邻域数。每个内部节点都有一个邻域，如果叶节点直接连接到根节点，则增加一个邻域。（每个内部节点都具有非零的入度和非零的出度。）我们有：

$$内部节点数 = 节点数 - (源节点数 + 汇节点数)$$

$$邻域数 = 内部节点数 + 源节点数$$

两式合并为：

$$邻域数 = 节点数 - 汇节点数$$

邻域集成通常会减少集成测试对的数量，并减少桩模块和驱动模块的开发工作量。最终结果是，邻域在本质上正是我们在上一节中并没有详细讨论的三明治策略。（略有不同的是，邻域的基础是调用图，而不是功能分解树。）邻域集成与三明治集成还有一个重要的共同点，那就是邻域集成也具有一定的故障隔离能力。这在一定程度上抵消了一部分减少桩模块和驱动模块工作量的优势。

12.2.3 利弊分析

基于调用图的集成技术从纯粹的基于结构测试转向基于行为的测试，这样的转变在基本假设层面是一种进步（参见第 10 章中的测试钟摆）。基于邻域的集成测试技术还减少了桩模块和驱动模块的开发工作。除了这些优点之外，基于调用图的集成与基于构建和组合活动的开发过程非常匹配。例如，邻域的序列就可用来定义构建的顺序。或者，我们可以通过将相邻的邻域进行合并来提供一个有序的、基于组合的集成路径。所有这些特点都能够让基于邻域的集成策略在以组合为特征的软件生存周期中发挥作用。

基于调用图的集成测试策略的最大缺点是故障隔离问题，尤其是对于有大量邻域的系统。这里有一个与测试密切相关的问题：如果在多个邻域中都出现的节点（单元）中发现故障，会发生什么？邻接矩阵（表 12.2）能够让我们很快看到这一点——具有很高的行总和数或列总和数的节点必定位于多个邻域中。显然，如果我们解决了一个邻域中的故障，同时这也表明我们以某种方式修改了单元的代码，于是这就意味着所有先前测试过的、包含被修改单元的邻域都需要重新测试。

最后，任何一种结构化的测试都会存在一种不确定性，即基于正确的结构信息进行集成，而且已经测试过的单元的行为也是正确的。我们的目标是希望软件系统级的行为是正确的。但是当基于调用图信息的集成测试完成后，我们仍然无法充分验证系统级的行为是否正确。为了解决这个问题，我们需要将调用图改为某种特殊形式的路径。

12.3 基于路径的集成

数学的发展是有章可循的，首先要清晰地了解自己的目标，然后进行准确的定义，最后沿着定义就能到达目标。本节我们将遵循这个过程来进行基于路径的集成测试探讨，为此我们需要首先考虑一个新的定义。

我们已经知道，基于结构的测试和基于功能的测试都可以在单元级别很好地结合起来，如果这种结合能够提供类似的集成（和系统）测试能力，那就更好了。在系统测试中，我们已经确定选用“行为线索”这个术语来表达系统测试。而在集成测试阶段，我们扩展了集成测试的目标，即我们不仅仅对单独开发和测试的单元之间的接口进行测试，我们还更加关注这些单元之间的交互。（所以“联合功能”可能是一个很好的术语。）接口关系表明了系统的结构，而接口间的交互则体现出系统的行为。

当一个单元执行时，会遍历一些源代码组成的路径。假设一个调用沿着这样的路径到达另一个单元，此时控制权从调用单元传递到被调用单元，在该单元中遍历源代码组成的其他路径。我们在本书第二部分的内容中有意忽略了这种情况，因为我们认为本章才是解决这个问题最恰当的地方。我们有两种解决这个问题的方式：放弃单入口单出口的原则，将被调用单元视为某个入口的出口；或者抑制（忽略）调用语句，因为不管怎样，控制权都会回到调用单元。对于单元测试来说，选择抑制要好一些，但是对于集成测试来说，则恰好相反。

12.3.1 新扩展的概念

为了达到我们的目标，我们需要对程序流程图的一些概念进行改进。和之前一样，改进的内容主要针对利用命令式语言编写的程序。我们允许语句片段是一个完整的语句，而语句片段也可以是程序流程图中的节点。

定义 *单元中的源节点是一个单元开始执行或恢复执行的语句片段。*

一个单元中的第一个可执行语句显然是一个源节点。源节点也可以是紧跟在将控制权转移到其他单元之后的语句。

定义 *单元中的汇节点是单元执行终止的语句片段。*

程序中最后的可执行语句显然是一个汇节点，将控制权转移到其他单元的语句也是汇节点。

定义 *模块执行路径是一系列语句，从源节点开始，到汇节点结束，中间没有其他汇节点。*

因为增加了上述定义，程序流程图中现在可以有多个源节点和汇节点。这样虽然会大大增加单元测试的复杂度，但是在集成测试的时候，我们假定已经执行完单元测试，因此并不会增加单元测试的复杂度。

定义 消息是一种编程语言机制，通过该机制，一个单元将控制权转移到另一个单元并从另一个单元获取响应。

根据编程语言，消息可以解释为子例程调用、过程调用、函数调用和面向对象编程中的常见消息。此处我们遵循这样的约定：接收消息的单元（消息目的地）总是要将控制权最终返回给消息源。消息也可以将数据传递给其他单元。至此我们终于可以定义基于路径的集成测试了。我们的目标是在集成测试中定义一个类似的 DD 路径。

定义 MM 路径是一个包含模块执行路径和消息的序列。

MM 路径的基本思想是：我们可以描述模块执行路径的序列，其中包括不同单元之间的控制转移。在传统软件中，MM 可以理解为模块 – 消息（Module-Message），而在面向对象软件中，可以将 MM 解释为方法 – 消息（Method-Message）。序列中的控制转移是通过消息来完成的，因此，MM 路径总是代表着一条可行的执行路径，并且这些路径是跨单元的。图 12.12 中的示例表示了一条 MM 路径（实线），其中模块 *A* 调用模块 *B*，模块 *B* 又调用了模块 *C*。注意，对于传统（结构化）软件，MM 路径始终从主程序中开始，并在主程序中结束。

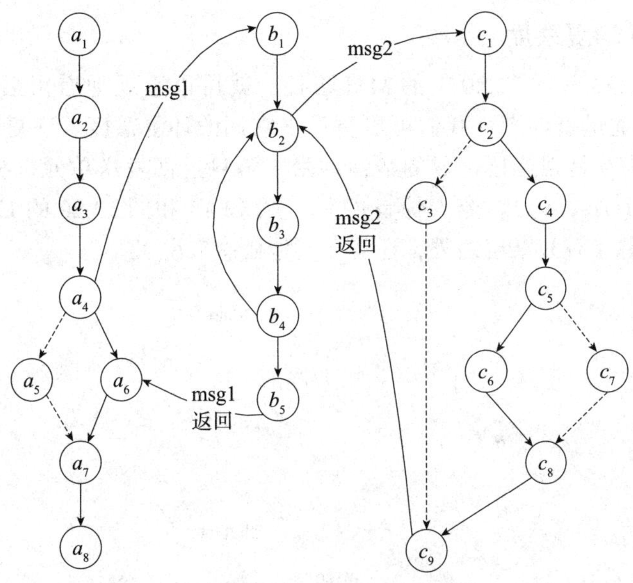

图 12.12 一条包含三个单元的 MM 路径示例

在单元 *A* 中，节点 a_1、a_5 和 a_6 是源节点（a_5 和 a_6 是节点 a_4 的决策结果），节点 a_4（决策）和 a_8 是汇节点。类似地，在单元 *B* 中，节点 b_1 和 b_3 是源节点，节点 b_2 和 b_5 是汇节点。节点 b_2 是一个汇节点，因为控制权在该点离开单元 *B*。它也可以是源节点，因为单元 *C* 的返回是在节点 b_2 处。单元 *C* 有一个源节点 c_1 和一个汇节点 c_9。单元 *A* 包含三个模块执行路径：$<a_1, a_2, a_3, a_4>$、$<a_4, a_5, a_7, a_8>$ 和 $<a_4, a_6, a_7, a_8>$。实线边是在这个示例中实际遍历的边，而虚线边在单元的程序流程图中作为一个独立单元，但它们在我们这个示例中并未“执行”。现在我们可以在集成测试中定义一个类似单元级测试中 DD 路径图的概念了。

定义 给定一组单元，它们的 MM 路径图是一个有向图，其中节点是模块执行路径，边对应单元之间的消息和返回。

请注意，MM 路径图是针对一组单元来定义的。这样就可以直接用于支持单元级别的组合以及基于组合的集成测试了。当然我们也可以将组合级别从单元降低到单个的模块执行路径上，但通常没有必要这么详细。

我们应该考虑模块执行路径、程序路径、DD 路径和 MM 路径之间的关系。一条程序路径是一个 DD 路径的序列，一个 MM 路径是一个模块执行路径的序列。不幸的是，DD 路径和模块执行路径之间没有简单直接的关系。两者可以互相包含，也可以相互重叠。因为 MM 路径的主要功能是实现单元之间的互连，所以我们也可以确定这一种功能关系，考虑一个 MM 路径与一个单元的交集，这个交集中的模块执行路径类似于一个关于函数的切片（MM 路径）。换句话说，这个交集中的模块执行路径可以将功能限制在一个单元中。

MM 路径的定义需要一些实用的指南。MM 路径有多长（用“深”来形容可能更好）？在这里定义消息静默的概念会有所帮助。当到达一个不发送消息的单元时就会出现消息静默（如图 12.12 中的模块 *C*）。从某种意义上说，这可以被视为 MM 路径的“中点”——剩余的部分由消息返回完成。当然这只是很小的一点帮助。如果有两个消息静默点该怎么办？也许更好的答案是取两者中较长的一个，或者，如果它们的深度相同，则取两者中的后者。消息静默点是 MM 路径的自然端点。

12.3.2 MM 路径的复杂度

如果比较图 12.13 和图 12.20 中的 MM 路径，就可以直观地看出后者比前者更复杂。因为这些都是强连通的有向图，我们可以盲算出它们的环复杂度。环复杂度的计算公式是 $V(G)=e-n+2p$，其中 p 是强连接区域的数量。由于消息返回发送单元，我们将始终有 $p=1$，因此公式简化为 $V(G)=e-n+2$。令人惊讶的是，图 12.13 和图 12.20 的 $V(G)$ 都为 7。显然，MM 路径的复杂度除了环复杂度之外，还需要其他概念来说明。

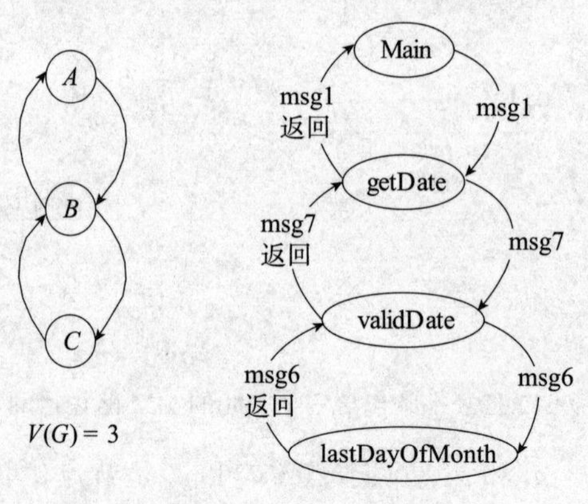

图 12.13 两个 MM 路径的环复杂度

12.3.3 利弊分析

MM 路径是功能测试和结构测试的混合体。它们是功能性的，因为它们具有输入和输出的动作。因此，所有功能测试技术都可能适用。最好的办法是将功能和结构方法交叉应用到基于路径的集成测试中。因此我们可以避免结构测试的陷阱。同时，集成测试与系统测试的结合也是天衣无缝的。基于路径的集成测试同样适用于在传统瀑布过程模型下开发的软件或使用基于组合的其他生命周期模型。最后，MM 路径的概念可以直接适用于面向对象的软件。

基于路径的集成测试最重要的优点是它与实际被测系统的行为密切相关，而不是从分解的角度对结构进行分析以及基于调用图的集成。然而，基于路径的集成所带来的优势是有代价的——我们需要付出更多努力来识别 MM 路径。当然，我们也会因此减少桩模块和驱动模块的开发工作。

12.4 案例：integrationNextDate 程序的过程集成

我们之前一直使用的例子 NextDate 程序在本章被重写为 integrationNextDate，这是一个将功能分解为过程和函数的主程序。该程序的伪代码非常接近 VBA 程序，这些代码都进行了编号，以便在程序流程图中使用。图 12.14、图 12.15 和图 12.16 显示了 integrationNextDate 程序中单元的源代码、程序流程图以及环复杂度（参见第 15 章）。

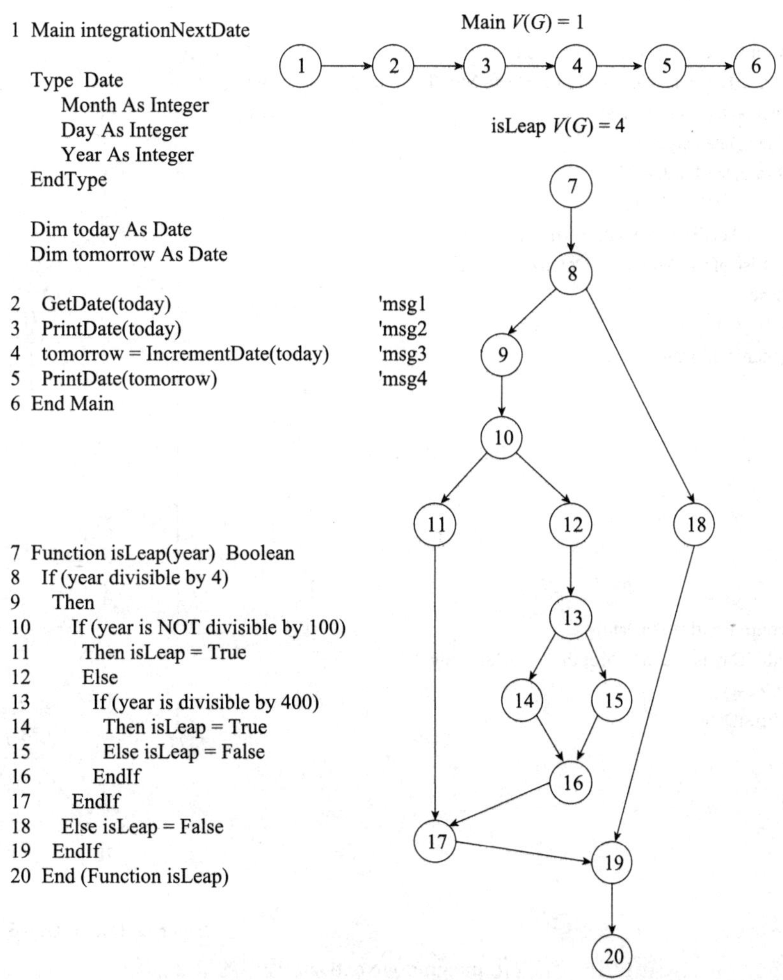

1 Main integrationNextDate
Type Date
Month As Integer
Day As Integer
Year As Integer
EndType
Dim today As Date
Dim tomorrow As Date
2 GetDate(today) 'msg1
3 PrintDate(today) 'msg2
4 tomorrow = IncrementDate(today) 'msg3
5 PrintDate(tomorrow) 'msg4
6 End Main
7 Function isLeap(year) Boolean
8 If (year divisible by 4)
9 Then
10 If (year is NOT divisible by 100)
11 Then isLeap = True
12 Else
13 If (year is divisible by 400)
14 Then isLeap = True
15 Else isLeap = False
16 EndIf
17 EndIf
18 Else isLeap = False
19 EndIf
20 End (Function isLeap)
Main V(G) = 1
isLeap V(G) = 4
1
2
3
4
5
6
7
8
9
10
11
12
13
14
15
16
17
18
19
20

图 12.14 结构化 integrationNextDate 程序的第 1 部分

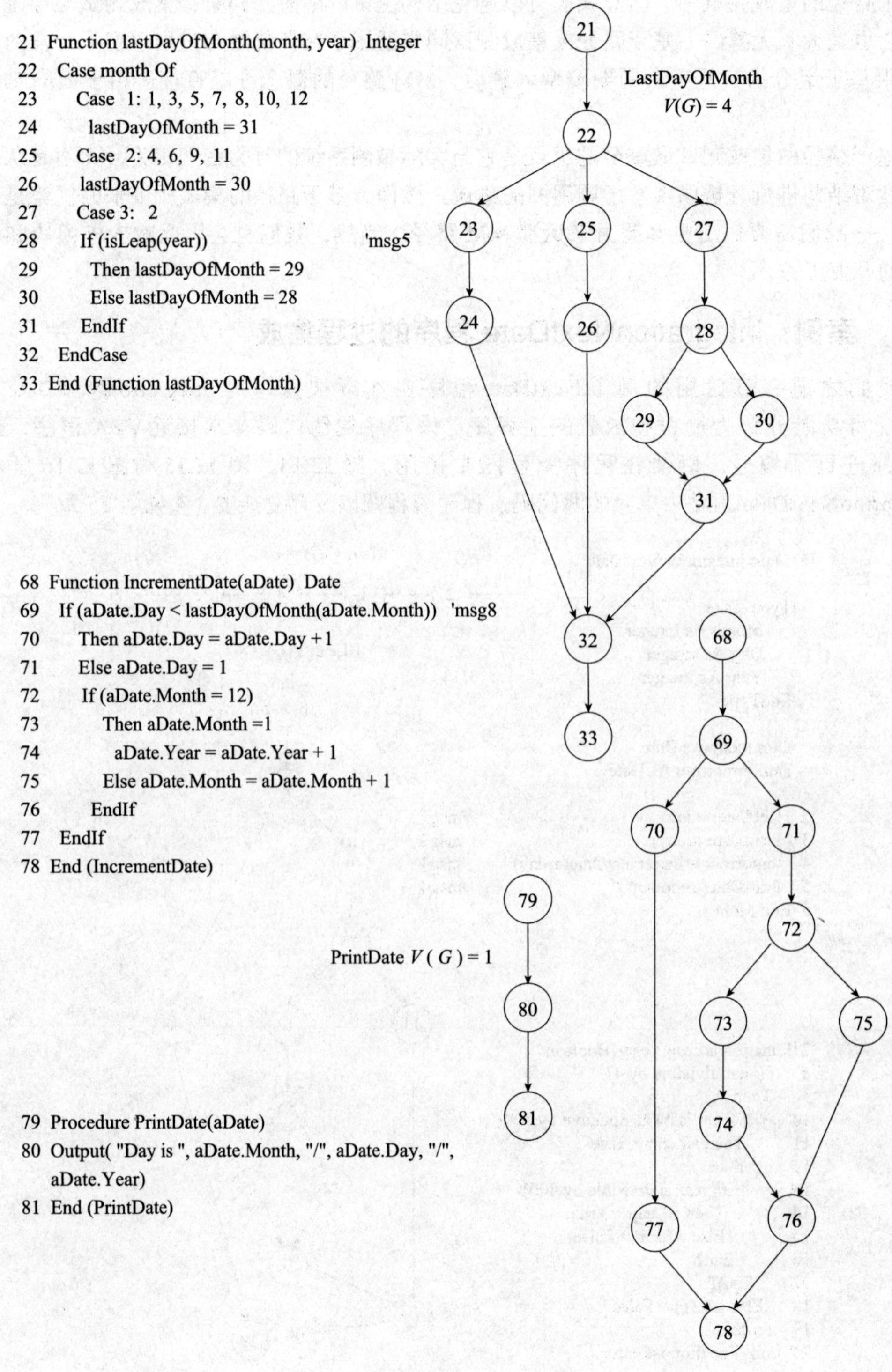

21 Function lastDayOfMonth(month, year) Integer
22 Case month Of
23 Case 1: 1, 3, 5, 7, 8, 10, 12
24 lastDayOfMonth = 31
25 Case 2: 4, 6, 9, 11
26 lastDayOfMonth = 30
27 Case 3: 2
28 If (isLeap(year)) 'msg5
29 Then lastDayOfMonth = 29
30 Else lastDayOfMonth = 28
31 EndIf
32 EndCase
33 End (Function lastDayOfMonth)
LastDayOfMonth
V(G) = 4
68 Function IncrementDate(aDate) Date
69 If (aDate.Day < lastDayOfMonth(aDate.Month)) 'msg8
70 Then aDate.Day = aDate.Day + 1
71 Else aDate.Day = 1
72 If (aDate.Month = 12)
73 Then aDate.Month =1
74 aDate.Year = aDate.Year + 1
75 Else aDate.Month = aDate.Month + 1
76 EndIf
77 EndIf
78 End (IncrementDate)
PrintDate V (G) = 1
79 Procedure PrintDate(aDate)
80 Output("Day is ", aDate.Month, "/", aDate.Day, "/", aDate.Year)
81 End (PrintDate)
IncrementDate V(G) = 3

图 12.15 结构化 integrationNextDate 程序的第 2 部分

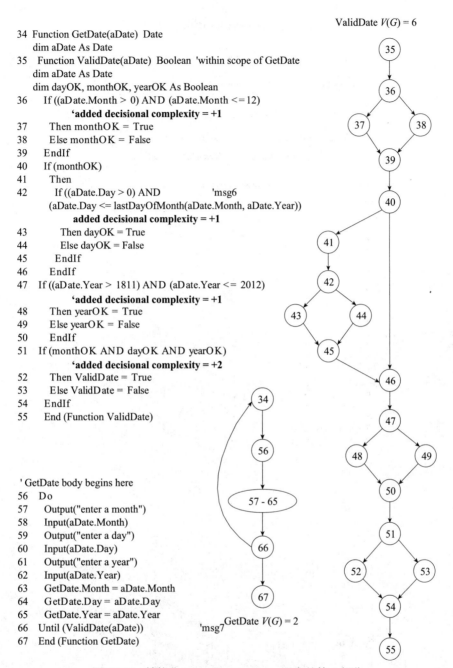

```
34 Function GetDate(aDate)  Date
   dim aDate As Date
35  Function ValidDate(aDate)  Boolean  'within scope of GetDate
   dim aDate As Date
   dim dayOK, monthOK, yearOK As Boolean
36   If ((aDate.Month > 0) AND (aDate.Month <= 12)
          'added decisional complexity = +1
37     Then monthOK = True
38     Else monthOK = False
39   EndIf
40   If (monthOK)
41     Then
42       If ((aDate.Day > 0) AND                    'msg6
     (aDate.Day <= lastDayOfMonth(aDate.Month, aDate.Year))
          added decisional complexity = +1
43         Then dayOK = True
44         Else dayOK = False
45       EndIf
46     EndIf
47  If ((aDate.Year > 1811) AND (aDate.Year <= 2012)
          'added decisional complexity = +1
48     Then yearOK = True
49     Else yearOK = False
50     EndIf
51  If (monthOK AND dayOK AND yearOK)
          'added decisional complexity = +2
52     Then ValidDate = True
53     Else ValidDate = False
54   EndIf
55   End (Function ValidDate)

' GetDate body begins here
56  Do
57    Output("enter a month")
58    Input(aDate.Month)
59    Output("enter a day")
60    Input(aDate.Day)
61    Output("enter a year")
62    Input(aDate.Year)
63    GetDate.Month = aDate.Month
64    GetDate.Day = aDate.Day
65    GetDate.Year = aDate.Year
66  Until (ValidDate(aDate))                 'msg7
67  End (Function GetDate)
```

ValidDate $V(G) = 6$

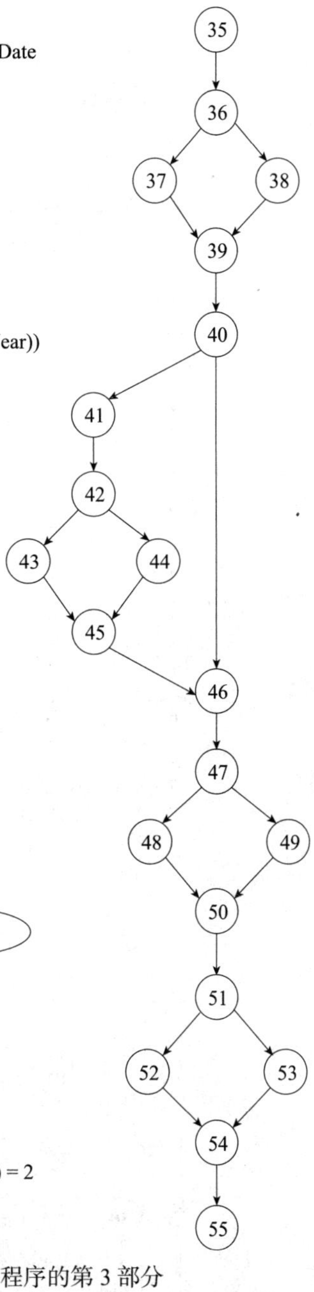

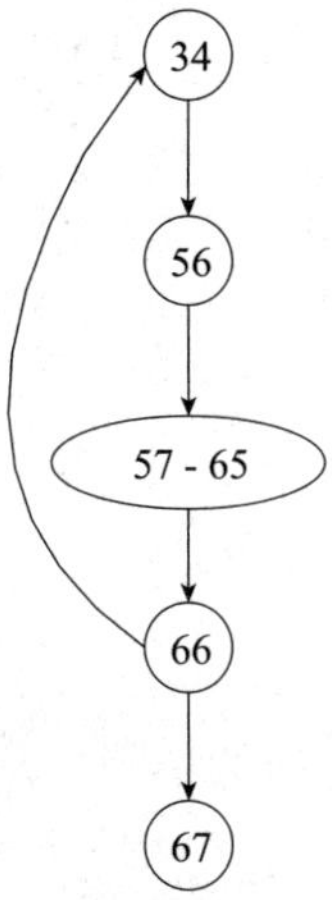

GetDate $V(G) = 2$

图 12.16 结构化 integrationNextDate 程序的第 3 部分

图 12.17 和图 12.18 分别显示了功能分解图和调用图。图 12.19 显示了 integrationNextDate 中单元的程序流程图。图 12.20 显示了输入日期为 2020 年 5 月 27 日的 MM 路径。

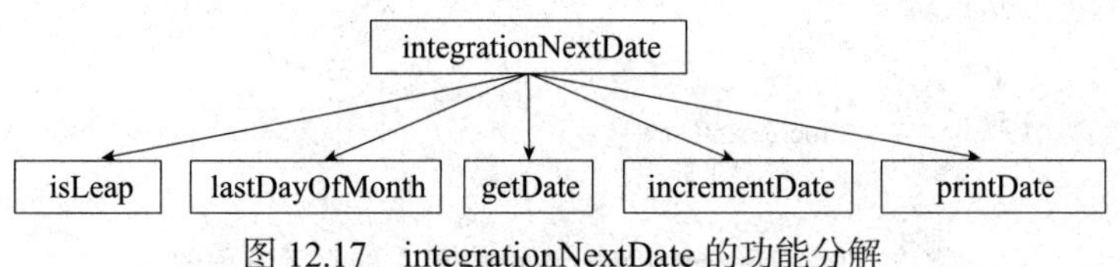

图 12.17 integrationNextDate 的功能分解

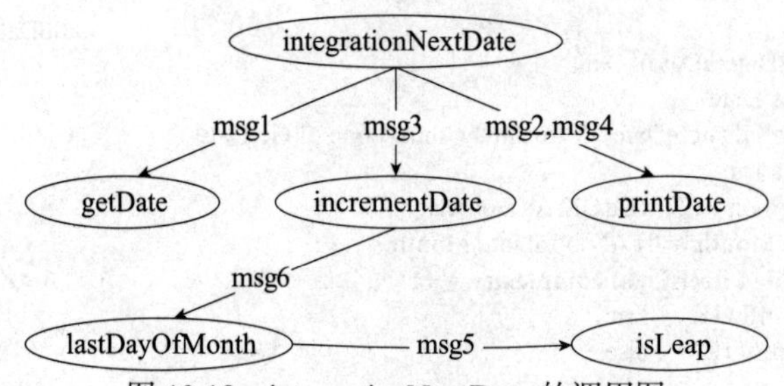

图 12.18　integrationNextDate 的调用图

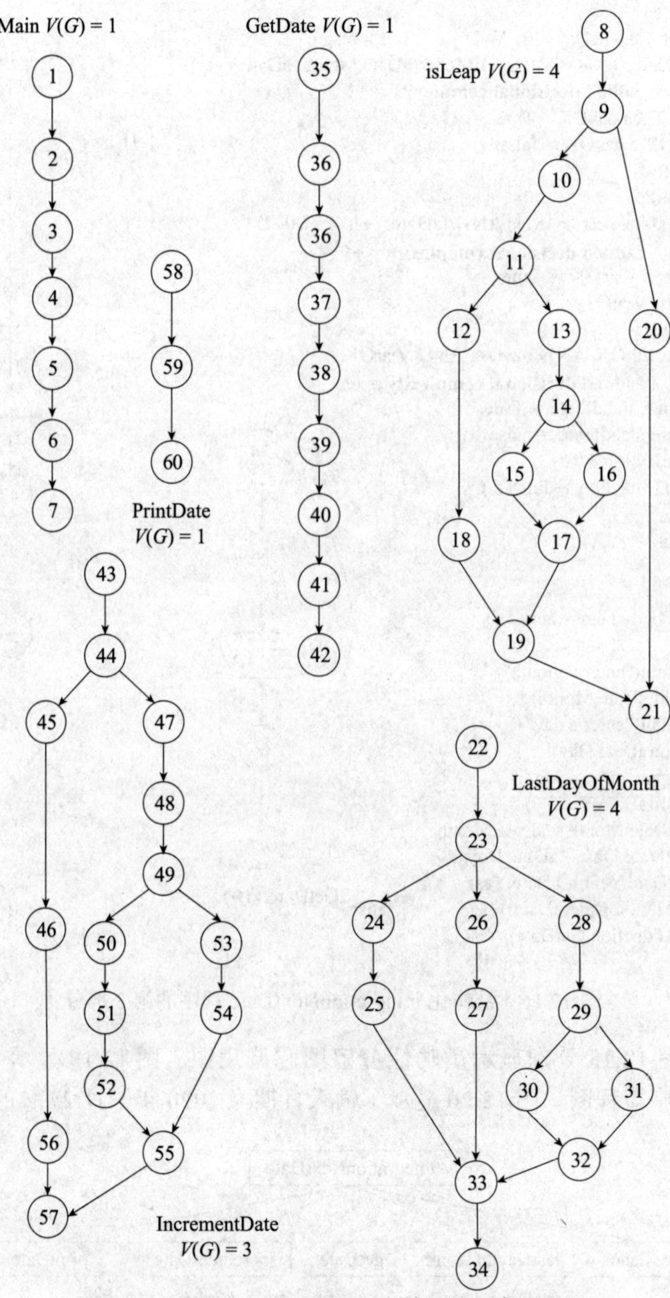

图 12.19　integrationNextDate 中单元的程序流程图

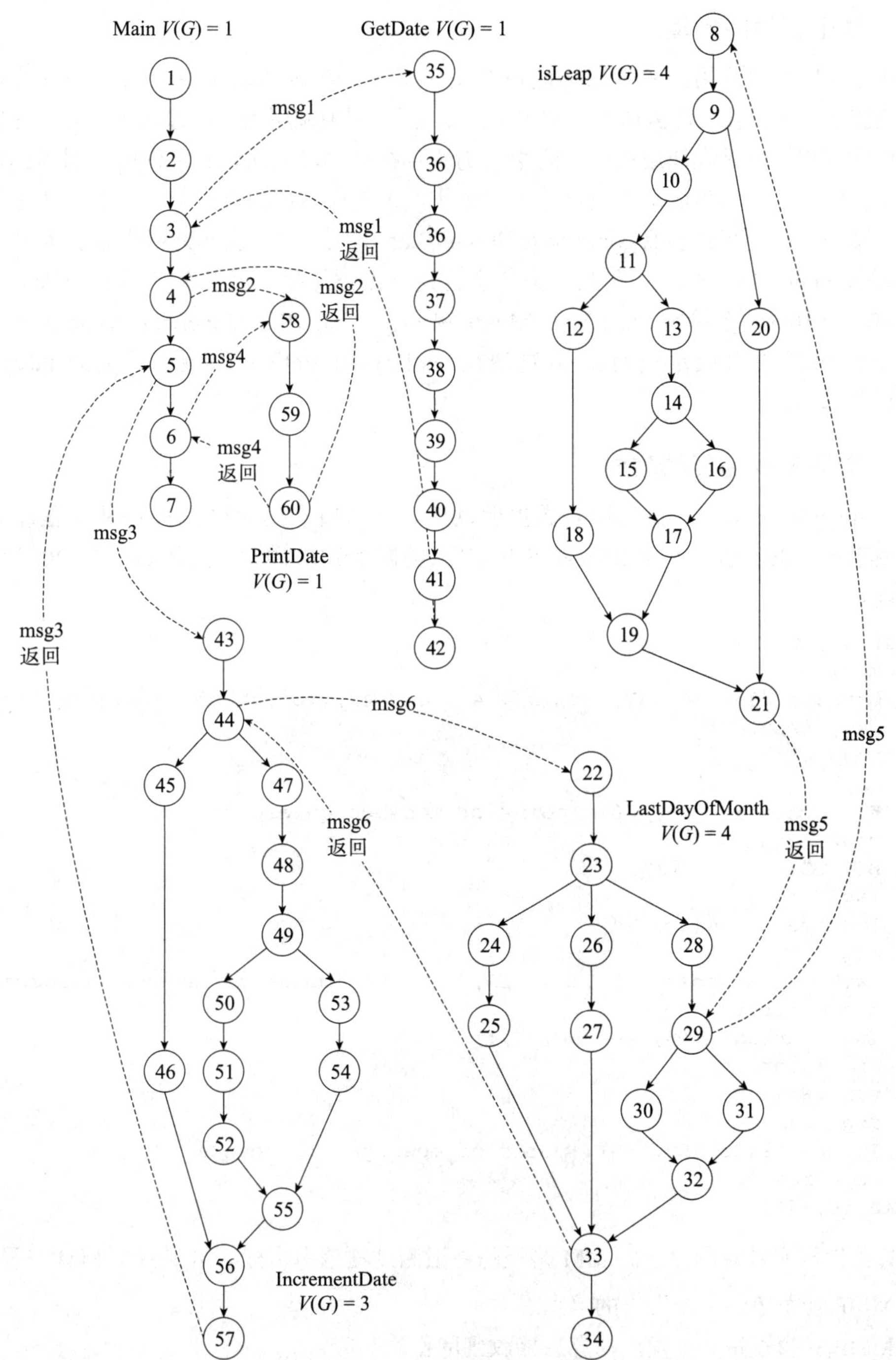

图 12.20 输入日期为 2020 年 5 月 27 日的四条 MM 路径

12.4.1 基于分解的集成

从图 12.17 中的功能分解来看，图中的集成测试对是有问题的，因为主程序不会直接调用 isLeap 和 lastDayOfMonth 功能，因此这些集成对是无法进行测试的。在功能分解图中，主程序 integrationNext Date 与 getDate、incrementDate 和 printDate 三个功能之间的集成测试对（虽然很短）才是有意义的测试。

12.4.2 基于调用图的集成

基于图 12.18 中调用图的调用集成策略是对基于分解的成对集成策略的一种改进。在调用集成测试中不存在无法测试的“空集成测试对”，因为调用图中的边代表的是程序实际执行中的单元调用。但是在调用集成策略中，仍然存在桩模块的问题。本例中，因为调用关系比较简单，所以三明治集成是比较合适的。事实上，集成测试的过程与程序的构建过程也是吻合的。第一次构建可以包含 Main 单元和 printDate 单元。第二次构建可以包含 Main 单元、getDate 单元和 printDate 单元，最后，第三次构建可以添加除了已经存在的 printDate 单元和 getDate 单元之外的剩余单元：lastDayOfMonth 单元、isLeap 单元和 incrementDate 单元。

基于调用图的邻域集成可能会先使用 lastDayOfMonth 的邻域，然后是 integrationNextDate 的邻域。

12.4.3 基于 MM 路径的集成

因为 integrationNextDate 程序是数据驱动的，所以所有的 MM 路径都从主程序开始并返回到主程序。以下是输入为 2020 年 5 月 27 日的四条 MM 路径（注意如图 12.20 所示的消息静默点）。

```
Main (1, 2, 3)
    msg1
    GetDate (35, 36, 37, 38, 39, 40, 41, 42) 'point of message quiescence
    msg1 return
Main(3, 4)
    msg2
    PrintDate(58, 59, 60) 'point of message quiescence
    msg2 return
Main(4, 5)
    msg3
    IncrementDate(43, 44)
    msg 6
    LastDayOfMonth(22, 23, 24, 25, 33, 34) 'point of message quiescence
    msg 6 return
    IncrementDate(45, 46, 56, 57)
    msg 3 return
Main(5, 6)
    msg4
    PrintDate(58, 59, 60) 'point of message quiescence
    msg4 return
Main (6, 7)
```

我们现在可以给出针对程序代码 MM 路径的一组测试覆盖率指标。给定一组 MM 路径：

- ❑ MMP_0：覆盖每一个发出的消息。
- ❑ MMP_1：覆盖每一个发出消息后接收到的正确响应。
- ❑ MMP_2：遍历每一条单元执行路径。

12.4.4 分析和建议

表 12.3 总结了前面讨论中观察到的结果。MM 路径方法增加了对软件动态行为的精确表示，因此明显改进了集成测试的策略。MM 路径也是目前研究集成测试的数据流（定义－使用）方法的基础。然而使用 MM 路径进行集成测试有时会比较复杂，需要很多额外的工作，所以基于调用图的集成测试策略经常被作为备选方案。

表 12.3 几种集成策略的对比

集成基础	接口的测试能力	联合功能的测试能力	故障隔离的能力
功能分解树	可接受但存在空的测试对	仅限于成对的单位	好，隔离到出故障单元
调用图	可接受	仅限于成对的单位	好，隔离到出故障单元
MM 路径	很好	完整的功能	很好，隔离到执行路径上的出故障单元

12.5 案例：integrationNextDate 程序的 O–O 集成

本节我们将 12.4 节（integrationNextDate）的伪代码版本重写为 Java 代码。图 12.17 和图 12.18 分别显示了该程序的功能分解图和调用图。图 12.19 显示了 integrationNextDate 中单元的程序流程图。图 12.20 显示了输入日期 2020 年 5 月 27 日的 MM 路径。

```
import static org.junit.jupiter.api.Assertions.*;
import org.junit.jupiter.api.Test;

class DateTest {
     @Test
     void testSimple() {

          Date date  =  new Date(Month.MAY, 27, 2020);     /* msg 1 */
          assertEquals("5-27-2020", date.getDate());       /* msg 2 */
          date  =  date.nextDate();                        /* msg 3 */
          assertEquals("5-28-2020", date.getDate());       /* msg 4 */
     }
}

public class Date {
     private Day day;
     private Month month;
     private Year year;

     public Date(int month, int day, int year) {
          this.year  =  new Year(year);                    /* msg 5 */
          this.month  =  new Month(month, this.year);      /* msg 6 */
          this.day  =  new Day(day, this.month);    /* msg 7 */
     }

     public String getDate() {
          return month.getMonth() +  "-" +  day.getDay()  +  "-" +
              year.getYear();
     }                                        /* msg 8, msg 9, msg 10 */

     public Date nextDate() {
          Day nextDay  =  day.getNextDay();                /* msg 11 */
          Month  month  =  nextDay.getMonth();             /* msg 12 */
          Year  year  =  month.getYear();                  /* msg 13 */
          return new Date(month.getMonth(), nextDay.getDay(), year.
                        getYear()); /* msg14, msg15, msg16 */
     }
}

public class Day {
     private int day;
```

```
    private Month month;

    public Day(int day, Month month) {
        this.day  =  day;
        this.month  =  month;
    }

    public int getDay() {
        return day;
    }

    public Day getNextDay() {
        if(day < month.numberOfDays())                          /* msg 17 */
            return new Day(day + 1, month);                     /* msg1 8 */
        else
            return new Day(1, month.getNextMonth()); /* msg 19 */
    }

    public Month getMonth() {
        return month;
    }
}

public class Month {
    public static final int JANUARY  =  1;
    public static final int FEBRUARY  =  2;
    public static final int MARCH  =  3;
    public static final int APRIL  =  4;
    public static final int MAY  =  5;
    public static final int JUNE  =  6;
    public static final int JULY  =  7;
    public static final int AUGUST  =  8;
    public static final int SEPTEMBER  =  9;
    public static final int OCTOBER  =  10;
    public static final int NOVEMBER  =  11;
    public static final int DECEMBER  =  12;

    private int month;
    private Year year;

    public Month(int month, Year year) {
        this.month  =  month;
        this.year  =  year;
    }

    public int getMonth() {
        return month;
    }

    public int numberOfDays() {
        int numberOfDays  =  0;
        switch (month) {
        // 31  day  months
        case 1: case 3: case 5: case 7: case 8: case 10: case 12:
            numberOfDays  =  31;
            break;
        // 30  day  months
        case 4: case 6: case 9: case 11:
```

```
                numberOfDays  =  30;
                break;
            // February
            case 2:
                if(year.isLeapYear())                      /* msg 20 */
                    numberOfDays  =  29;
                else
                    numberOfDays  =  28;
                break;
            }
            return numberOfDays;
        }

        public Month getNextMonth() {
            if(month < 12)
                return new Month(month + 1, year);    /* msg 21 */
            else
                return new Month(1, year.getNextYear());          /* msg
                22, msg 23 */
        }

        public Year getYear() {
            return year;
        }
}

public class Year {
        private int year;

        public Year(int year) {
            this.year  =  year;
        }
        public int getYear() {
            return year;
        }

        public boolean isLeapYear() {
            boolean isLeapYear  =  true;

        if(year % 4 !=   0)
                isLeapYear  =  false;
            else if(year % 100 !=   0)
                isLeapYear  =  true;
            else if(year % 400 !=   0)
                isLeapYear  =  false;
            return isLeapYear;
        }

        public Year getNextYear() {
            return new Year(year + 1);                         /* msg 24 */
        }
}
```

我们可以对 nextDate 程序的结构化实现（VBA 伪代码）和 Java 实现进行一些有趣的对比分析。表 12.4 表明，虽然测试从结构化的单元级别切换到面向对象的集成级别，但是测试的总体复杂度保持大致相同。我们可以花一点时间比较一下两个程序的流程图（图 12.19 和图 12.21）。

表 12.4 结构化实现和面向对象实现的对比

	结构化	面向对象
单元个数	6	5 个类，17 个方法
单元复杂度总和	14	40
代码行数	90	119
消息总数	7	25

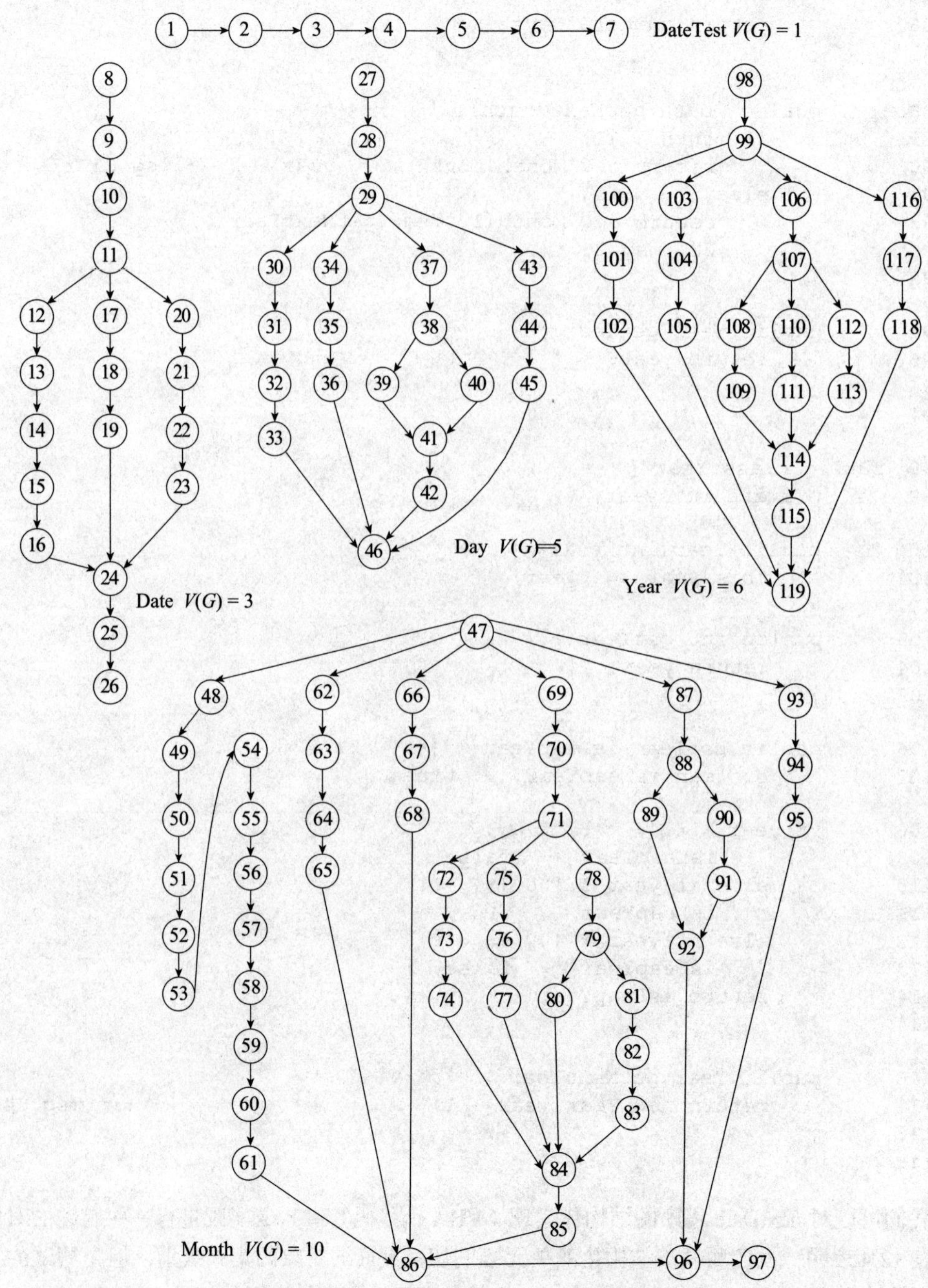

图 12.21 integrationNextDate 中 5 个类的程序流程图

由于大多数面向对象的方法都很简单，因此在单元测试中对方法的测试也会（或应该）相应简单一些。所以，我们可以用这样的策略来降低测试的压力：即面向对象代码的单元测试应该集中在类的级别，而通过集成测试重点对整个代码进行测试。

表 12.5 中列出了 integrationNextDate 程序的面向对象实现中的 24 条消息的来源、目的地和行号。

表 12.5 integrationNextDate 的面向对象版本中的消息

消息	来源	目的地	行号
msg 1	DateTest	Date	3
msg 2	DateTest	date.getDate()	4
msg 3	DateTest	date.nextDate()	5
msg 4	DateTest	date.getDate()	6
msg 5	Date	Year	13
msg 6	Date	Month	14
msg 7	Date	Day	15
msg 8	Date.getDate	month.getMonth()	18
msg 9	Date.getDate	day.getDay()	18
msg 10	Date.getDate	year.getYear()	18
msg 11	Date.nextDate	day.getNextDay()	21
msg 12	Date.nextDate	nextDay.getMonth()	22
msg 13	Date.nextDate	month.getYear()	23
msg 14	Date.nextDate	month.getMonth()	24
msg 15	Date.nextDate	nextDay.getDay()	24
msg 16	Date.nextDate	year.getYear()	24
msg 17	Day.getNextDay	month.numberOfDays()	38
msg 18	Day.getNextDay	Day(day+1,month)	39
msg 19	Day.getNextDay	month.getNextMonth()	41
msg 20	Month.numberOfDays()	year.isLeapYear()	79
msg 21	Month.getNextMonth()	Month(month+1,year)	90
msg 22	Month.getNextMonth()	Month()	92
msg 23	Month.getNextMonth()	Month(year.getNextYear())	92
msg 24	Year.getNextYear()	Year(year+1)	117

图 12.21 是 integrationNextDate 程序的 Java 版本中五个类的程序流程图（请注意，类内部的方法也表示在整个类的程序流程图中），另外还给出了每个类的环复杂度。

图 12.22 显示了 5 个类中的 24 个消息流，图 12.23 显示了输入为 2020 年 5 月 27 日的消息流。

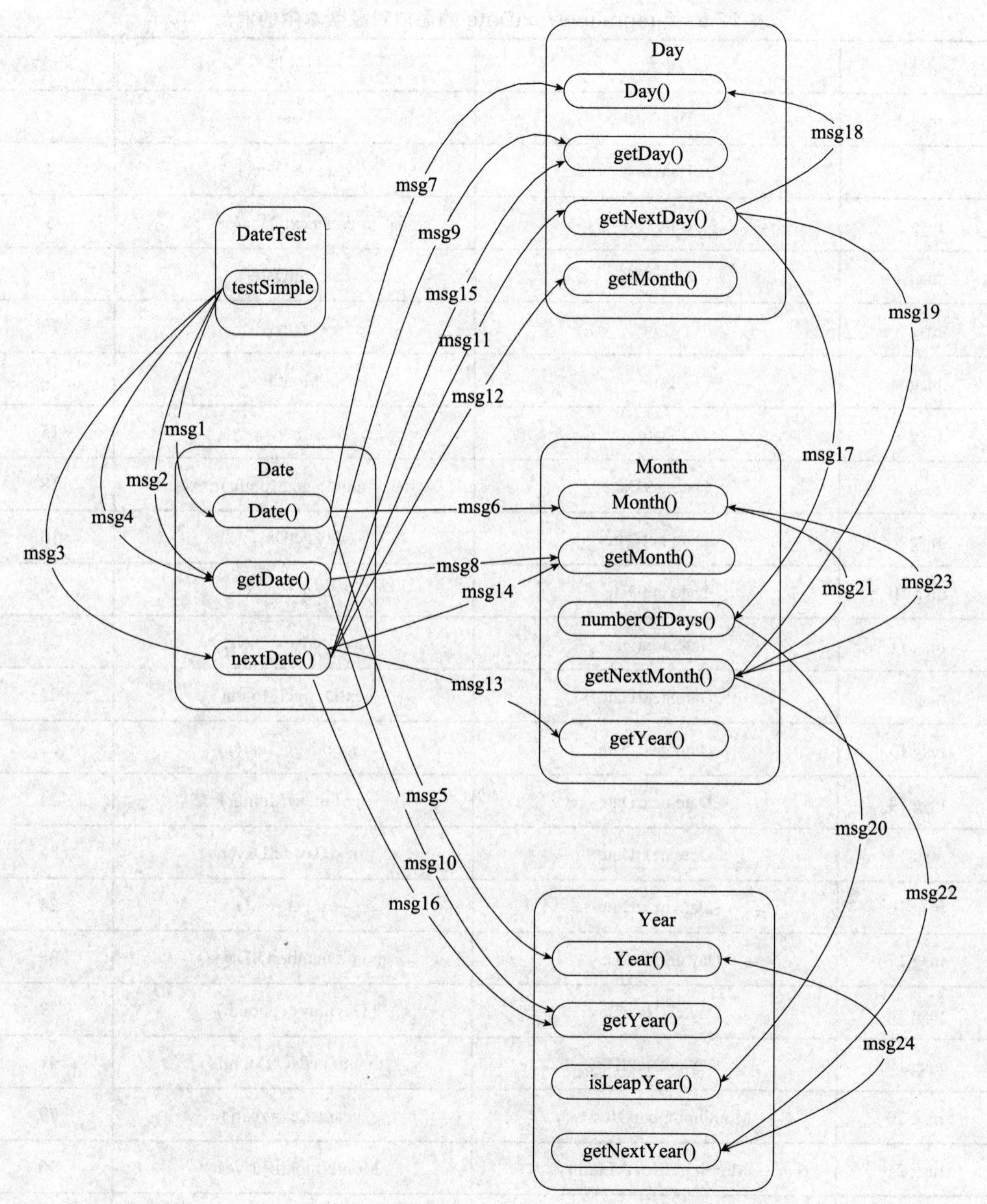

图 12.22　integrationNextDate 程序中 5 个类的消息流

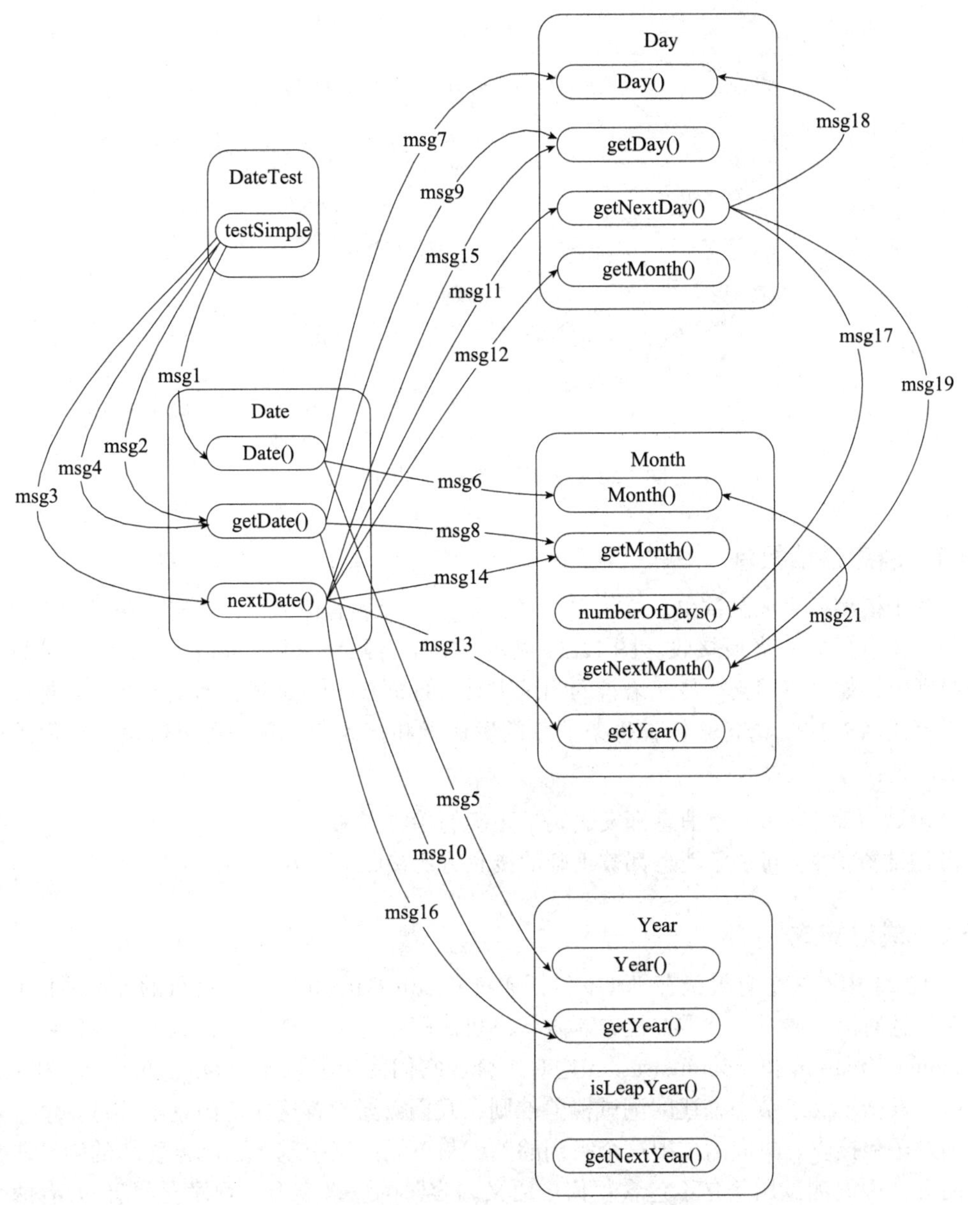

图 12.23 输入为 2020 年 5 月 27 日的消息流

12.6 基于模型的集成测试

在本节中，我们将基于代码的集成测试扩展到基于模型的测试级别。相关的例子请参阅附录 B。我们首先关注模型之间基于消息的交互，在这个例子中，可以用有限状态机来表示。为方便起见，图 B.2 在此重复为图 12.24。它与我们在本章前面使用的调用图是非常类似的。

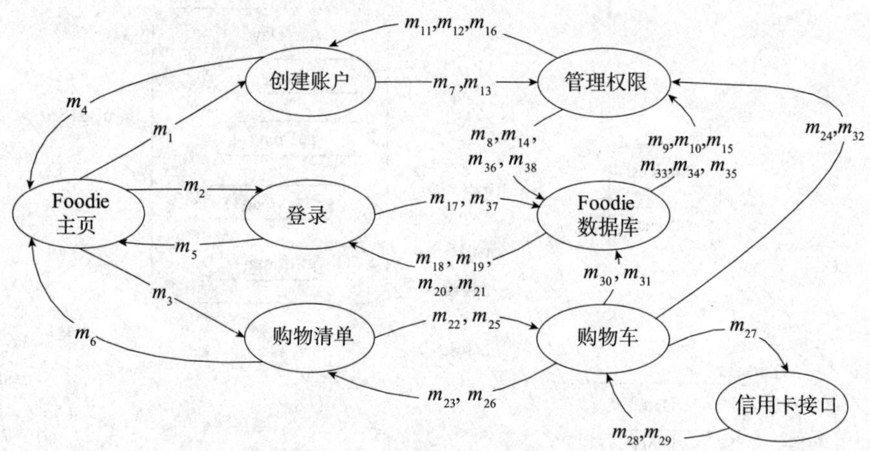

图 12.24　有限状态机之间的消息流

12.6.1　消息通信机制

在基于模型的集成测试中，最简单的形式是验证每条消息是否已发送到正确的接收者那里，并被正确的接收者所接收。图 12.21 显示了 8 个有限状态机之间通信的 38 条消息。在这个级别中，如果使用支持特定语言的测试工具（例如 JUnit）是很容易实现测试目标的，其中可以使用 ASSERT 语句来检查每条消息的发送者和接收者。我们可以假设一些简单的测试覆盖度量：

- 测试覆盖 1。每一条消息都发送到了正确的接收者那里。
- 测试覆盖 2。每一条消息都被正确的接收方所接收。

12.6.2　成对集成

图 12.24 中有 8 个有限状态机（不包括通过 Credit Card Interface 进行的外部通信）之间的 8 对消息通信。成对集成需要检查有限状态机之间的每一对消息。在这里，我们将仔细研究 Account Creation 和 Administration 这对组合。它们使用消息 m_7、m_{11}、m_{12}、m_{13} 和 m_{16} 进行通信。根据 12.6.1 节中描述的测试覆盖准则，我们需要检查这 5 个消息中的每一个是否都被正确发送和接收。集成测试中这个级别的测试与单元测试中基于程序流程图的测试非常相似，而且其中的测试用例是不包含任何“语义内容”的。事实上，程序对消息 m_7 有两个响应（消息 m_{11} 和 m_{12}），这取决于 m_7 中是否包含了新的 UserID。由此可见，成对集成已经开始回答“为什么”要发送响应消息这个问题了——显然这是朝着增加语义内容的方向发展。在此基础上，我们可以进一步观察到，只有在 UserID 被消息 m_{11} 接收并允许后才能发送新的个人识别码（PIN）。

为了测试这个消息对，我们需要两个新对象：第一个是 CreateAccountDriver，为 Account Creation 提供用户输入；第二个是 FoodieDBStub，为 Administration 发送到 FoodieDB 的消息提供响应。我们可以通过只关注由 Account Creation 开始的消息来删除 FoodieDBStub（参见图 12.25 中简化的有限状态机）。CreateAccountDriver 需要将输入事件 e_{11}、e_{12} 和 e_{13} 发送到有限状态机 AccountCreation。而 FoodieDBStub 需要将消息 m_9、m_{10} 和 m_{15} 发送到有限状态机 Administration。给定这四个类的集合，我们就可以测试更长的、语义正确的消息序列。

但需要注意，在这里我们也会遇到与基于程序流程图的单元测试中类似的不可行路径。附录 B 中有对 Foodie Wishlist 应用中消息的描述，即从 Admin 到 Account Creation 的消息 m_{12} 拒绝了接收到的 UserID。所以任何包含子序列 $<m_{12}, m_{13}>$ 的序列在逻辑上都是不可能的。

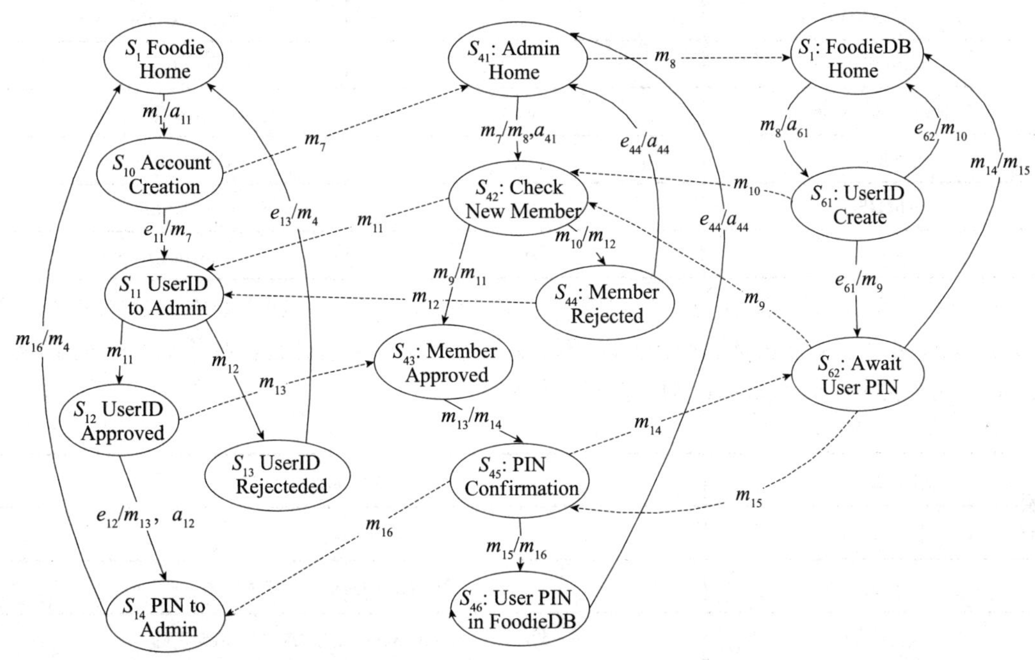

图 12.25 简化后的 Foodie 有限状态机

为了识别出更长的成对集成测试用例，我们从单个有限状态机开始，如图 12.25 所示。从状态 S_1（Foodie Home）开始，消息 m_1 将控制转移到 AccountCreation 中的状态 S_{10}。我们将需要 AccountCreationDriver 来生成消息 m_1（打开 AccountCreation）。一旦打开，AccountCreation 驱动程序可以生成输入事件 e_{11}（输入 UserID），这会导致转换到状态 S_{11} 并将消息 m_7（处理 UserID）发送给 Admin。由于管理员不知道这是不是原始的 UserID，所以将接收的 UserID 发送到 FoodieDBStub（消息 m_8）。由于它是一个桩模块，所以 FoodieDBStub 里面必须有根据需求预先编好的程序，能够区分出接收到的 UserID 是新的，还是已经存在于 FoodieDB 中。测试人员在构建桩模块 FoodieDBStub 时必须确保这一点。如果是新的 UserID，桩模块 FoodieDBStub 会返回消息 m_9（允许新的 UserID），然后 Admin 将 m_{11}（接收到的 USerID 已被允许）发送回 AccountCreation。所有这些都在成对测试用例 1 中。

成对测试用例 1：

测试用例名	输入的原始 UserID
测试用例 ID	pw_1
描述	用户输入原始 UserID
先决条件	输入的 UserID 不在 FoodieDB 中
消息序列	

（续）

来源	消息或输入	目的地
AccountCreationDriver	m_1	Account Creation
AccountCreationDriver	e_{11}	Account Creation
Account Creation	m_7	Admin
AccountCreationDriver	e_{12}	Account Creation
Admin	m_8	FoodieDBStub
FoodieDBStub	m_9	Admin
Admin	m_{11}	Account Creation

这个测试用例非常像我们在 12.4.3 节中讨论的 MM 路径。不同之处在于该路径不会像在原始 MM 路径中那样发送返回消息。当控制权返回给那个发送路径起始消息的有限状态机（在本例中为 CreateAccount）时，路径“结束”。

成对测试用例 2：

测试用例名	输入的原始 UserID 和 PIN	
测试用例 ID	pw_2	
描述	用户输入 UserID 和 PIN	
先决条件	输入的 UserID 不在 FoodieDB 中，PIN 正确	
	消息序列	
来源	消息或输入	目的地
AccountCreationDriver	e_{11}	Account Creation
AccountCreationDriver	e_{12}	Account Creation
Account Creation	m_7	Admin
Admin	m_8	FoodieDBStub
FoodieDBStub	m_9	Admin
Admin	m_{11}	Account Creation
AccountCreationDriver	e_{13}	Account Creation
Account Creation	m_{13}	Admin
Admin	m_{14}	FoodieDBStub
FoodieDBStub	m_{15}	Admin
Admin	m_{16}	Account Creation

成对测试用例 2 实际上是两个有限状态机 / 消息路径（FSM/M 路径）的序列——第一个包含消息序列 <m_7, m_8, m_9, m_{11}>，第二个包含消息序列 <m_{13}, m_{14}, m_{15}, m_{16}>。此示例显示 FSM/M 路径可以连接成几乎处于系统测试用例级别的完整的端到端事务。

成对测试用例 3：

测试用例名		输入的重复 UserID
测试用例 ID		pw_3
描述		用户输入重复的 UserID
先决条件		输入的 UserID 在 FoodieDB 中
消息序列		
来源	消息或输入	目的地
AccountCreationDriver	e_{11}	Account Creation
AccountCreationDriver	e_{12}	Account Creation
Account Creation	m_7	Admin
Admin	m_8	FoodieDBStub
FoodieDBStub	m_{10}	Admin
Admin	m_{12}	Account Creation

12.6.3 有限状态机 / 消息路径集成

在本节中，我们将 12.6.2 节中的成对测试用例扩展为完整的 FSM/M 路径。为了阐明这种区别，我们将它们称为场景（如附录 B 中所示）。我们仍然需要 AccountCreation 中的输入事件（事件 e_{11} 和 e_{12}）和 FoodieDB 中的事件 e_{61} 的驱动程序类。场景 1 和场景 2 非常详细和完整。我们可以看到与 Foodie 数据库相关的交互更复杂（其他三个有限状态机），因此这些场景将表示为状态序列和消息序列。

定义 有限状态机 / 消息（FSM/M）路径是由一个有限状态机发起和终止，并使用消息连接到其他有限状态机的路径。

表示 FSM/M 路径由（内部）消息序列表示。成对测试用例 1 中的 FSM/M 路径是消息序列 $<m_7, m_8, m_9, m_{11}>$。

12.6.4 场景 1：创建正常账户

Foodie 用户创建一个 UserID，将其发送给 Admin。Admin 将潜在的 UserID 发送到 FoodieDB。FoodieDB 检查并确认不存在同样的 UserID，因此批准可以使用新的 UserID，并向 Admin 确认。接下来，Admin 向 Account Creation 确认后，新批准的用户会创建一个 PIN 并将其发送给 Admin。（因为 PIN 是用户的一个局部变量，所以不用检查 PIN 的有效性。）Admin 将 PIN 发送到 FoodieDB，以便 FoodieDB 可以将其作为“预期的 PIN”发送到 Admin。

图 12.26 是将图 12.25 中与场景 1 无关的内容进行输出之后得到的。通过检查图 12.26，我们可以推导出场景 1 中的消息和输入事件序列 $<m_1, e_{11}, m_7, m_8, m_9, e_{61}, m_{11}, e_{12}, m_{13}, m_{14}, m_{15}, e_{44}, m_{16}, m_4>$。由于我们将场景中的所有状态进行统一编号，所以我们可以将场景描述为跨泳道的状态序列的形式。场景 1 的状态顺序为 S_1、S_{10}、S_{41}、S_{60}、S_{61}、S_{42}、S_{11}、S_{12}、S_{43}、S_{62}、S_{60}、S_{45}、S_{41}、S_{14}、S_1。

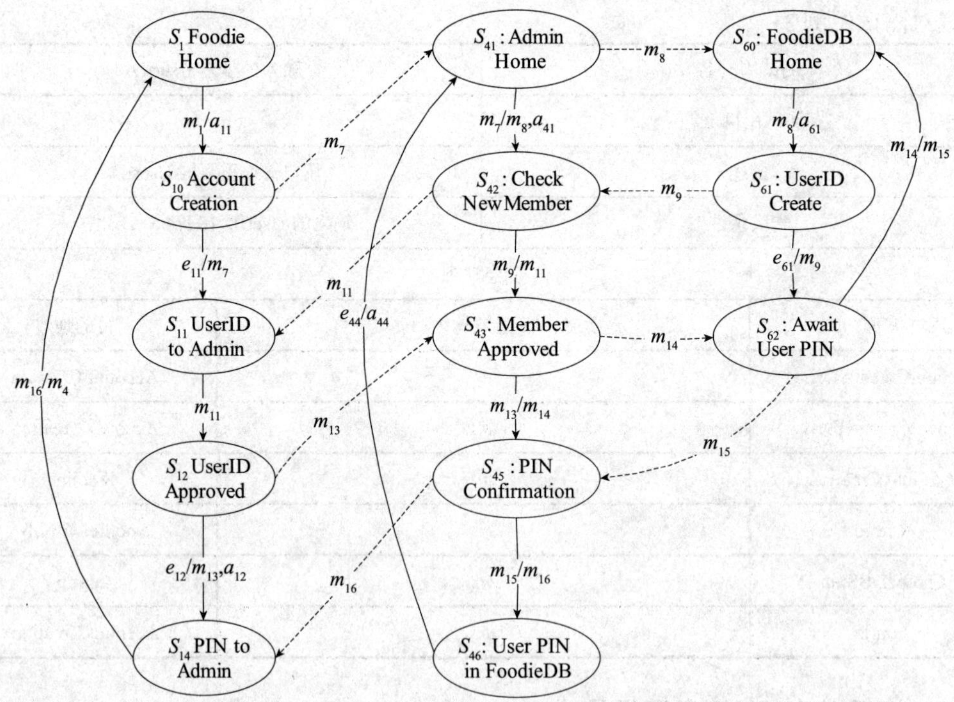

图 12.26　场景 1 中的消息和状态流

在本次讨论中，我们假设了一个集成测试工具，它允许测试人员通过一组可以相互通信的有限状态机来“执行”路径。动词 CAUSE 和 VERIFY 的用法如下。CAUSE 语句可以执行以下操作：

- ❑ 产生一个驱动状态机的本地事件（例如，e_{11}）。
- ❑ 产生一个被发送到相邻状态机的消息，并包含必要的参数。
- ❑ 产生一个状态转换。

同样的，VERIFY 语句可以执行以下操作：

- ❑ 识别出当前处于运行状态的状态机。
- ❑ 报告当前状态的名称。
- ❑ 验证 VERIFY 参数的值。

仅使用这些 CAUSE 和 VERIFY 功能，集成测试人员就可以定义出 FSM/M 路径的集成测试过程。表 12.7 源自图 12.26。表 12.6 中的步骤 1~4 将表示为表 12.7 中的测试步骤。

表 12.6　场景 1 的 FSM/M 路径

步骤	状态	CAUSE 事件 / 消息	下一个状态	VERIFY（结果）
1	S_1	m_1	S_{10}	在 AccountCreation
2	S_{10}	e_{11}	S_{11}	在 AccountCreation
3	S_{10}	m_7：提出 UserID = 'Paul'	S_{41}	在 Admin,UserID = 'Paul'
4	S_{41}	m_7	S_{42}	在 Admin
5	S_{41}	m_8	S_{60}	在 FoodieDB,UserID = 'Paul'
6	S_{60}	m_8	S_{61}	在 FoodieDB

（续）

步骤	状态	CAUSE 事件 / 消息	下一个状态	VERIFY（结果）
7	S_{61}	e_{61}	S_{62}	在 FoodieDB
8	S_{61}	m_9：同意 UserID = 'Paul'	S_{42}	在 Admin, UserID = 'Paul' OK
9	S_{42}	m_9	S_{43}	在 Admin
10	S_{42}	m_{11}	S_{11}	在 AccountCreation
11	S_{11}	m_{11}	S_{12}	同意 UserID = 'Paul'
12	S_{12}	e_{12}	S_{14}	在 AccountCreation
13	S_{12}	m_{13}：定义 UserPIN	S_{43}	在 Admin：传递 UserPIN
14	S_{43}	m_{14}：UserPIN 到 FoodieDB	S_{62}	UserPIN 存储在 FoodieDB
15	S_{62}	m_{15}：确认 UserPIN	S_{45}	在 Admin
16	S_{45}	m_{15}	S_{46}	在 Admin
17	S_{45}	m_{16}：接受定义的 PIN	S_{14}	在 AccountCreation
18	S_{46}	e_{44}	S_{41}	在 Admin Home
19	S_{14}	m_{16}：接受定义的 PIN	S_1	在 Foodie Home

表 12.7　部分 FSM/M 路径的测试步骤

步骤	描述
1	VERIFY (InState(S_1))
2	CAUSE (SendMessage(m_1))
3	VERIFY (InState(S_{10}))
4	VERIFY (StateName = AccountCreation)
5	CAUSE (InputEvent(e_{11}))
6	VERIFY (InState(S_{11}))
7	CAUSE (SendMessage(m_7) UserID = ‘Paul’)
8	VERIFY (InState(S_{41}))
9	VERIFY (UserID = ‘Paul’)

12.7　习题

1. 找到在 DateTest 类中的源节点和汇节点。
2. 考虑为 MM 路径设置一些可能的复杂度度量指标：
   - ❑ $V(G)=e-n$。
   - ❑ $V(G)=0.5e-n+2$。
   - ❑ 节点的出度总和。
   - ❑ 边的数目和节点数目的总和。

   将上面四种指标应用于图 12.22 中的第 2 条 MM 路径（从消息 msg2 开始），这些指标具有可解释性吗？
3. 设计一些测试用例，将它们解释为 MM 路径，然后观察图 12.20 中单元程序流程图的哪些部分可以被你的 MM 路径所遍历。尝试为基于 MM 路径的集成测试设计一种“覆盖度量”。

4. 集成测试的目标之一是能够在测试用例导致系统失效时进行故障隔离。考虑对用过程性编程语言编写的程序进行集成测试。对以下集成策略的故障隔离能力进行相对强弱的排序：
   A= 基于分解的自顶向下集成。
   B= 基于分解的自底向上集成。
   C= 基于分解的三明治集成。
   D= 基于分解的 big bang 集成。
   E= 基于调用图的成对集成。
   F= 基于调用图的邻域集成（半径 =2）。
   G= 基于调用图的邻域集成（半径 =1）。
   把你认为的排序在下面的连续轴上表示出来，用对应的字母表示不同的策略。例如图 12.27 中表示的意思是，策略 *X* 和 *Y* 大致相等且都不是很有效，而策略 *Z* 则非常有效。

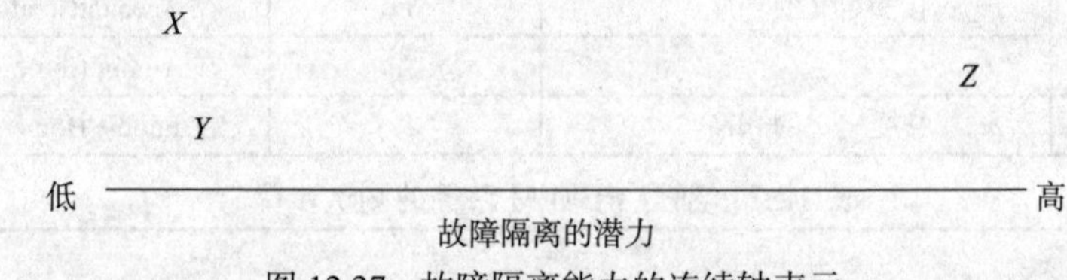

图 12.27　故障隔离能力的连续轴表示

5. 考虑撰写重要论文（例如正式论文或计划书）的过程。在文字处理器出现之前的日子里，学生需要先制定详细的大纲，然后可能会多次审查草稿，进行最终修改，最后录入最终版本。讨论技术是如何改变这一过程的，然后将其与我们研究的软件生命周期模型联系起来。从瀑布模型的方法转换到其他生命周期的模型方法可以有效改进开发的流程，你还能想到类似的转换吗？

12.8　参考文献

Matthew Fordahl, *Elementary Mistake Doomed Mars Probe*, The Associated Press, Oct. 1, 1999; also, http://mars.jpl.nasa.gov/msp98/news/mco990930.html.

Michael S. Deutsch, *Software Verification and Validation-Realistic Project Approaches*, Prentice-Hall, Englewood Cliffs, NJ 1982.

Bill Hetzel, *The Complete Guide to SOFTWARE TESTING*, 2nd Edition, QED Information Sciences, Inc., Wellesley, MA, 1988.

Paul C. Jorgensen, *The Use of MM-Paths in Constructive Software Development*, Ph.D. dissertation, Arizona State University, Tempe, AZ, 1985.

Paul C. Jorgensen and Carl Erickson, "Object-Oriented Integration Testing", *Communications of the ACM*, Sept. 1994.

Cem Kaner, Jack Falk, & Hung Quoc Nguyen, *Testing Computer Software*, 2nd Edition, Van Nostrand Reinhold, New York, 1993.

Daniel J. Mosley, *The Handbook of MIS Application Software Testing*, Yourdon Press, Prentice-Hall, Englewood Cliffs, NJ 1993.

Roger S. Pressman, *Software Engineering: A Practitioner's Approach*, McGraw-Hill, New York, 1982.

Stephen R. Schach, *Software Engineering*, 2nd ed., Richard D. Irwin, Inc., and Aksen Associates, Inc., 1993.

系统测试

在三个测试级别中，系统测试是最接近日常生活的。我们会测试很多东西，购买二手车之前需要测试一下，注册一个在线网络服务之前也需要测试一下，等等。这些测试的共同之处在于，我们要按照经验对某个产品进行评估，既不关心需求规格也不关心某个标准。测试的结果不是为了发现错误，而是为了评估是否能够达到我们预期的行为。因此，我们倾向于使用基于规范的系统测试方法，而非基于代码的方法。正因为如此熟悉，所以系统测试在实践过程中通常不那么正式。而且由于非常临近产品发布的最后期限，系统测试的周期很短，因此不那么正式的这个特性就会更加明显。

工艺师精神在此处仍然适用。我们需要一种方法来更好地理解被测系统，从系统级行为线索视图的角度来看待系统测试。我们将从一个新的概念 ASF（原子系统功能）开始，然后发展到线索这个概念，重点突出一些基于线索测试的实用的问题。系统测试经常与需求规格说明紧密相关，因此我们可以使用适当的系统级建模技术来实施基于模型的测试。上述这些想法的共同之处在于线索这个概念。所以我们要先来研究如何在不同的通用模型中识别系统级线索。我们仍使用“美食家”在线购物程序作为示例（详见附录 B）。

13.1 线索

我们很难定义线索。实际上，有些已经发表的定义要么与实际不符，要么有误导性，或者干脆就是错误的。因此我们将开发一个线索的共享版本来举例说明何为线索。以下是一些常见的线索定义：

- 常规使用的场景。
- 系统级测试用例。
- 激励响应对。
- 一系列系统级输入的结果。
- 端口输入和输出事件的交互序列。
- 系统状态机中的迁移序列。
- 对象消息和方法执行的交互序列。
- 机器指令序列。
- 源代码指令序列。
- MM 路径序列。
- 原子系统功能（本章后面会定义）序列。

线索有不同的级别。单元级别的线索通常可以理解为源代码指令的执行路径，或者 DD 路径序列。集成级别的线索就是 MM 路径，也就是方法或模块的执行路径与消息的交互序列。如果我们延续这个模式，系统级线索就是原子系统功能的序列。因为原子系统功能有端口事件，还带有输入和输出，所以原子系统功能的序列也可以被视为端口输入和输出事件的交互序列。因此线索提供了一个在三个测试级别上的统一视图。单元测试会测试单独的函数，集成测试检查单元之间的交互，系统测试则检查原子系统功能之间的交互。本章，我们集中在系统级别的线索，回答一些基本的问题，例如，线索有多大？我们如何找到它们？我们如何测试它们？

13.1.1　线索可能性

我们很难定义系统级线索的结束点。所以让我们回到最初建立线索这个概念的起点，尝试建立一个干净的、基于图论的定义。在“美食家”在线购物程序的例子中，下面是可以作为线索的四种选择：

- 输入一个数字。
- 输入 PIN（个人标识码）。
- 一个简单的“美食家”在线购物程序购买交易。登录（包括输入 UserID 和输入 PIN），从购物清单中选择一个食品（FoodeItem），将食品放入购物车，完成信用卡支付。
- 一次购物对话包括两个或更多的简单交易。

第一种选择（输入一个数字）可以作为最小的原子系统功能。这个操作先从一个端口输入事件（数字键盘）开始，到端口输出事件结束（屏幕数值反馈），所以我们也可将其视为一个激励响应对。但是对于系统测试来说，这个级别的粒度未免有些太精细了。

第二种选择（输入 PIN）是集成测试的一个好例子，同时也是系统测试的一个好起点。输入 PIN 也可以作为一个原子系统功能，同时也是一组激励 / 响应对（一个端口输入事件触发了系统级的行为，运行编程实现的逻辑后，终止于某个可能的响应（端口输出事件））。输入 PIN 涉及一系列系统级输入和输出，如下所示：

- 屏幕请求 PIN 数字。
- 一系列数字键盘和系统响应的交互行为。
- 输入所有 PIN 之前，可能被客户终止。
- 系统分解。客户有三次输入正确 PIN 的机会。一旦输入正确的 PIN，客户就可以使用购物清单功能。如果用户三次输入 PIN 都未成功，登录操作失败。

这里有若干个激励响应对可以很清晰地将 ASF 置于系统级测试的范畴。ASF 的其他例子还包括创建账户、选择菜单、处理购物车、处理付款，以及 Foodie 数据库升级等。

第三个选项（简单交易）有点对点完成交易的含义。客户永远不会只做 PIN 输入这个操作（这是必然的，PIN 输入操作需要输入 UserID 才可以），但是一个全套购物交易则是最常见的执行方式。这是一个很好的系统级线索的示例。请注意，这其中包括若干 ASF 的交互。

最后一个选项（一次对话）是一个线索的序列。这也可能是系统测试的一部分。在这个级别，我们对线索之间的交互更感兴趣。不过，很多系统测试可能永远都达不到线索交互的层级。

13.1.2　线索定义

这里定义一些新的术语，以帮助我们更好地理解本章所述内容。

定义　*原子系统功能（ASF）是在系统级别能够观察到的、以端口输入和输出事件来描述的行为。*

在事件驱动的系统中，ASF 是由事件静默点来区分的。事件静默点通常是系统进入闲置状态，等着端口输入事件来触发下一步操作的时刻。事件静默点在 Petri 网中的表现形式很有趣。我们知道在传统的 Petri 网中，如果没有转换发生，就会产生死锁。但是在事件驱动 Petri 网（如第 4 章所示）中，事件静默点虽然很像死锁，但是输入事件可以“唤醒”系统。“美食家”在线购物系统展示了事件静默点可能发生的几个时刻：一个是在“美食家”在线购物程序对话开始的时候，此时系统已经展示了登录界面，等待输入 UserID 和 PIN。事件静默点是系统级行为，与集成测试中的消息静默基本相同。

定义 给定一个使用原子系统功能定义的系统，ASF 系统图由 ASF 作为节点，边代表序列流的有向图。

定义 源 ASF 是一个原子系统功能，其表现为 ASF 系统图中的一个源节点。汇 ASF 也是一个原子系统功能，其表现为 ASF 图中的汇节点。

在“美食家”在线购物系统中，UserID Entry（输入用户 ID）就是源 ASF，付款 ASF 就是结束 ASF。注意中间的 ASF 永远不可能在系统级单独被测试，因为它们需要其他 ASF 作为前置条件。

定义 系统线索是在系统 ASF 图中从源 ASF 到汇 ASF 的一条路径。

上述定义提供了关于线索的、更为扩展的内在含义，从非常短小的线索（一个单元内的线索）开始，到系统级线索的交互为止。我们可以将其视为显微镜的不同透视镜头，在不同的粒度之间进行切换。有了这些概念是一回事，支持这些概念是另一回事。后续我们将从测试员的角度审查需求规格说明，看看我们应该如何识别这些线索。

13.2 在单处理器应用中识别线索

有三种方法可以识别线索：使用用户故事和使用用例、在模型中查找线索，以及从一组原子系统功能中建立线索。在后面的讨论中，我们使用“美食家”在线购物程序示例逐一分析这三种方式。

13.2.1 用户故事 / 使用用例

使用用例是 UML 的核心部分。它主要的优势在于很容易被客户 / 用户和开发者所理解。使用用例能够抓住强调行为的“做什么视图（does 视图）”，而非强调结构的“是什么视图（is 视图）”。用户和测试人员都倾向于使用 does 视图来看待系统，因此使用用例就是很自然的选择。

数十年前，Larman 定义了使用用例的分层结构，其中每一个层级都在上一层级的基础上增加一些信息（Larman（2001））。Larman 将这些层级称为：

- 高级层（类似敏捷中的用户故事）。
- 核心层。
- 扩展核心层。
- 实际层。

图 13.1 使用 Venn 图显示不同层级之间的信息包含关系。表 13.1（使用用例）~ 表 13.4 显示了对图 13.1 逐层细化的信息。高级层使用用例基本等同于敏捷开发中的用户故事层级。一组高级层使用用例可以从 does 视图提供系统概述。核心使用用例增加了端口输入和输出事件的序列。在这个阶段，端口边界对于客户 / 使用者和开发者来说，是非常清晰的。

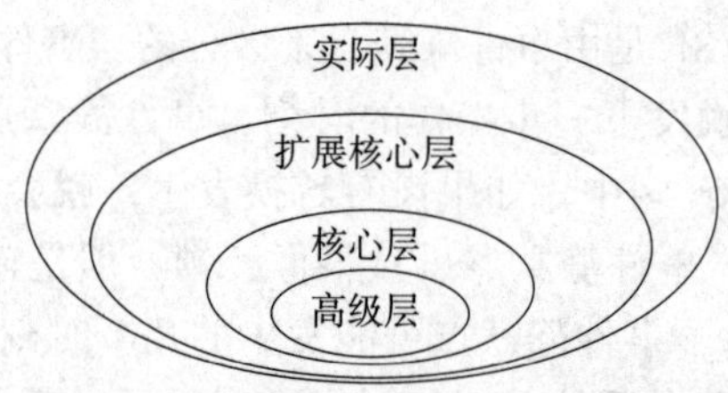

图 13.1　Larman 提出的使用用例级别

表 13.1　第一次输入正确的 PIN 的高级使用用例

使用用例名	第一次输入正确的 PIN
使用用例 ID	HLUC-1
描述	用户第一次就输入了正确的 PIN

表 13.2　第一次输入正确的 PIN 的核心使用用例

使用用例名	第一次输入正确的 PIN
使用用例 ID	EUC-1
描述	用户第一次就输入了正确的 PIN
	事件序列
输入事件	输出事件
	1. 登录界面显示 '- - - -'
2. 客户输入第 1 个数字	
	3. 登录界面显示 '- - - *'
4. 客户输入第 2 个数字	
	5. 登录界面显示 '- - * *'
6. 客户输入第 3 个数字	
	7. 登录界面显示 '- * * *'
8. 客户输入第 4 个数字	
	9. 登录界面显示 '* * * *'

表 13.3　第一次输入正确的 PIN 的扩展的核心使用用例

使用用例名	第一次输入正确的 PIN
使用用例 ID	EEUC-1
描述	用户第一次就输入正确的 PIN
前置条件	1. 已知正确的 PIN
	2. 屏幕显示 Login 界面
	事件序列
输入事件	输出事件
	1. 登录界面显示 '- - - -'
2. 客户输入第 1 个数字	
	3. 登录界面显示 '- - - *'
4. 客户输入第 2 个数字	

（续）

	5. 登录界面显示 '- - * * '
6. 客户输入第 3 个数字	
	7. 登录界面显示 '- * * * '
8. 客户输入第 4 个数字	
	9. 登录界面显示 '* * * * '
10. 客户输入回车	
	11. 登录界面显示 'Correct PIN'
后置条件	选择事务界面处于活动状态

表 13.4 第一次输入正确的 PIN 的实际使用用例

使用用例名	第一次输入正确的 PIN
使用用例 ID	RUC-1
描述	用户第一次就输入正确的 PIN
前置条件	预期 PIN 是 '2468'
事件序列	
输入事件	输出事件
	1. 登录界面显示 '- - - - '
2. 客户输入数字 2	3. 登录界面显示 '- - - * '
4. 客户输入数字 4	5. 登录界面显示 '- - * * '
6. 客户输入数字 6	7. 登录界面显示 '- * * * '
8. 客户输入数字 8	9. 登录界面显示 '* * * * '
10. 客户输入回车	11. 登录界面显示 'Correct PIN'
后置条件	正确的 PIN

扩展的核心使用用例增加了前置和后置条件。这些前置条件和后置条件能够将使用用例串联起来，形成系统测试用例。

实际的使用用例是真实的系统测试用例。端口事件的抽象名字（例如“非法 PIN”）被实际的非法 PIN 字符串代替。此时我们假设测试数据库已经就绪。在“美食家”在线购物系统中，此时应该已经包括若干带有用户 ID 和相关 PIN 的用户账号。

13.2.2 需要多少使用用例

如果一个项目是由使用用例来驱动的，一个显而易见的问题就是到底需要多少使用用例。使用用例驱动开发是一个自底向上的过程。敏捷开发很容易回答这个问题，用户或客户决定了需要多少个用例。如果是非敏捷开发呢？用例驱动开发仍然（可能）很吸引人。在本节中，我们研究能够帮助我们决定使用多少个自底向上的使用用例才充分的方法。每一种策略都要使用第 4 章提到的关联矩阵。

13.2.2.1 输入事件和消息之间的关联

使用用例是由客户 / 用户与开发者之间共同识别的，需要双方逐步识别输入（事件和消息）。这个过程很可能是迭代的：使用用例识别输入，然后这些输入又会带来更多的使用用例。这个过程可以体现在关联矩阵中，显示某个用例需要哪些输入。随着这个过程的持续，双方会逐步达到一个点，此时已有的输入集对于任何一个新的用例来说都是充分的。一旦到达这个点，就可以假设已有的使用用例已经覆盖了所有的输入。

我们使用登录功能来说明这个过程。在此处使用的 5 个例子中，从 FoodieDB 数据库发出的消息（见附录 B）是登录的输入，发给 FoodieDB 数据库的消息可以被视为输出。很明显第一个用例应该是合法的输入和合法的 PIN，其最终形式就是场景 2.1。我们将步骤进行编号以便更清楚地展示这个过程。

场景 2.1：合法登录，第一次输入正确的 PIN	
前置条件：UserID 和 PIN 都位于 FoodieDB 中	
创建账户	FoodieDB
1. e_{21}：输入合法 UserID	
2. 发送 m_{17}：输入 UserID 到 FoodieDB	3. 收到 m_{17}
5. 收到 m_{18}	4. 发送 m_{18}：UserID OK，预期 PIN
6. e_{23}：输入用户 PIN= 预期 PIN	
7. 发送 m_{37}：输入 PIN	8. 收到 m_{37}
10. 收到 m_{20}	9. 发送 m_{20}：用户 PIN OK
11. 发送 m_5：关闭登录	
后置条件：UserID 登录成功	

第一步做完后，我们就要识别用户输入、消息、消息源和目的地。此时使用一个电子表格逐步增加内容是比较方便的方法。自底向上的下一个步骤，是找到三种可以允许的 PIN 输入，最后一个使用用例是“ PIN 输入失败”。我们不太可能立即发现错误的行为，所以场景 2.5 是一个失败的用户 ID 输入。如果使用这些场景来逐步建立一个决策表，那么标识所有五个场景就是可行的。这些场景在场景 2.2~2.5 中展示。

场景 2.2：合法登录，第二次输入正确的 PIN	
前置条件：UserID 和 PIN 都位于 FoodieDB 中	
创建账户	FoodieDB
1. e_{21}：输入合法 UserID	
2. 发送 m_{17}：输入 UserID 到 FoodieDB	3. 收到 m_{17}
5. 收到 m_{18}	4. 发送 m_{18}：UserID OK，预期 PIN
6. e_{24}：输入用户 PIN $\neq$ 预期 PIN	
7. 发送 m_{37}：输入 PIN	8. 收到 m_{37}
10. 收到 m_{21}	9. 发送 m_{21}：用户 PIN 失败
11. e_{23}：输入用户 PIN = 预期 PIN	
12. 发送 m_{37}：输入 PIN	13. 收到 m_{37}
15. 收到 m_{20}	14. 发送 m_{20}：用户 PIN OK
16. 发送 m_5：关闭登录	
后置条件：UserID 登录成功	

场景 2.3：合法登录，第三次输入正确的 PIN	
前置条件：UserID 和 PIN 都位于 FoodieDB 中	
创建账户	FoodieDB
1. e_{21}：输入合法 UserID	
2. 发送 m_{17}：输入 UserID 到 FoodieDB	3. 收到 m_{17}
5. 收到 m_{18}	4. 发送 m_{18}：UserID OK，预期 PIN
6. e_{24}：输入用户 PIN ≠ 预期 PIN	
7. 发送 m_{37}：输入 PIN	8. 收到 m_{37}
10. 收到 m_{21}	9. 发送 m_{21}：用户 PIN 失败
11. e_{24}：输入用户 PIN ≠ 预期 PIN	
12. 发送 m_{37}：输入 PIN	13. 收到 m_{37}
15. 收到 m_{21}	14. 发送 m_{21}：用户 PIN 失败
16. e_{23}：输入用户 PIN = 预期 PIN	
17. 发送 m_{37}：输入 PIN	18. 收到 m_{37}
20. 收到 m_{20}	19. 发送 m_{20}：用户 PIN OK
21. 发送 m_5：关闭登录	
后置条件：UserID 登录成功	

场景 2.4：非法登录，第三次输入错误的 PIN	
前置条件：UserID 和 PIN 都位于 FoodieDB 中	
创建账户	FoodieDB
1. e_{21}：输入合法 UserID	
2. 发送 m_{17}：输入 UserID 到 FoodieDB	3. 收到 m_{17}
5. 收到 m_{18}	4. 发送 m_{18}：UserID OK，预期 PIN
6. e_{24}：输入用户 PIN ≠ 预期 PIN	
7. 发送 m_{37}：输入 PIN	8. 收到 m_{37}
10. 收到 m_{21}	9. 发送 m_{21}：用户 PIN 失败
11. e_{24}：输入用户 PIN ≠ 预期 PIN	
12. 发送 m_{37}：输入 PIN	13. 收到 m_{37}
15. 收到 m_{21}	14. 发送 m_{21}：用户 PIN 失败
16. e_{24}：输入用户 PIN ≠ 预期 PIN	
17. 发送 m_{37}：输入 PIN	18. 收到 m_{37}
20. 收到 m_{21}	19. 发送 m_{21}：用户 PIN 失败
21. 发送 m_5：关闭登录	
后置条件：UserID 登录不成功	

场景 2.5：非法登录，未输入 PIN	
前置条件：UserID 和 PIN 都位于 FoodieDB 中	
创建账户	FoodieDB
1. e_{22}：输入合法 UserID	
2. 发送 m_{17}：输入 UserID 到 FoodieDB	3. 收到 m_{17}
5. 收到 m_{19}	4. 发送 m_{19}：UserID 未识别
6. 发送 m_5：关闭登录	
后置条件：UserID 登录不成功	

表 13.5 展示了消息列表。表 13.5 中所示的过程显示了如何通过识别输入事件和消息，逐步增加使用用例。在实际的开发过程中，下一步就是逐步完成系统的系统中剩余的部分。一旦没有新的输入被识别出来，就可以使用源头或终点重新整理这些输入。我们可以为消息编号，正如在附录 B 中为“美食家”在线购物程序示例中的 38 条消息编号一样。如果仔细观察附录 B，你就会发现，消息 m_{36}、m_{37} 和 m_{38} 似乎有点格格不入。这是因为它们是在完成了大部分工作之后才被识别出来的。表 13.6 显示了场景、输入事件以及消息之间的关联关系。

表 13.5 使用用例识别出的消息的顺序

消息	来源	去向	内容
场景 2.1 中的第一次识别			
	登录	FoodieDB	输入 UserID 到 FoodieDB
	FoodieDB	登录	UserID OK，预期 PIN
	登录	FoodieDB	预期 PIN
	FoodieDB	登录	用户 PIN OK
场景 2.2 中的第一次识别			
	FoodieDB	登录	用户 PIN 失败
场景 2.4 中的第一次识别			
	登录	Foodie Home	关闭登录
场景 2.5 中的第一次识别			
	FoodieDB	登录	UserID 未识别

表 13.6 登录场景中输入事件和输出消息之间的交联关系

	端口输入				消息输入				
场景	e_{21}	e_{22}	e_{23}	e_{24}	m_2	m_{18}	m_{19}	m_{20}	m_{21}
2.1	×		×		×	×		×	
2.2	×		×	×	×	×		×	×
2.3	×		×	×	×	×		×	×
2.4	×			×	×	×			×
2.5		×			×		×		

13.2.2.2 输出事件和消息之间的关联关系

带有端口输出行为和消息的用例之间关联关系的矩阵，其建立的过程与识别输入事件和消息的过程一样，都使用了迭代的方法。表 13.7 展示了矩阵结果。

表 13.7 登录场景的输出事件和输出消息的关联矩阵

	端口输出		消息输出		
场景	a_{21}	a_{22}	m_5	m_{17}	m_{37}
2.1	×	×	×	×	×
2.2	×	×	×	×	×
2.3	×	×	×	×	×
2.4	×	×	×	×	
2.5	×		×	×	

将输入和输出合并在一个表中（见表 13.8）是很自然的方法。表 13.8 也同样支持测试覆盖率矩阵。

表 13.8 登录场景的输入和输出

	输入									输出				
	事件				消息					行为		消息		
场景	e_{21}	e_{22}	e_{23}	e_{24}	m_2	m_{18}	m_{19}	m_{20}	m_{21}	a_{21}	a_{22}	m_5	m_{17}	m_{37}
2.1	×		×		×	×		×		×	×	×	×	×
2.2	×		×	×	×	×		×	×	×	×	×	×	×
2.3	×		×	×	×	×		×	×	×	×	×	×	×
2.4	×			×	×	×			×	×	×	×	×	
2.5		×			×		×			×		×	×	

13.2.2.3 类之间的关联关系

在面向对象的开发人员之间一直有个争论，到底是先完成使用用例还是先完成类。我有个同事（一个非常老派的人）一直坚持类优先的方法，而其他人则更倾向于用例优先的观点。一种比较好的折中方法，是建立一个到底需要哪些类来支持哪些用例的矩阵。一般来说，识别一个用例所需要的类，相比识别一个全系统所需要的类要更容易些。对其他关联矩阵来说，这个方法也能够解决到底需要识别多少类才算充分的问题。

13.2.3 有限状态机中的线索

本节我们使用“美食家”在线购物程序的示例来详细说明如何从模型中识别线索。有限状态机模型是寻找系统测试线索的最好示例。我们从“美食家”在线购物程序的状态机开始，图 13.2 展示了购物交易的最高层级。

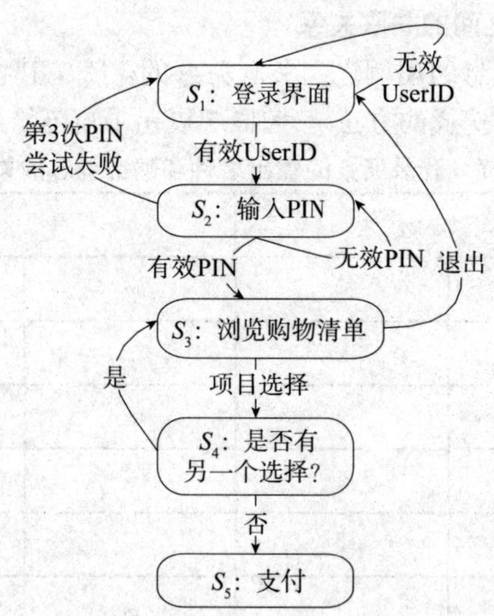

图 13.2 “美食家”在线购物程序购物会话的最高层级

13.2.3.1　有限状态机中的路径

将状态机中的迁移定义为实际的端口输入事件，迁移上的行为定义为端口输出事件，这是比较实际的做法。如果给定一个这样的有限状态机，针对线索生成系统测试用例就可以是个机械化的过程，只要沿着一条迁移路径标识出这条路径上的端口输入和端口输出即可。表 13.9 就追踪了图 13.4 中“尝试 PIN 有限状态机”的一条路径。这条路径对应“第一次尝试正确的 PIN 输入”这个线索。为了让测试用例更加清晰，我们假设前置条件是“ PIN 为‘2468’”。表 13.9 最后一行中括号内的事件，是能够返回父状态机的逻辑事件，且可以迁移到“浏览购物清单”这个状态。

PIN 输入状态 S_2 可以分解成图 13.3 所示的更详细的视图。我们展示了与之相邻的状态，这些状态是上一层级的“ PIN 输入状态”的源头和目的地。这种分解方法是老式的数据流图中平衡分解概念的延续。

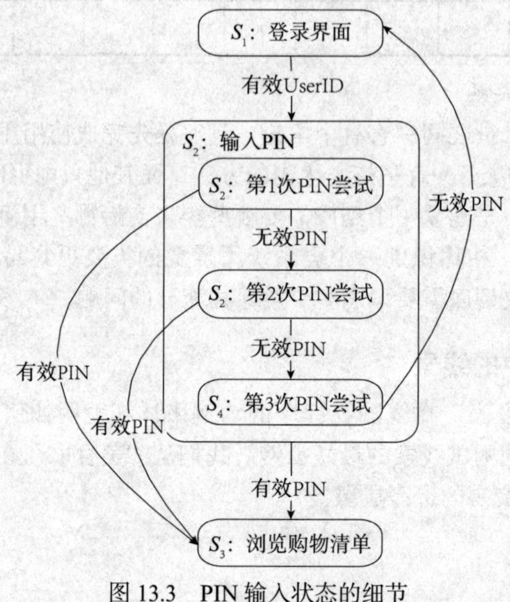

图 13.3　PIN 输入状态的细节

图 13.4 将 PIN 尝试状态分解成系统测试的倒数第二层。这些输入仍然是逻辑的而非实际输入，但是输出事件对于用户或系统测试人员来说是可见的。我们把这种状态分解方法应用于详细的 PIN 输入尝试（见图 13.3）。每一次 PIN 尝试都是一样的，因此下一层的状态编号为 $S_2.n$，其中 n 标识第 n 次 PIN 尝试。此时几乎等于真实的输入事件。如果我们知道预期的 PIN 是 2468，我们将数字输入的“第一位数字”替换为“2”，那就得到了真实的端口输入事件。此时还保留了一些抽象的输入，对应合法和非法的 PIN，以及尝试的次数等。这个过程的结果见表 13.9。注意，这完全就是一个使用用例的事件序列，而且也是对应的系统测试用例中事件和行为的序列。

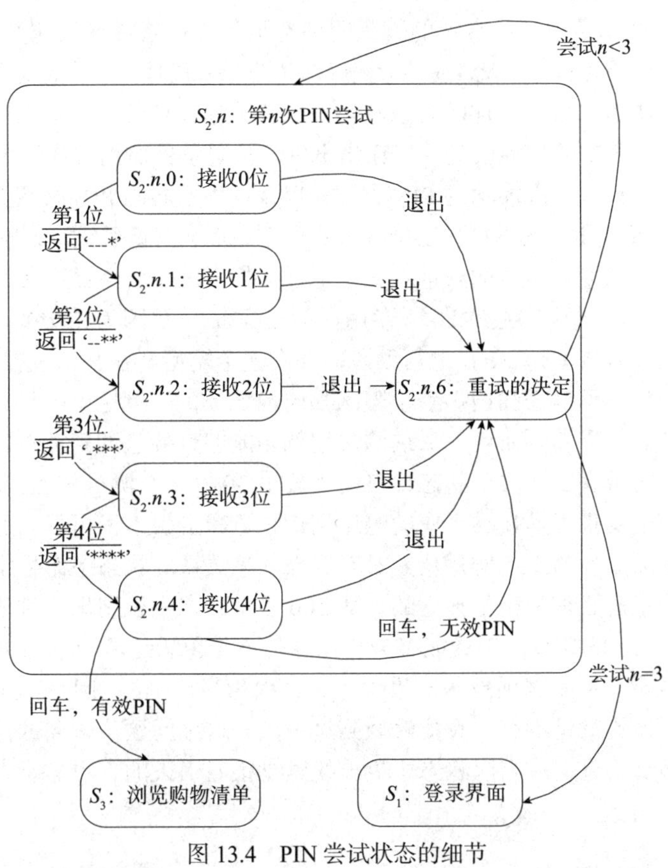

图 13.4　PIN 尝试状态的细节

表 13.9　第一次输入正确 PIN 的端口事件序列

第一次输入正确 PIN 的端口事件序列	
输入事件	输出事件
	登录界面显示 '- - - -'
按下 2	
	登录界面显示 '- - - *'
按下 4	
	登录界面显示 '- - * *'
按下 6	

（续）

输入事件	输出事件
	登录界面显示 '- * * *'
按下 8	
	登录界面显示 '* * * *'
（有效 PIN）	
	登录界面显示

13.2.3.2 共有多少条路径

基于模型的测试产品中，最常见的就是使用有限状态机来描述被测系统，然后遍历图，生成所有的路径。如果有循环，就（应该）使用两条路径来代替，这个过程我们在第 8 章程序图级别做了详细的讲解。给定这样的一条路径，能够引起迁移的端口输入就是系统测试用例中的事件。同样，迁移中的行为就是端口输出事件。从登录界面到购物清单界面，一共有 21 条路径：三次 PIN 尝试，一次成功的 PIN 尝试，以及 6 种不同的 PIN 失败方式。那么我们是否需要创建 21 个测试用例来测试登录功能呢？我们在后面会讨论系统测试覆盖率的问题。

这里我们讨论一个来自实践的教训：一个电话交换系统实验室试图使用有限状态机来定义一个小型电话系统。选择系统 PABX（专用自动交换机），是因为其交换系统非常简单。有一个资深的系统测试人员 Casimir，他帮助我们开发这个模型。在整个过程中，Casimir 都持有怀疑态度，甚至根本不信任我们。整个团队都向他保证，一旦这个项目完成，工具就能自动生成数千条系统测试用例。而且，系统测试用例还能够直接追溯到需求规格模型。我们最终完成的有限状态机带有 200 多个状态，自动生成了 3000 多个测试用例。Casimir 被震撼到了。直到有一天，他发现工具自动生成的测试用例在逻辑上根本不可行。后来，经过深入分析，我们发现这个无效的测试用例是从一对有轻微依赖关系的状态中派生出来的，但是工具要求有限状态机的状态必须是相互独立的。从 200 多个状态中识别出这种依赖关系是非常困难的。团队向 Casimir 解释说，工具能够分析出任何一个覆盖这两个状态的线索，从而识别出其他不可能的线索。但是这项技术成果很短命，因为当 Casimir 问我们工具是否能够识别出其他依赖状态时，答案是没有工具能够做到这一点。这个问题与著名的停机问题等价。这件事情给我们的教训就是：从有限状态机生成线索是很吸引人的，也非常高效，但是必须避免内存和依赖性的问题。

13.2.4 原子系统功能

单处理器应用特别适合原子系统功能（ASF），但在泳道架构中则不太适用。我们定义了 19 个 ASF，对应不同的购物场景。

- ASF-1。在 FoodieDB 中输入已有的用户 ID。
- ASF-2。输入新的用户 ID。
- ASF-3。在 FoodieDB 中输入已有的用户 PIN。
- ASF-4。输入不在 FoodieDB 中的用户 PIN。
- ASF-5。确认用户 ID。
- ASF-6。拒绝用户 ID。

- ASF-7。确认用户 PIN。
- ASF-8。拒绝用户 PIN。
- ASF-9。浏览购物清单。
- ASF-10。停止浏览购物清单。
- ASF-11。将购物清单的条目移入购物车。
- ASF-12。将购物清单的条目从购物车中删除。
- ASF-13。从购物车转到付款。
- ASF-14。取消付款。
- ASF-15。使用有效的信用卡支付。
- ASF-16。使用无效的信用卡支付。
- ASF-17。更新 FoodieDB 库存。
- ASF-18。更新 FoodieDB 台账。
- ASF-19。响应 FoodieDB 查询。

下面是使用 ASF 序列表达的五个登录场景。

场景 2.1 < ASF-1, ASF-19, ASF-5, ASF-3, ASF-19, ASF-7>。

场景 2.2 < ASF-1, ASF-19, ASF-5, ASF-4, ASF-8, ASF-3, ASF-19, ASF-7>。

场景 2.3 < ASF-1, ASF-19, ASF-5, ASF-4, ASF-8, ASF-4, ASF-8, ASF-3, ASF-19, ASF-7>。

场景 2.4 < ASF-1, ASF-19, ASF-5, ASF-4, ASF-8, ASF-4, ASF-8, ASF-4, ASF-8, ASF-3, ASF-19, ASF-7>。

场景 2.5 < ASF-2, ASF-19, ASF-19, ASF-6>。

13.3 识别系统的系统中的线索

按照定义，系统的系统（SoS）包括至少两个分系统。在“美食家”在线购物程序系统中则有 7 个分系统。我们在单处理器系统中使用的三种识别线索的方法，在识别系统级 SoS 线索中也适用，包括分系统之间的对话、有限状态机之间的通信和 ASF 的序列。

13.3.1 对话

虽然可以通过输入和输出来识别软件系统运行所在的处理器，但是通常情况下，使用用例还是被预处理为单处理器的形式。在本节中，我们介绍组成系统的各个部分之间的“对话”机制。在“对话”中，系统的每一个组成部分都对应“一列”，本书中的示例最多只涉及 4 个组成部分。实践中，使用电子表格工具里面的行是比较容易的方式。下面的对话是第一个例子，该对话与使用用例一起，描述了用户和客户如何“思考”或“假设”最终的系统操作。我们使用自然语言描述对话，因此对话与用户故事非常类似。将对话形式化后就可以形成场景。

在场景 1.1 中，新 Foodie 用户设置用户 ID 后将其发送给 Admin。Admin 将其发送给 FoodieDB 数据库。FoodieDB 检查之后发现没有重复的用户 ID，于是确认新的用户 ID，并将确认结果发送给 Admin。Admin 将其发送给“创建账户”进行确认。这个新的、经过确认的用户就会创建一个 PIN，并将其发送给 Admin。此时不需要确认 PIN 的合法性，因为它只对用户有效。Admin 将 PIN 发送给 FoodieDB 数据库，FoodieDB 将其作为“预期 PIN”发送给“登录”。表格中的编号显示了在分系统之间（也就是泳道之间）操作流的顺序。

场景 1.1：创建一个合法账户		
前置条件：FoodieDB 中没有 UserID		
创建账户	Admin	FoodieDB
1. e_{11}：输入 UserID（原始）		
2. 发送 m_7：建议 UserID 到 Admin	3. 收到 m_7	
	4. 发送 m_8：提交 UserID 到 FoodieDB	5. 收到 m_8
	7. 收到 m_9	6. 发送 m_9：批准新成员 UserID
9. 收到 m_{11}	8. 发送 m_{11}：建议 UserID 已批准	
10. e_{12}：创建用户 PIN		
11. 发送 m_{13}：定义用户 PIN 到 Admin	12. 收到 m_{13}	
	13. 发送 m_{14}：发送用户 PIN 到 FoodieDB	14. 收到 m_{14}
	16. 收到 m_{15}	15. 发送 m_{15}：确认 FoodieDB 中的用户 PIN
18. 收到 m_{15}	17. 发送 m_{16}：定义用户 PIN 被接受	
19. 发送 m_4：创建账户完成		
后置条件：UserID 位于 FoodieDB 中		

在讨论从对话派生测试用例时，我们会再次查看场景 1.1，下表是与之相关的另一个对话。

场景 1.2：创建一个非法账户		
前置条件：FoodieDB 已经存在 UserID		
创建账户	Admin	FoodieDB
1. e_{11}：输入 UserID(重复的)		
2. 发送 m_7：建议 UserID 到 Admin	3. 收到 m_7	
	4. 发送 m_8：提交 UserID 到 FoodieDB	5. 收到 m_8
	7. 收到 m_{10}	6. 发送 m_{10}：拒绝新成员 UserID
9. 收到 m_{12}	8. 发送 m_{12}：建议 UserID 被拒绝	
10. e_{13}：点击退出		
11. 发送 m_4：创建账户完成		
后置条件：尝试失败		

13.3.2　FSM 之间的通信

附录 B 中展示了“美食家”在线购物程序中七个分系统对应的有限状态机。图 13.5 展示了场景 1.1 所需要的有限状态机。为清晰所见，图 13.5 只展示了场景 1.1 中需要的状态和消息。在场景 1.1 中能够很容易地看到对话里各分系统之间的消息流。场景 1.1 的消息序列如下所示：

$<m_7, m_8, m_9, m_{11}, m_{13}, m_{14}, m_{15}, m_{16}>$

我们可以从消息队列中构建出场景 1.1 的全状态序列，如下所示：

$< S_1, S_{10}, S_{41}, S_1, S_{61}, S_{62}, S_{42}, S_{11}, S_{12}, S_{43}, S_{62}, S_{45}, S_{14}, S_1, S_{41}, S_1 >$
我们后续讨论对话的测试覆盖率的时候，会再次用到状态序列。

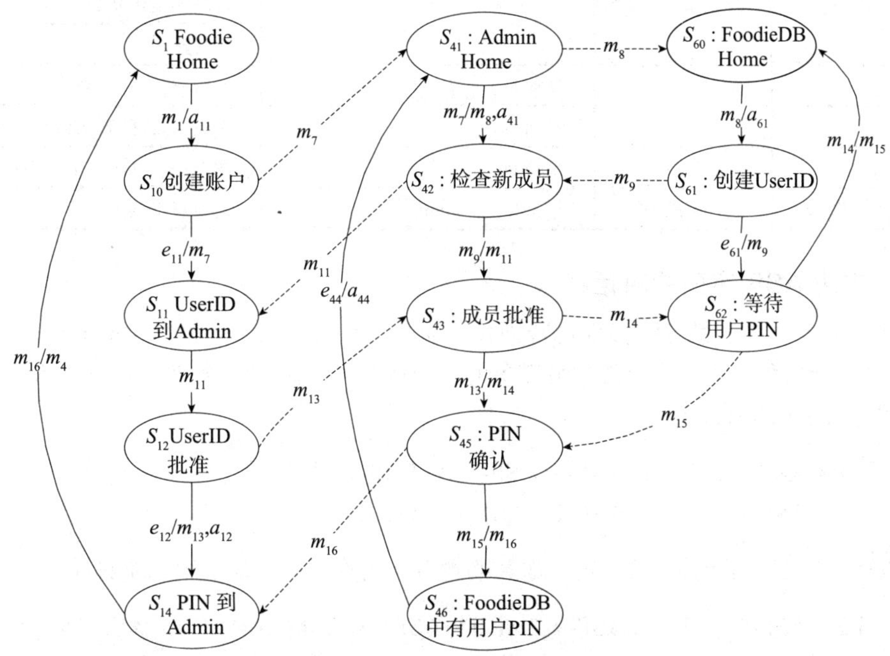

图 13.5　场景 1.1 对应的缩减版有限状态机

场景 3.1 是包括四个分系统的对话。

场景 3.1：正常购买一种美食，支付成功			
Web 泳道	控制泳道		FoodieDB 泳道
购物清单	购物车 / 信用卡	Admin	FoodieDB
e_{31}：光标移动			
e_{32}：选择美食项			
e_{33}：将美食项移动到购物车			
发送 m_{22}：添加项到购物车	收到 m_{22}		
收到 m_{23}	发送 m_{23}：项添加到购物车		
	发送 m_{24}：减少 FoodieItem 计数	收到 m_{24}	
		发送 m_{38}：减少 FoodieItem 库存	收到 m_{38}
		收到 m_{33}	发送 m_{33}：FoodieItem 库存减少
	发送 m_{31}：购物车内容	收到 m_{31}	
	e_{53}：点击信用卡接口		
	发送 m_{27}：递交支付		收到 m_{27}

（续）

Web 泳道	控制泳道		FoodieDB 泳道
	收到 m_{28}：接受支付		信用卡发送 m_{28}:
			接受支付
		收到 m_{30}	发送 m_{30}：付款额
		收到 m_{35}	发送 m_{35}：在 FoodieDB 中输入付款
		收到 m_{33}	发送 m_{33}：FoodieItem 库存减少
e_{36}：结束购物	e_{54}：结束购物车	e_{41}：点击 Admin 结束	e_{66}：点击结束

13.3.3 作为 ASF 序列的对话

前文所述的这些场景可能会变得特别长。而且，只有场景 2.1~2.3 都执行完，才可能开始场景 3.1。所以我们此处使用其中最简单的一个场景（场景 2.1）作为 13.3.1 节和 13.3.2 节中讨论的场景 3.1 的前置条件。

场景 2.1 < ASF-1, ASF-19, ASF-5, ASF-3, ASF-19, ASF-7>

场景 3.1 < ASF-9, ASF-11, ASF-13, ASF-15, ASF-17, ASF-18>

我们可以稍微修改一下场景 3.1，这一次，购物者在购物车中添加了第二个物品。

场景 3.2 < ASF-9, ASF-11, ASF-9, ASF-11, ASF-13, ASF-15, ASF-17, ASF-18>

我们再稍微修改一下场景 3.1，这一次我们使用无效信用卡来支付。

场景 3.3 < ASF-9, ASF-11, ASF-13, ASF-16>

13.4 系统级测试用例

系统级测试用例包括一个系统测试员（或测试自动系统）所需要的完成一个系统级测试用例的所有信息。在第 12 章，我们看到有些测试用例在系统层面涵盖了“美食家”在线购物程序的若干分系统。这种实践方式很有用，尤其是对于开发平台和发布平台不一致的项目。这种情况下，很多最终 SoS 层面的压力（和困难）都转移到了开发平台。这样做虽然很方便，但最终还是要在发布的实际平台上完成系统级测试。

13.4.1 一个企业级测试执行系统

本节描述了一个自动测试执行系统，本书作者在 20 世纪 80 年代早期负责此项目。该系统需要在电话交换系统（一个非常无聊的人工完成的工作）上执行回归测试用例。我们将该系统命名为自动回归测试系统（ARTS）。ARTS 系统使用一种人工可读的系统测试用例语言，能够在个人计算机上翻译执行。在 ARTS 语言中，有两个动词：CAUSE 引发端口输入事件发生、VERIRY 验证端口输出事件。除此之外，测试人员需要引用一些设备以及与这些设备相关的输入事件。下面是一个典型的 ARTS 测试用例：

```
CAUSE Go-Offhook On Line 4
VERIFY Dialtone On Line 4
CAUSE TouchDigit '3' On Line 4
```

VERIFY NoDialtone On Line 4

电话原型机的物理连接要求一个将个人计算机与实际系统端口相连的装置。在输入端，该装置完成一个逻辑到物理的转换，然后在输出端有一个对称的物理到逻辑的转换。该系统的基本架构如图 13.6 所示。

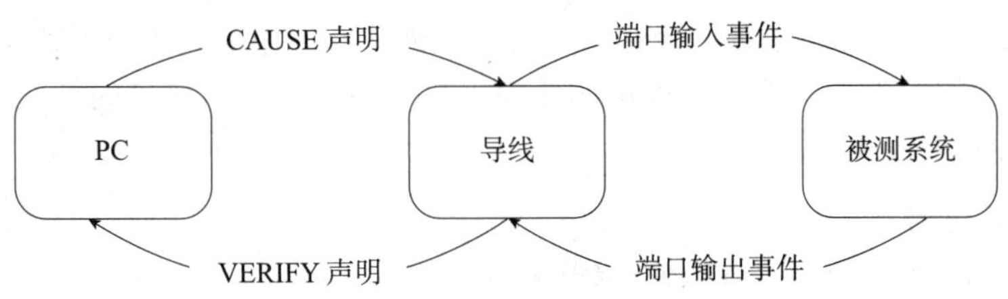

图 13.6 自动测试执行系统架构

我们在这个项目中，得到了一个人因工程方面很有趣的教训。系统使用的测试用例语言特意设计为自由形式，然后翻译器会消除噪声数据，形成真正的测试用例。增加噪声文字的目的是给测试用例设计者一个空间，加入一些笔记，这些笔记内容不会被执行，但是在测试执行报告中会体现出来。结果，测试用例的设计者就自由发挥，写出来下面的测试用例：

只要不下雨，就看看你是否能立即在第四行 CAUSE（引发）一个 Go-Offhook 事件，然后，再看看你是否能在第四行 VERIFY（验证）某个 Dialtone 的变种会不会发生。接着，如果你心情好，为什么不继续在第四行 CAUSE 一个 TouchDigit '3'（点击数字 3）动作呢？最后，看看你能否在第四行 VERIFY 验证是否出现 NoDialtone。

回想起来，ARTS 系统几乎可以说是最早面世的使用用例了。注意，一个真实的使用用例里面的事件序列部分，与 ARTS 测试用例是十分接近的。ARTS 系统后来进化成了一个商用工具，存活了 15 年。

为了能让 ARTS 系统能够适应我们的 SoS 示例，我们假设有个系统测试工具，能够在不同的泳道分系统之间发送和接收事件与消息。我们使用如下所示的命令序列（键盘输入都是大写）。

VERIFY PRE-CONDITION VERIFY POST-CONDITION
CAUSE (<eventID>, <value>) IN <SoS constituent>
SEND (<messageID>, <value>) FROM <SoS constituent> TO <SoS constituent> VERIFY RECEIPT (<messageID>, <value>) FROM <SoS constituent>

既然我们的本意是使用这些扩展来完成回归测试和再测试，不妨将其称为自动测试执行系统（ATE）。既可以使用人工方式来完成自动部分，也可以使用一个能够执行测试场景并记录其结果的引擎来完成。自动引擎的 VERIFY 部分需要增加两个动词 EXPECTED 和 OBSERVED。测试中如果预期结果与实际结果一致，或至少相兼容，测试用例通过；否则失败。只要测试用例通过，引擎就继续执行，但是一旦遇到失败的测试场景，引擎就会停止并报告第一个失效点。报告结束，引擎就会继续执行其他测试场景

13.4.2 从使用用例到测试用例

在 13.2.1 节，我们提到过更详细的用例层级：高级、核心、扩展核心、实际用例。每个层级我们都使用了“Correct PIN on First Try（第一次输入正确的 PIN）”作为示例演示。这

个转换过程几乎可以机械化完成。扩展的核心用例可以直接转换成抽象的系统测试用例。所谓抽象，就是用例中都使用参数而非实际数值。因为转换过程非常简单，我们这里就针对实际使用用例来展示一下第一次输入正确的 PIN 的过程。详见表 13.4。

用例名、用例 ID 以及用例描述，可以直接转换为系统测试用例名、ID 和描述。同样的，用例的前置条件和后置条件可以直接成为系统测试用例的前置条件和后置条件。使用用例的其余部分是系统级输入和预期系统级输出的交互序列。使用用例表 13.10 就是第一次输入正确的 PIN 的实际使用用例，系统测试用例使用了在 13.4.1 节中描述过的扩展 ATE 系统中的 CAUSE 和 VERIFY 语句。

扩展的ATE 测试用例

测试用例：第一次正确的 PIN 输入 (PIN-1)

描述：用户第一次正确输入 PIN 数字

前置条件：预期 PIN 为 '2468'

```
VERIFY    Login Screen display (- - - -)        Pass/Fail?
CAUSE     Keystroke(2)
VERIFY    Login Screen display (- - - *)        Pass/Fail?
CAUSE     Keystroke(4)
VERIFY    Login Screen display (- - * *)        Pass/Fail?
CAUSE     Keystroke(6)
VERIFY    Login Screen display (- * * *)        Pass/Fail?
CAUSE     Keystroke(8)
VERIFY    Login Screen display (* * * *)        Pass/Fail?
VERIFY    Login Screen display (Correct PIN)    Pass/Fail?
```

在这个测试用例中，我们增加了一列“Pass/Fail?”表示测试结果。实际工作中，有时会建立一个测试用例序列：一个测试用例的后置条件就是下一个测试用例的前置条件。这样可以节省大量的测试用例准备时间。

表 13.10　第一次尝试正确的 PIN 的实际用例

使用用例名字	第一次输入正确的 PIN
使用用例 ID	RUC-1
描述	客户在第一次尝试时输入正确的 PIN
前置条件	1. 预期 PIN 是 '2468'
事件序列	
输入事件	输出事件
	1. 登录界面显示 '- - - -'
2. 客户输入数字 2	3. 登录界面显示 '- - - *'
4. 客户输入数字 4	5. 登录界面显示 '- - * *'
6. 客户输入数字 6	7. 登录界面显示 '- * * *'
8. 客户输入数字 8	9. 登录界面显示 '* * * *'
10. 客户按回车	11. 登录界面显示 ' 正确的 PIN'
后置条件	正确的 PIN

扩展的 ATE 系统可以识别 VERIFY 语句的失败。一旦测试用例失败，系统会执行下一个测试用例。但是，如果后续的测试用例依赖于这个测试用例，这将造成多米诺效应。

13.4.3 从有限状态机路径到测试用例

图 13.4 的有限状态机处于抽象的扩展核心使用用例级别。将一个有限状态机转换为系统测试用例，需要将抽象的输入转化为实际的数值，而此处的预期 PIN 是 2468。将迁移的原因（例如，第一个数字）替代为实际的数值输入，然后将反馈行为（例如显示‘- - - *’）替代为预期的屏幕文字，我们就能够生成一个与使用用例完全一致的系统测试用例。该用例可以覆盖状态序列 $<S_2.n.0, S_2.n.1, S_2.n.2, S_2.n.3, S_2.n.4, S_3>$。

测试用例：第一次正确的 PIN 输入（PIN-1）

用例描述：用户第一次正确输入 PIN 数字

前置条件：预期 PIN 为 '2468'

VERIFY	Login Screen display (- - - -)	Pass/Fail?
CAUSE	Keystroke(2)	
VERIFY	Login Screen display (- - - *)	Pass/Fail?
CAUSE	Keystroke(4)	
VERIFY	Login Screen display (- - * *)	Pass/Fail?
CAUSE	Keystroke(6)	
VERIFY	Login Screen display (- * * *)	Pass/Fail?
CAUSE	Keystroke(8)	
VERIFY	Login Screen display (* * * *)	Pass/Fail?
VERIFY	Login Screen display (Correct PIN)	Pass/Fail?

13.4.4 从对话场景到测试用例

下文中扩展的 ATE 测试用例是从场景 1.1 中派生而来的，只是将抽象的参数替换成实际的数值。对应场景 1.1 的前十个测试用例的步骤如下所示：

1. 扩展 ATE 测试用例 1.1。
2. VERIFY PRE-CONDITION ‘Paul DeVries’ 不在 FoodieDB 中。
3. CAUSE (e_{11}, ‘Paul DeVries’) IN 创建账户。
4. SEND (m_7, 建议 UserID 到 Admin) FROM 创建账户 TO Admin。
5. VERIFY RECEIPT (m_7, 建议 UserID 到 Admin) FROM 创建账户。
6. SEND (m_8, 提交 UserID 到 FoodieDB) FROM Admin TO FoodieDB。
7. VERIFY RECEIPT (m_8, 提交 UserID 到 FoodieDB) FROM Admin。
8. SEND (m_9, 批准新成员 UserID) FROM FoodieDB TO Admin。
9. VERIFY RECEIPT (m_9, 批准新成员 UserID FROM FoodieDB。
10. SEND (m_{11}, 建议 UserID 批准) FROM Admin TO 创建账户。
11. VERIFY RECEIPT (m_{11}, 建议 UserID 批准) FROM Admin。

13.4.5 有限状态机和测试用例之间的联系

图 13.7 包括 13.3.2 节图 13.5 中完成的十个扩展 ATE 步骤。

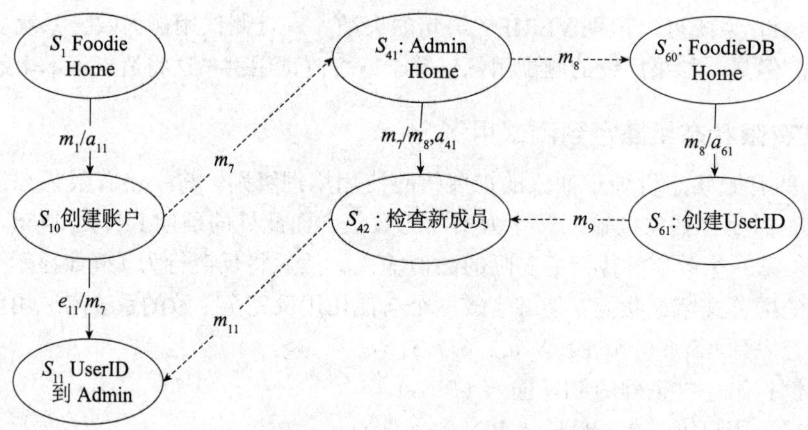

图 13.7　图 13.5 的一部分

此处我们展示如何在 13.3.2 节的扩展 ATE 测试用例中增加一些噪音文字（楷体字部分）。

扩展的 ATE 测试用例

请按照有限状态机的定义创建一个新的用户 ID。实际的用户行为，始于 Foodie Home 状态 (S_1)，然后用户输入事件会引发到 S_{10} 的迁移。在执行这个测试用例之前，确保用户 ID ‘Paul DeVries’不在 FoodieDB 数据库中。

VERIFY PRE-CONDITION‘Paul DeVries’不在 FoodieDB 中。

在状态 S_{10}，CAUSE (e_{11},‘Paul DeVries’) IN 创建账户，这样会发送一个消息。

SEND (m_7, 建议 UserID 到 Admin) FROM 创建账户 TO Admin

引发到状态 S_{11} 的迁移。

一旦发送了消息 m_7，Admin 就会从初始状态 S_{41} 迁移到状态 S_{42}，等待从 FoodieDB 数据库的响应。

VERIFY RECEIPT (m_7, 建议 UserID 到 Admin) FROM 创建账户。

在状态 S_{41}，Admin 将预设的用户 ID 发送给 FoodieDB，然后在状态 S_{42} 等待回应。

SEND (m_8, 提交 UserID 到 FoodieDB) FROM Admin TO FoodieDB。

FoodieDB 从起始状态 S_{60} 迁移到状态 S_{61}，检查字符串‘Paul DeVries”。

收到 m_8 后，VERIFY RECEIPT (m_8, 提交 UserID 到 FoodieDB) FROM Admin。

FoodieDB 从起始状态 S_{60} 迁移到状态 S_{61}，检查字符串‘Paul DeVries”，FoodieDB 中没有该字符串，于是 SEND (m_9, 批准新成员 UserID) FROM FoodieDB TO Admin。

在状态 S_{42}，Admin VERIFY RECEIPT (m_9, 批准新成员 UserID FROM FoodieDB。

接着，Admin 执行 SEND (m_{11}, 建议 UserID 批准) FROM Admin TO 创建账户。

收到消息 m_{11} 后 VERIFY RECEIPT (m_{11}, 建议 UserID 批准) FROM Admin, Account Creation fsm 位于状态 S_{11}。

13.5　系统测试的覆盖度量

在第二部分，我们看到，如果将基于需求的测试技术与基于代码的测试技术相结合，因为这两种技术是互补的，所以会得到很大的好处。在系统测试方面，也是同样的道理，应该将基于模型的方法和基于使用用例的方法结合。本节我们首先回顾一下测试覆盖度量以及相关的最佳实践。本节涉及基于使用用例和基于模型的两种技术。但是首先，我们要回顾

Robert Binder 在其博客“不要尝试开发者测试的轮盘赌：如何使用测试覆盖”中的一些建议（Binder（2019））。

Robert Binder 在其博客中批评了一些机构，说他们竟然认为给定度量以后，可以接受低于 100% 的覆盖。如果接受已确定指标 85% 的覆盖结果，就像玩俄罗斯轮盘赌一样，结果会非常糟糕。假设选定的测试覆盖度量在指定的条件下是合理的，这毫无疑问是正确的。但是很少有一个测试覆盖度量能够在任何情况下都准确，它们都需要在实际的测试条目中，仔细和有目的地选择。

“MBA 思路”指的是管理者将复杂的问题化简成简单的数字的一种思维方式。测试覆盖度量很容易落入 MBA 思路，应该慎重地使用它们。如果有一个度量要求代码中所有的程序路径都不能有循环，那么 100% 的覆盖看上去就还不错。但如果存在不可能的路径呢？更审慎的度量应该是所有代码中可执行的路径不应该有循环。在其他极限情况下，还可以考虑“所有程序语句”这个要求：接受低于 100% 覆盖，真的是 Binder 所说的轮盘赌。

如何才是最佳实践？要考虑被测条目的自然属性，然后使用这些属性来制定测试覆盖度量，例如：

- 对于包含某种形式循环的代码，使用 Loop 覆盖。
- 对于计算型代码，使用数据流测试，例如每个计算中每个变量的定义 - 清除路径。
- 对于事件驱动的系统，测试用例应覆盖所有的输入事件、所有的输出事件、在每个输入事件可能发生的上下文的所有输入事件。
- 换句话说，罚当其罪，或对症下药才是最佳实践。

13.5.1 基于使用用例的测试覆盖

在 13.2 节中，我们了解到客户和开发者之间从使用“用户故事”到使用“使用用例”的过程，然后是输入事件的列表、输出的行为，以及在 SoS 中，分系统之间的消息。这个过程就是我们建立第一个系统测试覆盖度量的自然基础。

我们先来看端口输入事件的空间。从中可以很容易地定义出五个端口输入线索的覆盖度量。想要达到这个层级的系统测试覆盖，需要以下所示的几个线索：

- 端口输入 1。每个端口输入事件都发生。
- 端口输入 2。常见的端口输入事件序列都发生。
- 端口输入 3。在每个相关的数据上下文，每个端口输入事件都发生。
- 端口输入 4。给定的上下文，所有的不合适的输入事件都发生。
- 端口输入 5。给定的上下文，所有可能的输入事件都发生。

端口输入 1 的度量是最低要求，对于大多数系统来说是不够充分的。端口输入 2 的覆盖要求最常见，也能够对应系统测试的视图，因为它能够覆盖“常规使用”。但是，如何定义常见的输入事件序列呢？这就有点难度了。我的回答是：在使用用例中寻找这些序列。那么什么是不常见的序列？这就更难回答了，我们怎么列出不应该发生的事情呢？这些不应该发生的过程要如何结束呢？

后三个指标使用了“上下文”这个术语。理解上下文的最佳角度，就是一个事件静默点。在“美食家”在线购物系统中，如果是事件静默点，就会显示一个屏幕。端口输入 3 这个度量对应的就是上下文敏感的端口输入事件。这些都是带有逻辑含义的物理输入事件，其逻辑含义由物理事件发生的上下文决定。在“美食家”在线购物系统中，输入 PIN 时，系统对数字键盘的响应，就是一串短横线和星号，例如‘- - * *’。但是在买单状态，系统的响应就是真实的数字。端口输入 3 的关键就在于这个度量由上下文的某个事件来驱动的。端口输出 4 和端口输入 5 两个度量是相反的：它们从上下文开始，寻找不同的事件。当测试员试图破坏一个系统时，他们就会非正式地使用端口输入 4 这个度量。在给定的上下文中，他们想要尝试异常的输入事件，目的就是想看看系统会如何反应。

这里有一个关于需求规格说明的难题：我们要如何区别预设的行为（应该发生的事情）和禁止的行为？很多需求规格说明连预设的行为都很难描述清楚，常常只有测试人员才能发现应禁止的行为。有个本地 ATM 系统的维护人员说，有一次有人竟然往存钱口放了一个鱼肉三明治，很明显他觉得这是个垃圾口。不管怎样，银行的人不会想到把投入鱼肉三明治作为端口输入事件。端口输入 4 和端口输入 5 这两个度量通常来说是很有效的，但是它们也带来了一个很有趣的难题：测试人员如何才能知道某个应禁止行为的预期响应是什么呢？是直接忽略不计？还是输出一个错误消息？一般来说，这只能依赖测试人员的直觉。如果时间允许，这将是需求规格说明的最有利的反馈点。这也是人们会将焦点放在快速原型或可执行的需求规格上的原因吧。

输出事件的情况略微简单一点，我们可以基于端口输出事件定义两种覆盖度量：

- 端口输出 1。每个端口输出事件都发生。
- 端口输出 2。每个可能引发端口输出事件的原因都被覆盖。

端口输出 1 覆盖是最低覆盖要求。如果一个系统带有丰富的输出消息，而且还有充分的错误条件之后的输出消息（“美食家”在线购物系统就不是这样的系统），该覆盖就非常有效。端口输出 2 的覆盖是一个更好的目标，但是很难量化。到目前为止，端口输出 2 覆盖只针对与端口输出事件交互所对应的线索。一般来说，一个给定的端口输出事件只有很少的几个诱因。

在工程实践中，最难发现的几种失效，都是在看似正常的条件下产生了错误。例如，本地的 ATM 系统在屏幕上提示我“已达当日取款限额”。这个屏幕本应在我试图存入超过当日取款限额的时候才出现。某个周五的下午，我试图从 ATM 上取出 100 美元，当我看到提示时，我想肯定是我妻子已经支取了大额款项。于是我就只取出了 50 美元。然后发现 ATM 允许用户再次发出另一个交易请求。以我的测试思维，我当然再次发出取款请求，然后又成功取出 50 美元。随后我才发现，系统发出取款超限这个消息，是因为取款机中的现金储备余额较低。中心银行不想让第一个用户一次就能提走大量的现金，它更倾向于给多个用户提供小额现金。

表 13.11 展示的，是带有输入事件和输出事件的登录场景。

表 13.11　输入事件 / 行为覆盖

场景	e_{21}	e_{22}	e_{23}	e_{24}	a_{21}	a_{22}
2.1	×	—	×	—	×	×
2.2	×	—	×	×	×	×
2.3	×	—	×	×	×	×
2.4	×	—	×	×	×	×
2.5	—	×	—	—	×	—

从表 13.11 可见，任何一个场景都能够满足端口输入 1 和端口输入 2 的覆盖要求。失败的 PIN 输入是一个上下文，如果要满足端口输入 3 的覆盖要求，我们需要所有五个场景。如果我们将事件修订为只有数字键盘和 Escape 键这个层级（如图 13.4 所示），我们就可以假定与 Escape 键输入发生点相关的行为。此时我们可以满足端口输入 4 和 5 的覆盖要求，而使用用例的数目则从 5 增加到 25。这种情况下，将测试级别下降到单元或集成测试也许会更好。无独有偶，这也就是为什么推荐使用 “Shift Left” 和 “Shift Down” 的原因。

表 13.12 显示了带有消息的登录场景。

表 13.12 消息覆盖

场景	m_2	m_5	m_{17}	m_{18}	m_{19}	m_{20}	m_{21}	m_{37}
2.1	×	×	×	×	—	×	—	×
2.2	×	×	×	×	—	×	×	×
2.3	×	×	×	×	—	×	×	×
2.4	×	×	×	×	—	—	×	×
2.5	×	×	×	—	×	—	—	—

从事件覆盖的角度看，任何一个场景都可以满足全部消息覆盖。

13.5.2 基于模型的测试覆盖

我们可以使用基于模型的覆盖度量来交叉检查一下基于使用用例的线索，这就跟我们在单元测试级别使用 DD 路径来寻找基于需求规格说明的测试用例的不充分性和冗余性一样。我们可以使用假设的结构测试技术，因为节点和边的覆盖度量，在系统模型中也有相应的定义（Jorgensen(1994)），而且这两个覆盖度量不是从系统实现中直接派生而来的。一般来说，行为模型只能算是系统真实状态的近似表达，它们很可能会遗失重要的应该被测试覆盖的细节。计算模型就是很好的例子。

基于模型的覆盖度量最大的弱点就是使用的模型可能不够好。三种最常见的行为模型——决策表、有限状态机和 Petri 网——分别对应转换型的、交互型的和并发型的系统。决策表和有限状态机对于测试单处理器应用是很好的选择。如果使用决策表来描述一个系统，条件中就会包括端口输入事件，而行为就是端口输出事件。我们可以通过覆盖每一个条件、每一个行为（或更充分地，覆盖每一个规则），来生成测试用例。而对于有限状态机模型来说，测试用例可以覆盖每个状态、每个迁移或每一条路径。

基于决策表完成线索测试很冗长。我们可以将线索描述为规则的序列（规则可以来自不同的决策表），但这样一来，覆盖追踪就会很乱。如果有交互行为，有限状态机应该是最低要求，Petri 网则好得多（详见第 15 章）。

此处我们修订一下登录分系统的有限状态机，增加了图 13.8 中的交易编号。我们用这个例子来说明两种最常见的基于模型的测试覆盖度量：状态覆盖和迁移（边）覆盖。我们可以基于有限状态机识别出四种测试覆盖度量。想要达到这些级别的系统测试覆盖，需要以下线索列表：

- ❑ FSM1。每个状态都被覆盖。
- ❑ FSM2。每个状态的迁移都被覆盖。
- ❑ FSM3。每一个可执行路径都被覆盖（FSM 中没有循环）。

- ❑ FSM4。满足 FSM3，同时每个循环都被覆盖两次，一次是进入循环，另一次是退出循环。
- ❑ FSM5。每一条路径都被覆盖（FSM 中没有循环）。
- ❑ FSM6。满足 FSM5，同时每个循环都被覆盖两次，一次是进入循环，另一次是退出循环。

上述内容与第 8 章我们提出的基于图的覆盖度量相对应。有限状态机是有向图的示例。

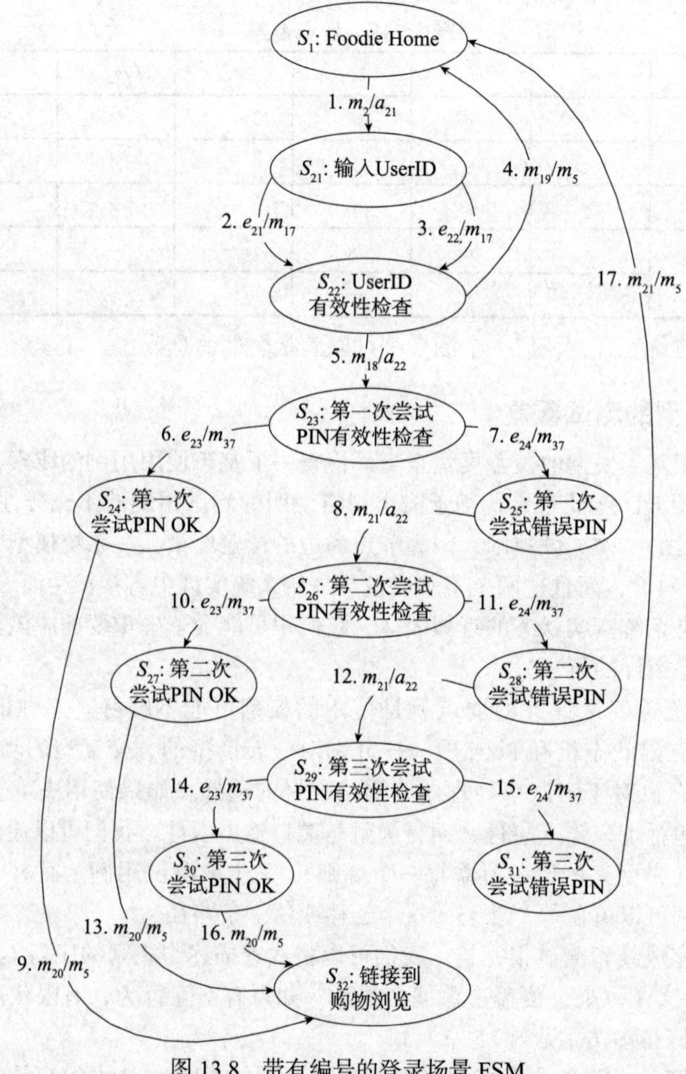

图 13.8　带有编号的登录场景 FSM

表 13.13 显示了五个登录场景的状态覆盖。只有一个“×”入口的列是确认 FSM1 覆盖的快速路径。场景 2.1~2.4 可以满足状态覆盖。表 13.14 是同样的策略，想要满足 FSM2，需要五个场景。本例中的五个场景也满足了 FSM3 的覆盖（在登录场景的 FSM 中，没有循环）。因为每一条从迁移 1，3，5 开始的路径都是不可行路径，因此不可能满足 FSM5 和 FSM6 的要求。对于登录场景示例来说，FSM4 覆盖没有意义，因为没有状态循环。

表 13.13 五个登录场景的状态覆盖

场景	S_1	S_{21}	S_{22}	S_{23}	S_{24}	S_{25}	S_{26}	S_{27}	S_{28}	S_{29}	S_{30}	S_{31}	S_{32}
2.1	×	×	×	×	×	—	—	—	—	—	—	—	×
2.2	×	×	×	×	—	×	×	×	—	—	—	—	×
2.3	×	×	×	×	—	×	×	—	×	×	×	—	×
2.4	×	×	×	×	—	×	×	—	×	×	—	×	—
2.5	×	×	×	—	—	—	—	—	—	—	—	—	—

表 13.14 五个登录场景的迁移覆盖

场景	e_1	e_2	e_3	e_4	e_5	e_6	e_7	e_8	e_9
2.1	×	×	—	—	×	×	—	—	×
2.2	×	×	—	—	×	—	×	×	—
2.3	×	×	—	—	×	—	×	×	—
2.4	×	×	—	—	×	—	×	×	—
2.5	×	—	×	×	—	—	—	—	—

场景	e_{10}	e_{11}	e_{12}	e_{13}	e_{14}	e_{15}	e_{16}	e_{17}
2.1	—	—	—	—	—	—	—	—
2.2	×	—	—	×	—	—	—	—
2.3	—	×	×	—	×	—	×	—
2.4	—	×	×	—	—	×	—	×
2.5	—	—	—	—	—	—	—	—

13.6 长测试用例和短测试用例

早些时候，我们提到了不同的线索选择。讨论的时候，我们就看到有些线索很长，有些则很短。绝大部分使用用例的开发者认为的“端对端”的交易，我们在此称之为“长使用用例”。如果一个使用用例的格式很好，就几乎可以自动派生出一个系统测试用例。既然系统级测试用例能够覆盖系统各个组成部分之间相互通信的有限状态机路径，那么这些“端对端”的测试用例也能够直接对应长使用用例。表 13.15 和表 13.16 显示了两组主要的分系统内所有的路径编号，有些是可执行的，有些是不可执行的。这些不可执行的路径，主要是因为存在依赖性，例如，如果登录被拒绝，那么这条路径就不可能跟后续可接受的购物清单路径相连。本节，我们将聚焦在“美食家”在线购物程序应用的主要部分，也就是登录、购物清单、购物车、管理员和 FoodieDB 数据库之间的交互过程。在表 13.16 的 2700 条路径中，很多都是不可执行的，只有 1080 条可执行路径。很明显，开发并执行 1080 条可行的测试用例，就是典型的测试用例爆炸。为了减少工作量，我们提出一个名词：短测试用例。如果我们小心地设计短测试用例，那么一个测试用例的后置条件就可以成为另一个测试用例的前置条件。

表 13.15　创建账户中 Admin 到 FoodieDB 的路径

分系统	所有路径	可执行路径
创建账户	2	2
Admin	2	2
FoodieDB	2	2
总路径	8	8

表 13.16　登录到购物清单到购物车到 Admin 到 FoodieDB

分系统	所有路径	可执行路径
登录	8	5
购物清单	5	5
购物车	5	6
Admin	6	3
FoodieDB	3	3
总路径	2700	1080

此处我们定义 17 个短测试用例（缩写为 STC-i），每个都做了简单说明，包括前置条件、后置条件和状态序列。

登录分系统

STC-1　拒绝 UserID
前置条件　UserID 不在数据库中，未登录
状态序列　S_1,S_{21},S_{22},S_1
后置条件　UserID 不在数据库中，用户未登录

STC-2　有效 UserID，第一次尝试 PIN 正确
前置条件　UserID 不在数据库中，未登录
状态序列　$S_1,S_{21},S_{22},S_{23},S_{24},S_{32}$
后置条件　UserID 不在数据库中，用户登录

STC-3　有效 UserID，第二次尝试 PIN 正确
前置条件　UserID 不在数据库中，未登录
状态序列　$S_1,S_{21},S_{22},S_{23},S_{25},S_{26},S_{27},S_{32}$
后置条件　UserID 不在数据库中，用户登录

STC-4　有效 UserID，第三次尝试 PIN 正确

前置条件 UserID 不在数据库中，未登录
状态序列 $S_1,S_{21},S_{22},S_{23},S_{25},S_{26},S_{28},S_{29},S_{30},S_{32}$
后置条件 UserID 不在数据库中，用户登录

STC-5 有效 UserID，第三次尝试 PIN 失败
前置条件 UserID 不在数据库中，未登录
状态序列 $S_1,S_{21},S_{22},S_{23},S_{25},S_{26},S_{28},S_{29},S_{31},S_1$
后置条件 UserID 不在数据库中，用户未登录

购物清单分系统

STC-6 用户登录，决定不购物
前置条件 用户登录，准备购物
状态序列 S_1,S_{32},S_1
后置条件 用户登录，准备购物

STC-7 用户登录，将一件商品放入购物车
前置条件 用户登录，准备购物
状态序列 $S_1,S_{32},S_{33},S_{34},S_{36},S_1$
后置条件 用户登录，购物车内容已知

STC-8 用户登录，将第二件商品放入购物车
前置条件 用户登录，准备购物
状态序列 $S_1,S_{32},S_{33},S_{34},S_{36},S_{32},S_{33},S_{34},S_{36},S_1$
后置条件 用户登录，购物车内容已知

继续购物

STC-9 用户登录，选择一项从购物车中删除
前置条件 用户登录，准备购物
状态序列 $S_1,S_{32},S_{33},S_{34},S_{35},S_{36},S_{32}$
后置条件 用户登录，准备购物

结束购物

STC-10 用户登录，选择一项从购物车中删除
前置条件 用户登录，准备购物
状态序列 $S_1,S_{32},S_{33},S_{34},S_{35},S_{36},S_1$
后置条件 用户登录，中止购物

购物车分系统

STC-11 确认新增项

前置条件　购物车内容更新
状态序列　S_{51},S_{53},S_{54}
后置条件　准备付款

STC-12　确认删除项
前置条件　购物车内容更新
状态序列　S_{51},S_{53},S_{54}
后置条件　准备付款

STC-13　准备付款，没付款
前置条件　准备付款
状态序列　S_{54},S_{51}
后置条件　取消购物

STC-14　准备付款，付款接受
前置条件　准备付款
状态序列　$S_{54},S_{55},S_{56},S_{51}$
后置条件　付款接受，库存减少

STC-15　准备付款，付款拒绝
前置条件　准备付款
状态序列　$S_{54},S_{55},S_{54},S_{51}$
后置条件　付款拒绝，库存不变

FoodieDB分系统

STC-16　接受付款，库存减少
前置条件　接受付款，库存减少
状态序列　$S_{60},S_{68},S_{60},S_{65},S_{66},S_{60}$
后置条件　记录付款，改变库存

STC-17　拒绝付款，库存不变
前置条件　拒绝付款，库存不变
状态序列　$S_{60},S_{68},S_{60},S_{65},S_{67},S_{60}$
后置条件　结束交易

短测试用例最大的好处是可以级联起来表达所有的长测试用例。图13.9展示了这种级联关系。

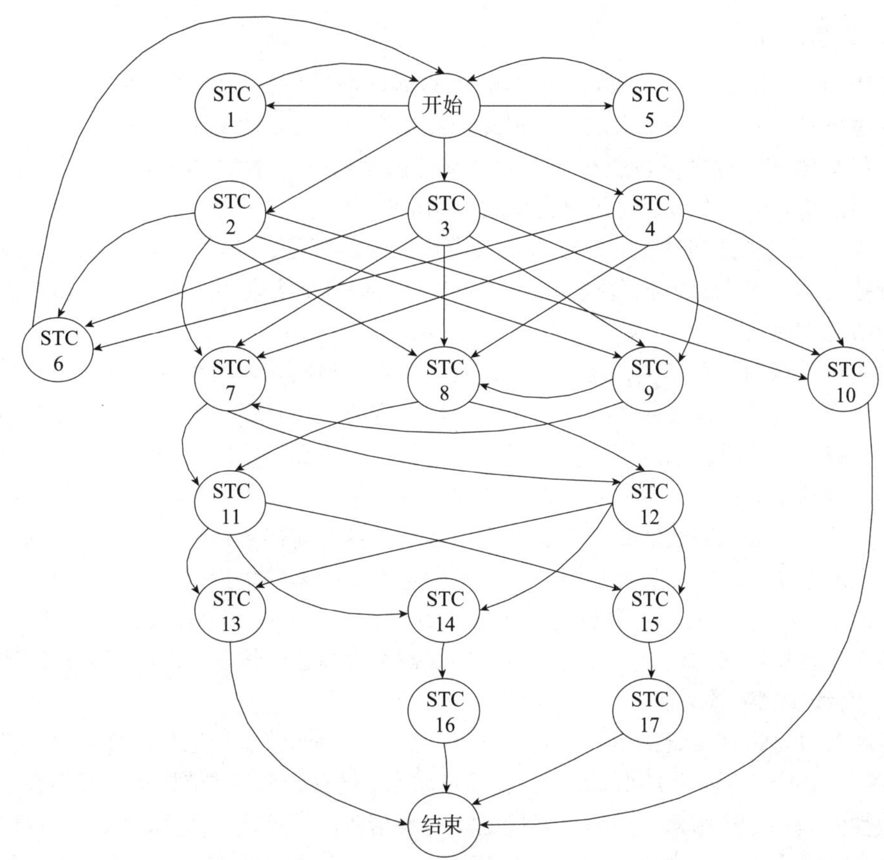

图 13.9　1080 个本地可执行的短测试用例序列

我们使用下面的序列，举例说明一个长使用用例：

1. 一个“美食家”在线购物程序的客户输入一个合法的 UserID。
2. 第一次输入一个合法的 PIN。
3. 用户在购物列表中浏览，选中一个商品，将其放入购物车。
4. 看到价格以后，客户把这个商品移出购物车，返回购物列表。
5. 客户选择了一个便宜一点的商品，将其放入购物车。
6. 信用卡支付被接受，Foodie 数据库记录付款，减少库存。

如果使用短测试用例序列，则为如下所示序列：

<STC-2, STC-9, STC-7, STC-14, STC-16, STC-17>

13.6.1　系统测试的补充方法

所有基于模型的测试方法都面临这样一种批评：只有模型足够好，测试才能好。这是毫无疑问的事情。因此有些权威人士就推荐不同的随机补充测试手段，其中之一就是我们在第 8 章提到的变异测试。本节我们讨论两种策略，每一种都可以用线索执行的概率作为起点，分别是操作剖面和基于风险的测试，这两种策略都能够应对非常紧张的系统测试时间需求。

13.6.2　操作剖面

Zipf 法则（也称为 Pareto 法则）说，80% 的活动都发生在 20% 的空间里。活动和空间可以解释为很多种方式：一个人的桌子很乱，但是绝大部分东西都不会被用到；就算是他们最喜欢的编程语言，程序员也很少使用超过该语言 20% 的特性；莎士比亚（他的作品包含了巨大的词汇量）在绝大多数时候只会使用他词汇量中极小的一部分。Zipf 法则在很多方面适用于软件领域，包括测试。对测试人员最有用的解释就是，空间由所有可能的线索构成，而活动则执行线索（或遍历线索）。因此，对于一个有很多线索的系统来说，80% 的执行只能覆盖 20% 的线索。

如果执行时遇到一个错误，就会产生失效。测试的根本就在于执行测试用例时，如果发生失效，要能够揭示造成失效的这个错误。我们一定要记住，系统里面错误的分布与系统的可靠性不是直接相关的。系统可靠性的最简单理解，就是在指定的时间间隔里，系统没有发生失效，注意这里面根本没有提到错误、错误数目或错误密度等。如果所有的错误都位于很少被覆盖的线索，那么系统的整体可靠性将远远高于具有同样数目的错误、但是都位于高流量的线索上的系统的。操作剖面的概念，就是确定不同线索的执行频率，然后使用这个信息选择系统测试的线索。尤其是测试时间很紧张的时候（很多项目都是时间很紧张），操作剖面能够最大化发现错误的概率，因为它能够触发被经常覆盖的线索上的错误。我们还是使用“美食家”在线购物系统为例。

有限状态机是识别线索执行概率的首选模型。它背后的数学理论是迁移概率可以表达为“迁移矩阵”，某个位于 i 行 j 列的元素，就是从状态 i 迁移到状态 j 的概率。我们在第 4 章讨论过连接性的问题，迁移概率的幂与邻接矩阵的幂相似。一旦线索概率已知，就可以按照执行概率的最大到最小进行排序，如表 13.17 和表 13.18 所示。图 13.10 显示了登录和购物清单两个短测试用例的连接性。

表 13.17　被选短测试用例的路径概率

测试用例 ID	描述	状态序列	路径概率
STC-1	拒绝 UserID	S_1, S_{21}, S_{22}, S_1	0.01
STC-2	有效 UserID，第一次尝试 PIN 就正确	$S_1, S_{21}, S_{22}, S_{23}, S_{24}, S_{32}$	0.970 2
STC-3	有效 UserID，第二次尝试 PIN 正确	$S_1, S_{21}, S_{22}, S_{23}, S_{25}, S_{26}, S_{27}, S_{32}$	0.019 404
STC-4	有效 UserID，第三次尝试 PIN 正确	$S_1, S_{21}, S_{22}, S_{23}, S_{25}, S_{26}, S_{28}, S_{29}, S_{30}, S_{32}$	0.000 388 08
STC-5	有效 UserID，第三次尝试 PIN 失败	$S_1, S_{21}, S_{22}, S_{23}, S_{25}, S_{26}, S_{28}, S_{29}, S_{31}, S_1$	0.000 007 92
STC-6	用户决定不购物	S_1, S_{32}, S_1	0.2
STC-7	用户将一件物品加入购物车，结束	$S_1, S_{32}, S_{33}, S_{34}, S_1$	0.048
STC-8	用户将一件物品加入购物车，浏览	$S_1, S_{32}, S_{33}, S_{34}, S_{32}$	0.6
STC-9	用户选择并从购物车中删除一件物品，浏览	$S_1, S_{32}, S_{33}, S_{34}, S_{32}$	0.006
STC-10	用户选择并从购物车中删除一件物品，结束	$S_1, S_{32}, S_{33}, S_{34}, S_{35}, S_{34}, S_1$	0.001 92

表 13.18 短测试用例序列的概率

路径	STCs	概率
1	STC-1	0.01
2	STC-5	0.000 007 92
3	STC-2, STC-6	0.194 04
4	STC-3, STC-6	0.003 880 8
5	STC-4, STC-6	0.000 077 616
6	STC-2, STC-7	0.046 569 6
7	STC-3, STC-7	0.000 931 392
8	STC-4, STC-7	1.86278E-05
9	STC-2, STC-8	0.582 12
10	STC-3, STC-8	0.011 642 4
11	STC-4, STC-8	0.000 232 848
12	STC-2, STC-9	0.005 821 2
13	STC-3, STC-9	0.000 116 424
14	STC-4, STC-9	2.32848E-06
15	STC-2, STC-10	0.001 862 784
16	STC-3, STC-10	3.72557E-05
17	STC-4, STC-10	7.45114E-07

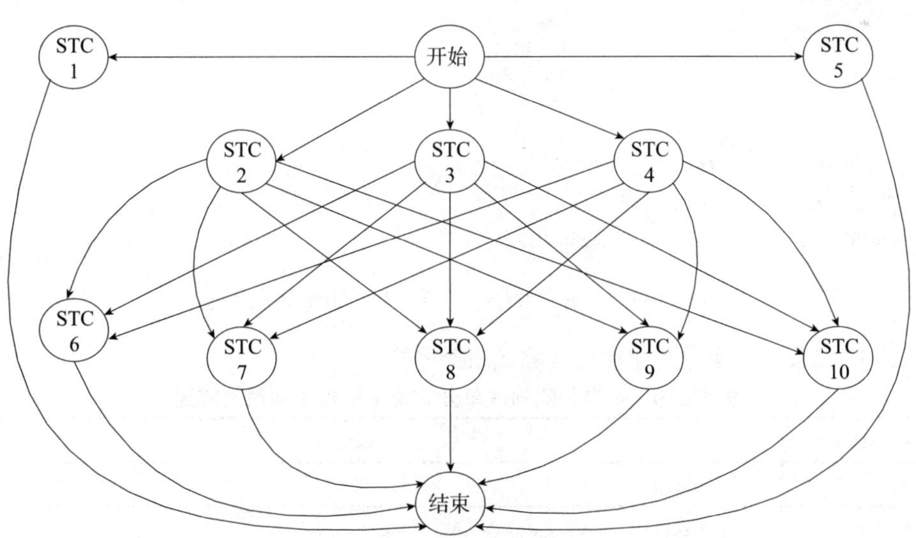

图 13.10 登录和购物清单短测试用例的连接性

正如基于模型的测试依赖于模型的好坏一样，操作剖面分析受限于迁移概率的预估值。有些策略能够获取这些预估值，使用类似系统的历史数据是其中的一种策略。另一种是使用客户提供的预估值。还有一种是使用 Delphi 法，一群专家给出他们的猜测数据后，再做平均。平均操作可能基于对一系列预估值的合并，或者找到 7 个专家，去掉最高值和最低值。不管使用哪一种方法，最终的迁移概率仍然是猜测值。乐观来看，我们可以做一个敏感度分析。此时，整体的概率顺序对单一迁移概率的漂移不是非常敏感。操作剖面提供了一个已交付系统的流量混合。操作剖面不仅降低了系统测试的难度，这些剖面还可以与模拟器结合使用，得到执行时间性能的早期数据以及系统交易容量。

图 13.11 展示了登录和购物清单两个分系统的有限状态机，在必要的边上，标识出了迁移概率。默认情况是，没有标号的边，其概率就是 1.0。注意所有迁出的边，其概率总和一定是 1.0。

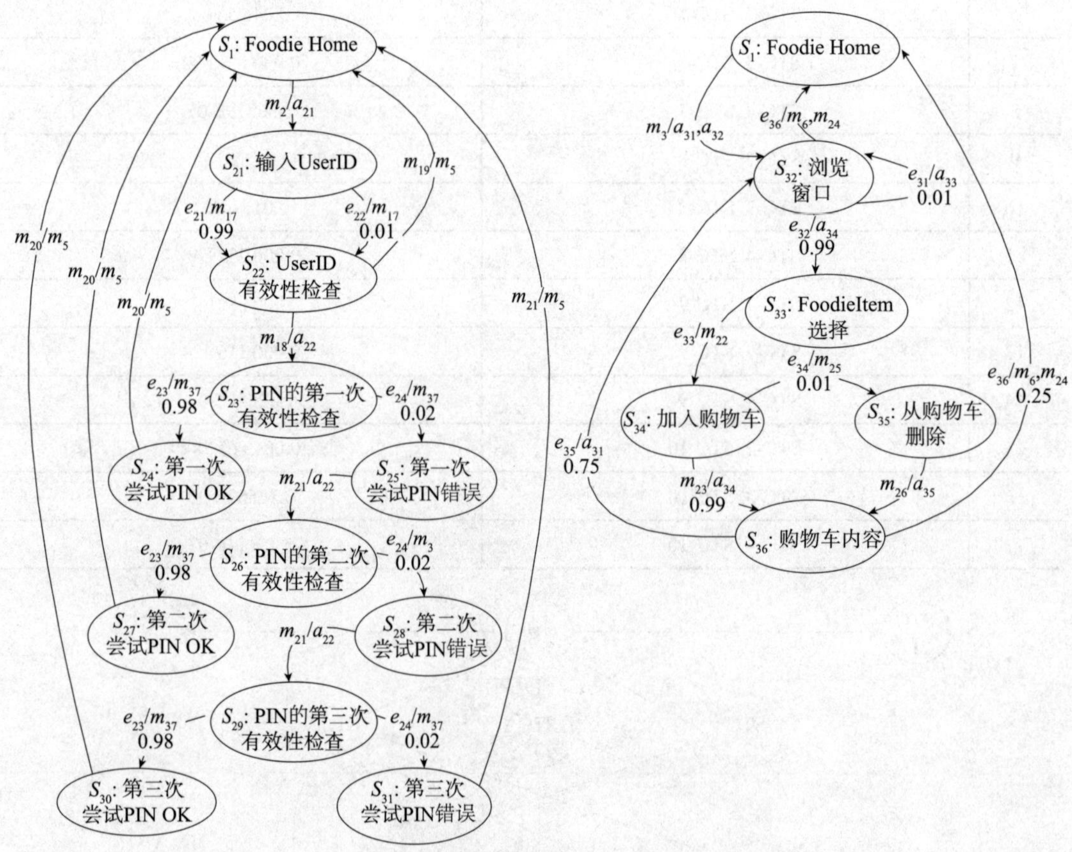

图 13.11　带有迁移概率的登录和购物清单分系统

表 13.19 是按照概率进行排序的短测试用例序列。

表 13.19　登录和购物清单分系统中的短测试用例描述

STC ID	描述
STC-1	拒绝 UserID
STC-2	有效 UserID，第一次尝试 PIN 成功
STC-3	有效 UserID，第二次尝试 PIN 成功
STC-4	有效 UserID，第三次尝试 PIN 成功
STC-5	有效 UserID，第三次尝试 PIN 失败
STC-6	用户决定不购物

（续）

STC ID	描述
STC-7	用户将一件物品加入购物车，结束
STC-8	用户将一件物品加入购物车，浏览
STC-9	用户选择并从购物车中删除一件物品，浏览
STC-10	用户选择并从购物车中删除一件物品，结束

基于风险的测试

Hans Schaefer 是基于风险的测试的专家，他建议第一步将系统划分出风险等级。同时，他建议应该有四个风险等级：灾难性的、破坏性的、有碍使用的和令人不悦的（Schaefer and Software Test Consulting（2005））。然后要评估代价权重。他建议使用对数权重：1 是失效以后的最低代价、3 是中等代价、10 是最高代价。为什么要用对数呢？心理学家喜欢用这种方法，因为被询问的对象通常更习惯在线性度量上进行打分（例如最低是 1，最高是 5），如果是客观评估，这些评估度量值通常区别不大。表 13.21 是针对表 13.20 中“美食家”在线购物程序的使用用例实施此过程的结果。在评估过程中，风险因子包括客户的方便程度、利润降低、非法访问等。

首先我们需要考虑一个短测试用例失效后，会对 STC 对产生什么风险。其贡献度从低到高，分别是 3, 7, 12, 20。

表 13.20 “美食家”在线购物程序操作剖面

路径	STC	概率
9	STC-2, STC-8	0.582 12
3	STC-2, STC-6	0.194 04
6	STC-2, STC-7	0.046 569 6
10	STC-3, STC-8	0.011 642 4
1	STC-1	0.01
12	STC-2, STC-9	0.005 821 2
4	STC-3, STC-6	0.003 880 8
15	STC-2, STC-10	0.001 862 784
7	STC-3, STC-7	0.000 931 392
11	STC-4, STC-8	0.000 232 848
13	STC-3, STC-9	0.000 116 424
5	STC-4, STC-6	0.000 077 616
16	STC-3, STC-10	0.000 037 255 68
8	STC-4, STC-7	0.000 018 627 84
2	STC-5	0.000 007 92
14	STC-4, STC-9	0.000 002 328 48
17	STC-4, STC-10	0.000 000 745 113 6

表 13.21 单独 STC 的风险分布

STC ID	描述	风险分布
STC-1	拒绝 UserID	20
STC-2	有效 UserID，第一次尝试 PIN 正确	3
STC-3	有效 UserID，第二次尝试 PIN 正确	3
STC-4	有效 UserID，第三次尝试 PIN 正确	7
STC-5	有效 UserID，第三次尝试 PIN 失败	20
STC-6	用户决定不购物	3
STC-7	用户将一件物品添加到购物车，结束	3
STC-8	用户将一件物品添加到购物车，浏览	3
STC-9	用户从购物车中选择并删除一件物品，浏览	7
STC-10	用户从购物车中选择并删除一件物品，结束	3

如果短测试用例 STC-1 和 STC-5 失效，影响是巨大的。

- STC-1。拒绝 UserID。如果该测试用例失败，就会造成对“美食家”在线购物系统的非法访问。
- STC-5。有效 UserID，第三次尝试 PIN 错误。这与 STC-1 很相似，但是风险更大。不仅是因为这可能造成对“美食家”在线购物系统的非法访问，还可能造成“美食家”在线购物系统中已有 PIN 信息部分受损。

短测试用例 STC-2、STC-3 和 STC-4 都是针对三次 PIN 尝试的。但是 STC-3 和 STC-4 的概率会因为前面的失败而大大降低（见图 13.11）。

- STC-2。有效 UserID，第一次尝试 PIN 正确。如果该用例失败，会造成使用者不便，但是用户还有再次输入 PIN 的机会。
- STC-3。有效 UserID，第二次尝试 PIN 正确。如果该用例失败，会造成使用者不便，但是用户还有再次输入 PIN 的机会。
- STC-4。合法用户 ID，第三次尝试 PIN 正确。如果该用例失败，问题就比较大了。这不仅是不便于使用的问题，系统可能会丧失一个合法客户。

短测试用例 6~10，是客户能够在购物清单页面上进行的各种选择。

- STC-6。用户决定不购物。如果 STC-6 失败，用户可能卡在购物清单页面出不来。用户可能的反应是非常郁闷，然后使用某种手段强制退出。
- STC-10。用户从购物车中选择并删除一件物品。与 STC-6 类似。如果该用例失效，用户可能再次卡在购物清单页面，然后与 STC-6 的输出相同。
- STC-7。用户将一个商品添加到购物车，结束。这是个非常常规的操作。如果这个操作失败，用户可能卡在购物清单页面，然后与 STC-6 和 STC-10 的输出相同。
- STC-8 用户将一件商品添加到购物车，浏览。这是个被期待的行为，可能会引发更多的购买。如果失败，就会造成利润降低。
- STC-9，用户从购物车中选择并删除了一件物品，浏览。这是个无伤大雅的行为。然而，如果这个用例失败，可能意味着某个商品没有从购物车删除。这种购买操作当然会惹恼客户，最后就会造成退货的麻烦。

表 13.22 中按照风险排序的“美食家”在线购物程序测试用例与表 13.20 中的操作剖面大相径庭。

- 操作剖面顺序：9, 3, 6, 10, 1, 12, 4, 15, 7, 11, 13, 5, 16, 8, 2, 14, 17。
- 基于风险的测试顺序：1, 2, 9, 12, 3, 6, 10, 13, 4, 14, 5, 15, 7, 8, 11, 16, 17。

表 13.22 STC 序列的风险剖面

路径	STC	描述	风险
1	STC-1	拒绝 UserID	909 494.701 8
2	STC-5	有效 UserID，第三次尝试 PIN 失败	720.319 803 8
9	STC-2, STC-8	有效 UserID，第一次尝试 PIN 正确，用户发送一件物品到购物车，浏览	142.119 140 6
12	STC-2, STC-9	有效 UserID，第一次尝试 PIN 正确，用户从购物车中选择并删除一件物品，浏览	55.515 289 31
3	STC-2, STC-6	有效 UserID，第一次尝试 PIN 正确，用户决定不购物	47.373 046 88
6	STC-2, STC-7	有效 UserID，第一次尝试 PIN 正确，用户发送一件物品到购物车，结束	11.369 531 25
10	STC-3, STC-8	有效 UserID，第二次尝试 PIN 正确，用户发送一件物品到购物车，浏览	2.842 382 813
13	STC-3, STC-9	有效 UserID，第二次尝试 PIN 正确，用户从购物车中选择并删除一件物品，浏览	1.110 305 786
4	STC-3, STC-6	有效 UserID，第二次尝试 PIN 正确，用户决定不购物	0.947 460 938
14	STC-4, STC-9	有效 UserID，第三次尝试 PIN 正确，用户从购物车中选择并删除一件物品，浏览	0.867 426 395
5	STC-4, STC-6	有效 UserID，第三次尝试 PIN 正确，用户决定不购物	0.740 203 857
15	STC-2, STC-10	有效 UserID，第一次尝试 PIN 正确，用户从购物车中选择并删除一件物品，结束	0.454 781 25
7	STC-3, STC-7	有效 UserID，第二次尝试 PIN 正确，用户发送一件物品到购物车，结束	0.227 390 625
8	STC-4, STC-7	有效 UserID，第三次尝试 PIN 正确，用户发送一件物品到购物车，结束	0.177 648 926
11	STC-4, STC-8	有效 UserID，第三次尝试 PIN 正确，用户发送一件物品到购物车，浏览	0.056 847 656
16	STC-3, STC-10	有效 UserID，第二次尝试 PIN 正确，用户从购物车中选择并删除一件物品，结束	0.009 095 625
17	STC-4, STC-10	有效 UserID，第三次尝试 PIN 正确，用户从购物车中选择并删除一件物品，结束	0.007 105 957

操作剖面和基于风险的测试顺序，极大地依赖于我们用于计算短测试用例概率的迁移概率。想一下三种测试用例序列，在图 13.12、图 13.13 和图 13.14 中，我们展示了这三种测试用例序列的概率。

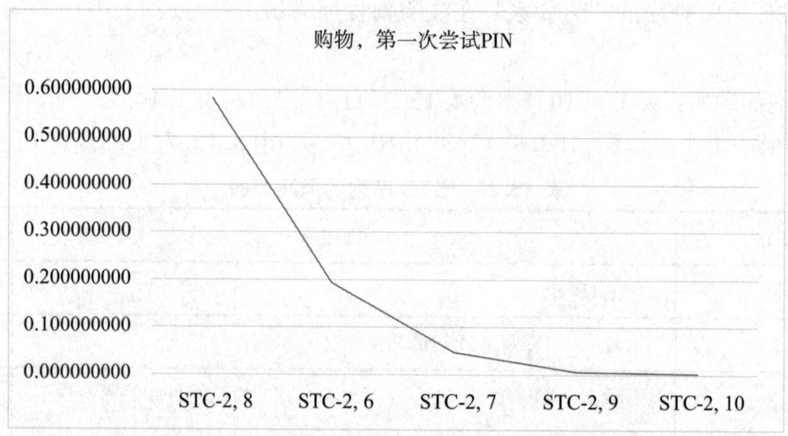

图 13.12 第一次尝试，输入正确的 PIN 后的购物清单

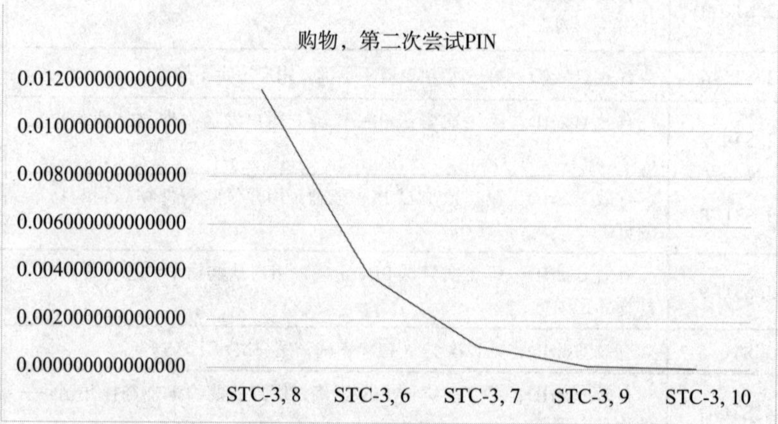

图 13.13 第二次尝试，输入正确的 PIN 后的购物清单

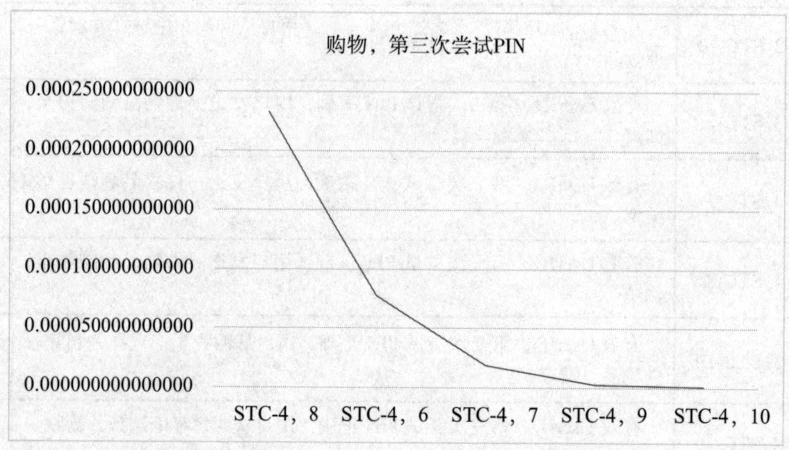

图 13.14 第三次尝试，输入正确的 PIN 后的购物清单

13.7 非功能系统测试

到目前为止，系统测试都基于规范、行为或需求等。很明显，功能需求是属于 does 视图的，描述的都是一个系统要做的事情或者应该做的事情。通用地说，非功能测试关注的

是系统完成某个功能的程度。很多非功能需求都归类为可靠性、维护性、剪裁性（可伸缩性）、可用性、兼容性等。虽然很多实践者在他们各自的领域都很清楚某个属性的具体含义，但并没有一个标准来规定这些术语或技术。本书我们讨论最常见的一种非功能测试——压力测试。

13.7.1 压力测试策略

压力测试，有时也称为性能测试、容量测试或负载测试。这是最常见（可能也是最重要）的非功能测试类型。因为压力测试与被测系统的天然属性密切相关，因此压力测试技术就依赖于应用本身。本书我们通过描述三种最常见的压力测试策略来说明压力测试技术。

13.7.1.1 压缩

我们先来看一下在极限负载下的系统性能。对于一个非常流行的基于 web 的应用来说，其服务器的容量可能不足。电话交换系统使用术语“忙时电话呼叫（BHCA)”来表示此流量负载。这类系统的压力测试策略，最易理解的方式就是压缩。

如果一个人发起一个呼叫，本地交换系统必须立刻识别。除了要将呼叫者的线路状态从空闲转为活跃以外，呼叫请求的主要标识就是数字输入。尽管现在还有些人使用拨号电话，但绝大多数人都是使用数字键盘的。术语是“双音多频（DTMF)”，也就是数字键盘的 3 × 4 屏幕，有三种频率（对应三列）和四种频率（对应四行）。每个数字都由两种频率来表示。本地交换系统必须将拨号转换为数字形式，这个工作是由 DTMF 接收端来完成的。

这里我们假设一个带有数字的示例来帮助我们理解压缩策略。假如一个本地交换系统必须支持 50 000 个 BHCA。要想做到这一点，系统必须有 5000 个 DTMF 接收端。如果要测试这个流量负载，需要在 60min 之内发起 50 000 个电话呼叫。压缩策略就是要将这个数字减少到可管理的范围。如果一个原型只有 50 个 DTMF 接收端，负载测试就需要生成 500 个呼叫请求。

将某种形式的流量和与其关联的设备进行压缩，使其能够处理预设的流量的方法，在很多应用领域都适用，通用术语叫作流量工程。

13.7.1.2 重复

有些非功能需求可能非常难以在现实中实现。很多时候，实际的性能测试还可能会破坏被测系统（破坏性测试和非破坏性测试）。有一个四格漫画非常简洁地解释了这种测试类型。第一帧,Calvin 看到了一个桥，写着“最大载重 5t”，他就问他的父亲，这是怎么算出来的？他父亲说，越来越重的卡车开过桥，直到最后桥塌了，就算出来最大载重了。最后一帧漫画，是 Calvin 带着他招牌的震惊的神情。当然，我们也可以不毁掉被测系统，只要多次重复尝试即可。这里我们举两个例子。

一个例子是针对军队的战地电话交换中心的非功能需求，这个交换中心需要在降落伞落地之后就能使用。想要达到这一点非常昂贵，逻辑也非常复杂。没有一个系统测试员知道该如何重现这种场景。但是通过咨询一个前跳伞人员之后，我们可以知道跳伞落地时受到的冲击，与从一个约 3m 的墙跳下来差不多。我们将被测原型放到一个叉车上，将其升到约 3m 的高度，然后倾斜，使原型落地。落地之后，原型还可以使用，则该测试用例通过。

飞行器最危险的事故之一是飞鸟撞击。下面是洛克希德 · 马丁公司针对 F35 飞行器做的一次非功能测试（Owens et al.（2009））。

座舱盖系统必须能够接受一个 4lb[㊀] 飞鸟以 480kn[㊁] 的速度撞击在强化挡风玻璃上，以及以 350kn 的速度撞击在座舱盖覆盖的机头上。不能发生以下情况：

- 当飞行员在高位驾驶时，飞机破裂或漏气，冲击飞行员。
- 因机头损坏，造成对飞行员的严重伤害。
- 因机身损坏，导致阻止了安全操作或阻塞了飞行器的紧急出口。

很明显，不可能让一只飞行的鸟真的撞上去。于是洛克希德·马丁公司的测试人员就使用了一个加农炮，把一只死鸡发射到挡风玻璃和机头上。该测试用例通过了。

我们再给大家讲一个传奇故事，是写在 Snopes.com 上的，有关于一个英国公司打算使用同样的方法来测试机头，结果测试用例失败了。于是他们就问美国测试人员，为什么我们总是失败呢？他们得到的回答是，你得先扔一个小鸡试试。我们为什么要讲这个故事呢？如果使用重复策略执行非功能测试，必须要尽可能接近实际测试场景才可以。

13.7.2 数学方法

有时候，非功能测试可能不能直接执行、间接执行或使用商用工具执行。此时有三种分析方法可以供读者使用：排队理论、可靠性模型和仿真。

13.7.2.1 排队理论

排队理论可以处理服务器以及使用服务器的任务队列问题。排队理论背后的数学原理能够处理任务到达速率、服务时间、排队的数目以及服务器的数目等问题。我们每天都会遇到排队问题，例如杂货店的结账队伍、电影院的买票队伍，或者滑雪场的缆车队伍等。有些设置（比如邮局）会在若干窗口前使用一个队伍来排队。这是最有效率的排队规则，使用单一队伍和多个服务器。服务时间代表某种形式的系统容量，而队伍则代表系统可以提供的流量（交易）。

13.7.2.2 可靠性模型

可靠性模型在某种程度上与排队理论有关。可靠性主要处理部件的失效率，计算系统失效的可能性、平均失效时间（MTTF）、平均无故障时间（MTBF），以及平均修复时间（MTTR）等。给定一个真实的或假设的系统部件失效率，就可以算出这些数值。

电话交换机系统的可靠性要求是：40 年连续操作时，宕机时间不超过两小时。这个系统的可用性是 0.999 994 29，或者说失效率是 5.7×10^{-6}。如何保证可用性呢？可靠性模型是首选方法。可靠性模型可以体现为树形图或有向图，与计算操作剖面的方法很相似。这些模型使用基于物理连接（在可靠性模型中则是抽象连接）的独立系统部件的失效率来计算最终的可靠性指标。

美国乡村市场的数字终端办公室必须由美国政府机构 Rural Electric Administration（REA）批准。该机构遵循压缩策略，要求在线测试六个月。如果系统的宕机时间小于 30min，就可以批准。在测试周期的前几个月里，被测系统的宕机时间都小于 2min。然后飓风就袭击了小镇，摧毁了系统所在的大楼。REA 因此宣布测试失败。经过苦苦哀求，被测系统才获得了再测试机会。第二次，在六个月的测试周期里，宕机时间还不足 30s。

可靠性模型的物理系统基础非常牢靠，但这个基础适用于软件吗？物理部件可能因为老化而退化。这个过程经常表现为威布尔分布，其中失效会迅速降到 0。有时，失效会在一段

㊀ 1lb=453.592g。——编辑注

㊁ 1kn=1.852km/h。——编辑注

时间之后有所提升，此时对应的就是某个部件的使用周期。软件的问题是：一旦经过良好的测试，软件是不会退化的。软件与硬件可靠性模型的主要区别就在于失效的规律不同。基于操作剖面的测试和扩展的基于风险的测试，都是很好的开端，但是无论多少测试，都不能保证软件没有错误。

13.7.2.3 蒙特卡罗测试

蒙特卡罗测试应该作为系统测试人员的最后一个武器。蒙特卡罗测试需要随机生成大量的线索（交易），然后查看是否有异常发生。蒙特卡罗测试需要使用随机生成的随机数，而不是类似赌博。如果是涉及物理（与逻辑对应，见第 6 章）变量的计算应用，蒙特卡罗测试是很成功的。但是蒙特卡罗测试最大的弊端就是大量的随机交易要求大量的预期结果输出，否则也没法判定随机测试用例是否通过。

13.8 习题

1. 带有交互行为的系统测试，其难题之一，是猜测用户可能做出的奇怪的举动。如果一个客户输入了三位 PIN 之后就离开了，“美食家”在线购物程序会怎样呢？
2. 为了能“控制”异常的用户行为，“美食家”在线购物系统可能会设置一个 30s 的超时控制。如果在 30s 之内没有端口输入事件发生，“美食家”在线购物程序就会询问系统是否需要更多时间。用户可以回答是或否。设计一个新的屏幕，如果完成这样一个超时事件，应该如何识别端口事件。
3. 假设你在“美食家”在线购物程序中增加了练习 2 中的超时特性，需要完成哪些回归测试呢？
4. 调整图 13.6 中的“PIN 尝试”有限状态机，实现练习 2 中的超时机制，然后修订表 13.3 中的线索测试用例。
5. 完成 13.4.4 节中的扩展 ATE 测试用例。
6. 你觉得将测试覆盖与操作剖面相结合有意义吗？同样的，在基于风险的测试中，结合测试覆盖和操作剖面有意义吗？
7. 将表 13.16 中最后四行 ASF 的输入和输出事件补充完整。

13.9 参考文献

Binder, Robert V., “Don’t Play Developer Testing Roulette: How to Use Test Coverage”, *Software Engineering Institute Blog*, https://insights.sei.cmu.edu/sei_blog/2019/10, Oct. 14, 2019.

Jorgensen, Paul C., System testing with pseudo-structures, *Amer. Programmer*, Vol. 7, No. 4, pp. 29–34, April 1994.

Jorgensen, Paul C. *Modeling Software Behavior: A Craftsman’s Approach*, CRC Press, New York, 2009.

Larman, C., *Applying UML and Patterns: An Introduction to Object-Oriented Analysis and Design* (2nd Edition), Prentice-Hall, Upper Saddle River, NJ, 2001.

Schaefer, Hans, Software Test Consulting, “*Risk Based Testing, Strategies for Prioritizing Tests against Deadlines*“, http://home.c2i.net/schaefer/testing.html, 2005.

Owens, Steve D., Caldwell, Eric O., and Woodward, Mike R., “*Birdstrike Certification Tests of F-35 Canopy and Airframe Structure*” *2009 Aircraft Structural Integrity Program (ASIP) Conference*, December 1–3, 2009, Jacksonville, FL. Also can be found at Trimble, Stephen, July 28, 2010 4:58 PM. [http://www.flightglobal.com/blogs/the-dewline/2010/07/video-f-35-birdstrike-test-via.html] and.[http://www.flightglobal.com/blogs/the-dewline/Birdstrike%20Impact%20Studies.pdf.

第 14 章

Software Testing: A Craftsman's Approach, Fifth Edition

基于模型的测试

“凭我的信念！四十多年来，我一直在说散文，但对此一无所知……”

——莫里哀作品《贵人迷》中的茹尔丹先生

本章我们以莫里哀作品中茹尔丹先生的情感描述作为开始。自本书第 1 版出版以来，就一直提倡我们现在所说的基于模型的测试（MBT）。在本章中，我们将描述基于模型的测试的基本原理，讨论如何选择合适的模型，以及各种 MBT 技术的优缺点，最后还对可使用的 MBT 工具进行了简单的介绍。本章中也沿用了部分早期版本中 MBT 的实际案例。另外，14.3 节中的材料几乎直接取自我的另一本著作 *The Craft of Model-Based Testing*（Jorgensen（2017））。

关于模型有两种重要的观点——对现实的妥协和对现实的讽刺。两种观点对于基于模型的测试来说都很重要。当我们将模型理解为“对现实的妥协”时，说明我们接受了模型本质上是不完整的这一观点。而当我们将模型理解为“对现实的讽刺”时，说明建模者必须能够捕捉被建模对象的重要特征，就像漫画中的政治人物总是能够被一眼认出一样。此外，我们不能要求模型能够完全反映所有现实的情况，但是如果模型忽略现实的重要特征也是不可以的。因此，可以说建模是一门艺术——它涉及天赋、理解力和判断力。

14.1 基于模型的测试概述

对系统行为进行建模的主要优点就是在创建模型的过程中，通常会加深我们对被建模的测试系统的理解。尤其是利用有限状态机、Petri 网和状态图等可执行模型进行建模的过程。在第 13 章中，我们看到系统行为的线索很容易转化为系统级测试用例，也很容易从某种行为模型中派生出来。因此，基于模型的测试的充分性主要取决于模型的准确性。基于模型的测试的核心流程如下：

1. 对系统进行建模。
2. 识别模型中系统的行为线索。
3. 将行为线索转换为测试用例。
4. （在真实系统中）执行测试用例并记录测试结果。
5. 根据需要修改系统模型并重复上述过程。

14.2 适合的模型

Avvinare 是一个有趣的意大利语单词，它指的是许多意大利家庭在秋季将葡萄酒装瓶时的过程。意大利人在购买了半桶散装酒后，会将一年中积攒下来的空瓶子冲洗干净准备装酒，然而总是会有一些小水滴附着在瓶子的侧面，很难去除。于是人们想出了一个办法，他们首先往一个准备用来装酒的瓶子中装入大约一半酒，然后摇晃，将水溶解到酒中。接下来，将酒倒入下一个瓶子，摇匀，然后再倒入另一个瓶子。这种情况一直持续到所有瓶子都用酒冲洗干净，并且可以装瓶。问题来了，测试人员的工作就是喝这种被稀释了的酒吗？ Avvinare 是一个动词，指的就是上述的整个过程。你该如何把这个词翻译成英文呢？因为这种活动在英语世界并不常见，所以我真的不知道该如何翻译。语言在不断发展以满足说话者的表达需求，同理，模型也在不断发展，以满足被描述系统不断增长的复杂度。这是软件工程在认识论层面遇到的问题。由于基于模型的测试始于建模，因此选择合适的模型决定了相关测试活动的成功与否。做出适当的选择取决于以下几个问题：各种模型的表达能力、被建模系统的本质，以及分析人员使用各种模型的能力。我们接下来考虑其中的前两个问题。

14.2.1 Peterson 格

James Peterson 开发了一个优雅的计算模型格（Peterson（1981）)，如图 14.1 所示。格中的箭头表示一种关系，称之为“更具表现力”，即箭头起点的模型比箭头末端的模型更具表现力。在 Peterson 的文章中，他很仔细地为格中的每条边都开发了例子。例如，他展示了一个不能表示为有限状态机的信号量系统。在他的格中，以下四个模型的关系有些模糊不清：向量替换系统、向量加法系统、UCLA 图和消息系统。由于 Petri 网有很多扩展，所以为了简单起见，Peterson 将这些组合在了一起。标记图是形式化的数据流图，Peterson 将它们显示为与有限状态机对等的形式。

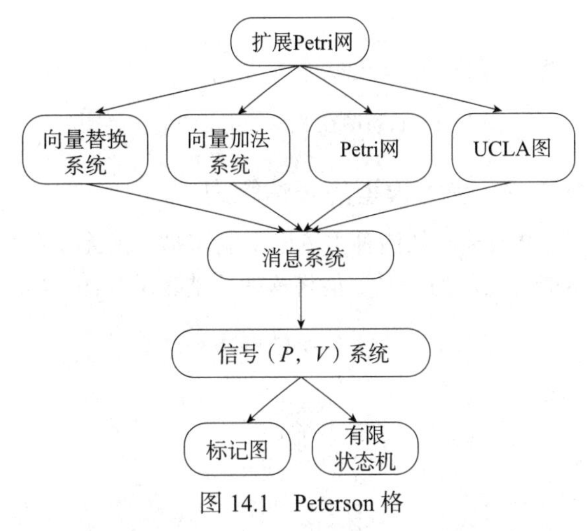

图 14.1 Peterson 格

Peterson 格是基于模型测试的一个很好的起点。 当给定一个应用程序时，最佳实践希望能够选择一个既必要又充分的模型——既不太弱也不太强。如果模型太弱，应用程序的建模会丢掉一些重要的方面，从而导致测试不充分。而如果模型太强，那么开发模型所需要的额外工作量就很大。

由于 Peterson 格的提出早于 DavidHarel 发明的状态图，这就导致了一个问题，状态图应该在 Peterson 格中的什么位置呢？状态图有可能比 Petri 网的大多数扩展形式要更具表现力，至少也是等价的。美国大峡谷州立大学的几名研究生用各种方法探索了这个问题的答案。他们的工作虽然很有说服力，但很长一段时间以来，我都没有得到正式的证据来证明这种可能存在的等价性。然而，给定一个相对复杂的状态图，它总是可以表示为一个事件驱动的 Petri 网（如第 4 章所定义)。与状态图转换相关的丰富语言可能难以在大多数 Petri 网的扩展中得到表达。DeVries(本书的合著者）提供的一种很有前途的方法是 “泳道 Petri 网”(DeVries（2013））。

图 14.2 显示了状态图在 Peterson 格中的可能位置。单向箭头反映了这样一个事实，即给定的状态图可以表示并发（通过并发区域)，而真正的并发是不能在 Petri 网中表示的，也

不能在大多数扩展形式中表示。DeVries 的一部分工作是对“泳道 Petri 网”进行了描述，其中使用了 UML 中的“泳道”概念来表达并发活动。我们将在第 15 章重新讨论这个概念，并用它来描述 SoS 中各个系统之间的交互。在那里，我们将使用扩展系统建模语言的一些指令来表示事件驱动 Petri 网中的跨泳道通信。图 14.3 显示了事件驱动 Petri 网、泳道事件驱动 Petri 网和状态图的子类之间的关系格。

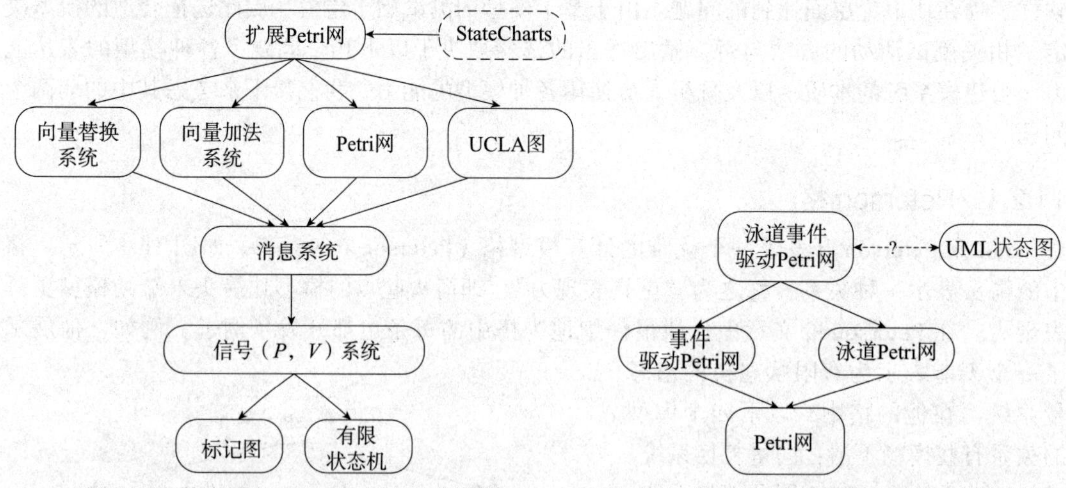

图 14.2 状态图在 Peterson 格中的位置图　　图 14.3 加入泳道模型后对 Peterson 格的扩展

14.2.2 主流模型的表达能力

Peterson 从四种主流模型能够描述的系统的代表性行为出发，确定出四个主流模型的表达能力之间的关系。他将这种总结表示为图 14.4。

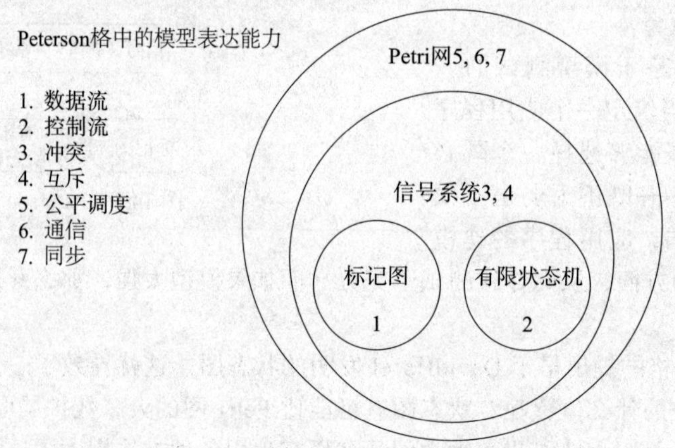

图 14.4 Peterson 格中的模型表达能力

14.2.3 建模的注意事项

本节中的大部分内容来自 Jorgensen（2009）。有两种基本类型的需求规范模型：描述结构的模型和描述行为的模型。这两种模型对应系统的两个基本视图：系统是什么以及系统做什么。数据流图、实体 / 关系模型、层次图、类图和对象图都关注系统是什么（即组件、组件功能以及组件之间的接口），这类模型强调对结构的表达。第二种类型，包括决策表、有限状态机、状态图和 Petri 网，它们描述了系统的行为，即系统做什么。系统行为的模型具有不同程度的表达能力，但都是对系统行为的描述，这就像是在技术层面上来用不同的语言表达 avvinare 这个词汇。

参考 Jorgensen（2009）可以确定 19 个与行为建模相关的问题，我们在这里将问题分为四组。第一组关于结构化编程的代码结构规则，包括顺序、选择和循环。第二组关于扩展系统建模语言（Bruyn et al.（1988）)，包括启用、禁用、触发、激活、挂起、恢复和暂停。我们在第 17 章中利用泳道事件驱动 Petri 网进行系统建模时会用到这些标识。第三组关于任务管理的类别，包括基本的 Petri 网机制：冲突、优先级、互斥、并发执行和死锁等。第四组关于事件驱动系统中遇到的问题，包括上下文敏感的输入事件、多上下文输出事件、异步事件和事件静默。

表 14.1 将 19 个问题映射到五类可执行模型上，每个模型都是基于模型测试中的模型可选项。

表 14.1　五种可执行模型的表达能力

行为问题	决策表	FSM	Petri 网	EDPN	状态图
序列	否	是	是	是	是
选择	是	是	是	是	是
重复	是	是	是	是	是
启用	否	否	是	是	是
禁用	否	否	是	是	是
触发	否	否	是	是	是
激活	否	否	是	是	是
暂停	否	否	是	是	是
重启	否	否	是	是	是
暂停	否	否	是	是	是
冲突	否	否	是	是	是
优先	否	否	是	是	是
互斥	是	否	是	是	是
并发执行	否	否	是	是	是
死锁	否	否	是	是	是
上下文敏感输入事件	是	是	间接地	是	是
多上下文输出事件	是	是	间接地	是	是
异步事件	否	否	间接地	是	是
事件静止	否	否	间接地	是	是

14.2.4　做出合适的选择

选择合适的模型首先要了解待建模（和测试）的系统的本质。一旦了解了这些内容，就必须将它们与刚才讨论的各种能力进行关联，然后确定适当的选择。当然，最终的选择还将取决于一些现实情况，例如公司的政策、相关的标准、分析师的能力和可用的工具等。始终选择最强大的模型虽然是一种最简单的选择策略，但是更好的选择可能是选择一种能够表达所建模系统的所有重要方面的最简单的模型。

14.3　支持基于模型测试的商业工具

有好几种开源和商业的 MBT 产品可用。Jorgensen（2017）简要介绍了五种开源 MBT 工具，而且还与六家商业 MBT 工具供应商合作，共同提供了两个具体案例的测试结果，即保险费问题的变体形式和车库门控制系统的简化形式。David Harel 确定了两种基本类型的应用程序——转换型和反应型（Harel（1988））。保险费问题是一个转换型程序的例子，它将输入的数据经过计算转换为输出。车库门控制系统是一个典型的反应型程序，因为它需要对发生的输入事件做出反应。一般来说，转换型程序是“一次性”程序，即执行一次就可以完成主要任务。而反应型程序可能会长时间运行，期间它们一直保持着与所处环境之间的联系。

此处我们给出了使用三个商业工具进行测试的一部分内容。商业工具对于转换型程序会使用各种模型进行建模，例如 UML 的活动图、业务流程模型、基于规则的模型（即决策表）和流程图是最常见的选择。对于反应型程序，开源和商业的 MBT 工具都会将有限状态机作为首选。

大多数（甚至可能是全部）商业 MBT 工具都是基于被测系统的有限状态机模型的。在理想的 MBT 世界中，都会将系统的有限状态机的某种图形化形式作为测试的输入。而现实情况则是需要某种形式的文本性定义——通常是面向对象编程语言中的代码。

14.3.1　TestOptimal

TestOptimal LLC 是一家位于美国明尼苏达州罗切斯特附近的公司。他们的产品线广泛而全面，包括一套非常复杂的工具，公司网站是 http://testoptimal.com/。

他们对保险费问题的解决方案是引入了正交数组的概念来生成一组九个测试用例（表 14.2），这些测试用例结合在一起，对每对输入参数值进行了测试。如果使用 3- 对耦或 4- 对耦的正交数组，该工具会生成更多测试用例。

表 14.2　2- 对偶的测试用例（完整集）

测试用例	年龄	索赔	好学生	非酗酒者	预期保险费
1	16~24	0	F	F	775 美元
2	16~24	1~3	T	F	1000 美元
3	16~24	4~10	F	T	1150 美元
4	25~64	0	T	F	525 美元
5	25~64	1~3	F	T	575 美元
6	25~64	4~10	T	F	900 美元
7	65~89	0	F	T	770 美元
8	65~89	1~3	T	F	1125 美元
9	65~89	4~10	F	F	970 美元

车库门控制系统的 TestOptimal 解决方案基于具有表 14.3 中的输入事件、输出事件和状态的有限状态机。状态图如图 14.5 所示。

表 14.3 车库门控系统的事件和状态

输入事件	输出事件（行为）	状态
e_1：控制信号	a_1：起动驱动电机向下	s_1：门上升
e_2：下行轨道命中结束	a_2：起动驱动电机向上	s_2：门下降
e_3：上行轨道命中结束	a_3：停止驱动电机	s_3：门停止向下
e_4：激光束交叉	a_4：反转电机工作方向从下到上	s_4：门停止向上
		s_5：门正在关闭
		s_6：门正在开启

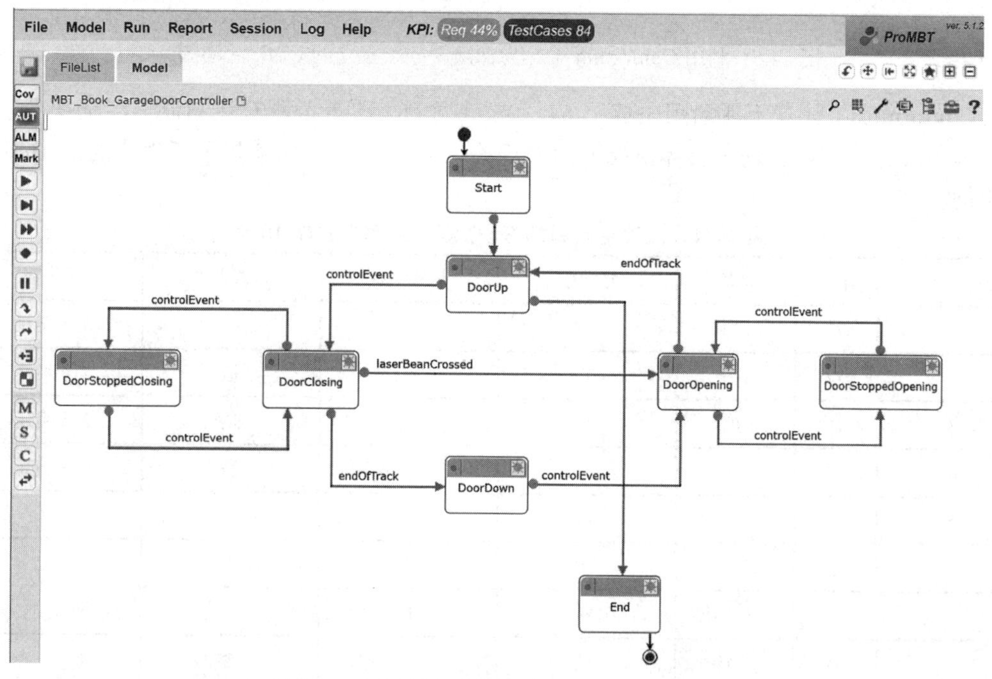

图 14.5 与测试用例相关的 TestOptimal FSM

该工具再次使用正交数组技术生成 13 个测试用例，如图 14.5 所示，这些测试用例与有限状态机中的转换有关。

14.3.2 Conformiq

Conformiq Software Oy 是一家位于芬兰埃斯波的公司，他们的产品线 Conformiq 360° 能够支持非常全面的测试自动化过程，除了能够支持测试的生成，还可以通过集成现有的软件开发生命周期工具，实现从需求管理和应用程序生命周期管理（ALM）到测试管理和文档管理以及自动化的测试执行。公司网站是 https://www.conformiq.com/。

保险费问题的 Conformiq 解决方案从 UML 活动图开始（见图 14.6）。

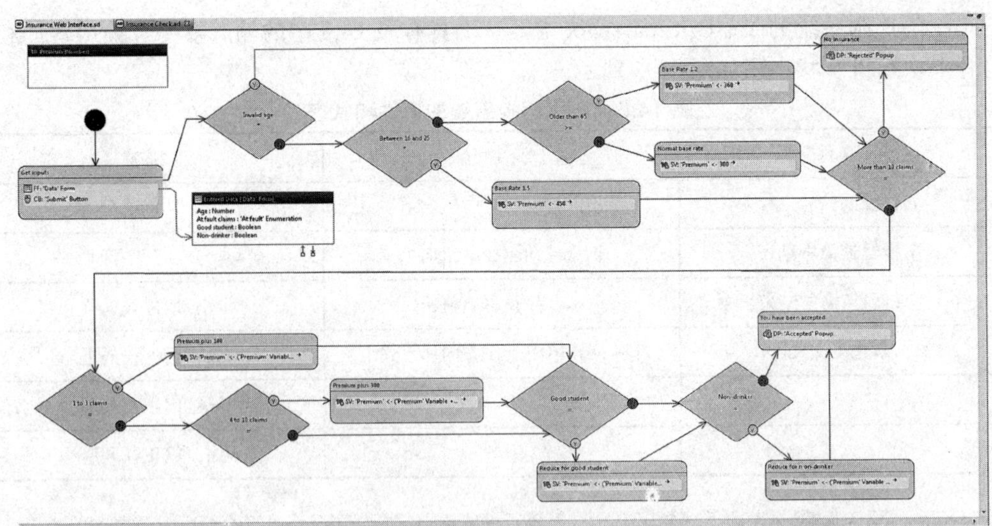

图 14.6　利用 Conformiq 工具为保险费问题建立的 UML 活动图

Conformiq 工具基于活动图生成了 64 个测试用例，覆盖了所有控制流、活动图节点和决策框。总之，它们实现了最坏情况下的常规等价类测试。表 14.4 显示了生成的前 16 个测试用例。

表 14.4　保险费问题的 64 个测试用例中的前 16 个

测试用例	年龄	索赔	好学生	非酗酒者	是否批准	保险费
1	77	1~3	F	T	是	385 美元
2	77	1~3	T	F	是	410 美元
3	77	0	T	T	是	235 美元
4	77	4~10	T	T	是	535 美元
5	0	0	F	F	否	
6	0	1~3	F	F	否	
7	0	4~10	F	F	否	
8	0	4~10	F	T	否	
9	0	4~10	T	F	否	
10	0	> 10	F	F	否	
11	0	> 10	F	T	否	
12	0	> 10	T	F	否	
13	77	> 10	T	T	否	
14	20	0	T	T	是	325 美元
15	77	0	F	T	是	285 美元
16	77	0	T	F	是	310 美元

车库门控制系统的 Conformiq 解决方案从图 14.7 所示的 UML 有限状态机开始。

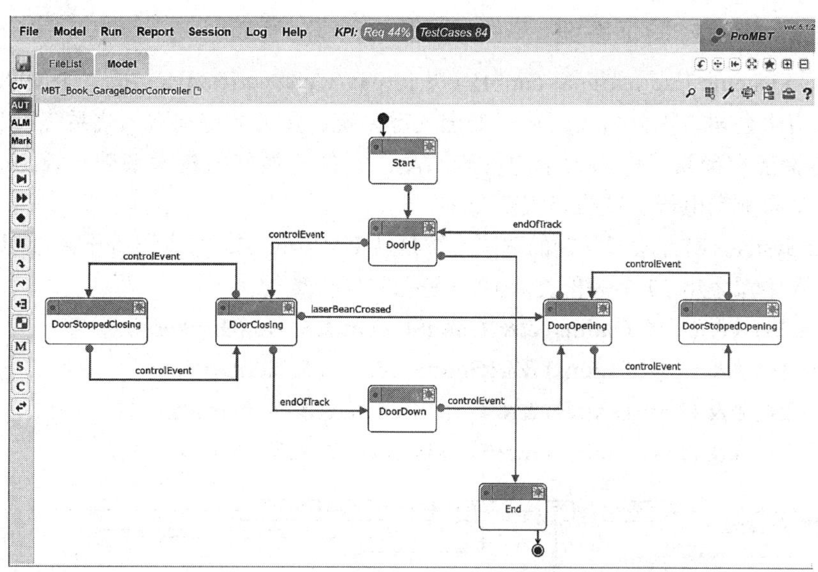

图 14.7 Conformiq 工具中针对车库门控制系统的状态机模型

表 14.5 中的 17 个测试用例源自图 14.7 中的有限状态机。

表 14.5 Conformiq 工具中的用例数目

测试用例	状态序列	测试用例	状态序列
1	s_1, s_5	10	s_1, s_5, s_3, s_5, s_6
2	s_1, s_5, s_3	11	s_1, s_5, s_2, s_6, s_1
3	s_1, s_5, s_2	12	s_1, s_5, s_6, s_1, s_5
4	s_1, s_5, s_3, s_5	13	s_1, s_5, s_6, s_4
5	s_1, s_5, s_6	14	s_1, s_5, s_2, s_6, s_4
6	s_1, s_5, s_2, s_6	15	s_1, s_5, s_6, s_4, s_6
7	s_1, s_5, s_6, s_1	16	$s_1, s_5, s_6, s_4, s_6, s_4$
8	s_1, s_5, s_3, s_5, s_3	17	$s_1, s_5, s_6, s_4, s_6, s_1$
9	s_1, s_5, s_3, s_5, s_2		

各个测试用例在状态转换序列上。表 14.6 显示了生成的测试用例 16。

表 14.6 Conformiq 工具生成测试用例示例

测试用例 16:	$s_1, s_5, s_6, s_4, s_6, s_4$	
步骤	行为	验证点
1	为系统提供输入 e_1：控制信号	系统执行行为 a_1：起动驱动电机向下
2	为系统提供输入 e_4：激光束交叉	系统执行行为 a_4：反转电机工作方向从下到上
3	为系统提供输入 e_1：控制信号	系统执行行为 a_3：停止驱动电机
4	为系统提供输入 e_1：控制信号	系统执行行为 a_2：起动驱动电机向上
5	为系统提供输入 e_1：控制信号	

与保险费问题一样，Conformiq 工具提供了很好的追踪关系。

14.3.3　国际 GmbH 验证系统

Verified Systems International GmbH（见 https://www.verified.de）成立于 1998 年，是不来梅大学的衍生公司。该公司专门从事安全关键系统、业务关键型嵌入式系统以及信息物理融合系统的验证和确认。作为大学的科研产品，它拥有最好的技术基础。Verified Systems 的主要客户来自航空电子、铁路和汽车领域。

Verified Systems 对保险费问题的解决方案是从 UML/SysML 的活动图开始的（见图 14.8）。该工具从输入中派生出 37 个等价类。以下是一些等价类的例子：

(Age == 24) && (1 == Claims) &&!GoodStudent && NonDrinker

(Age == 16) && (1 == Claims) &&!GoodStudent && NonDrinker

(Age == 24) && (3 == Claims) &&!GoodStudent && NonDrinker

(Age == 16) && (1 == Claims) &&!GoodStudent && NonDrinker

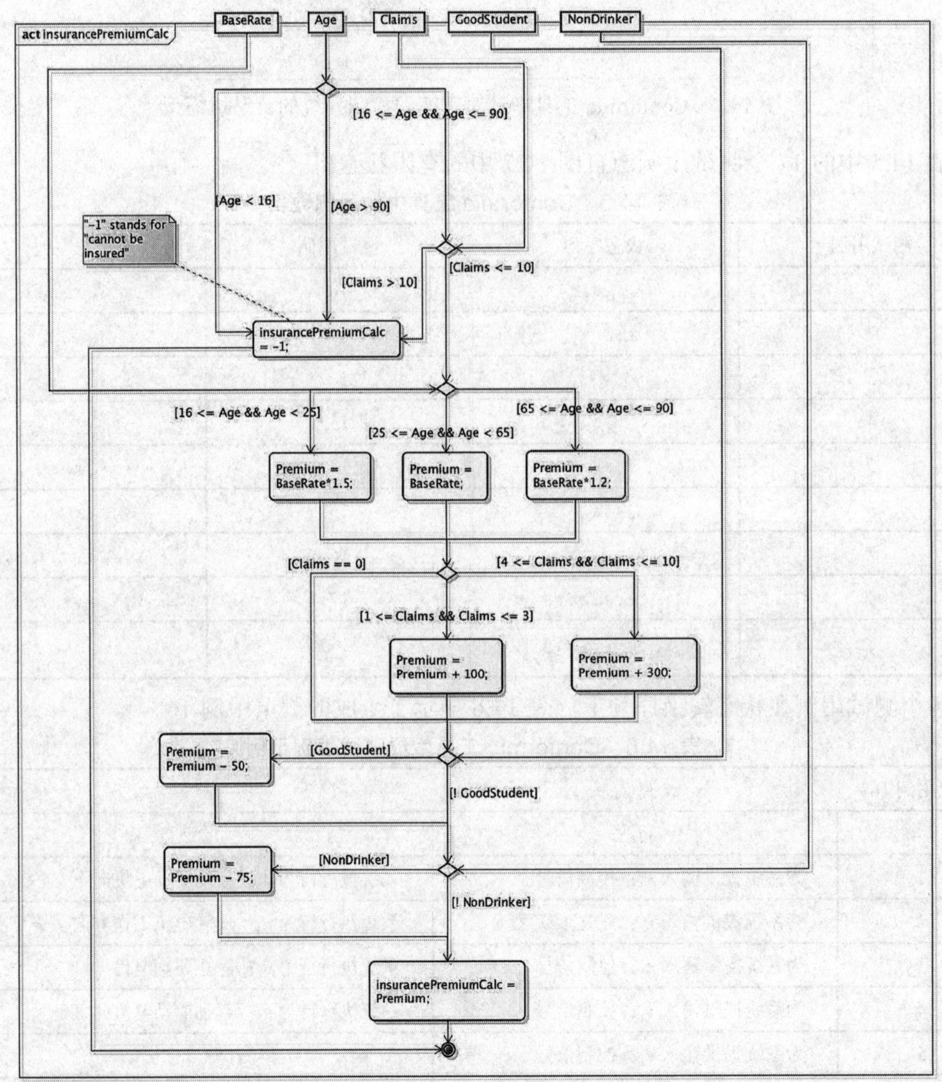

图 14.8　保险费问题的 UML/SysML 活动图

RT-Tester 工具建立的车库门控制系统是从 UML/SysML 的有限状态机图开始的（见图 14.9）。

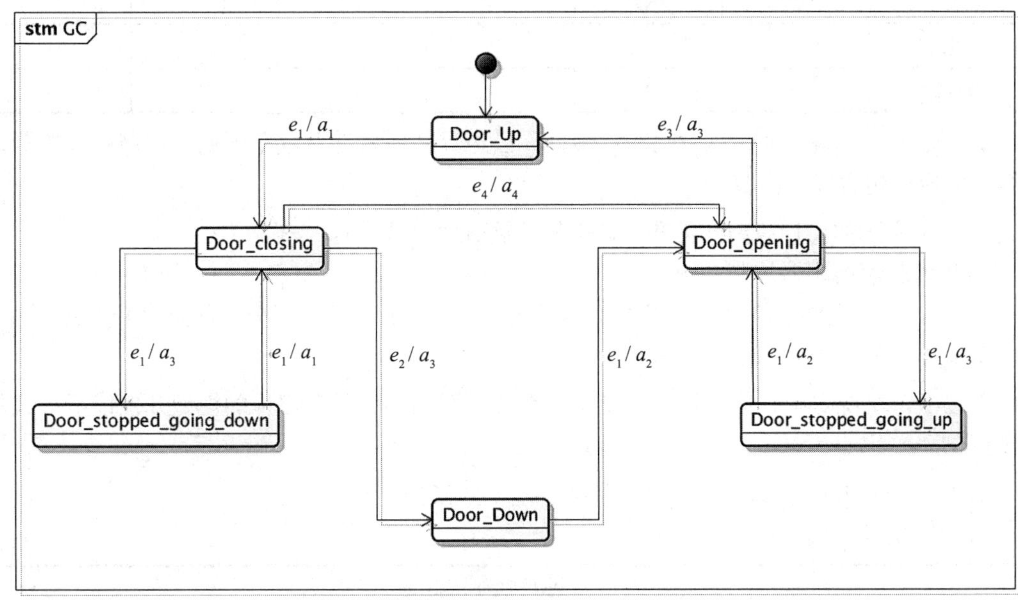

图 14.9　车库门控制系统的 FSM

该工具从有限状态机图中导出了 252 个测试用例。其中一些列在表 14.7 中，有大量的测试用例既可以用来检查预期的输入事件序列，也包含意外的输入事件序列。

表 14.7　车库门控制系统的部分测试用例

测试用例	由输入 / 输出事件命名的转换
1	1. $(e_1/a_1)(e_2/a_3)(e_1/a_2)(e_1/a_3)(e_1/a_2)(e_1/a_3)$
2	2. $(e_1/a_1)(e_2/a_3)(e_1/a_2)(e_1/a_3)(e_1/a_2)(e_2/-)$
3	3. $(e_1/a_1)(e_2/a_3)(e_1/a_2)(e_1/a_3)(e_2/-)(e_1/a_2)$
4	4. $(e_1/a_1)(e_2/a_3)(e_1/a_2)(e_1/a_3)(e_3/-)(e_1/a_2)$
155	155. $(e_1/a_1)(e_4/a_4)(e_4/-)(e_3/a_3)(e_1/a_1)(e_2/a_3)$
156	156. $(e_1/a_1)(e_4/a_4)(e_4/-)(e_3/a_3)(e_2/-)(e_1/a_1)$
157	157. $(e_1/a_1)(e_4/a_4)(e_4/-)(e_3/a_3)(e_3/-)(e_1/a_1)$
158	158. $(e_1/a_1)(e_4/a_4)(e_4/-)(e_3/a_3)(e_4/-)(e_1/a_1)$
159	159. $(e_1/a_1)(e_4/a_4)(e_4/-)(e_4/-)(e_1/a_3)(e_1/a_2)$
160	160. $(e_1/a_1)(e_4/a_4)(e_4/-)(e_4/-)(e_2/-)(e_1/a_3)$
251	251. $(e_4/-)(e_4/-)(e_3/-)(e_1/a_1)$
252	252. $(e_4/-)(e_4/-)(e_4/-)(e_1/a_1)$

14.4　习题

汽车挡风玻璃的雨刷器由带有刻度盘的拨杆控制。拨杆有四个位置 OFF、INT（用于调节雨刷器速度）、LOW 和 HIGH，拨杆上的刻度盘有三个位置，简单编号为 1、2、3。刻度盘位置表示三种速度，只有拨杆在 INT 位置时，刻度盘位置才有意义。下面的决策表显示了拨杆和刻度盘在不同位置时的挡风玻璃雨刷器速度（以每分钟刮水次数为单位）。

c_1. 拨杆	OFF	INT	INT	INT	LOW	HIGH
c_2. 刻度盘	—	1	2	3	—	—
a_1. 雨刷器	0	4	6	12	30	60

这组练习是本书中最重要的练习之一。假设你已经具备一套针对汽车雨刷器控制系统的测试平台，它应该包含以下内容：

- ❑ 一个实际的拨杆、刻度盘和雨刷电机（雨刷片太笨重）。
- ❑ 挡风玻璃雨刷器控制系统。
- ❑ 一个 12V 电池连接到带有开关的挡风玻璃雨刷器控制系统（模拟的点火开关）。
- ❑ 显示装置，显示每分钟雨刷器的次数。

在以下每个练习中，使用指定的模型对系统进行描述，并利用你的模型开发以下形式的测试用例。

- ❑ 测试用例 ID，测试用例描述（包括所基于的模型）。
- ❑ 前置条件。

事件序列	
输入事件	输出事件

- ❑ 后置条件。

此处给出一个例子：

- ❑ 根据决策表，拨杆从 INT 位置切换到 OFF 位置。
- ❑ 前置条件。
  1. 拨杆在 INT 位置。
  2. 刻度盘在 1 号位置。
  3. 雨刷电机显示 6。

事件序列	
输入事件	输出事件
1．将拨杆切换到 OFF 位置	2．雨刷显示为 0

- ❑ 后置条件。
  1. 拨杆在 OFF 位置。
  2. 刻度盘在 1 号位置。
  3. 雨刷电机显示 0。

下面是问题：

1. 画出挡风玻璃雨刷器系统的 BDD 场景，回答以下问题。
   a） 你设计了多少个测试用例？
   b） 你能从模型中直接得到事件序列吗？
   c） 你的模型中是否包含了能够识别前置条件的信息？如果包含，是如何描述的？

d）你的模型中是否包含了能够识别后置条件的信息？如果包含，是如何描述的？

e）你的模型中是否包含了能够创建出测试用例描述的信息？

2. 建立挡风玻璃雨刷器系统的扩展条目决策表，回答以下问题。

   a）你设计了多少个测试用例？

   b）你能从模型中直接得到事件序列吗？

   c）你的模型中是否包含了能够识别前置条件的信息？如果包含，是如何描述的？

   d）你的模型中是否包含了能够识别出后置条件的信息？如果包含，是如何描述的？

   e）你的模型中是否包含了能够创建出测试用例描述的信息？

3. 构建挡风玻璃雨刷器系统的有限状态机模型，其中状态的形式为 < 拨杆位置，刻度盘位置 >，并且状态的迁移是由单个拨杆事件或单个刻度盘事件所引起的，回答以下问题。

   a）你设计了多少个测试用例？

   b）你能从模型中直接得到事件序列吗？

   c）你的模型中是否包含了能够识别前置条件的信息？如果包含，是如何描述的？

   d）你的模型中是否包含了能够识别后置条件的信息？如果包含，是如何描述的？

   e）你的模型中是否包含了能够创建出测试用例描述的信息？

4. 构建挡风玻璃雨刷器系统的有限状态机模型，其中的状态为雨刷的显示速度（0、6、12、20、30、60），并且状态的迁移是由单个拨杆事件或单个刻度盘事件所引起的，回答以下问题。

   a）你设计了多少个测试用例？

   b）你能从模型中直接得到事件序列吗？

   c）你的模型中是否包含了能够识别前置条件的信息？如果包含，是如何描述的？

   d）你的模型中是否包含了能够识别后置条件的信息？如果包含，是如何描述的？

   e）你的模型中是否包含了能够创建出测试用例描述的信息？

5. 将挡风玻璃雨刷器控制系统描述为事件驱动的 Petri 网。将雨刷器速度状态作为库所，将拨杆和刻度盘事件作为端口输入事件，将雨刷器的电机速度作为输出事件。没有令人信服的理由为你的迁移命名，你可以随便命名。回答以下问题。

   a）你设计了多少个测试用例？

   b）你能从模型中直接得到事件序列吗？

   c）你的模型中是否包含了能够识别前置条件的信息？如果包含，是如何描述的？

   d）你的模型中是否包含了能够识别后置条件的信息？如果包含，是如何描述的？

   e）你的模型中是否包含了能够创建出测试用例描述的信息？

6. 写一个你对问题 1~5 的回答的总结。包括你对以下问题的结论。

   a）哪种模型的用例最容易得到？

   b）哪种模型的用例开发是最困难的？

   c）挡风玻璃雨刷器控制系统中存在一些很微妙的问题——将拨杆移动到 INT 位置会启动刻度盘，相反，将控制杆从 INT 位置移开后，会禁用刻度盘。这些问题在你的任何一种模型中是“可见的”吗？你的模型可以扩展吗？

   d）你可以扩展问题 3 中的有限状态机，以便每个状态都能够描述刻度盘的启用 / 禁用状态。这样做会使有限状态机的大小增加一倍，你认为这会有帮助吗？

   e）如果你在扩展条目决策表（问题 2）中添加了一个表示刻度盘启用 / 禁用的条件，

这会有所帮助吗？这种更改也会使模型的大小增加一倍。

14.5 参考文献

William Bruyn, Randall Jensen, Dinesh Keskar, Paul Ward. "An extended systems modeling language (ESML)", *Association for Computing Machinery, ACM SIGSOFT Software Engineering Notes*, Vol 13 No. 1, Jan. 1988, pp. 58–67.

Byron DeVries, "Mapping of UML Diagrams to Extended Petri Nets for Formal Verification", Master's Thesis, Grand Valley State University, Allendale, Michigan, April, 2013.

D. Harel, "On Visual Formalisms", *Communications of the ACM*, Vol.31, No. 5, May 1988, pp. 514–530.

Paul C. Jorgensen, *Modeling Software Behavior: A Craftsman's Approach*, CRC Press, New York, 2009.

Paul C. Jorgensen, *The Craft of Model-Based Testing*, CRC Press, New York, 2017.

James L. Peterson, *Petri Net Theory and the Modeling of Systems*, Prentice Hall, Englewood Cliffs, NJ, 1981.

软件复杂度

目前关于软件复杂度的讨论通常集中在两类模型上，一个是环（分支）复杂度模型，另一个是 Halstead 度量模型。这两种方法通常都用在单元级，本章我们也会将其用于集成级和系统级。另外，虽然不常被明确提及，但程序规模也是衡量软件复杂度的一个重要因素。这在程序理解的讨论中非常明显——庞大的规模会严重阻碍我们对程序的理解。

我们仔细研究了三个级别的软件复杂度，即单元级、集成级和系统级。在单元级，基本的环复杂度模型（也称为 McCabe 复杂度模型）可以通过两种方式进行扩展。一种扩展在集成级，将环复杂度概念应用在调用图（一个有向图，其中单元是节点，边表示面向对象的消息或过程调用）上。另一种扩展在系统级，我们在前面讨论过面向对象实践的复杂度，一个单处理器应用程序的系统级复杂度可以用一个关联矩阵的形式来表达，而关联矩阵则表示了系统的"是什么（is）视图"和"做什么（does）视图"之间的关联。在 SoS 的级别，系统的复杂度进入了一个新的水平，正如我们在第 12 章和第 13 章的"美食家"在线购物程序的例子中所看到的。

软件复杂度通常作为源代码的静态（即编译时）属性进行分析，而不是执行时属性。本章讨论的方法直接面向源代码，或者在集成级和系统级面向针对设计和规范的模型。为什么要单独讨论软件的复杂度呢？因为复杂度不仅对软件测试的范围和程度有着最直接的影响，而且也是软件维护性好坏的一个重要指标，特别是对程序的理解有影响。随着软件复杂度的增加，软件开发的工作量也会增加，不过分析工作都是基于已经完成的代码来进行的，所以评估开发工作量此时已经有些太晚了。我们对软件复杂度的深入探讨可能会推动更好的编程实践，甚至可能推动产生更好的设计技术。

15.1 单元级复杂度

我们从第 8 章（基于代码的测试）中的程序流程图开始讨论单元级的软件复杂度。回想一下，对于一个用命令式编程语言编写的程序，它的程序流程图是一个有向图，其中的节点要么是整个语句，要么是语句片段，而边则代表控制流。当且仅当节点 j 对应的语句或语句片段可以紧接在节点 i 对应的语句或语句片段之后执行时，节点 i 到节点 j 之间有一条边。程序流程图表示源代码的控制流结构，这就引出了环复杂度的一般性定义。

15.1.1 环复杂度

定义 在一个强连通有向图 G 中，G 的环复杂度表示为 $V(G)$，并且由公式 $V(G) = e - n + p$ 给出，其中：

- e 是有向图 G 中边的数目。
- n 是有向图 G 中节点的数目。
- p 是有向图 G 中连通区域的数目。

在符合结构化编程的代码中（单入口，单出口），我们总是有 p=1。关于 $V(G)$ 的公式，在各类文献中有些混淆。有两个常见的公式：

$$V(G) = e - n + p \tag{15.1}$$

和

$$V(G) = e - n + 2p \tag{15.2}$$

式（15.1）针对的是一个强连通的有向图 G。也就是说，对于 G 中的任意两个节点 n_j 和 n_k，有一条从 n_j 到 n_k 的通路，同时有一条从 n_k 到 n_j 的通路。由于结构化程序的程序流程图只有一个入口节点和一个出口节点，因此这种程序流程图的连通性不是很强（没有从汇节点到源节点的路径）。所以使用这个公式的一种通常的做法是添加一条从汇节点到源节点的边。如果添加了边，就使用式（15.1），否则，就使用式（15.2）。根据这个定义，当给定一个程序流程图后，通过计算图中的节点和边，然后使用式（15.2），就可以确定程序的环复杂度。对于小程序来说这样做是没问题的，但是对于图 15.1 中的程序流程图会怎样呢？显然，对于这么大的程序流程图来说，计算节点和边就已经变得很烦琐了。当然，绘制程序流程图也是非常烦琐的。幸运的是，根据有向图理论，会有更优雅的方法。接下来我们会给出两条捷径。

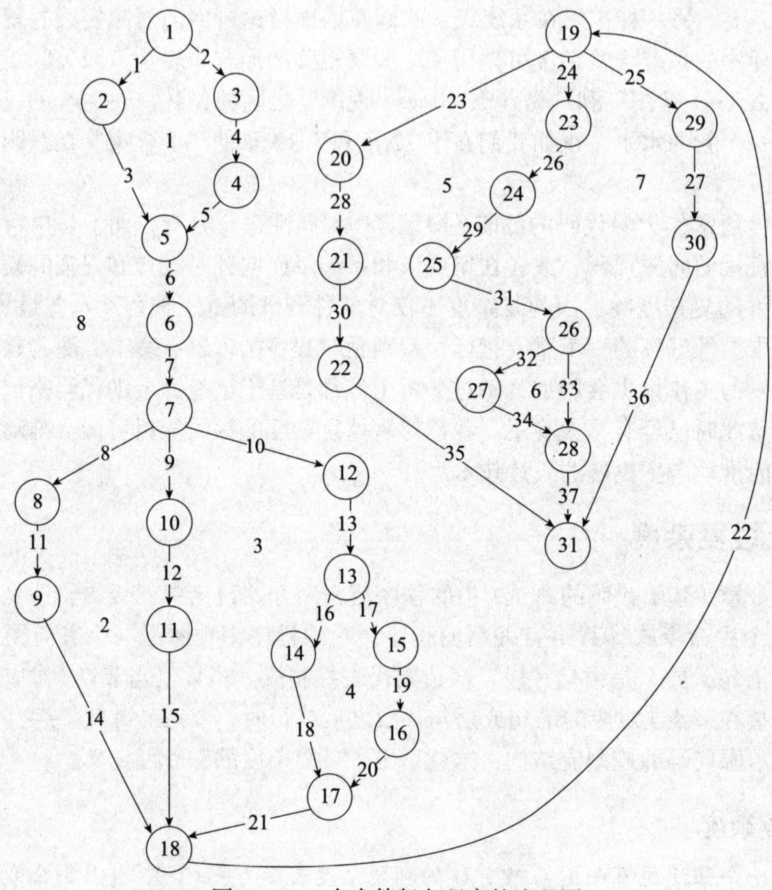

图 15.1　一个中等复杂程序的流程图

15.1.1.1　“牛圈”与环复杂度

环复杂度指的是强连通有向图中独立环的个数。当以通常的方式绘制程序流程图时（如图 15.1 所示），这些环可以很容易地识别出来，因此对于简单的程序来说这个方法很合适。

在一个较大规模的程序流程图中，我们与其在图中计算所有的节点和边，不如把节点想象成栅栏的柱子，把边想象成牛圈的栅栏，这样，“牛圈”的数量就可以直观地计算出来了（学者喜欢用更深奥的术语“封闭区域”来表示）。在图 15.1 的程序流程图中，有 37 条边和 31 个节点。由于图不是强连通的，所以使用式（15.2），$V(G) = 37-31 + 2 = 8$。八个“牛圈”也被编号（注意，8 号圈是指“外面”所有的区域）。通过绘制有向图来识别牛圈仍然是一项很烦琐的工作。当然，通过使用更多来自图论的定义，还可以有一种更优雅的方法。

15.1.1.2 节点出度与环复杂度

正如我们在第 4 章中看到的，有向图中一个节点的入度是终止于该节点的边数。类似地，有向图中一个节点的出度就是源于该节点的边数。这些通常表示为节点 *n* 的 inDeg（*n*）和 outDeg（*n*）。我们需要另一个定义来代替“牛圈”方法中的思想。

定义 一个有向图中，节点 *n* 的精简出度是节点 *n* 的出度减 1。

将节点 *n* 的精简出度表示为 reducedOut（*n*），我们可以得到：

$$\text{reducedOut}(n) = \text{outDeg}(n) - 1$$

我们可以利用精简出度的概念来计算一个程序流程图中的环复杂度。注意，一个牛圈总是以一个出度大于等于 2 的节点为开始的，表 15.1 表示了图 15.1 中的节点。

表 15.1 图 15.1 中的精简出度

节点	出度	精简出度
1	2	1
7	3	2
13	2	1
19	3	2
26	2	1
	总数 =	7

通过观察表 15.1，我们可以看出以下规律。图中所有出度大于等于 2 的节点的精简出度的总和就是牛圈数，但是，这并没有算上外面的那个 8 号牛圈，如果加上 8 号牛圈，就恰好是这个程序流程图的环复杂度了。事实上，我们可以从源代码中直接确定节点的出度，不需要绘制有向图，也不需要执行其他烦琐的步骤。例如，我们可以这样计算，一个简单的循环就是一个牛圈，包括 if-then 语句和 if-then-else 语句。如果是 switch（case）语句，有 *k* 个选择，那么就有 *k*−1 个牛圈。所以现在，寻找环复杂度被简化为确定源代码中所有分支语句的精简出度。我们可以把它表述为一个形式定理（不需要证明）。

定理 给定一个有 *n* 个节点的有向图 *G*，*V*（*G*）的环复杂度可以由有向图 *G* 中节点的精简出度之和再加 1 来计算，即

$$V(G)=1+\left(\sum i=1\cdots n\ \text{reduced Out}(i)\right)$$

15.1.1.3 分支复杂度

环复杂度只能是一个开始，因为它过于简单化了。为什么这么说呢？因为所有产生分支的语句数量并不相等，复合条件的存在增加了软件的复杂度。请考虑 8.3.4.3 节中讨论的以下代码片段（图 15.2 是图 8.9 的重复）。

```
if ((a < b + c) && (b < a + c) && (c < a + b)) {
    IsATriangle = true;
} else {
    IsATriangle = false;
}
```

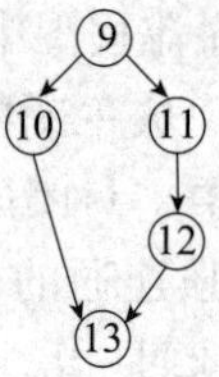

图 15.2　三角形程序的一个片段

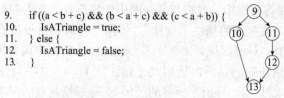

这段程序的程序流程图非常简单，它的环复杂度是 2。从测试者的角度来看，我们可能会使用复合条件测试，或者我们会把这段程序重写一下，如图 15.3 所示。这样，环复杂度将变为 4。

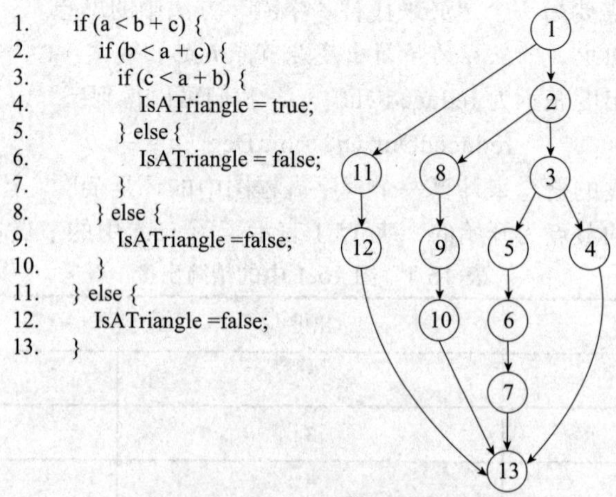
if (a < b + c) {
if (b < a + c) {
if (c < a + b) {
IsATriangle = true;
} else {
IsATriangle = false;
}
} else {
IsATriangle =false;
}
} else {
IsATriangle =false;
}

图 15.3　三角形程序片段的重写

注意，图 15.2 中的复合条件隐藏了图 15.3 中的分支复杂度。我们不能从程序流程图中获知复合条件所增加的复杂度，只有通过源代码才能获知。

测试中，如果我们对一个复合条件进行完整的测试分析，需要制作一个真值表，其中的简单条件被视为单个命题，然后求出复合表达式的真值表。现在我们做一个简化，只将复合条件的复杂度定义为比表达式中简单条件的数量少一个。为什么少了一个？因为一个复合条件本身已经是环复杂度加了 1，因此避免了“重复计算”。

15.1.2　计算复杂度

到目前为止，我们关注的是控制复杂度，或者分支复杂度——基本上都是在程序流程图中查看离开节点的边。但是那些节点本身呢？就像分支一样，所有节点并不是“生而平等”的。在此我们需要使用第 8 章中的 DD 路径和 DD 路径图的定义。

回想一下 DD 路径的执行，它就像一系列多米诺骨牌，一旦第一个语句执行，DD 路径中的每个语句都会执行，直至下一个分支点。现在，我们需要考虑 DD 路径的长度。由于 DD 路径不包含任何程序 P 的内部分支语句，因此 P 的环复杂度等于 P 的 DD 路径图的环复杂度，我们的问题现在简化为只需要考虑 DD 路径的计算复杂度，而这正是 Halstead 度量有用的地方。

15.1.2.1　Halstead度量

对于给定的程序（DD 路径），考虑程序代码中的操作符和操作数。操作符包括通常的算术和逻辑运算符，以及内建函数（如平方根）。操作数是标识符。Halstead 度量（halstead（1977））基于从程序源代码（DD 路径）派生而来的以下数值：

- 不同操作符的量 n_1。
- 不同操作数的量 n_2。
- 操作符的总数量 N_1。
- 操作数的总数量 N_2。

基于上述概念，Halstead 定义了：

- 程序长度 $N= N_1 + N_2$。
- 程序的字母表 $n = n_1 + n_2$。
- 程序的容量 $V=V = N\log2\ (n)$。
- 程序的难度 $D= D = (n_1N_2)\ /2n_2$。

其中，程序容量的公式似乎最有意义，但我们可以选择使用程序难度这个概念，因为这似乎在语言学上与我们所要描述的软件复杂度的目标最为相关。

15.1.2.2 案例：一周中有Zeller同余的一天

这里我们比较两个稍微不同的 Zeller 程序版本，这个程序可以计算出一个给定的日期是星期几。程序的输入 *d*, *m*, *y* 分别是日，月，年。表 15.2 和表 15.3 显示了 Halstead 度量的输入值。

表 15.2 第一个程序版本的 Halstead 度量

操作符	出现的次数	操作数	出现的次数
if	1	*m*	3
<	1	*y*	3
+=	1	*k*	3
−=	1	*j*	3
=	3	dayOfWeek	1
%	2	*d*	1
/	4	3	1
+	6	12	1
*	2	1	1
$n_1 = 9$	$N_1 = 21$	100	2
		26	1
		10	1
		4	2
		5	1
		7	1
		$n_2 = 15$	$N_2 = 25$

表 15.3　第二个程序版本的 Halstead 度量

操作符	出现的次数	操作数	出现的次数
if	1	month	3
<	1	year	5
+=	1	dayray	1
--	1	day	1
return	1	3	1
+	6	12	1
*	2	1	1
/	2	26	1
%	1	10	1
$n_1 = 9$	$N_1 = 16$	4	1
		6	1
		100	1
		400	1
		7	1
		$n_2 = 14$	$N_2 = 20$

第一个程序版本

```
if (m < 3) {
    m += 12;
       y -= 1;
}
int k = y % 100;
int j = y / 100;
int dayOfWeek = ((d+(((m+1)*26)/10)+k+(k/4)+(j/4))+(5*j))%7;
```

第二个程序版本

```
if (month < 3){
    month += 12;
    --year;
}
return dayray[(int)(day + (month + 1) * 26 / 10 + year +
             year / 4 + 6 * (year / 100) + year / 400) % 7];
```

表 15.4 显示了两个程序版本的 Halstead 度量。看看这两个版本，你是否认为这些度量都是有用的？别忘了这些仅仅是程序的一个小片段。

表 15.4　两个程序版本的 Halstead 度量

Halstead 度量	版本 1	版本 2
程序长度，$N = N_1 + N_2$	$21 + 25 = 46$	$16 + 20 = 36$
程序字母表，$n = n_1 + n_2$	$9 + 15 = 24$	$9 + 14 = 23$
程序容量，$V = N\log_2(n)$	$46\ (\log_2(24)) = 46 \times 4.58 = 210.68$	$36\ (\log_2(23)) = 36 \times 4.52 = 162.72$
程序难度，$D = (n_1 N_2)/2n_2$	$(9 \times 25)/2 \times 15 = 7.500$	$(9 \times 20)/2 \times 14 = 6.428$

表 15.4 中的计算被四舍五入到一个合理的精度。两个版本的操作符和操作数的总数几乎相等。最大的区别在于出现的次数（21 次对 16 次，25 次对 20 次，产生的程序长度分别为 46 和 36）。然而，表 15.5 中展示了微软的 Word 编辑器提供的文本统计信息，表明第二个版本在两个方面的数字更大。纯粹的长度会增加复杂度吗？这取决于对代码做了什么。大小、操作符的数量和操作数的数量对程序理解和软件维护有明显的影响。两个版本的测试结果是一样的。

表 15.5 两个版本中的字符统计

大小属性	版本 1	版本 2
字符（无空格）	99	107
字符（有空格）	147	157
行	7	7

15.2 集成级复杂度

15.1 节中对单元级的复杂度讨论既适用于结构化程序也适用于面向对象的程序。但是在集成级，这两种程序复杂度的差异就显现出来了，而事实上它们也仅仅在该级别上具有差异。在集成测试级别，关注点从单个单元的正确性转移到跨单元的功能正确性。集成级测试的一个假设是单元已经在“隔离”的状态下被彻底测试过了，所以测试的注意力转移到单元之间的接口上，我们可以称之为“通信流量”。与单元级的复杂度一样，我们借助有向图来进行我们的讨论和分析。我们从第 12 章中的调用关系图（图 15.4）开始。

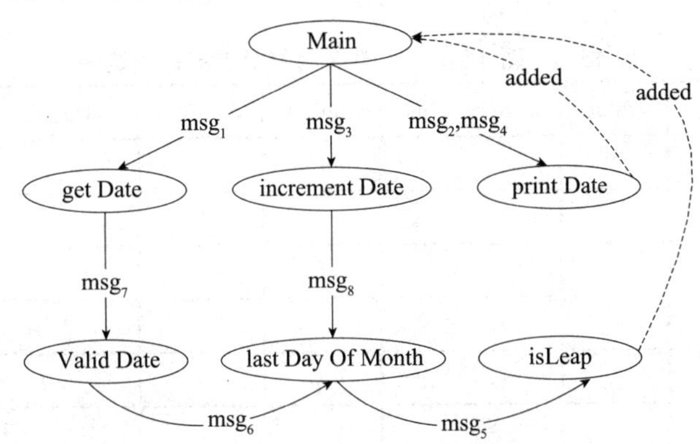

图 15.4 结构化的 integrationNextDate 程序单元之间的调用关系图

定义 *给定一个强制类型语言编写的程序，它的调用关系图是一个有向图，其中节点代表方法，边代表消息。*

对于面向对象程序，如果一个方法 *A* 给方法 *B* 发送了一个消息，那么就有一条从节点 *A* 到节点 *B* 的边。对于结构化程序来说，如果单元 *A* 调用了单元 *B*，那么就有一条从节点 *A* 到节点 *B* 的边。一般来说，在集成级别，两个功能一样的程序，如果一个是结构化代码实现，一个是面向对象代码的实现，那么结构化编码实现的复杂度要更低一些（在第 12 章，我们也看到过这种情况）。同时，在单元级别，方法比过程的复杂度要低。这似乎暗示着，存在一个“复杂度守恒定律”，单元级别复杂度较低的面向对象代码在集成级的复杂度又增加了。（这个内容超出了本章的范围，所以在这里我们还是仅仅把它作为在一些特例证据下的一种猜测吧。）

15.2.1 集成级的环复杂度

集成级的环复杂度与我们在单元级采用的方法相呼应，只是用调用关系图代替了程序流程图。与之前一样，我们需要区分调用关系图的强连通性和"几乎"强连通性。回想一下，我们有两个等式（见式（15.3）和式（15.4））来区分这种区别：

$$V(G)=e-n+p, \quad \text{对于强连通调用图} \tag{15.3}$$

$$V(G)=e-n+2p \quad \text{对于具有单个源节点和多个汇节点的调用图} \tag{15.4}$$

注意，下面的定义既适用于面向对象的代码也适用于结构化的代码。在此我们重复一下第 4 章中的两个定义。

定义 给定一个程序的调用关系图（不考虑具体语言），那么它的集成级环复杂度就是该程序调用关系图的环复杂度。

定义 给定一个有 n 个节点的有向图 G，它的邻接矩阵是 $n \times n$ 矩阵 $A=(a_{i,j})$，如果从节点 i 到节点 j 有一条边，则 $a_{i,j}=1$，否则为 0。

正如我们在第 4 章中看到的，除了节点和边的几何位置，一个有向图中的所有信息都可以从它的（唯一的）邻接矩阵中导出。例如，第 n 行元素之和就是节点 n 的出度，类似地，第 n 列中元素的总和就是节点 n 的入度。一个节点的入度和出度之和就是该节点的度。由于每条边都对某个节点的出度有贡献，因此这又与节点数一起产生了环复杂度 $V(G) = e - n + 2p$。

鉴于此，在很多时候提供一个邻接矩阵要比画出调用关系图来得更简单一些。15.3 节为 NextDate 的重写版本开发了一个完整的单元级和集成级的复杂度示例。类 VBA 的伪代码版本 integrationNextDate（参见图 12.18）的调用关系图在图 15.4 中，表 15.6 展示了它的邻接矩阵。

表 15.6 图 15.4 中关系调用图对应的邻接矩阵

	Main	getDate	incrementDate	printDate	ValidDate	lastDayOf Month	isleap	行总和
Main		1	1	1				3
GetDate					1			1
IncrementDate						1		1
printDate								0
ValidDate						1		1
lastDayOfMonth							1	1
isleap								0
列总和	0	1	1	1	1	2	1	7

集成级调用关系图很少是强连通的，但我们仍然可以从调用关系图的邻接矩阵中推导出我们需要的一切。行（或列）总和为 7。出度等于 0 的节点必定是汇节点，因此对于每个汇节点，我们将添加一条边以使调用关系图具有强连通性。有两个这样的节点，添加一条边，使调用关系图变成强连通图。图 15.4 中有两个这样的节点，所以集成级的环复杂度公式为：

$$V(G) = e - n + 1=9 - 7 + 1=3$$

我们可以从面向对象的 NextDate 程序（图 12.19）得到一个调用关系图。其中有 17 个方法（节点）和 25 条消息（边）。重复上面的计算公式，我们有

$$V(G) = e - n + 1=25 - 17 + 1=9$$

15.2.2 消息交互复杂度

正如我们在单元级复杂度中看到的那样，只考虑环复杂度是过于简单化的。程序中不是所有的分支都是一样的，所有的接口也不都是一样的。例如，假设程序中一个方法向一个目的地循环发送消息，那么这显然会增加程序的整体复杂度，所以我们希望在集成测试中考虑到这一点。为此，我们引入调用关系图的扩展邻接矩阵。在扩展版本中，矩阵中的元素不仅可以是 1 或 0，还可以显示一个方法（或一个单元）引用另一个方法（单元）的次数。对于图 15.4 的例子，只有一个不是 1 或 0 的元素，主单元调用了两次 printDate。我们得到如表 15.7 所示扩展的邻接矩阵。

表 15.7 图 15.4 中调用关系图的扩展邻接矩阵

	Main	getDate	incrementDate	printDate	ValidDate	lastDayOf Month	isleap	行总和（出度）
Main		1	1	2				4
GetDate					1			1
IncrementDate						1		1
printDate								0
ValidDate						1		1
lastDayOfMonth							1	1
isleap								0
列总和	0	1	1	1	1	2	1	8

15.3 软件复杂度案例

表 15.8 比较了 NextDate 程序的三种实现形式：一个单个 Java 方法、包含 6 个过程的结构化主程序，以及具有五个类的 Java 程序。第一种实现的程序以及程序流程图如图 15.5 所示。integrationNextDate 的结构化实现和 Java 实现直接取自第 12 章。当作为单个方法实现时，这个版本的 NextDate 几乎和严格的结构化实现是等价的。如果你仔细检查代码的行号，你会发现程序流程图在技术上就是一个 DD 路径图。这对环复杂度没有影响。没有复杂的条件，因此也没有额外的分支复杂度。

表 15.8 NextDate 程序三种实现方式的复杂度

	Java 静态方法 NextDate	伪代码 integrationNextDate	Java integrationNextDate
单位数量	1	6	5 个类，17 个方法
单位复杂度总和	10	14	21
代码行数	55	81	119
消息数量		7	25
总单元级复杂度	10	14	21
总集成级复杂度		4	45
总复杂度	10	18	66

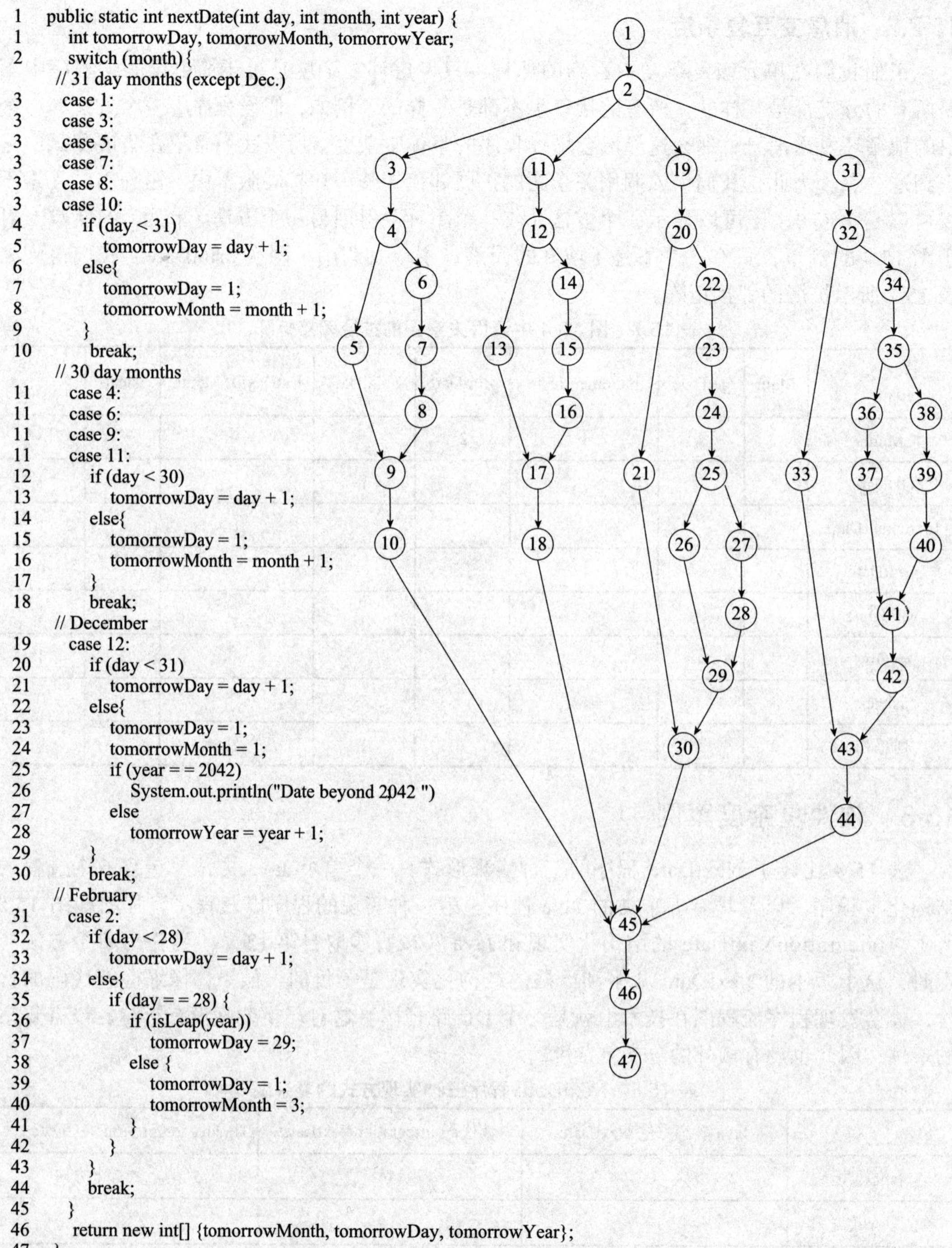

```
1   public static int nextDate(int day, int month, int year) {
1       int tomorrowDay, tomorrowMonth, tomorrowYear;
2       switch (month){
      // 31 day months (except Dec.)
3       case 1:
3       case 3:
3       case 5:
3       case 7:
3       case 8:
3       case 10:
4           if (day < 31)
5               tomorrowDay = day + 1;
6           else{
7               tomorrowDay = 1;
8               tomorrowMonth = month + 1;
9           }
10          break;
      // 30 day months
11        case 4:
11        case 6:
11        case 9:
11        case 11:
12          if (day < 30)
13              tomorrowDay = day + 1;
14          else{
15              tomorrowDay = 1;
16              tomorrowMonth = month + 1;
17          }
18          break;
      // December
19        case 12:
20          if (day < 31)
21              tomorrowDay = day + 1;
22          else{
23              tomorrowDay = 1;
24              tomorrowMonth = 1;
25              if (year = = 2042)
26                  System.out.println("Date beyond 2042 ")
27              else
28                  tomorrowYear = year + 1;
29          }
30          break;
      // February
31        case 2:
32          if (day < 28)
33              tomorrowDay = day + 1;
34          else{
35              if (day = = 28) {
36                  if (isLeap(year))
37                      tomorrowDay = 29;
38                  else {
39                      tomorrowDay = 1;
40                      tomorrowMonth = 3;
41                  }
42              }
43          }
44          break;
45      }
46      return new int[] {tomorrowMonth, tomorrowDay, tomorrowYear};
47  }
```

图 15.5 将 NextDate 作为一个单独的方法

15.4 面向对象的复杂度

CK（Chidamber/Kemerer）度量（Chidamber and Kemerer（1994））是针对面向对象软件的一种最著名的度量。我们在第 9 章已经讨论过这些度量。六个 CK 度量的名称几乎是不言自明的，有一些度量可以从调用图导出，另一些度量则要使用 15.2 节中讨论的单元级复杂度。在这里，我们将 CK 度量应用于 NextDate 的 Java 版本。

15.4.1 类中方法权重

表 15.9 显示了 Java 版本的 NextDate（见第 12 章）程序中每个类的方法权重（WMC）。

表 15.9 NextDate 程序的 Java 实现版本的 WMC 度量

类	方法	方法 $V(G)$	权重	WMC
DateTest	Main	1	1	1
Date	Date()	1	1	1
	getDate()	1	1	1
	nextDate()	1	1	1
Day	Day()	1	1	1
	getDay()	1	1	1
	getNextDay()	2	2	4
Month	Month()	1	1	1
	getMonth()	1	1	1
	numberOfDays()	4	1	4
	getNextMonth()	2	1	2
	getYear()	1	1	1
Year	Year()	1	1	1
	getYear()	1	1	1
	isLeapYear()	4	4	16
	getNextYear()	1	1	1

15.4.2 继承树深度

目前的指南一般建议继承树深度（DIT）为 3。Java 版本 NextDate 的继承树深度仅为 1。

15.4.3 子类个数

Java 版本 NextDate 的继承树深度的子类个数（NOC）仅为 1。

15.4.4 类间耦合度

Java 版本的 NextDate 中的类间耦合（CBO）仅限于数据耦合。

15.4.5 类的响应

类的响应（RFC）方法是指由初始消息产生的消息序列的长度。在第 12 章中，我们看到这也是集成级测试中 MM 路径的“长度”。Java 版本的 NextDate 中最长的 MM 路径长度为 4。

15.4.6 内聚性缺失

Java 版本的 NextDate 中的方法都表现出很好的高内聚性。

15.5 系统级复杂度

系统级复杂度主要由庞大的系统规模所导致，底层系统架构也是如此。另一个导致系统级复杂度高的原因是系统词汇表——许多系统都会使用一个术语表来定义习惯用语和缩写。对于系统维护性来说，系统文档也是导致系统复杂度高的原因之一。文档是最新的吗？是否符合系统运行的实际情况？许多实施团队都对项目有两个定义，一个是蓝图（计划），另一个是对“完成”的描述。对于许多系统来说，我们没有类似的概念与之对应，所以这也增加了系统的复杂度。在本节中，我们提出了一些有助于理解系统级复杂度的想法。

15.5.1 源代码的环复杂度

在系统级别，我们虽然可以在概念上考虑完整程序代码的环复杂度，但程序的规模往往使得这样做变得很不明智。虽然这也是可以做到的，并且也有商业工具支持这一点，但结果并不是特别有用。用 R. J. Hamming 的话来说：“计算的目的是洞察本质，而不仅仅是数字。”

15.5.2 规范模型的复杂度

许多设计类模型都可以作为系统复杂度的指标，特别是那些可以与有向图进行关联的模型（见表 15.10）。

表 15.10　不同系统模型的复杂度体现

模型	复杂度机制
有限状态机	环复杂度
决策表	大小 行为条目的数量 与其他决策表的连接
程序设计语言（PDL）	大小 抽象层次的数量 PDL 单元的环复杂度 PDL 单元的耦合和内聚
流程图	环复杂度

15.5.3 使用用例的复杂度

系统级复杂度的一部分原因来自软件中单元之间密切的关联关系。正如我们在第 13 章中提到的，关联矩阵可以很好地表示出这种关系，且关联矩阵可以将使用用例与类（甚至方法）关联起来。矩阵中行对应使用用例，列对应类（或方法）。那么第 i 行第 j 列中的“x”表示类（方法）j 可以支持使用用例 i 的执行。请注意，对于结构化代码，这种关联发生在系统的特征和过程或函数之间。现在，我们需要观察这个矩阵是稀疏的还是稠密的——稀疏的矩阵表明大部分软件只是松散地关联在一起，这使得维护和测试变得相对容易。相反，稠密矩阵意味着单元之间具有紧密的耦合，也因此表明单元具有高度的相互依赖性。在稠密矩阵的情况下，我们可以认为，系统的简单更改会产生更多的连锁反应，并且在进行更改后需要进行严格的回归测试。顺便说一句，关联矩阵是一种可以控制回归测试范围的较为方便的技术。

15.5.4 UML 的复杂度

在前面我们已经讨论过很多种 UML 模型，而 CK 度量可以直接应用于 UML 类图。我们可以将使用用例复杂度（15.5.3 节）中关联的概念进行扩展，其中用例是行，类是列。如果需要该类来实现用例，则此矩阵中的单元格有一个“x”。正如我们在 15.5.3 节中看到的，这种矩阵的密度是系统复杂度的一个很好的指标。

15.6 习题

1. 考虑一个查找给定日期的星座的日历函数。比较 zodiac1、zodiac2 和 zodiac3 的 Java 实现的总复杂度。
2. zodiac1 使用过程 validEntry 来检查月、日和年的有效范围。

```
public String zodiac1(int month, int day, int year){
   if (validEntry(month, day, year)){
        if ((month == 3 && day >= 21) || (month == 4 && day <= 19)) {
             return "Aries";
        } else if ((month == 4 || month == 5) && day <= 20) {
             return "Taurus";
        } else if ((month == 5 || month == 6) && day <= 20) {
             return "Gemini";
        } else if ((month == 6 || month == 7) && day <= 22) {
             return "Cancer";
        } else if ((month == 7 || month == 8) && day <= 22) {
             return "Leo";
        } else if ((month == 8 || month == 9) && day <= 22) {
             return "Virgo";
        } else if ((month == 9 || month == 10) && day <= 22) {
             return "Libra";
        } else if ((month == 10 || month == 11) && day <= 21) {
             return "Scorpio";
        } else if ((month == 11 || month == 12) && day <= 21) {
             return "Sagittarius";
        } else if ((month == 12 || month == 1) && day <= 19) {
             return "Capricorn";
        } else if ((month == 1 || month == 2) && day <= 18) {
             return "Aquarius";
        } else {
             return "Pisces";
        }
   } else {
        return "Invalid Date";
   }
}
```

zodiac2 假定月、日和年的值是有效的。假设黄道带标志位于数组 zodiac（i）中

```
public String zodiac2(int month, int day, int year){
    switch (month){
    case 1: {
         if (day >= 20)
              return zodiac[0];
         else
              return zodiac[3];
    }
    case 2: {
```

```
        if (day >= 19)
            return zodiac[7];
        else
            return zodiac[0];
    }
    case 3: {
        if (day >= 21)
            return zodiac[1];
        else
            return zodiac[7];
    }
    case 4: {
        if (day >= 20)
            return zodiac[10];
        else
            return zodiac[1];
    }
    case 5: {
        if (day >= 21)
            return zodiac[4];
        else
            return zodiac[10];
    }
    case 6: {
        if (day >= 21)
            return zodiac[2];
        else
            return zodiac[4];
    }
    case 7: {
        if (day >= 23)
            return zodiac[5];
        else
            return zodiac[2];
    }
    case 8: {
        if (day >= 23)
            return zodiac[11];
        else
            return zodiac[5];
    }
    case 9: {
        if (day >= 23)
            return zodiac[6];
        else
            return zodiac[11];
    }
    case 10: {
        if (day >= 23)
            return zodiac[9];
        else
            return zodiac[6];
    }
    case 11: {
        if (day >= 22)
            return zodiac[8];
        else
```

```
                return zodiac[9];
        }
        case 12: {
            if (day >= 20)
                return zodiac[3];
            else
                return zodiac[8];
        }
        default:
            return zodiac[12];
        }
    }
```

zodiac3 中的设计选择使用“一年中的序数日”。2 月 1 日是第 32 天。它使用一个函数将日期转换为一年中的序数日。此版本仅适用于平年，闰年则需要修正一天。

```
String zodiac3(int ordinalDay) {
    if (ordinalDay < 20)
        return "Capricorn";
    if (ordinalDay < 50)
        return "Aquarius";
    if (ordinalDay < 79)
        return "Pisces";
    if (ordinalDay < 109)
        return "Aries";
    if (ordinalDay <= 140)
        return "Taurus";
    if (ordinalDay < 171)
        return "Gemini";
    if (ordinalDay < 203)
        return "Cancer";
    if (ordinalDay < 234)
        return "Leo";
    if (ordinalDay < 265)
        return "Virgo";
    if (ordinalDay < 295)
        return "Libra";
    if (ordinalDay < 325)
        return "Scorpio";
    if (ordinalDay < 355)
        return "Sagittarius";
    else
        return "Capricorn";
}
```

15.7 参考文献

S. R. Chidamber and C. F. Kemerer, (1994). “A metrics suite for object-oriented design,” *IEEE Transactions of Software Engineering* Vol. 20, No. 6: pp. 476–493.

Maurice H. Halstead (1977). *Elements of Software Science*. Amsterdam: Elsevier North-Holland, Inc. ISBN 0-444-00205-7.

测试系统的系统

2012 年 3 月 2 日，一个 EF-4 级龙卷风袭击了美国印第安纳州的亨利维尔。龙卷风的风速达 170mph[⊖]，摧毁了 50mile[⊜] 的路径。我妻子和我正沿着 65 号州际公路往南开，当我们到达亨利维尔北部 50mile 的时候，我们看到印第安纳州警察的车辆，上面告示摩托车要在高速路的左侧车道行驶。这是一个“系统的系统（SoS）”的直接启动点。很快，交通就停滞了，失去耐心的驾驶员开始使用右侧车道，没多久右侧车道的交通也停滞了。于是我们看到往南开的应急车辆和重型车辆不得不驶上了路肩。一个卡车司机告诉我们，一个小时前龙卷风袭击了亨利维尔，而这些应急车辆和重型车辆都是前去灾区的。我们还注意到 65 号州际公路的北侧几乎没有车开过来，很明显从亨利维尔南部往北的交通也停滞了。第二天，我们看到高速公路的休息区已经成为印第安纳国家护卫队的指挥中心，协调灾区各项事宜。这些工作部门包括：

- ❑ 印第安纳州警察。
- ❑ 当地和郡县的警察部门。
- ❑ 火警部门。
- ❑ 救护车部门。
- ❑ 公共事务公司的重型设备（比如移开树木）。
- ❑ 印第安纳州立护卫队。
- ❑ Indianapolis 电视台的交通直升机。
- ❑ 美国气象局。
- ❑ 其他。

考虑一下这些都是如何发生的。这些不同的部门是如何因为一个紧急事件集结在一起的？它们要如何交流？是否有一个中央协作中心？

系统的系统在软件工程的很多领域变得越来越重要。本章我们先引入一些早期的定义（Maier（1999））和一些 SysML 技术，来说明这些系统的需求。最后，我们会开发一个描述 SoS 的新模型，以及与之相关的基于模型的测试。

16.1 SoS 的特点

我们每天都能见到复杂的系统，但是我们如何区分一个复杂的系统和 SoS 呢？这两者之间的明显区别在于 SoS 具有以下特征：

- ❑ 一个“超级系统”。
- ❑ 相互操作的系统组合。

⊖ 1mph=1.609km/h。——编辑注

⊜ 1mile=1.609km。——编辑注

❑ 自治系统的组合。

❑ 一组分系统组成的系统。

上述定义都说到了一些核心要点，这些内容也同样适用于汽车、公司的 MIS，甚至是人体。SoS 的定义和特征正在变得越来越清晰。Maier 给出了 SoS 的两个本质特征：SoS 要么是监管型，要么是合作型。一开始，Maier 使用了“合作型系统”作为 SoS 的同义词，并且定义 SoS 为：带有自治特性的、大型可剪裁分系统的组合。Maier 给出的例子包括：空中防御网络、互联网、紧急响应团队等。Maier 接着给出了 SoS 的一些特定属性：

❑ 来自独立的分系统。

❑ 具有管理上或行政上的独立性。

❑ 通常采用进化开发方式。

❑ 展示出突发的（对应预先安排的）一些行为。

除此之外，他还发现，有些 SoS 的组成部件可能不在一个区域，因此必定存在信息共享的要求。这些组成部件最被业界接受的定义就是分系统。图 16.1 展示了一个 SoS 的通用架构。注意这里的分系统不仅与中心控制点连接，也有可能存在其他连接。中心控制点带来了 Maier 提到的三个重要的与分系统之间合作属性相关的特征。

定义

有监管的系统的系统是针对特定目标而设计、构建和管理的。

协作的系统的系统具有有限的中心化管理和控制。

事实上的系统的系统没有中心化的管理和控制。

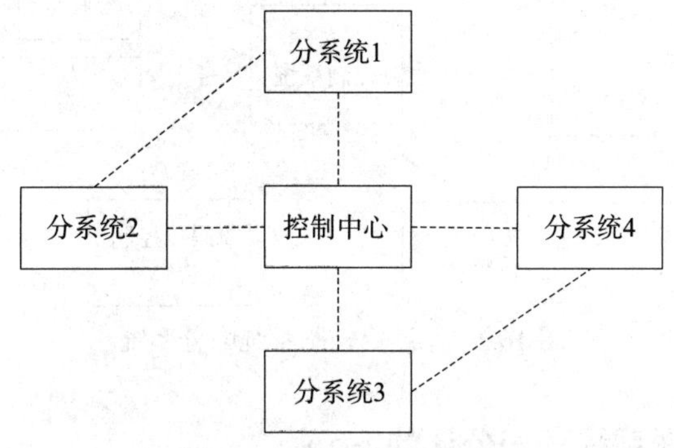

图 16.1　SoS 的通用架构

区分 SoS 类型的要素就是分系统之间的通信和控制 / 协作的方式。Maier 进一步强调，一个 SoS 必须满足两个必要条件：

❑ 分系统必须是独立的系统。

❑ 每个分系统与其他分系统之间，具有管理的独立性。

Maier 扩展了上述三个分类（Lane（2012）），包括了第四类 SoS ：公认的 SoS。从控制的由强到弱，我们可以将 SoS 分为：有监管的、公认的、协作的和事实上的。

系统的系统（SoS）是可以进化的。亨利维尔龙卷风事故从一个事实上的 SoS 开始，当时没有中心控制点。当印第安纳州警察到达的时候，它已经进化成了协作的 SoS。到了第二天早上，印第安纳州立护卫队已经将休息区改为指挥中心，此时它已经成为公认的 SoS。为什么不是有监管的 SoS 呢？因为有监管的 SoS 中所有的独立系统都能够自我行动，每个分系统都有独立的管理控制。当然，作为一个 SoS，其自身并不了解这些要求。

16.2 SoS的示例

为了更便于了解 Maier 对 SoS 的分类，我们将举例说明每一种类型的特点。本章的重点就是分系统的通信方式以及如何控制分系统。

16.2.1 车库门控制系统——有监管的SoS

图 16.2 所示的 SoS，就是第 2 章中提到的一个几乎完整的车库门控制系统。该系统必须包括的元素有驱动电机、墙上的内置按钮、极限值传感器。其他的分系统都是可选的，但通常也都包括在内。一般来说便携式开门器都放在车里，大概有 2~3 个（或更多）。有时车库外会放一个数字键盘，这样孩子放学了也可以进来。开门器和数字键盘发送微弱的无线信号给无线接收器，于是就可以控制驱动电机。此处没有显示基于互联网的控制器，有时也会加一个。最后，还可能增加光束和控制传感器作为安全设备。很多系统部件是由不同的厂商提供的，最终集成到一个商用的车库门控制系统中。

车库门控制系统满足大多数 Maier 的定义：有一个真实的中心控制器，有一个商用的 SoS，还可以进化为带有附加系统部件（例如数字键盘）的新系统。

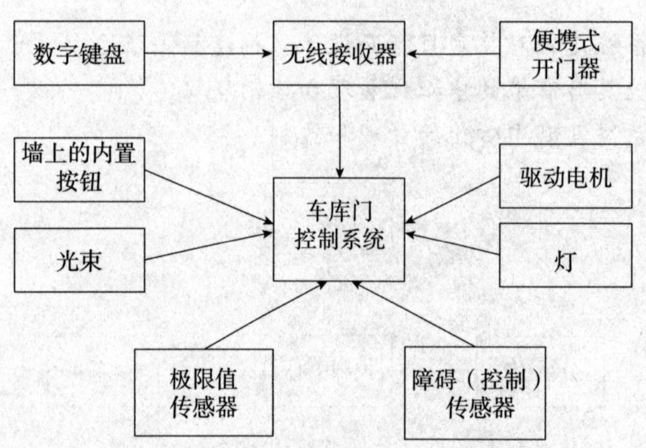

图 16.2 车库门控制系统的分系统

16.2.2 空中交通管理系统——公认的 SoS

在一个商用机场（或任何一个控制的空域），空管都会使用空中交通管理系统（ATM，简称空管系统）来管理起飞和降落。图 16.3 展示了空管系统的主要分系统组成。空管需要做的第一个决定，就是分配跑道。这个工作主要依赖于风向，但也要考虑当地的噪声限制。降落的飞行器通常来说优先级高于起飞的飞行器，因为地面的飞行器要给降落的飞行器让出空间。飞行器受限于三种间隔形式，每一种都必须维护：垂直间隔、水平间隔和时间间隔。这些规则唯一的例外，就是发生了突发事件，此时入场的飞行员可以请求紧急落地的优先级。

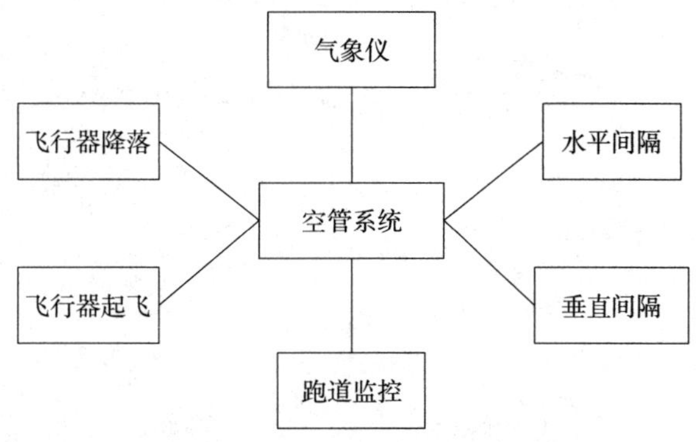

图 16.3 空管系统分系统

为什么这是一个公认的 SoS 而非有监管的 SoS 呢？一般来说，空管控制和管理所有与跑道使用、间隔、降落和起飞的飞行器相关的所有事情。但是因为可能发生意外情况（我们后面会看到），这就使得这个系统是一个公认的 SoS 而非有监管的 SoS。

16.2.3 “美食家”在线购物系统

“美食家”在线购物系统也是 SoS 的好例子，可以参考附录 B 的详细描述。

- 处理器具有三层架构。
- 带有创建账户、登录控制和购物的网络服务。
- 后台服务包括通用管理和订单购物车。
- 所有事情由数据库维持。

图 16.4 展示了泳道架构，图 16.5 展示了分系统之间的通信。

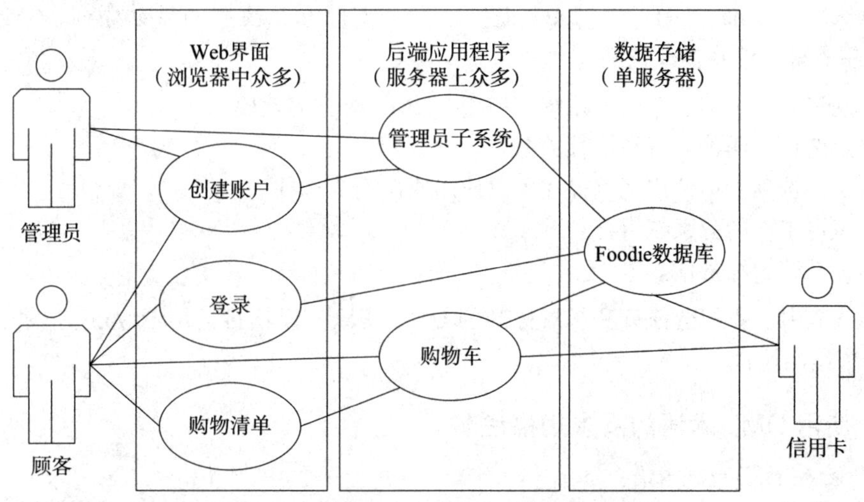

图 16.4 “美食家”在线购物系统的泳道架构

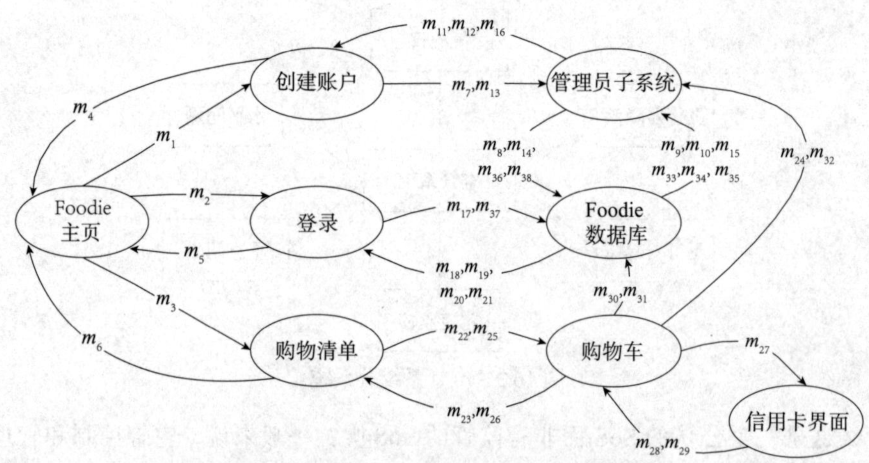

图 16.5 “美食家”在线购物分系统之间的通信

16.3 SoS 的软件工程

将软件工程理论和技术应用于 SoS 的文献很少。我们在本节讨论一些早期的工作成果，例如 Maier（1999）和 Lane（2012），以及一些原始的素材。我们将使用 UML 描述这些内容，如果我们使用 UML 术语阐明了 SoS，我们就可以将基于模型的测试技术应用于 SoS 的测试。

16.3.1 背景需求

在一次网络研讨会上，Jo Ann Lane 描述了一个应急响应的 SoS，该系统在南加州用于应对草地火灾（Lane（2012））。Lane 提供了一个类似瀑布模型的活动序列，描述给定的 SoS 的通用需求。这些步骤包括：

- 识别资源。识别潜在的分系统，使用 SysML 对它们建模。
- 确定选项。明确职责和依赖关系。
- 可访问选项。用使用用例描述可以使用或访问的选择。
- 标识可工作的分系统组合。
- 给分系统分配责任。

在后续的章节中，我们会修订和扩展标准的 UML 实践，以便将其用于 SoS。这些内容会在后续章节中给出示例。

16.3.2 使用 UML 术语的需求规格说明

在 UML 中有三部分术语：

- 类似类（class-like）的分系统定义。说明该分系统对其他分系统的职责以及提供的服务。
- 使用用例。能够展示所有 SoS 内分系统之间的交互关系。
- 传统的 UML 序列图。显示分系统与使用用例之间的关联关系。

16.3.2.1 空管系统类

UML 术语扩展和修订了一些传统的 UML 模型。在 UML 术语中，分系统将使用类

（class）来建模，类中的属性，代表该分系统与其他类之间的职责，而方法则代表服务。在图 16.3 的分析中，有两个都是使用“类”这个文本格式进行标识的。

入场飞行器

对其他分系统的责任：

- 与空管控制服务通信。
- 飞行器起飞。
- 飞行器降落。
- 随时准备应对突发情况。

空管控制系统

对其他分系统的责任：

- 入场飞行器。
- 离场飞行器。
- 跑道（状态）。
- 间隔设备。
- 天气设备。

服务

对其他分系统的责任：

- 基于天气情况分配跑道。
- 监视间隔设备。
- 分配降落空闲区。
- 发布降落许可。
- 分配起飞空闲区。
- 发布起飞许可。
- 维护跑道状态。

16.3.2.2 空管系统的使用用例和序列图

在标准的 UML 及其术语中，类就是“ is 视图”，它关注结构和系统（以及 SoS）的组成部件。is 视图对开发者最有用，对用户 / 使用者和测试员则用处不太大。后者主要使用“ does 视图”，它关注行为。使用用例是最早的 UML 模型，与“ does 视图”相关，很多人都将其视为用户和使用者最喜欢的视角。UML 序列图是 does 视图和 is 视图唯一相关之处。图 16.6 是常规降落使用用例的序列图。在我们的术语中，我们在使用用例格式中增加了行动者（分系统）。同样，常规 UML 使用用例中的事件序列也被分系统的行动序列代替。

常规降落使用用例

10.5	SoS UC_1：常规飞行器降落
描述	在正常情况下管理到达的飞行器的程序
行动者	1. 空管控制器　2. 入场飞行器　3. 间隔传感器（横向、纵向、时间）
前置条件	1. 指定跑道畅通　2. 入场飞行器准备降落

（续）

行为序列			
行动者	行为	行动者	行为
入场飞行器	1. 请求允许降落	空管控制器	6. 允许降落
空管控制器	2. 检查所有间隔传感器	入场飞行器	7. 启动降落程序
横向间隔	3. 合适	入场飞行器	8. 在指定跑道上
纵向间隔	4. 合适	入场飞行器	9. 滑行至指定登机口
时间间隔	5. 合适	空管控制器	10. 完成降落

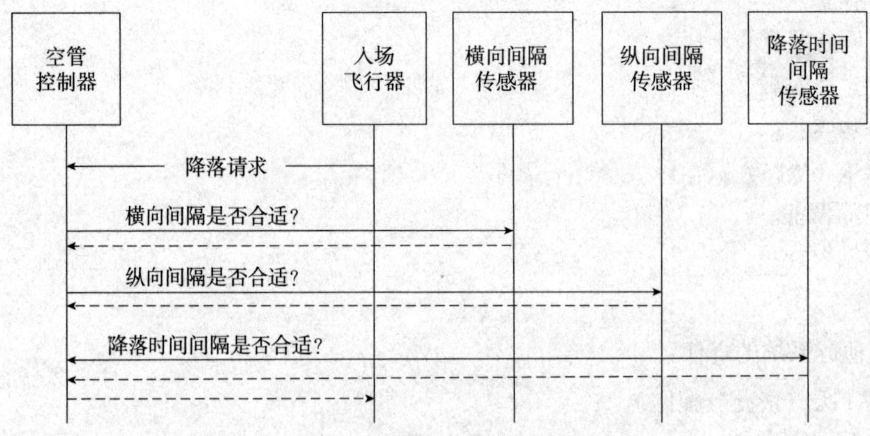

图 16.6　常规降落的序列图

1993 年 11 月，一架商用飞行器在芝加哥奥黑尔国际机场第一次尝试降落。此时入场飞行器的高度是 100ft[⊖]，一个等待起飞的飞行员发现入场飞行器还没有放下起落架。离场和入场飞行器之间是没有直接通信的，因此飞行员呼叫地面塔台通知了这个可怕的灾难。塔台通知入场飞行器拉起，及时避免了一次事故。这就是我们第二个使用用例和序列图的主题。在这个使用用例中，飞行器 *L* 是入场飞行器，飞行器 *G* 是地面飞行器。我们可以看到第二个使用用例可能是第一个使用用例在行为步骤 7 的后续。我们也可以想象，在后置条件得到满足的时候，所有人都松了一口气。

1993年11月事故的使用用例

ID 名称	SoS UC_2：1993 年 11 月奥黑尔机场事件
描述	飞行器在入场时起落架未打开。正在滑行中的飞行员看到这个情况，通知了塔台
行动者	1. 空管控制器
	2. 入场飞行器 *L*
	3. 等待起飞的飞行器 *G*
前置条件	1. 飞行器 *L* 可以降落
	2. 飞行器 *G* 等待起飞
	3. 飞行器 *L* 未放下起落架

⊖　1ft=0.3048m。——编辑注

（续）

行为序列	
行动者	行为
空管控制器	1. 允许飞行器 *L* 降落
飞行器 *L*	2. 启动着陆准备
飞行器 *L*	3. 未放下起落架
飞行器 *L*	4. 指定跑道上方 100ft
飞行器 *G*	5. 飞行器 *G* 的飞行员呼叫空管
空管控制器	6. 终止着陆许可
飞行器 *L*	7. 飞行器 *L* 放弃降落
飞行器 *L*	8. 飞行器 *L* 在跑道上恢复高度
空管控制器	9. 指示飞行器 *L* 盘旋降落
空管控制器	10. 感谢飞行器 *G* 的飞行员
空管控制器	11. 允许飞行器 *L* 降落
飞行器 *L*	12. 完成降落
后置条件	1. 跑道对其他飞行器可用

这个事故发生的时候，本书的一位作者刚好抵达芝加哥，将要做一个关于软件技术评审的讲座。巧合的是，当天的主题就是评审清单的重要性。很明显，入场飞行器的飞行员没有注意降落清单。在后续的电视新闻报道中，一个 FAA 官员评论说，他其实更加担心常规飞行而不是极限情况下的飞行。他给出的原因是，在极限情况下，人们会极其专注。图 16.7 展示了 1993 年 11 月事故的序列图。这里有很多对于使用用例非常重要的内部行为（2,3 和 4），但是它们都没有出现在序列图中。

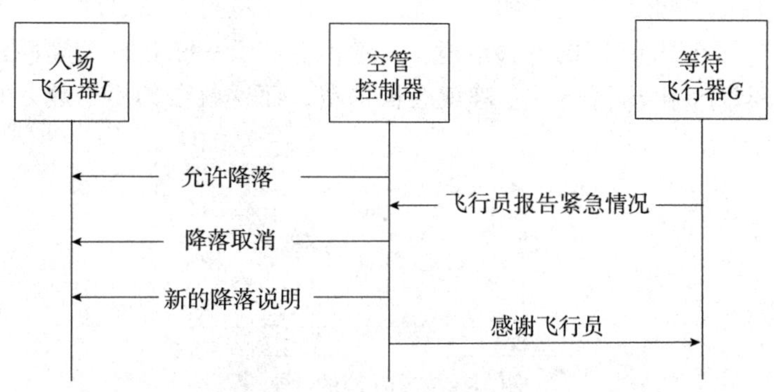

图 16.7　1993 年 11 月事故的序列图

16.3.3 测试

测试 SoS，必须关注分系统之间的通信方式。正如集成测试需要假设已经完成单元测试一样，SoS 的测试必须假设每个分系统都已独立完成充分的测试。UML 模型只是 SoS 的通用指南。测试 SoS 的首要目标就是要关注分系统之间的通信。下一节，我们将讨论一些原语，用于描述分系统之间的通信类型。我们使用 Petri 网来描述分系统，同时用这些 Petri 网来描述控制方法的差别，这些通信差别是四个分系统合作级别的核心所在，即有监管的、公认的、协作的和事实上的 SoS。

16.4 SoS的通信原语

四种 SoS 之间的区别，可以简化为分系统之间通信的区别。本节，我们首先将扩展的系统建模语言（ESML）中的指令（prompt）映射到泳道 Petri 网。在 16.5 节，我们将在泳道上使用 Petri 网形式的 ESML 指令，来说明四种 SoS 的通信机制。我们知道泳道是面向设备的，类似状态图中的正交区域。更进一步，我们将使用泳道来表达分系统，用 ESML 指令来表达分系统之间的通信。

通信原则的第一个备选就是 ESML 指令。很多 ESML 指令都有能力表达中心控制分系统，因此它们也必然适用于有监管的 SoS，大概率也能用于公认的 SoS。而对于协作的和事实上的 SoS，我们也需要类似的原语。此处我们提出四种新的原语，分别是请求、接受、拒绝和延迟。

16.4.1 将ESML指令用于Petri网

结构化分析中的 ESML 实时扩展（Bruyn et al.（1988）），是描述一个数据流图中的一个活动如何控制另一个活动的方法。有五种基本的 ESML 指令：使能（enable)、禁用（disable)、触发（trigger)、挂起（suspend）和继续（resume)，这些指令非常适用于有监管的和公认的 SoS。另外两个指令，则是原始五个原语的组合：激活（activate）是使能之后再禁用，暂停（pause）是挂起之后再启动。ESML 指令使用传统的 Petri 网来表示，我们在本章会进行简要的描述。如何标记和点火一个 Petri 网，请见第 4 章。

16.4.1.1 Petri网冲突

我们首先来描述 Petri 网的冲突，冲突很可能会出现在某些 ESML 指令中。图 16.8 展示了基本的 Petri 网冲突模式：p_2 区域是函数 1 和函数 2 迁移的输入。这三个区域都做了标记，因此两个迁移在 Petri 网里都是使能的。使能这个术语在这里有点过度：在 ESML 中，使能意味着一个指令；而在 Petri 网的迁移语境里，使能意味着一个迁移的属性。如果我们选择点火函数 1 的迁移，p_1 和 p_2 区域的令牌就会被消费，而这就会禁用函数 2 的迁移，此时就发生了冲突。

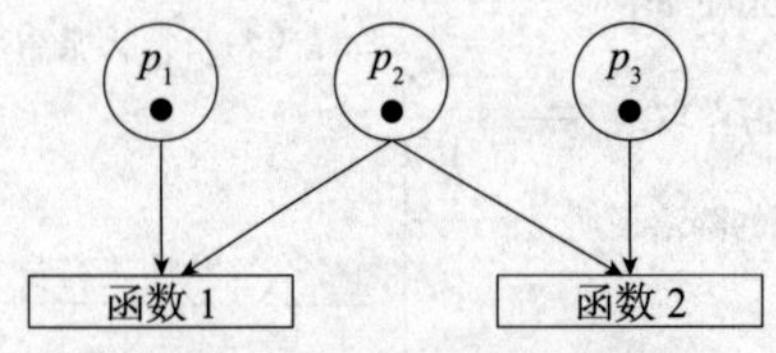

图 16.8 Petri 网的冲突

在空管的例子中，两个分系统（起飞和降落的飞行器）都要使用同一个跑道，因此它们天生就要竞争有限的资源，这是一个非常好的能够说明 Petri 网冲突的例子。既然降落的飞行器优先级高于起飞的飞行器，我们在后面就会描述一个内部锁机制来说明这个示例。

16.4.1.2 Petri网内部锁

内部锁（interlock）用于确保一个操作的优先级高于另一个操作。在 Petri 网，内部锁使用一个内部锁区域来实现，见图 16.9 中 i 标记之处。图 16.9 中，优先级高的迁移的输出是次级迁移的输入。内部锁区域能够被标记的唯一方式，就是高优先级的迁移被点火。

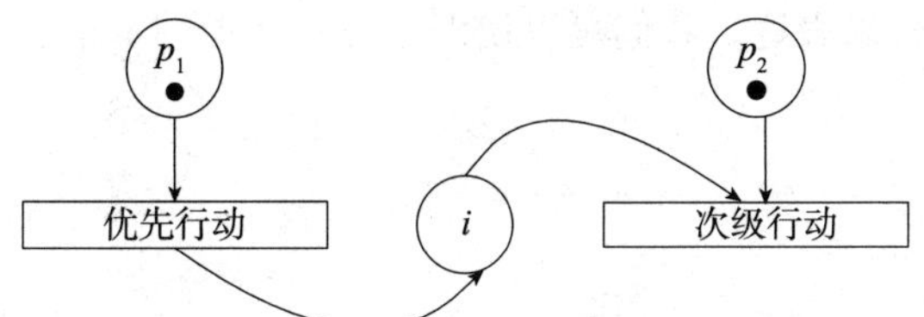

图 16.9 Petri 网的内部锁

16.4.1.3 使能、禁用和激活

使能指令表示一个交互：一个操作允许另一个操作发生。此时并不强制第二个操作真实地发生，只是具有发生的可能性。在图 16.10 中的 Petri 网里，标号为“受控的操作”的迁移有两个输入域。如果要使能该迁移，两个输入域必须都被标记。但是只有点火“使能”迁移后，才可能标记标号为“ e/d”的区域。此时“受控的操作”迁移满足了一个前提，但仍然需要等待其他输入域被标记。当“受控的操作”迁移点火的时候，它再次标记“ e/d”区域，因此会继续保持使能状态。

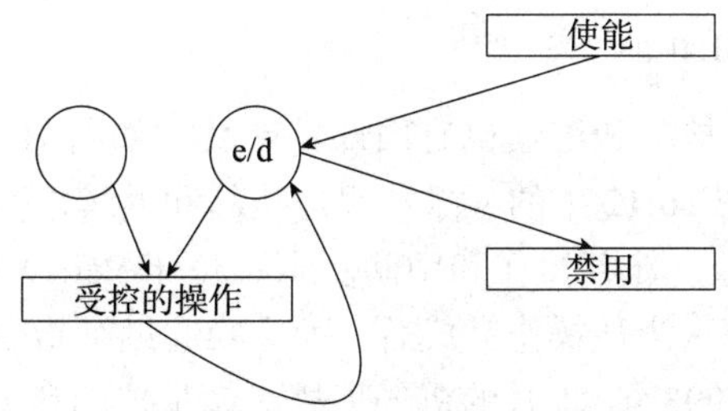

图 16.10 ESML 中的使能、禁用和激活

在被控制的空域，空管系统先要选择一个跑道，然后给入场飞行器发出降落许可。我们可以对这个操作建模，并带有使能指令。因为入场飞行器和离场飞行器有内部锁关系，这就必然给等待起飞的飞行器发出禁用提示。因为飞行器降落肯定是有始有终的，也可以将其理解为激活指令。空管“激活”了降落过程。

禁用指令依赖 Petri 网的冲突模式。图 16.10 中“禁用”迁移和“受控的操作”迁移在 e/d 区域是冲突的。如果我们点火“禁用”迁移，“受控的操作”迁移就不能点火。同样，e/d 区域就是“使能”迁移和“禁用”迁移之间的内部锁，因此“受控的操作”只有被使能之后才可能被禁用。原始的 ESML 团队发现使能 - 禁用这个序列经常频繁地发生，于是干脆将其命名为激活（activate）。

16.4.1.4 触发

图 16.11 中的触发指令是使能指令的增强版，触发会造成“受控的操作”立刻发生。用自然语言来表达，我们可以说使能的结果是“可能发生”，而触发的结果则是“现在立刻发生”。注意，触发也有与使能相同的更新模式，我们可以视情况修改触发的模式，使之成为一次性的操作。只要把从“受控的操作”到触发区域 t 的输出边删除就可以达到这个目的。不过 ESML 委员会是永远不会做出这个特殊规定的。

16.4.1.5 挂起和继续

图 16.12 中展示了 ESML 的挂起和继续指令。如果挂起和继续同时发生，我们称之为 ESML 的暂停指令。挂起与触发有相同的中断功能，挂起可以中断一个正在进行的活动，如

果中断任务完成，继续指令可以确保之前被中断的活动不会从头开始，只要从被中断的地方继续就可以。用自然语言来表达，我们可以说停止你正在做的事情。

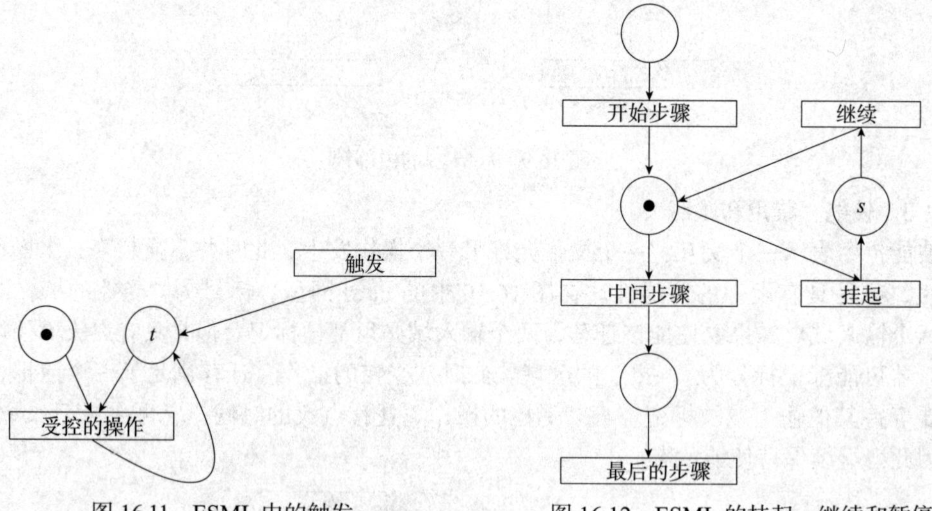

图 16.11　ESML 中的触发

图 16.12　ESML 的挂起、继续和暂停

与使能 / 禁用对一样，挂起和继续也有内部锁区域，如图 16.12 所示。一个活动只有被挂起之后才可能被继续。图 16.12 中的 *s* 标号就是挂起和继续之间的内部锁。同样，相对于中间步骤已标记的输入区域，挂起操作和中间步骤正位于 Petri 网的冲突中。如果挂起之后触发另一个必要的操作，那么当该操作完成后，就会唤起继续指令。

我们早些时候提到的 1993 年 11 月的机场事故，就是挂起和继续两个指令的示例。在入场和离场飞行器之间没有直接的通信，因此地面的飞行员就联系了奥黑尔机场的地面控制塔台。塔台因此要求入场飞行器拉起（挂起），而一旦避免了事故的发生，塔台就会发出继续的指令。

16.4.2　泳道Petri网的新指令

有监管的和公认的 SoS，通常都是强（经常是中心）控制的分系统。协作的和事实上的 SoS 则没有这种强控制，分系统更加自治。这些 SoS 内的某个分系统能不能控制另一个呢？当然可以。但是更可能的情况是分系统之间的通信是合作型而非控制型的。本章提出四种新的原语，以阐明更加协作的通信方式，分别是请求（request）、接受（accept）、拒绝（reject）和延迟（postpone）。与其他 ESML 指令一样，它们之间可以（也应该）互相交互。

UML 中并行的活动显示为泳道，正如一个泳道中的游泳者与另一个相邻泳道的游泳者是分开的情况一样。在 16.4.1 节中，我们将每一个 ESML 指令都对应到 Petri 网中。我们知道泳道是面向设备的，与流程图中的正交区域很相似。我们将使用泳道来表征分系统，它们之间的通信指令可以表达分系统之间的通信类型。最后，我们使用 1993 年 11 月的机场事故来说明 SoS 之间如何使用泳道 Petri 网进行通信。本节的分系统都属于协作的或事实上的 SoS。

16.4.2.1　请求

图 16.13 中，分系统 *A* 从分系统 *B* 请求一个服务，然后收到了该请求的响应。图 16.13 只是从分系统 *A* 的角度显示了交互过程，因为分系统 *B* 的响应并不可知。一般来说，响应要么是接受，要么就是拒绝或延迟。

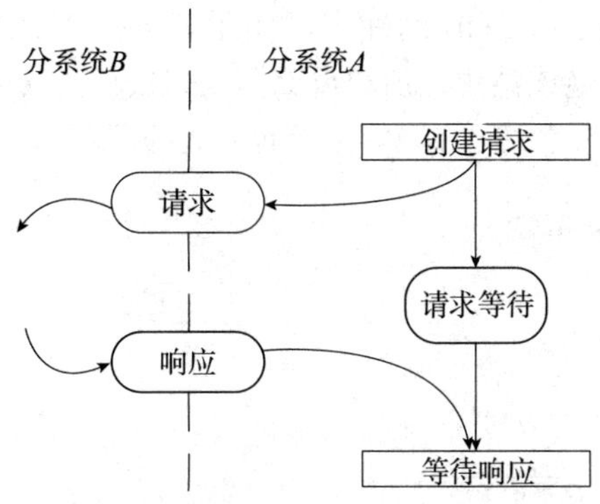

图 16.13 请求原语的 Petri 网表达

16.4.2.2 接受

接受和拒绝原语几乎是相同的，只是响应的内涵不同，见图 16.14 和图 16.15。

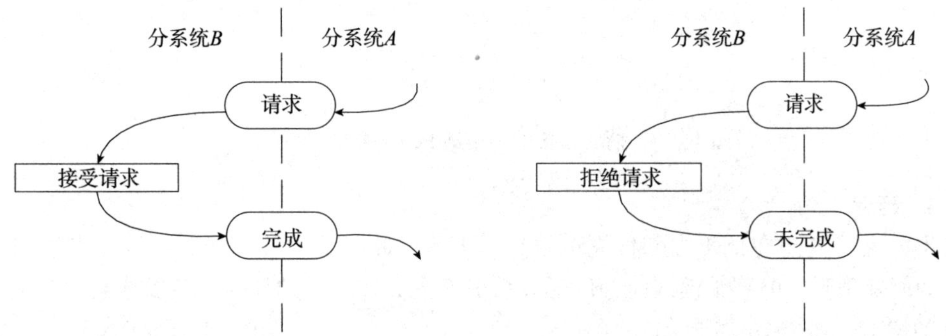

图 16.14 接受原语的 Petri 网表达

图 16.15 拒绝原语的 Petri 网表达

16.4.2.3 拒绝

拒绝响应中的“未完成”部分对于测试者来说是个麻烦。要如何测试一个没有发生的事呢？接受和拒绝响应通常会引起 Petri 网冲突，如图 16.16 所示。

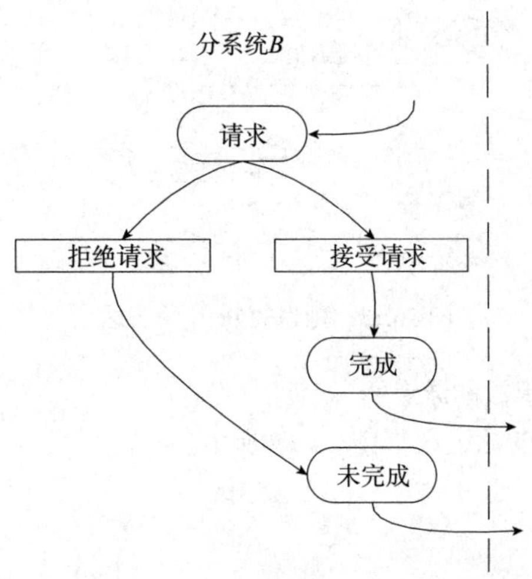

图 16.16 接受和拒绝的 Petri 网冲突

图 16.17 是两个分系统之间 Petri 网冲突的图示。分系统 *A* 向分系统 *B* 发出一个请求，分系统 *B* 要么接受，要么拒绝该请求，所以要么是“完成”区域被标记，要么就是“未完成”区域被标记，这样就解决了分系统 *A* 在 Petri 网冲突上的问题。

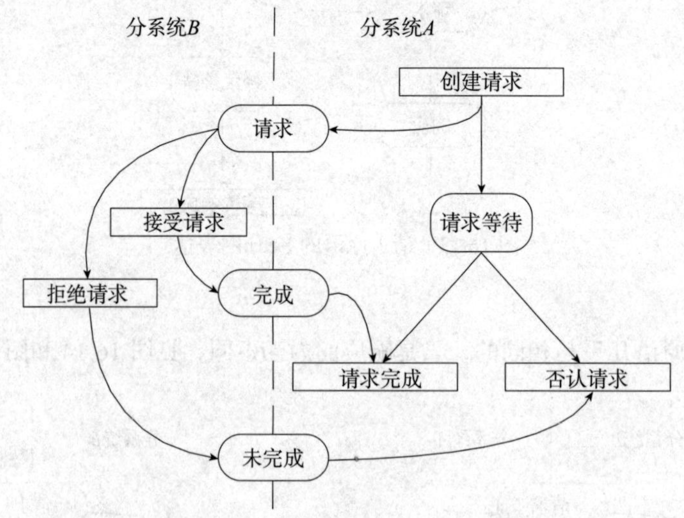

图 16.17 请求、接受和拒绝 Petri 网之间的通信

16.4.2.4 延迟

如果分系统 *B* 正在忙于内部优先级更高的事务，此时接到一个从分系统 *A* 发过来的请求应该如何处理呢？内部锁模式能够保证分系统 *B* 先完成自己的任务，然后才会响应来自分系统 *A* 的请求，如图 16.18 所示。

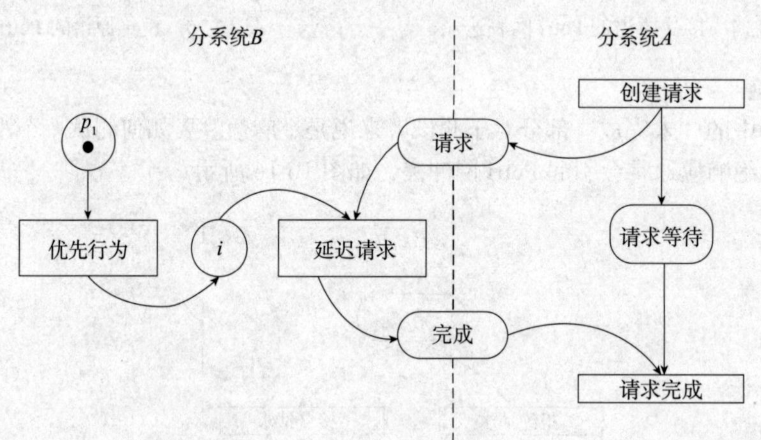

图 16.18 延迟的 Petri 网表达

16.4.2.5 1993年11月机场事故的泳道图

1993 年 11 月机场事故的泳道图如图 16.19 所示。

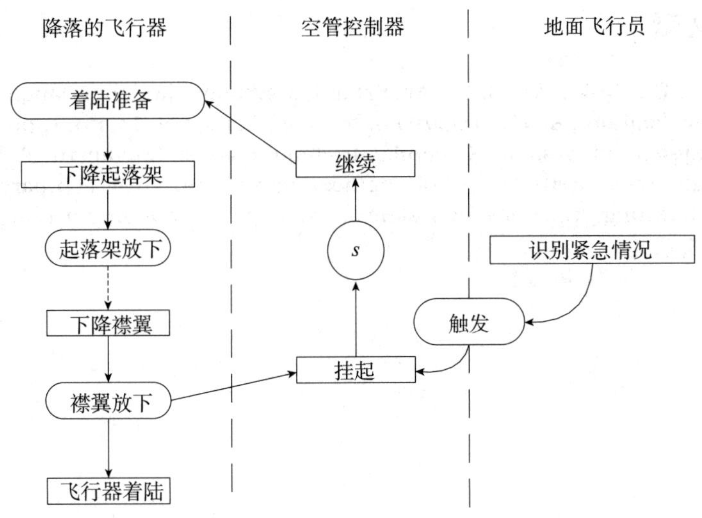

图 16.19　1993 年 11 月机场事故的泳道图

16.5　SoS的指令效果

当 ESML 委员会第一次定义五个原语的时候，对于指令的序列还是有些困惑的。例如，挂起是否应该优于触发？造成这些困惑的部分原因是 ESML 委员会没有从 SoS 的角度考虑。某种程度上，SoS 的四个层级定义就能够解决这些问题。

为了能够说清楚这件事情，我们定义了两种类型的通信——命令和请求。前文所示的四种新的指令可以视为请求这一类，但是原始的 ESML 命令呢？我们可以将触发，挂起，禁用和继续都归入命令这一类，使能则更像是应归入请求这一类。

16.5.1　有监管的和公认的SoS

有监管的和公认的 SoS 中的中心控制器，很明显是为了能够向分系统发出触发、挂起、禁用和继续等指令的。那么反过来呢？一个分系统是否应该也能“控制”中心控制器呢？如果一个分系统与中心控制器通过中断进行通信，这样做就是合适的。我们以车库门控制系统的安全特性为例。如果遇到障碍物，或者碰到了光束，电机会立即停止并且反向打开车库门。

16.5.2　协作的和事实上的SoS

因为这两种 SoS 都缺乏强有力的中心控制分系统，这两种类型的 SoS 可以使用任何一种指令。

16.6　习题

1.　讨论一下，禁用指令是否应该与挂起指令具有同样的中断能力。可以使用示例来说明。

习题 2 和习题 3 需要回顾第 14 章的雨刷器控制器系统。

2.　四种 SoS 中，哪一个最适合描述雨刷器控制器？

3.　使用泳道 Petri 网展示雨刷器控制器的交互。

16.7 参考文献

Bruyn, W., Jensen, D., Keskar Ward, P., "An Extended systems modeling language based on the data flow diagram", *ACM Software Engineering Notes*, vol. 13, no. 1, pp. 58–67, 1988.

Lane, Jo Ann, "System of Systems Capability-to-Requirements Engineering", University of Southern California, Viterbi School of Engineering, webinar given February, 2012.

Maier, Mark, "Architecting principles for systems-of-systems", *System Engineering*, vol. 1 no. 4, pp. 251–315, (1999).

特征交互测试

Pamela Zave 在贝尔实验室工作的时候，推广了特征交互问题（Zave（1993））。她发现如果不具有同时开发的软件特征，在交互的时候就会发生不可预知的问题。她给出了几个很容易理解的示例：

- ❑ 呼叫方识别服务和未知号码之间的逻辑冲突。
- ❑ 呼叫转移和呼叫屏蔽之间的冲突。用户 *A* 将呼叫转移到用户 *B*，而用户 *B* 拒绝了从用户 *A* 转来的呼叫。
- ❑ 呼叫转移循环。用户 *A* 将呼叫转移到用户 *B*，用户 *B* 将呼叫转移到用户 *C*，用户 *C* 又将呼叫转移到用户 *A*。如果出现第四方呼叫其中之一时，就会出现冲突。实际上大多数的电话交换系统会将一个呼叫标记为已转移的，那么按照规程，该呼叫不能再次被转移。类似的一个事故曾经造成了早期的 ARPA 网络宕机。

17.1 定义特征交互问题

在第 13 章，我们已经了解到线索就是系统测试中的“原子元素”。在第 16 章，我们使用事件驱动的 Petri 网 EDPN 来表示系统级线索。我们描述了一组通信原语、Petri 网冲突和 Petri 网的内部锁，我们同样提到了一组基于扩展的系统建模语言（ESML）的原语，其中包括使能、禁用、激活、触发、挂起和继续等。除此之外，我们还介绍了 4 种通信原语：请求、接受、拒绝和延迟。所有这些原语都适用于特征交互问题。

既然可以使用 EDPN 来为特征行为的线索建模，那么 EDPN 就可以用来表示连通的四种拓扑可能的形式。EDPN *A* 和 EDPN *B* 可以是如下所示的几种情况：

- ❑ 0- 连通（0-connected）。如果在 EDPN *A* 和 EDPN *B* 的元素之间没有一条边，则称之为 0- 连通的。
- ❑ 1- 连通（1-connected）。如果 EDPN *A* 和 EDPN *B* 之间有一个公共的事件或区域，则称之为 1- 连通的。这个连通可以是通往一个祖先节点或后续的事件或空间的半路径。
- ❑ 2- 连通（2-connected）。如果 EDPN *A* 创建了一个输出区域，该区域同时也是 EDPN *B* 的输入区域，则称之为 2- 连通的。注意，这里的 2- 连通只针对数据区域，因为很难想象会存在一个输出事件同时是一个输入事件的情况。
- ❑ 3- 连通（3-connected）。如果 EDPN *A* 与 EDPN *B* 是 2- 连通的，而且 EDPN *B* 与 EDPN *A* 也是 2- 连通的，则称之为 3- 连通的。

Pamela Zave 的第 2 个例子展示了 2- 连通，第 3 个例子则展示了 3- 连通。在后续的例子中，我们能看到特征线索之间的 *n*- 连通，同时还有 12 种通信原语的示例。

软件不仅是各部分的组合，不同部件集成为一个软件后，还必须相互协作以完成比单个软件的独立功能组合更多的功能。这不是一个新概念。我们在第 12 章已经看到了集成测试的例子，如果独立部件的单元测试已经足够充分，集成测试就没有必要再进行了。亚里士多德曾说过：

所有的东西都会有若干个部件，但是它们之间不是简单的堆砌关系，而是组合形成一个新的事物，这其中的原因，有一些是因为部件之间的接触本身就是某种程度上的组合，而另外一些则是通过黏合或其他类似的物质组合在一起。

对软件来说，亚里士多德提到的统一性就是单独部件之间良好的交互，这些交互使得最终集成之后的软件，相对于已有的软件来说，功能更加丰富，交互更加良好。例如，汽车的巡航控制系统与加速功能进行交互，能够控制汽车的速度。类似地，刹车功能与巡航控制系统的交互能够关掉巡航功能。加速和刹车这两个部件，因为与巡航系统的交互，各自拥有了更多的功能。

然而，不是所有的交互都是有益的。我们可以想象，如果踩下刹车的时候，没有关闭巡航控制系统，而是要求司机通过巡航控制界面手动关掉巡航控制系统。这对于已有的加速和刹车功能来说，就是极大的压力，会因此降低汽车的安全性。

特征（F）与其预期行为（ϕ）之间的特征交互，可以正规表达为：当特征 F_i 满足某个属性 ϕ_i 时，我们将其记为 $F_i= \phi_i$。特征可以通过组合操作符（例如⊕）合并或组合。当两个特征组合时（例如 $F_1 \oplus F_2$），可以得到，如果每个特征都满足其自有的预期行为（即 $F_1 \models \phi_1 \wedge F_2 \models \phi_2$），则其组合操作应满足它们各自行为的组合（即 $F_1 \oplus F_2 \models \phi_1 \wedge \phi_2$）。然而，如果特征组合不能满足各自行为的合并，那么就存在特征之间的交互（Calder et al.（2003））。在巡航控制系统的示例中，已有的加速器和刹车功能可能是一系列基本特征的组合，每个特征都可以单独标识为 F_1，而其预期行为则是基于加速器和刹车的加速或减速。巡航控制是我们的第二个特征（即 F_2），它试图维持一个预期的速度。如果因为两个特征的组合而改变了行为，则必然存在特征交互。

表 17.1 包括若干行为案例。当不使用巡航控制时，我们可以获取踩下刹车或加速器时车辆的预期行为。同样的，如果没有使用刹车或加速器，但是开启巡航控制，我们也可以得到符合预设速度的预期结果。但是，如果刹车、加速器和巡航控制同时都打开，加速器仍然会加速而刹车则要求减速。另外，刹车会迫使巡航控制降低车速，而巡航控制系统此时也是关掉的。F_1 结果和正确结果之间的区别，不是是否存在交互，而是交互对于系统行为是不是正向的。

表 17.1　特征交互与正确的行为

刹车或加速	巡航控制	F_1 的结果	正确的结果
刹车	关闭	减速	减速
加速	关闭	加速	加速
刹车	开启	预期速度	减速并关闭巡航
加速	开启	预期速度	加速（从预期速度开始）
无操作	开启	预期速度	预期速度

负面特征交互对于系统来说，当然是个问题，但是特征交互问题的关键不在于交互，而在于处理特征交互所带来的附加成本和后续的开发活动成本。如果查找、分析和验证特征交

互问题，让开发工作不堪重负，此时就会产生特征交互问题（Apel et al.（n.d.））。对于每一个加入系统中的新特征来说，可能带来的特征组合都是成倍的。既然特征交互可能在任何特征之间发生，系统配置项测试的数目就必须指数倍增加，为 $O(2^n)$，其中 n 是特征的数目。

对于任何一个复杂系统来说，因为存在特征交互的问题，所以穷举测试是不可行的。本章剩下的部分就会讨论如何减少特征交互的测试数目，同时尽量减少可能产生的特征交互问题。

17.2 特征交互的类型

检查特征交互需要查看所有可能的交互情况，但因为存在特征交互问题，而且查找正确的特征交互也很难，所以这个工作很容易变得不可行。可能的特征交互问题，可以被标识为关于输入的冲突、输出的冲突，或者有限资源使用的冲突。附录 B 里面有基于“美食家”在线购物应用的示例，而图 17.1 说明了在下面这些特征之间传递的消息，其中特征的定义是“产品的功能性的增量”（Batory et al.（2006））：

- ❑ Foodie Home 主页。
- ❑ 创建账户。
- ❑ 登录。
- ❑ 购物清单。
- ❑ 管理。
- ❑ Foodie 数据库。
- ❑ 购物卡。

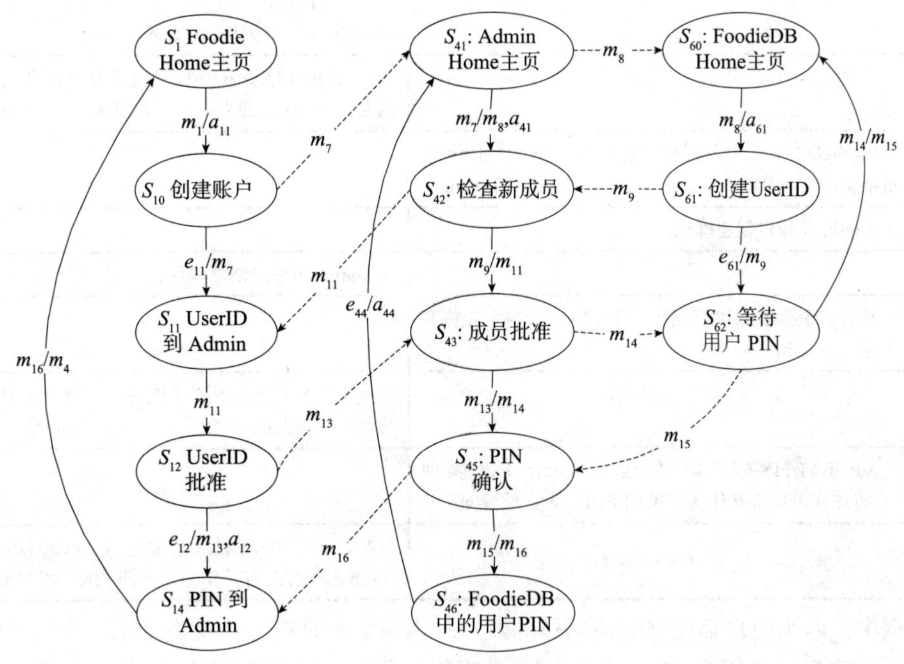

图 17.1 场景 1 的消息通信

除此以外，必要时可以通过复制某一个功能以支持多用户的使用。这个复制过程本身也符合增加产品功能性的要求。

17.2.1 输入冲突

如果使用 FSM 建模，基于输入的特征冲突很可能是基于相同的或并发的输入事件或消息的迁移冲突而造成的。

我们来看场景 1。从附录 B.3.1.1 中，可以看到下面所示的创建一个普通账户的过程。

1．Foodie 用户创建一个用户 ID，发送给 Admin。

2．Admin 发送潜在的用户 ID 给 FoodieDB 数据库。

3．Foodie 数据库检查之后发现没有重复的 ID，于是批准新的用户 ID，将确认结果发送给 Admin。

4．Admin 将确认结果发送给账户创建。

5．新的被批准的用户创建 PIN，将其发送给 Admin（此时不需要检查 PIN 的合法性，因其只对用户可见）。

6．Admin 将 PIN 发送给 Foodie 数据库，后者将其发送给登录作为“预期 PIN”。

场景 1 中的消息序列为 $m_1, m_7, m_8, m_9, m_{11}, m_{13}, m_{14}, m_{15}, m_{16}, m_4$。我们此处将状态编号置为全局可见，这样我们就可以在泳道之间使用状态序列来描述一个场景。场景 1 的状态序列为 $S_1, S_{10}, S_{41}, S_1, S_{61}, S_{62}, S_{42}, S_{11}, S_{12}, S_{43}, S_{62}, S_{45}, S_{14}, S_1, S_{41}, S_1$。

表 17.2 中，两个用户创建了冲突的用户 ID（FoodieFan）。

表 17.2　冲突的用户 ID

步骤	用户 1	用户 2
1	一个 Foodie 用户（1）创建一个 UserID（FoodieFan），将其发送给 Admin	
2		一个 Foodie 用户（2）创建一个 UserID（FoodieFan），将其发送给 Admin
3		FoodieDB 检查并没有发现重复，因此它批准新的 UserID（FoodieFan），并将其确认给 Admin
4	FoodieDB 检查并发现数据库中没有重复，因此它批准新的 UserID（FoodieFan），并将其确认给 Admin	
5	Admin 向账户创建确认这一点	
6		Admin 向账户创建确认这一点
7	然后，新批准的用户创建一个 PIN（1234）并将其发送给 Admin	
8		然后，新批准的用户创建一个 PIN（1111）并将其发送给 Admin
9	Admin 将 PIN（1234）发送给 FoodieDB，以便 FoodieDB 可以将其作为“预期 PIN”发送给登录	
10		Admin 将 PIN（1111）发送给 FoodieDB，以便 FoodieDB 可以将其作为“预期 PIN”发送给登录

本例中，两个用户都能够创建同样的账户，因为系统是在已经检查了第二个用户的重复性之后，才将第一个用户 ID 存入 Foodie 数据库，所以一旦两个用户 ID 都被批准，两个用户都可以无须附加检查地设置各自的 PIN。这就导致两个用户的 PIN 都被设置成最后设置的 PIN，也就是第二个客户的 PIN（1111）。

本例中，造成冲突的特征（新增加的功能）是多用户支持。本例中只有一个 Foodie 数据库，但是可以创建多个 Admin 的实例，而且这些 Admin 可以并行操作。新增的 Admin 线索引起了基于多个发送给 Foodie 数据库的消息的输入冲突，但是 Foodie 数据库本应一次只处理一组账户创建消息。

从设计角度来看，单用户的"美食家"应用程序只应由一个软件实例操作（如图 17.2 所示），但是实际情况却包含了多个实例。

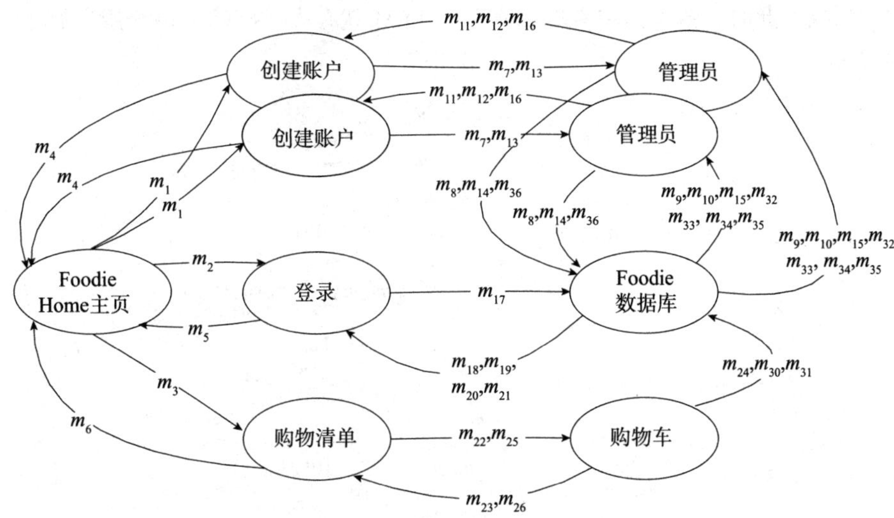

图 17.2 多个 FSM 实例之前的消息通信

图 17.2 展示了基于创建账户和管理员的多个实例的若干可能的交互。前面所述的场景，是由两个从管理员 FSM 发送给 Foodie 数据库的 m_8（向 FoodieDB 提交用户 ID）和 m_{14}（向 FoodieDB 发送用户 PIN）消息引起的。既然存在创建账户和管理员的多个实例，表 17.3 中的消息也可能造成表 17.3 中潜在的重复消息。

表 17.3 输入情况的测试用例

测试用例	消息	来源 / 目的地
1	m_4	创建账户 /Foodie Home 主页
2	m_1	Foodie Home 主页 / 创建账户
3	m_8	管理员 /Foodie 数据库
4	m_{14}	管理员 /Foodie 数据库
5	m_{36}	管理员 /Foodie 数据库
6	m_9	Foodie 数据库 / 管理员
7	m_{10}	Foodie 数据库 / 管理员
8	m_{15}	Foodie 数据库 / 管理员
9	m_{32}	Foodie 数据库 / 管理员
10	m_{33}	Foodie 数据库 / 管理员
11	m_{34}	Foodie 数据库 / 管理员
12	m_{35}	Foodie 数据库 / 管理员

17.2.2 输出冲突

与输入冲突类似，如果出现两个冲突的迁移，就会引起基于输出的冲突。不过，在基于输出的冲突中，是两个不同的迁移行为产生了冲突，通常是输出的形式冲突或分配数值产生了冲突，不是基于相同或并发的输入事件或消息。

我们以 Foodie 数据库为例，附录 B 中定义的 FSM 描述了 Foodie 系统的行为，Foodie 数据库是单一存储的。如果有一家人共享一个 Foodie 账号，但是有两个人同时在购物车中进行添加和删除。此时，购物清单和购物车两个 FSM 就有多个实例，每个用户有一个实例，如图 17.3 所示。

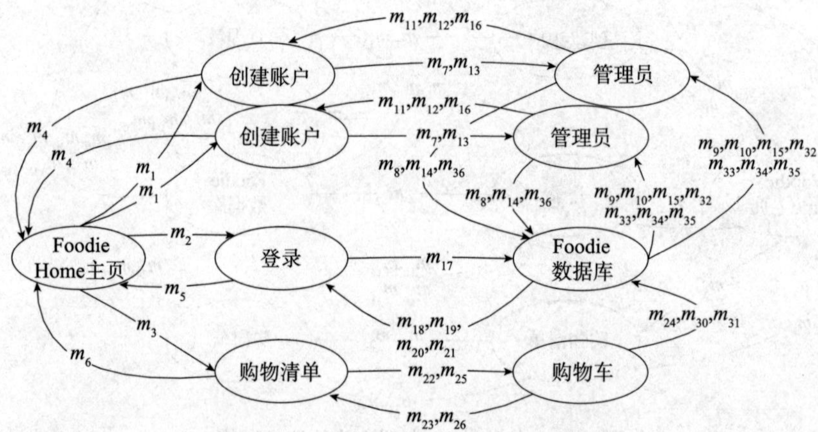

图 17.3　FSM 中多个实例之间的消息通信

图 17.3 中，可能的交互集是基于多个购物清单和购物车实例的。由于购物清单和购物车中存在多个实例，表 17.4 中所示的消息就可能造成潜在的多个重复消息。

表 17.4　输入情况的测试用例

测试用例	消息	来源 / 目的地
1	m_6	购物清单 /Foodie Home 主页
2	m_3	Foodie Home 主页 / 购物清单
3	m_{24}	购物车 /Foodie 数据库
4	m_{30}	购物车 /Foodie 数据库
5	m_{31}	购物车 /Foodie 数据库

消息 m_{30}（支付数目）和 m_{31}（购物车内容）通知 Foodie 数据库应支付的数目和购物车中的内容，请注意表 17.5 中的事件。

表 17.5　Foodie 数据库事件

事件	购物车 1	购物车 2	Foodie 数据库
1	用户 1 添加香草豆		
2		用户 2 添加 Almas 鱼子酱	
3		发送 m_{30} 到 Foodie 数据库	价格 11 400.00 美元
4	发送 m_{30} 到 Foodie 数据库		价格 112.00 美元

（续）

事件	购物车 1	购物车 2	Foodie 数据库
5	发送 m_{31} 到 Foodie 数据库		价格 112.00 美元 包含香草豆
6		发送 m_{31} 到 Foodie 数据库	价格 112.00 美元 包含 Almas 鱼子酱

因为系统不能控制购物车中并发实例之间事件的顺序，因此同一个用户的价格和收费很可能因为冲突而被改写，本例中，这种冲突可能给购物者带来极大的好处。例如，购物者很可能以 112 美元 /lb 的香草豆价格买到 11 400 美元 /lb 的鱼子酱。

因为冲突操作而造成的输出交互问题可以使用以下两种方法予以解决：

- 每次每个账户只能有一个用户登录。
- 给每一个订单分配一个独一无二的订单编号，而不是为每个客户存储一个订单。

从 FSM 和消息的视角能够识别出存在的交互，测试则能够显示没有发生冲突，没有造成对系统的负面影响。

17.2.3 资源冲突

不是所有的交互都会产生问题。基于变更所做的软件修改不仅是预期的，更是必要的修改。咖啡重度爱好者都很喜欢探索不同的咖啡口味。如果购物者购买了猫屎咖啡，库存就要因此而减少。表 17.6 显示的就是购买前的库存和购买后的库存。因为猫屎咖啡需要麝香猫吃下去咖啡豆并将其消化之后，才可能产出猫屎咖啡豆，所以刷新库存是一个缓慢的过程。然而，购物者（或其他购物者）会因为前一位顾客影响了软件继续操作的交互而不能购买。

表 17.6 “美食家”在线购物系统购买前后库存

项目 ID	名称	购买前	购买后
1	香草豆	14	14
2	啤酒花芽	7	7
3	意大利白松露	10	10
4	神户牛肉	8	8
5	鲁瓦克咖啡	1	0
6	驼鹿干酪	11	11
7	藏红花	7	7
8	伊比利亚火腿	3	3
9	Almas 鱼子酱	12	12

因为资源冲突不都是预期的，所以需要在系统内测试资源交互的正面影响和负面影响。

17.3 交互的分类

除了前面章节提到的交互类型之外，还有两个要素需要考虑，分别是发生交互的时间和地点，并据此更加细化交互的类型。有些交互是完全独立于时间的，例如两个数据条目的交互与时间完全没有关系；有些交互则依赖于时间，例如某件事情是另一个事情的前置条件。我们将与时间无关的交互视为静态交互，与时间相关的交互视为动态交互。将静态或动态交互与单处理器和多处理器相结合，再加上之前提到的输入、输出和资源相关的交互类型，我们就可以得到四种交互类型：

- 单处理器静态交互。
- 多处理器动态交互。
- 单处理器动态交互。
- 多处理器静态交互。

17.3.1 单处理器静态交互

在五种基本架构中，只有端口和数据两种是没有持续性的。端口是物理设备，因此我们可以将其视为单独的处理器，从而简化讨论。端口设备以物理方式进行交互，例如空间和能量的消耗，但这些内容对测试者来说并不重要。数据则以逻辑方式交互（与物理方式对应），而这些则是对测试者来说很重要的内容。我们经常非正式地提到毁坏的数据，以及维持数据库完整性。有时我们会说得更具体一些，例如不兼容或者不一致的数据。我们也可以从亚里士多德那里借用一些非常具体的说法。此时我们就可以使用第 3 章讨论的命题逻辑了。

在下面的定义中，*P* 和 *Q* 都是关于数据的命题，如“美食家”在线购物的例子所示，我们可以将 *P* 和 *Q* 设置为：

P：账户余额 =10.00 美元

Q：购物车余额 <1800.00 美元

定义 *命题 P 和 Q 为：*

- *反对关系。如果 P 和 Q 不能同时为真，我们称命题 P 和 Q 为反对关系。*
- *下反对关系。如果 P 和 Q 不能同时为假。*
- *矛盾关系。如果只有一个能为真，则视为矛盾的。*
- *从属关系。如果 P 为真可以保证 Q 为真，则 Q 是 P 的从属关系。*

这些关系被逻辑学家称为“逻辑方阵”，如图 17.4 所示，其中 *P*、*Q*、*R* 和 *S* 都是命题。

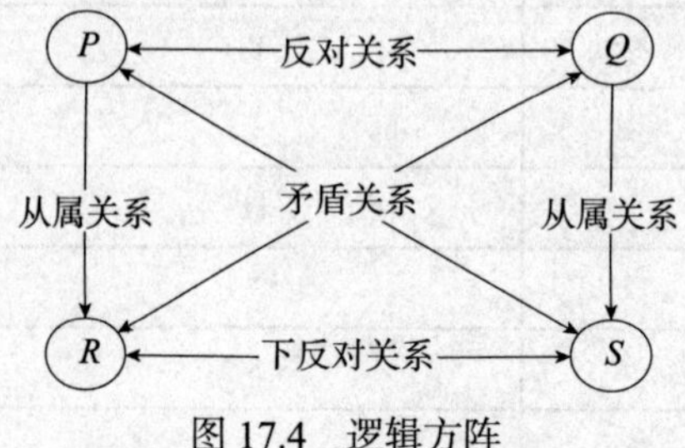

图 17.4　逻辑方阵

对软件测试者来说，亚里士多德的逻辑看上去有点晦涩难懂，这里是一些能够准确使用逻辑方阵中的数据交互所描述的情况：

- 如果一个线索的前提条件是一组数据命题的组合，反对关系或矛盾关系的数据值会阻止线索的运行。
- 上下文敏感的端口输入事件通常是矛盾关系或至少是反对关系的数据。

- ❑ if/else 语句是矛盾的。
- ❑ 决策表中的规则是矛盾的。

单处理器的静态交互特别像组合的电路，可以使用决策表和未标记的事件驱动 Petri 网（EDPN）来表示。电话系统的特征就是很好的交互示例（Zave（1993））。呼叫 ID 服务和未知电话号码之间的逻辑冲突就是很好的示例。列表中的呼叫 ID 是需要提供给被呼叫方的，但是如果一个未知的呼叫 ID 打了个电话给号码可知的 ID，就会产生冲突。保护呼叫者的隐私还是被呼叫方有权知道是谁打来了电话？这两个特征之间是矛盾关系，不可能同时满足，其中之一或者二者都可以被放弃。呼叫等待服务和数据线路的特殊条件是另一个矛盾特征的示例。过去，如果一个企业（或者家用计算机的狂热爱好者）会购买一个特殊条件的数据线路，该线路上的电话经常用来传输格式化的二进制数据。如果这条线路也带有呼叫等待功能，那么一旦某个呼叫打到了已经被占用的线路上，那么呼叫等待服务就会给已有的连通带来巨大的压力。如果该连通已经开始传输数据，那么数据传输就会被打断。此时，解决方法很简单，只要用户在进行数据传输之前，关掉呼叫等待功能即可。

17.3.2 多处理器静态交互

数据的位置能解决电话系统中的矛盾问题。用于呼叫等待的数据和数据线路条件的数据，应该存储于同一个处理器，因为它们都指向同一个用户线路。因此控制那一条线路的软件就要负责检查矛盾的线路数据。然而，这是一个对于呼叫方来说不合理的识别问题。我们可以想象一下，呼叫方的线路可能在一个办公室，而能够进行呼叫方识别的线路可能在另一个办公室。因为这些数据在不同的位置（处理器），谁也不认识谁，于是它们相互之间存在反对关系的特征只有在被一个线索连接在一起的时候，才可能被发现。或者更准确地说，这种反对关系是一个跨越多个处理器的静态交互，只有当运行在两个电话办公室（处理器）的线索进行交互时，才可能发生失效。

呼叫转移是另一个静态分布式交互的示例。假设某个人在三个不同的位置有三个电话。电话 *A* 是其位于密歇根州艾伦代尔的一个办公室电话，电话 *B* 是其位于密歇根州罗克福德的家用电话，电话 *C* 是手机号码。

我们继续假设，每个电话用户都有呼叫转移服务，而转移的顺序是：呼叫 *A* 的电话会转移到 *B*，呼叫 *B* 的电话转移到 *C*，呼叫 *C* 的电话转移到 *A*。

这种呼叫转移数据就是反对关系，它们不可能同时为真。呼叫转移数据对于提供服务的电话局来说，是局部数据。这就意味着，没有一个电话局能够知道另一个电话局的呼叫转移数据，此时我们面临的是分布式的反对关系。这是个错误，但这个错误此时还没有发展成失效，除非某个人打给这个呼叫转移循环中的某个电话号码，才可能发生失效。这样的一个电话（比如是打给 *B* 的），会在 *B* 的本地电话局生成一个呼叫转移线索，然后变成呼叫 *C* 的电话号码。于是在 *C* 的电话局生成另一个线索，以此类推。截止到现在，需要注意的是，这些相互连通的线索将我们从静态范围转移到了动态交互。潜在的失效仍然存在，只是进入了我们的另一个分类。

不管是以单处理器为中心，还是分布在多个处理器上，静态交互的本质是一样的（当然，如果是分布式，就更难发现这个交互）。另一个常见的静态交互形式是（中心化或分布式的）数据库中的弱联系和功能依赖，这些交互都是从属关系的表现形式。

17.3.3 单处理器动态交互

发生静态交互的情况与时间无关，而动态交互则必须考虑时间因素。这就意味着我们必须将仅有数据的交互扩展为数据、事件和线索之间的交互。我们也需要将逻辑方阵中的严格说明性关系转为必要性关系。第 4 章中提到的有向图中的 *n*- 连通性在这里就特别适用，图 17.5 展示了有向图中四种 *n*- 连通方式的示意图。

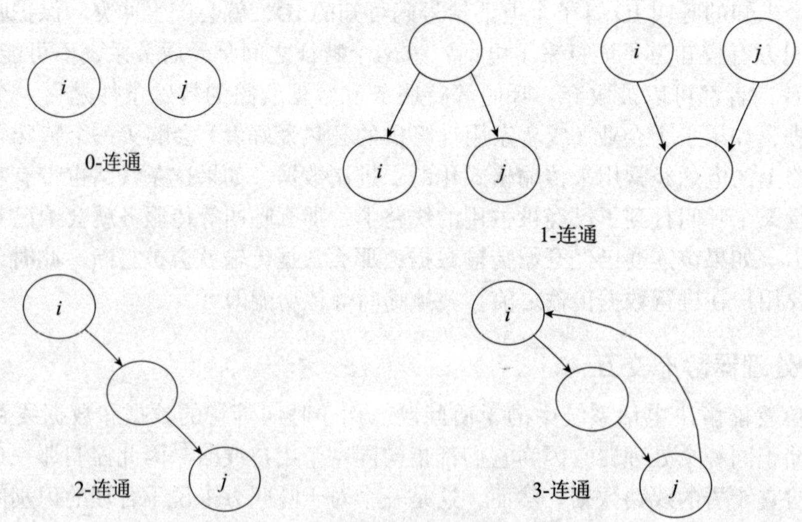

图 17.5　*n*- 连通性的形式

即便是数据 - 数据之间的交互，也会显示出 *n*- 连通性的形式。逻辑上独立的数据是 0- 连通的，从属关系是 2- 连通的。另外三种关系（反对关系、矛盾关系和下反对关系）都属于 3- 连通的数据关系。因为这三种都是双向的关系，因此一共有六种潜在的交互：数据 - 数据、数据 - 事件、数据 - 线索、事件 - 事件、事件 - 线索和线索 - 线索。同时每一种潜在的交互又都具有四种 *n*- 连通性的级别，产生我们此处分类的 24 个元素。请读者花一点时间思考这些交互。下面是四个示例：

- ❑ 带有数据的 1- 连通的数据。两个或更多数据是同一个操作的输入。
- ❑ 带有数据的 2- 连通的数据。用于计算的数据（在数据流测试中很常见）。
- ❑ 带有数据的 3- 连通的数据。深度关联的数据，例如循环和信号量。
- ❑ 带有事件的 1- 连通的数据。上下文敏感的端口输入事件。

只有当线索建立某种连接时，交互错误才可能演变成失效，所以我们不需要分析所有 24 种可能性。错误是潜在的，当一个线索建立连接时，潜在的错误才变成失效。线索只有两种交互方式：通过事件进行交互，或者通过数据进行交互。我们先给出一个定义，然后在使用 EDPN 的时候会更清楚地看到这一点。

定义　*在一个 EDPN 中，外部输入（端口或数据）是入度为 0 之处，外部输出则是出度为 0 之处。*

图 17.6 中的 EDPN 中的 p_1, p_2 和 d_1 是仅有的外部输入，而 p_3, p_4 和 d_3 则是仅有的外部输出。此处可见，数据区 d_1 和 d_3 是前置条件和后置条件，它们分别为外部输入和外部输出。外部输入的入度和外部输出的出度永远为 0。

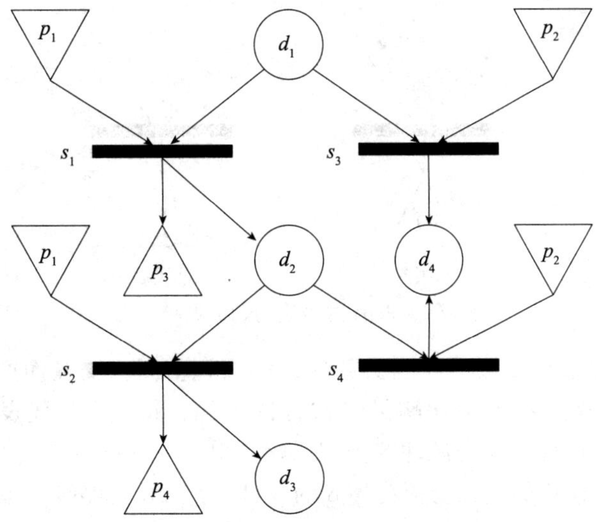

图 17.6　EDPN 中的外部输入和输出

现在，我们可以使用 EDPN 的组合，来表示在线索之间的交互。操作过程如下：每个线索都有自己独一无二的 EDPN，在每个 EDPN 中，区域和迁移都有符号化名字。某种程度上，这些名字只对线索可见，但是更宽泛地说，当它们组合起来的时候，局部名字必须解释为全局标识符。然而，对于输入、输出和资源冲突来说，我们必须首先将线索描述为 EDPN 而非 FSM。例如，图 17.7 中的 FSM 片段展示了某个事件发生时，两个状态（s_1 到 s_2）的迁移和行为。

图 17.7　FSM 片段

图 17.7 在图 17.8 中显示为 Petri 网，其中的两个空间（s_1 到 s_2）之间，传递一个单一令牌，当事件 E 发生的时候，会触发一个输出操作 A。

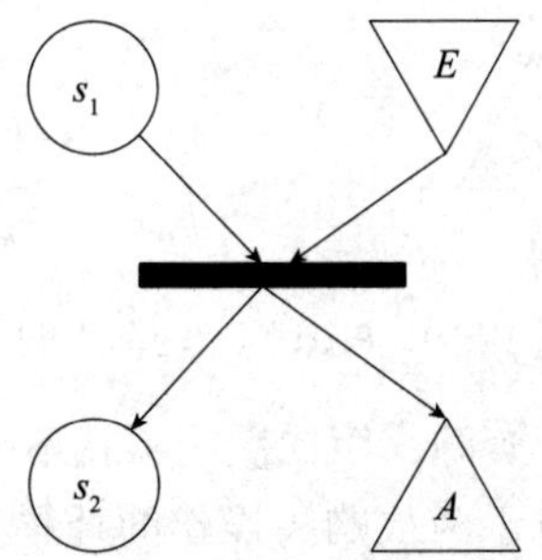

图 17.8　FSM 片段转换成 Petri 网

我们来看一下 17.2.3 节中提到的资源冲突。我们可以将图 17.9 中每个购买咖啡的线索进行建模，S 代表当前的供货，P 代表购买事件。当一个购买事件 P 发生的时候，Petri 网使用 S 和 P 中的令牌对迁移点火，引发输出事件 O，O 代表购买的结果。作为一个单一的线索，在这个实例中没有冲突。但是将两个这样的线索串联起来的时候，就会出现前文提到的资源冲突。

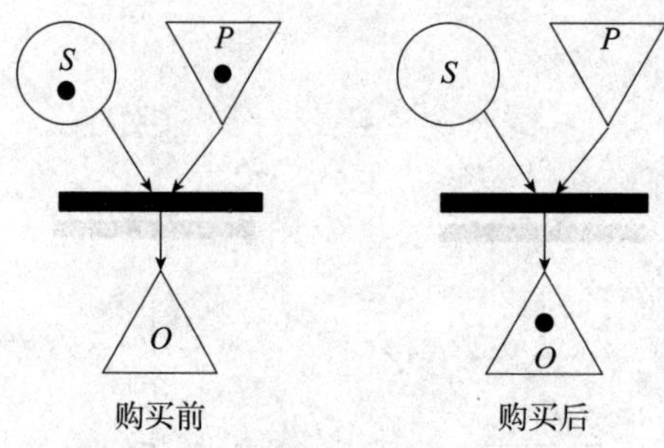

图 17.9 Petri 网表达的购买咖啡行为

同样的操作：如果想要按顺序购买两次，那么就会因为交互而产生不同的结果。图 17.10 左侧是两个区域 p_1 和 p_2 初次购买状态的 Petri 网，每一个都代表一次购买事件 P。S 代表一个有限的咖啡供应。与资源冲突类似，购买单一库存的咖啡会减少库存，如右侧所示。针对第一次购买迁移的点火会消耗掉 S 的令牌（当然还有咖啡），因此第二次购买就会被禁止。

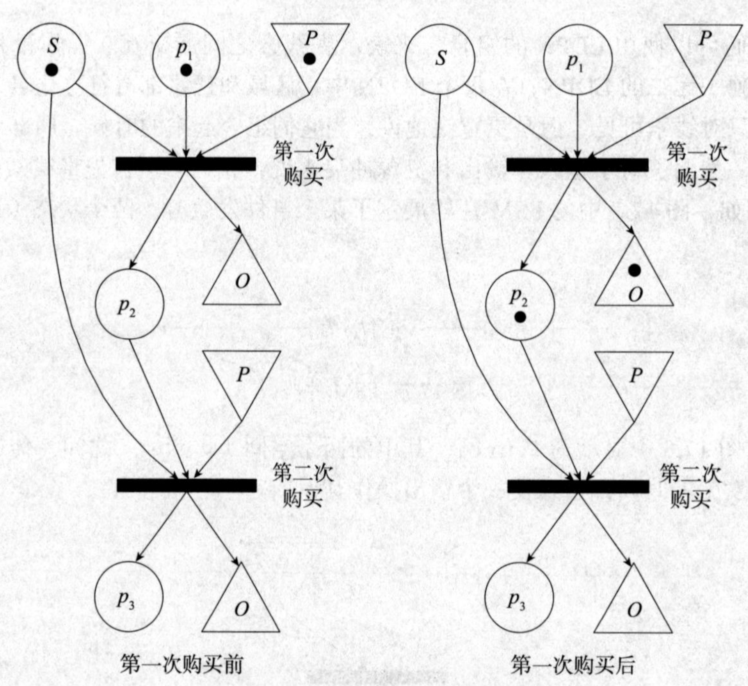

图 17.10 Petri 网中的两次购买

如上文所述，因为已经耗尽了资源，第二次购买就不能发生。如果我们分析每个节点之间的连通性就会发现：供货 S，对于两次购买操作的迁移来说，是 1- 连通的。区域 p_2 是一个强制购买序列的内部锁，但是因为 S 不再有令牌，所以第二次购买就被阻止了。

17.3.4 多处理器动态交互

前面描述的单处理器动态交互需要使用 Petri 网来说明数据的资源冲突，对于输入和输出的冲突来说，可以不用那么正式的方法。我们可以借鉴之前提到的输入和输出的冲突，继续使用连通性的概念。“美食家”在线购物系统可以视为在多个处理器上操作的多个实例。

然而，就算在单处理器上，运行的并发线索也是独立操作的，而且不具备确定性。例如，图 17.11 的 FSM 片段中，Foodie Home 主页和 Foodie 数据库状态与创建账户和管理员的多实例都是 1- 连通的。

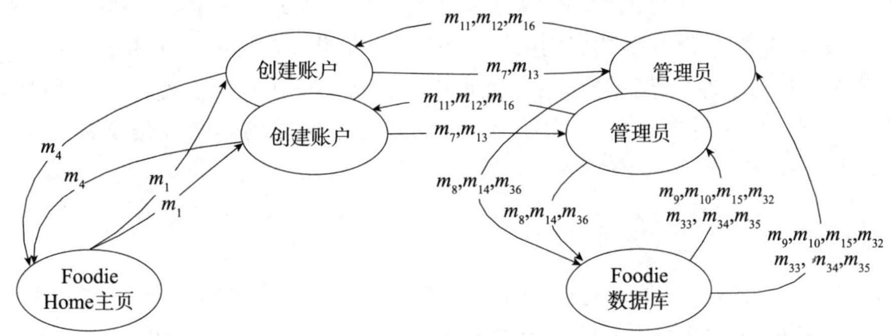

图 17.11　图 17.2 中的 FSM 片段

由于管理员模块和创建账号模块是并发运行的，但仅有 FoodieDB 一个实例，所以其他线索会因为发送给 Foodie 数据库的顺序不确定而且冲突的消息引发输入冲突。

17.4　交互、组合和确定性

关于非确定性的问题，可能会引发科学和哲学的无穷无尽地讨论。爱因斯坦从不相信不确定性，他因此怀疑上帝是不是在掷骰子。不确定性一般来说是指随机事件的结果，但是，是否真的有随机事件（输入）呢，我们是否真的能预知它们的结果呢？关于这个问题的讨论，可能会引起逻辑学、哲学和神学的问题，即自由意志和宿命论。幸运的是，测试者所面对的软件版本的不确定性问题就简单很多了。你可以将本节视为技术社论，这些内容都是基于我们使用 EDPN 框架的经验和分析。我们发现，这些经验和分析会产生关于不确定性的合理的结果。读者也可以试试看。

让我们从确定性的定义开始，确定性有以下两种定义：

- 一个系统是确定的。如果给定输入后，我们永远能预知其输出。
- 一个系统是确定的。如果给定一个输入集，它永远产生相同的输出。

第二个观点（相同的输出）与第一个（可预知的输出）相比，不那么严格，因此，我们将它作为我们这里的定义。从定义可知，一个不确定的系统至少存在一组输入，它可能产生两组不同的输出。修订一个不确定的有限状态机是比较容易的，如图 17.12 所示。我们在第 18 章会看到一个更好的示例。

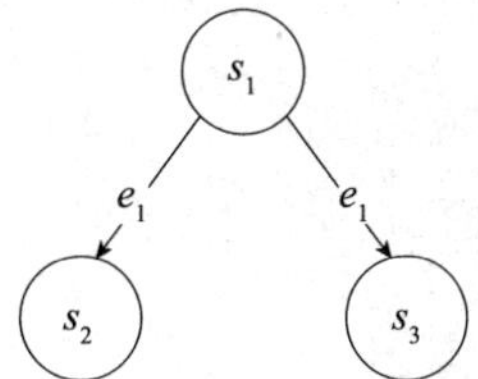

图 17.12　不确定的有限状态机

如果很容易就能创建一个不确定的有限状态机，那我们为什么还要费劲去考虑确定性的问题呢。在第 12 章，我们费了很大力气才将系统的行为模型与系统的真实行为区分开。有限状态机是真实情况的模型，它们只能大概标识真实系统的行为。这就是为什么选择一个合适的模型非常重要，我们总是希望获得最好的模拟结果。粗略来说，决策表是静态交互的建模选择，有限状态机适合单处理器的动态交互，而某些形式的 Petri 网则适用于多处理器的动态交互。现在我们引入另外两种模型来展示不确定性。多命中决策表，其中的输入（条件框中的变量）可以选择多于一条的规则；而 Petri 网，如果存在使能（enable）多于一个的迁移，就可能产生不确定性。选择执行哪一条规则或点火哪一个迁移，是由外部代理（agent）来决定的。注意，这个选择实际上就是另一个（非常不明显的，通常是没有明示出来的）输入。

17.5 习题

在练习题 1、2 和 3 中，假设特征交互发生在一组特征线索之间（一般是 2 个线索），使用事件驱动 Petri 网 EDPN 为之建模。方便起见，你可以直接使用 EDPN.1 和 EDPN.2 作为交互特征的线索 EDPN。

1. 描述 17.2.1 节中线索的 *n*- 连通性，以及输入冲突。
2. 描述 17.2.2 节中线索的 *n*- 连通性，以及输出冲突。
3. 描述 17.2.3 节中线索的 *n*- 连通性，以及资源冲突。
4. 在“美食家”在线购物系统的例子中找到 2- 连通的特征，此时存在 3- 连通吗？
5. 在“美食家”在线购物系统的例子中，找到特征之间使能指令的例子。
6. 在“美食家”在线购物系统的例子中，找到特征之间禁用指令的例子。
7. 在“美食家”在线购物系统的例子中，找到特征之间触发指令的例子。
8. 回顾一下雨刷控制器，假设将拨杆作为一个特征，刻度盘作为第二个特征，找到拨杆和刻度盘特征之间使能和禁用指令的例子。

17.6 参考文献

Sven Apel, et al. “Feature interactions: the next generation (dagstuhl seminar 14,281) (n.d.).

D. Batory, D. Benavides, and A. Ruiz-Cortes, “Automated analysis of feature models: challenges ahead,” *Communications of the ACM*, vol. 49, no. 12 (2006): 45–47.

Muffy Calder, et al. “Feature interaction: a critical review and considered forecast.” *Computer Networks* vol. 41, no. 1 (2003), pp. 115–141. http://classics.mit.edu/Aristotle/metaphysics.8.viii.html.

Pamela Zave. “Feature interactions and formal specifications in telecommunications.” *Computer*, vol. 26, no. 8 (1993): 20–28.

第 18 章

案例研究：测试事件驱动的系统

事件驱动的系统，正如 David Harel 所定义的定义，是“交互反应系统”(Harel(1988))，它们是“长时间运行的”而且“与环境保持关系的”。下面是嵌入式系统的一些特点，对于软件测试能有所启发。

- 输入事件可能是异步生成的。
- 输入事件可能来自不同的设备。
- 输入事件可能以中断的形式发生。
- 输入事件的维持时间可能很短，例如需要持续扫描。
- 处理输入事件时可能会忽略后续的输入事件，例如一个不耐烦的旅店访客，可能会不停地按下电梯按钮。
- 输入事件可能是上下文敏感的。
- 输入和输出设备可能会失效。
- 独立的输入和输出设备可能或应该被视为 SoS 的分系统。

由于上述这些特点，很多传统的测试技术不能直接用于嵌入式系统，因此基于模型的测试技术就更适用一些。本章，我们将使用三种建模技术来应对车库门控制器，分别是行为驱动开发技术、有限状态机技术和事件驱动的 Petri 网扩展技术，这三种技术都适用于 SoS。在我们使用这些建模技术的过程中，我们会讨论如何将这些技术扩展，使之更有利于测试人员使用。很显然，越是复杂的模型就越能提供更加充分的测试。本章的有些材料来自 *The Craft of Model-Based Testing* 一书（Jorgensen (2017)）。

18.1 车库门控制系统的问题描述

一个打开车库门的系统由若干部件构成，分别是驱动电机、在打开和关闭位置带有传感器的车库门轨道、控制设备等。此外，还有两个安全功能，分别是靠近地板的激光束和障碍传感器。后两个设备只有在关闭车库门的时候才会工作。当关门时，如果光束被打断（可能有宠物通过）或者门遇到了一个障碍物，门立刻就会停止，然后反向运动。为减少模型的规模，我们这里只考虑光束传感器。障碍传感器的分析与光束传感器基本相同。当车库门在运动过程中，不管是关门还是开门，一旦控制设备发出信号，门就会停止。后续的控制信号会在门停止之后，在同方向启动车库门（这与很多车库门系统矛盾，我们在这里加上这个功能，只是为了让我们来演示一个特殊点）。最后，还有在门已经全开或全关的时候，能够感受到达极限值的传感器。一旦发生这种情况，车库门就会停止。图 18.1 是车库门控制器的 SysML 图示。在绝大多数的车库门系统中，都有若干控制设备，包括一个装在门外的数字键盘、一个车库内单独供电的按钮、有几个车内的信号设备等。为简单起见，我们将这些冗余的信号源压缩为一个设备。同样的，既然两个安全设备产生相同的响应，我们也就可以忽略障碍传感器，只考虑光束设备。

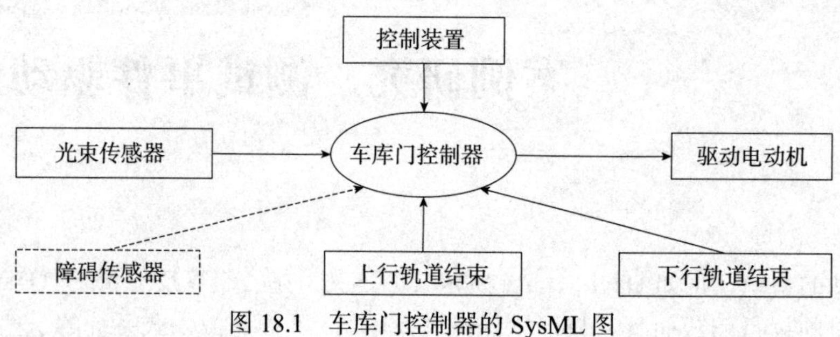

图 18.1　车库门控制器的 SysML 图

18.2　行为驱动开发建模

在第 11 章，我们演示了如何从一个行为驱动开发（BDD）场景派生出决策表。BDD 过程关注用户故事，而用户故事的结构，很容易就可以翻译成决策表。第 11 章的讨论使用了 Dan North（一个早期 BDD 拥趸）提供的案例（Terhorst-North（2006））。如果我们想要在事件驱动系统中使用 BDD 场景，由于在事件驱动系统中顺序很重要，所以我们就需要针对 BDD 场景给出一些更加正式的定义。

定义　一个良好形式化的 BDD 场景应该具有下面的部分和结构：

短 ID
if　　(<前置条件>)
and　　(<数据条件>)
and　　(<输入事件序列>)
then　　(行为序列)
and　　(<输出事件序列>)
and　　(<后置条件>)

我们接着将上述结构应用于一些车库门控制器的 BDD 场景。此处我们将车库门控制器简化为 GDC_n。

GDC_1		GDC_2	
if	车库门是开着的	if	车库门正在关闭
and	控制信号出现	and	下行轨迹结束信号出现
then	向下行方向启动电机	then	停止电机
and	门正在关闭	and	车库门向下

GDC_3		GDC_4	
if	车库门正在关闭	if	车库门在中途停下
and	控制信号出现	and	控制信号出现
then	停止电机	then	向下行方向启动电机
and	车库门在中途停下	and	门正在关闭

从前四个 BDD 场景中，我们可以看到车库门控制器的三个重要部分：

- 门的条件。向上、关门、半路停下、向下。
- 输入事件。e_1 控制信号，e_2 向下运行到终点。
- 行为。a_1 启动电机向下，a_3 停止电机。

表 18.1 是能够反映这四个 BDD 场景的决策表。

表 18.1　从 GDC$_1$, GDC$_2$, GDC$_3$ 和 GDC$_4$ 派生的决策表

c_2. 事件是	控制信号	向下运行到终点	控制信号	向下运行到终点	控制信号	向下运行到终点
a_1. 启动电机向下	×	—	—	—	×	—
a_2. 停止电机	—	—	×	×	—	—
a_3. 不可行	—	×	—	—	—	×
BDD 场景	GDC$_1$		GDC$_3$	GDC$_2$	GDC$_4$	

表 18.1 中的扩展决策表能够产生四个测试用例。第一个测试用例如表 18.2 所示。

表 18.2　从四个 BDD 场景决策表中派生的 BDD 测试用例

BDD TC-1	来自 BDD 场景 1 的测试用例
描述	当车库门打开并出现控制信号时，启动驱动电机
前置条件	车库门升起
输入事件	输出事件
1. 控制信号	2. 启动电机向下
后置条件	车库门关闭

18.3　扩展的有限状态机建模

使用有限状态机建模时，有两种本质上相反的方法，分别是敏捷开发常用的自底向上的方法和传统的自顶向下的方法。两种方法各有利弊，本章不进行讨论。

18.3.1　从BDD场景派生有限状态机

如果我们看一下前四个 BDD 场景，就能够识别出输入事件、输出行为和最终的有限状态机状态等。在此过程中，我们可以得到如图 18.2 所示的扩展的有限状态机。黑色圆点为初始状态。

输入事件	输出事件（行为）	状态
e_1：控制信号	a_1：启动驱动电机向下	s_1：门向上
e_2：向下运行到终点命中	a_2：启动驱动电机向上	s_2：门向下
	a_3：停止驱动电机	s_3：门正在关闭
		s_4：门在中途停下

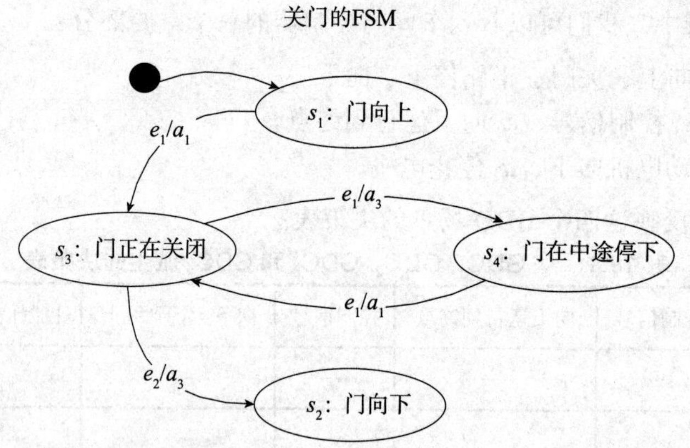

图 18.2　从 BDD 场景 GDC_1, GDC_2, GDC_3 和 GDC_4 派生出的有限状态机

图 18.2 的四个 BDD 场景如下所示。

- ❑ GDC_1 的状态序列为 $<s_1, s_3>$。
- ❑ GDC_2 的状态序列为 $<s_3, s_2>$。
- ❑ GDC_3 的状态序列为 $<s_3, s_4>$。
- ❑ GDC_4 的状态序列为 $<s_4, s_3>$。

如果我们按照序列 $<GDC_1, GDC_3, GDC_4, GDC_2>$ 执行 BDD 场景，其执行路径可以遍历图 18.2 中的每一个状态和每一个迁移。唯一的冗余就是控制信号 e_1 和停止电机行为 a_3。

对于已关闭的车库门，也有类似的四个 BDD 场景。

GDC_5		GDC_6	
if	车库门是关着的	if	车库门正在打开
and	控制信号出现	and	上行轨迹结束信号出现
then	在向上方向启动电机	then	停止电机
and	门正在打开	and	车库门是开着的

GDC_7		GDC_8	
if	车库门正在打开	if	车库门在中途停下
and	控制信号出现	and	控制信号出现
then	停止电机	then	在向上方向启动电机
and	车库门在中途停下	and	车库门正在打开

从场景 GDC_5 到 GDC_8 可以得到图 18.3 中的有限状态机。同时还可以推导出一个新的状态 s_6（正在开门），一个新的输入事件 e_3（向上运行到终点命中）一个新的行为 a_2（启动电机向上）。

在自底向上开发中存在着继承性的问题。前四个场景以及相关的有限状态机本身都是正确的，第二批的四个场景也是这样。然而，如果我们想要将两个部分的有限状态机组合（如图 18.4 所示），其结果就是不确定的有限状态机。如果车库门在状态 s_4（门中途停下）时，事件 e_1（控制信号出现），会产生什么情况呢？是 a_1 行为（启动电机向下），还是 a_2 行为（启动电机向上）？我们肯定希望这种不一致性能够被集成测试发现，但很可能直到系统测试时才能发现这个问题。这是因为每个自底向上的方法都可能产生“管窥”现象，我们只能逐步进行才能看到整体大局。

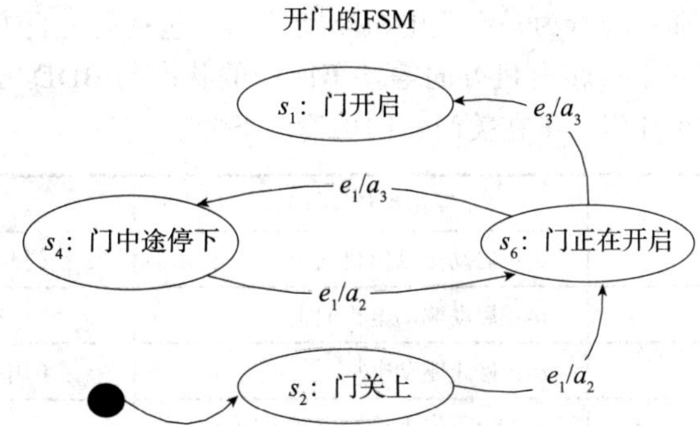

图 18.3　从 BDD 场景 GDC_5，GDC_6，GDC_7 和 GDC_8 派生出的有限状态机

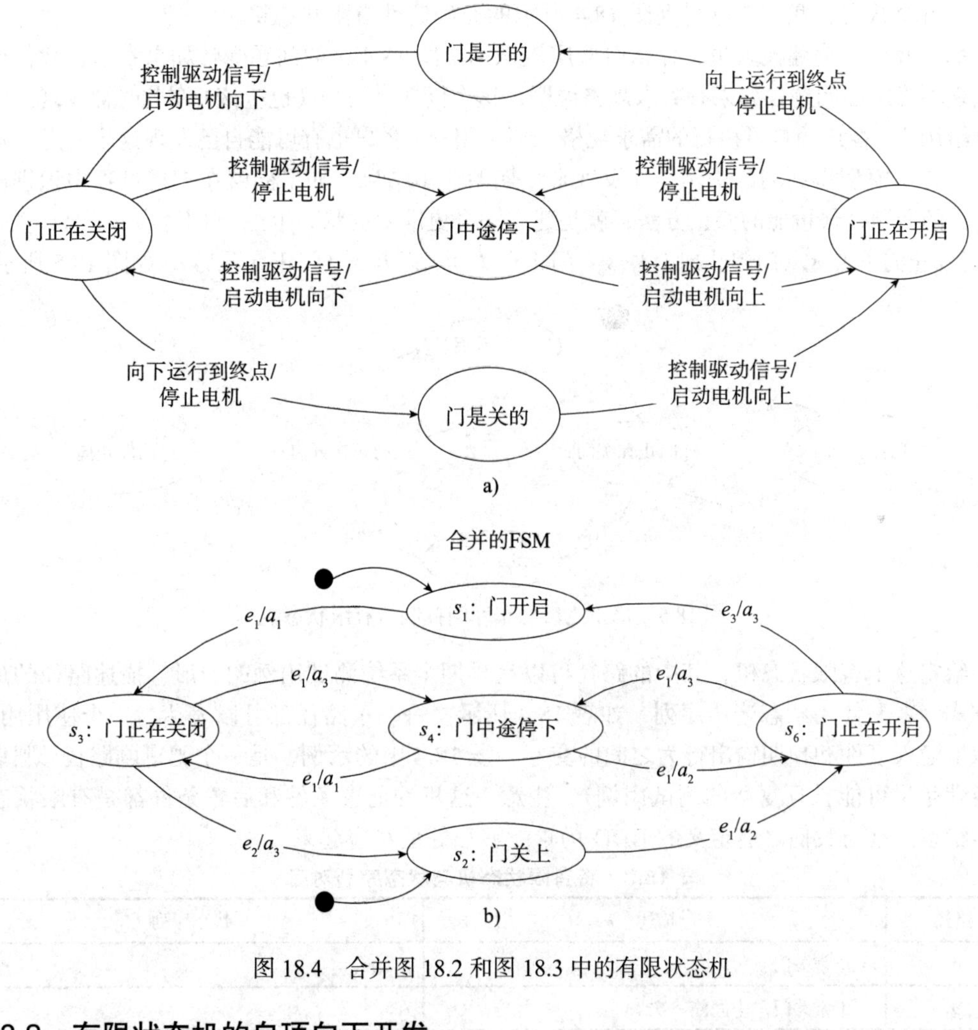

a)

合并的FSM

b)

图 18.4　合并图 18.2 和图 18.3 中的有限状态机

18.3.2　有限状态机的自顶向下开发

行为驱动开发给了我们一个良好的开端，但是我们现在必须转向更复杂的模型——一个自顶向下的过程。从 18.1 节中给出的问题描述，我们可以找到关于状态、输入事件、迁移后的行为等相关的描述。系统的部件是找到输入事件和行为的开始点。控制设备发出的信号是典型的输入事件，比如光束被打断的时候所发出的信号。感知轨道上下终点的传感器发出

的信号也是输入事件。唯一的行为是有关电机驱动器的，包括向上行方向启动、向下行方向启动、停止电机、由下向上反转电机方向等。车库门的状态与 BDD 方法中相同，包括门是开的、门是关闭的、正在开门、正在关门、门中途停下等。

输入事件	输出事件（行为）	状态
e_1：控制信号	a_1：启动驱动电机向下	s_1：门开启
e_2：向下运行到终点命中	a_2：启动驱动电机向上	s_2：门关上
e_3：向上运行到终点命中	a_3：停止驱动电机	s_3：门中途停下
e_4：光束被打断	a_4：由下向上反转电机方向	s_4：门正在开启
		s_5：门正在关闭

使用这五个状态，我们能够得到图 18.4 所示的非确定性有限状态机。

那么我们作为建模人员，什么时候应该识别出图 18.4 中的问题呢？如果幸运，我们能立即发现不确定性问题。如果有需求规格说明，这个问题就可以（也应该）在此时被发现。如果提供给用户 / 客户的是可执行的需求规格，那么用户 / 客户也有可能自己发现这个问题。最后的手段是从模型得到测试用例，并发现未预期的输出结果。如果能够在上述过程中识别出不确定性的问题，最可能的修正方法，就是建立一个更准确的状态组：s_1（门开启），s_2（门关上），s_3（门停止向下），s_4（门停止向上），s_5（门正在关闭）以及 s_6（门正在开启），如图 18.5 所示。

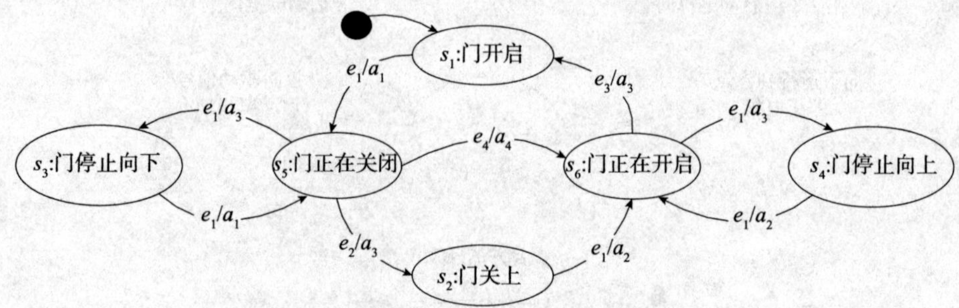

图 18.5　修正之后的车库门控制器有限状态机

给定这个有限状态机，其中的路径可以是早期全系统测试用例的雏形。描述路径的最简单方式，就是使用状态遍历序列，如表 18.3 所示。每一条路径都可以表达为一个使用用例，显示了输入事件和预期输出行为之间的交互。表 18.4 中的示例，是一个肥皂剧路径（肥皂剧路径就是尽可能长且复杂的测试用例）。注意，这里的前置条件和后置条件都是有限状态机中的状态。这与我们之前定义的 BDD 场景能够很好地对应起来。

表 18.3　将有限状态机与状态序列对应

路径	描述	状态序列
p_1	正常关门	s_1, s_5, s_2
p_2	正常关门，中间停一次	s_1, s_5, s_3, s_5, s_2
p_3	正常开门	s_2, s_6, s_1
p_4	正常开门，中间停一次	s_2, s_6, s_4, s_6, s_1
p_5	关门时光束中断	s_1, s_5, s_6, s_1
p_6	肥皂剧测试用例	$s_1, s_5, s_3, s_5, s_6, s_4, s_6, s_1$

表 18.4 图 18.5 中肥皂剧测试用例的长路径

用例名	车库门控制器肥皂剧用例	
用例 ID	FSM-UC-1	
描述	状态序列的用例 <$s_1, s_5, s_3, s_5, s_6, s_4, s_6, s_1$>	
前置条件	1. 车库门打开	
事件序列	输入事件	系统响应
	1. e_1：控制信号	2. a_1：启动驱动电机向下
	3. e_1：控制信号	4. a_3：停止驱动电机
	5. e_1：控制信号	6. a_1：启动驱动电机向下
	7. e_4：光束被打断	8. a_4：由下向上反转电机
	9. e_1：控制信号	10. a_2：停止驱动电机
	11. e_1：控制信号	12. a_2：启动驱动电机向上
	13. e_3：向上运行到终点命中	14. a_3：停止驱动电机
后置条件	1. 车库门打开	

使用用例 FSM-UC-1 包含六个状态中的五个，四个输入事件中的三个，以及所有四个输出行为。如果 FSM-UC-1 测试通过，因为其覆盖了绝大多数的系统元素，因此特别适合作为回归测试用例。

使用第 13 章描述的自动测试用例执行系统，肥皂剧测试用例可以表述为下面的 Cause（引起）和 Verify（验证）语句序列。

测试用例 FSM-UC-1 的测试执行脚本。

前置条件：车库门开启。

1. Cause 输入事件 e_1：在控制设备上的控制信号
2. Verify 输出事件 a_1：在电机上启动驱动电机向下
3. Cause 输入事件 e_1：在控制设备上的控制信号
4. Verify 输出事件 a_3：在电机上停止驱动电机
5. Cause 输入事件 e_1：在控制设备上的控制信号
6. Verify 输出事件 a_1：在电机上启动驱动电机向下
7. Cause 输入事件 e_4：激光束交叉
8. Verify 输出事件 a_4：在电机上由下向上反转电机
9. Cause 输入事件 e_1：在控制设备上的控制信号
10. Verify 输出事件 a_2：在电机上停止驱动电机
11. Cause 输入事件 e_1：在控制设备上的控制信号
12. Verify 输出事件 a_2：在电机上启动电机向上
13. Cause 输入事件 e_3：向上运行到终点命中
14. Verify 输出事件 a_3：在电机上停止驱动电机

后置条件：车库门开启。

我们从有限状态机中得到的结果之一，就是我们能够识别上下文敏感的输入事件。注意，这里的输入事件 e_1（控制信号）就在三个不同的状态中发生，产生了三种不同的系统行为反应。有限状态机的格式能够得到系统级测试覆盖。有限状态机是一个有向图，所以我们可以重用（而且重命名）第 8 章中提到的基于图的测试覆盖。表 18.5 中的测试覆盖都是针对某个使用有限状态机建模的系统，它们可以将测试用例与测试覆盖相对应。因为输入事件、输出行为、状态和迁移都是紧密相关的，所以这些测试覆盖度量在测试用例中也有重叠。

表 18.5　系统级基于模型的测试覆盖

测试覆盖	一组测试用例	路径（来自表 18.3）
STC_S	穿越每个状态	p_2, p_4
STC_{IE}	使用每个输入事件	p_1, p_3, p_5
STC_{OA}	生成每个输出行为	p_1, p_3, p_5
STC_T	遍历每个转换	p_2, p_4, p_5
STC_{PATH}	遍历每个路径（只循环一次）	$p_1, p_2, p_3, p_4, p_5, p_6$
STC_{∞}	遍历路径 p_2 和 p_4 中的每个路径（重复循环 $<s_5, s_3>$ 和 $<s_6, s_4>$）	路径包括 $<s_5, s_3>$ 和 / 或 $<s_6, s_4>$

18.4　使用泳道事件驱动Petri网建模

从有限状态机转到事件驱动的 Petri 网（EDPN，如第 4 章所述），能够进行更加准确地进行车库门控制器分析。车库门系统使用“泳道 EDPN”进行建模，可以检查车库门控制器设备中的交互模式。最后，我们还要检查光束装置的失效模式。本章中的一些内容也可在 Jorgensen（2015）中找到。

定义　(DeVries(2013)) 一个泳道标记的 Petri 网是一个 7 元组 $((P, T, I, O, M, L, N))$，其中 (P, T, I, O, M) 是标记的 Petri 网，L 是 n 个集合的集合，其中

- ❑ P 是一个库所的集合。
- ❑ T 是一个变迁的集合。
- ❑ I 是 P 中的库所到 T 中变迁的输入映射。
- ❑ O 是 T 中的变迁到 P 中库所的输出映射。
- ❑ M 是将自然数映射到 P 中的库所的标记。
- ❑ $n \geqslant 1$ 是泳道的数量。
- ❑ L 是 n 个泳道中库所的并集。
- ❑ N 是 n 个泳道中变迁的并集。

两个次级定义如下所述。

定义　一个（常规的）泳道 Petri 网是六元组 (P, T, I, O, L, N)，其中 (P, T, I, O) 是常规的 Petri 网（如第 4 章所述）。六元组中的元素如前面的定义。

定义　一个泳道事件驱动的 Petri 网（SWEDPN）是一个 7 元组 $((P, D, T, \text{In}, \text{Out}, L, N))$，其中 $(P, D, T, \text{In}, \text{Out})$ 是事件驱动的 Petri 网（如第 4 章所述），7 元组中的元素如第一个定义所示。

在后面三节中，我们使用泳道事件驱动 Petri 网来描述以下场景：正常关门、突然停止关闭车库门和光束被打断时关闭车库门。这些场景可以对应表 18.3 中的路径 p_1, p_2, p_3 和 p_5。18.4.4 节包括一个开门机制的扩展版本，以备 18.6 节中失效分析时使用。

既然 EDPN 针对的是端口输入和输出事件，我们可以将有限状态机中的元素重新命名。

输入事件	输出事件	状态
p_1：控制信号	p_5：启动驱动电机向下	s_1：门开启
p_2：向下运行到终点	p_6：驱动驱动电机向上	s_2：门关上
p_3：向上运行到终点	p_7：停止驱动电机	s_3：门停止向下
p_4：光束被打断	p_8：由下向上反转电机	s_4：门停止向上
		s_5：门正在关闭
		s_6：门正在打开

我们将在后面的图示中重新命名 EDPN 中的变迁（图中表示为矩形）和泳道。

18.4.1　正常关闭车库门

一个正常的关门操作（表 18.3 中的路径 p_1）从车库门的状态 s_1（门开启）状态开始，这也是一个事件静默点。如果一个 p_1（控制信号）发生，电机就启动向下（即 p_5，启动电机向下）运行，将门的状态改为 s_5（门关上）状态（唯一能够在门开启状态发生的事件，就是光束被打断。我们将在 18.4.4 节中讨论这个暂时被忽略的机制）。持续关闭车库门，直到事件 p_2（向下运行到终点）发生。此时触发事件 p_7（停止电机）发生，将车库门停留在状态 s_2（门关上）状态。图 18.6 使用了 ESML 中的触发指令来启动和关闭电机。

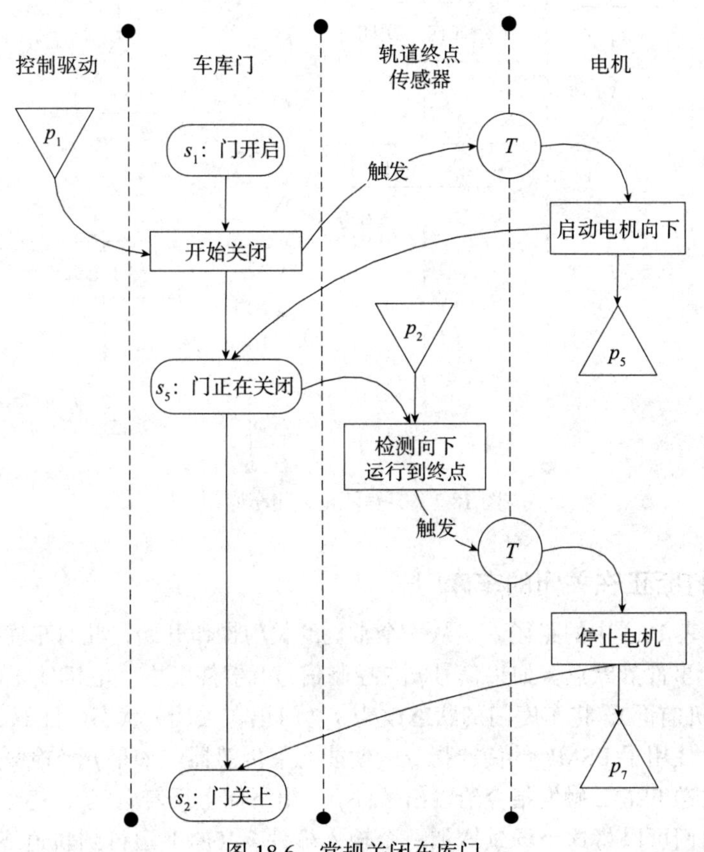

图 18.6　常规关闭车库门

18.4.2 突然停止关闭车库门

本场景（表 18.3 中的路径 p_2）从正常的关门开始，车库门位于状态 s_1（门开启）状态，这也是一个事件静默点。如果 p_1（控制信号）事件发生，电机就启动向下（即 p_5，启动电机向下）运行，将门改为 s_5（门正在关闭）状态。如果此时另一个 p_1（控制信号）事件发生，就会给电机发送一个触发指令，引发输出事件 p_7（停止电机），将车库门留在 s_3（停止向下）状态，如图 18.7 所示。

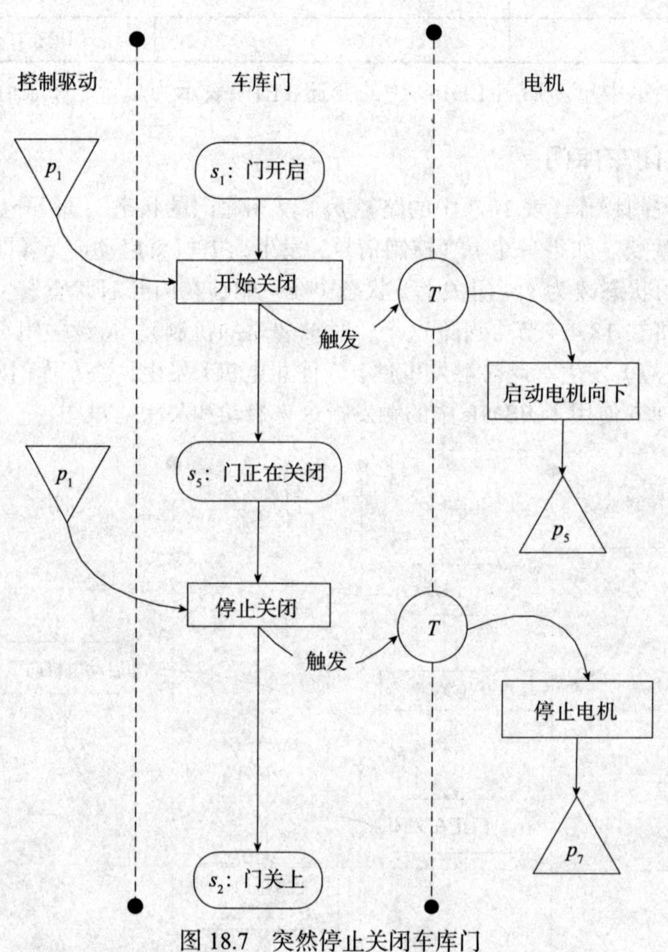

图 18.7　突然停止关闭车库门

18.4.3 光束打断正在关闭的车库门

这个场景（表 18.3 中的路径 p_5）从一个常规的关门操作开始，此时车库门在 s_1(门开启）状态，这是一个事件静默点。如果信号 p_1（控制信号）事件发生，电机处于向下运行的状态(即 p_5，启动电机向下)，将车库门的状态改为 s_5（门正在关闭）状态。注意，此时 EDPN 变迁“开始关门”使用了 ESML 的使能指令，使能光束传感器。如果 p_4（检测光束中断）事件发生，此时会发送 ESML 触发指令给输出事件 p_8（由下向上反转电机），将车库门置于 s_6（门开启）状态。我们可以将这个场景增加一个输入事件 p_3（向上运行到轨道终点）。如果发生这个输入，就会触发输出事件 p_7（停止电机），将车库门置于 s_1（门开启）状态，如图 18.8 所示。

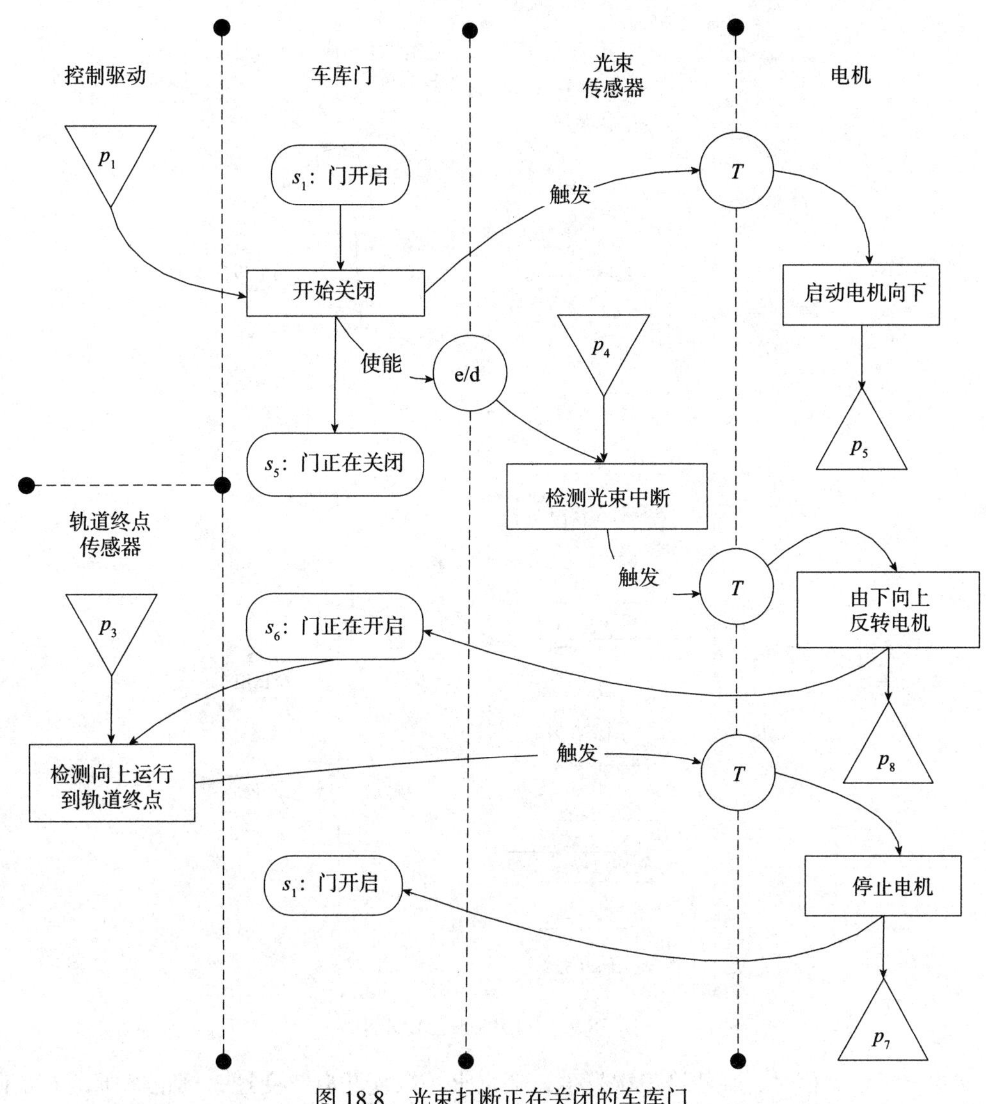

图 18.8 光束打断正在关闭的车库门

18.4.4 开门的交互

图 18.9 涉及突然停止的开门操作，初始状态是 s_2（门关闭），这是一个事件静默点。如果输入事件 p_1（控制信号）发生，就会使能“开始开门”这个变迁，一旦这个变迁点火，就会标记库所 s_6（门正在开启），将触发指令发给“启动电机向上”变迁。该变迁立刻点火，标记输出事件 p_6（启动驱动电机向上），于是车库门就会向上运行。正如我们在关门序列（图 18.5）中看到的，s_6（门正在开启）状态被标记的时候，有两个输入事件可能发生，分别是 p_1(控制信号）事件和 p_3(向上运行到轨道终点）。图 18.9 显示了两种情况。如果 p_1(控制信号）事件再次发生，就会点火“停止开门”变迁，标记库所 s_4(门停止向上)，然后给“停止电机”变迁发送一个触发指令。当该变迁点火的时候 p_6 未标记，而 p_7 被标记，库所 s_4（门停止向上）被标记。

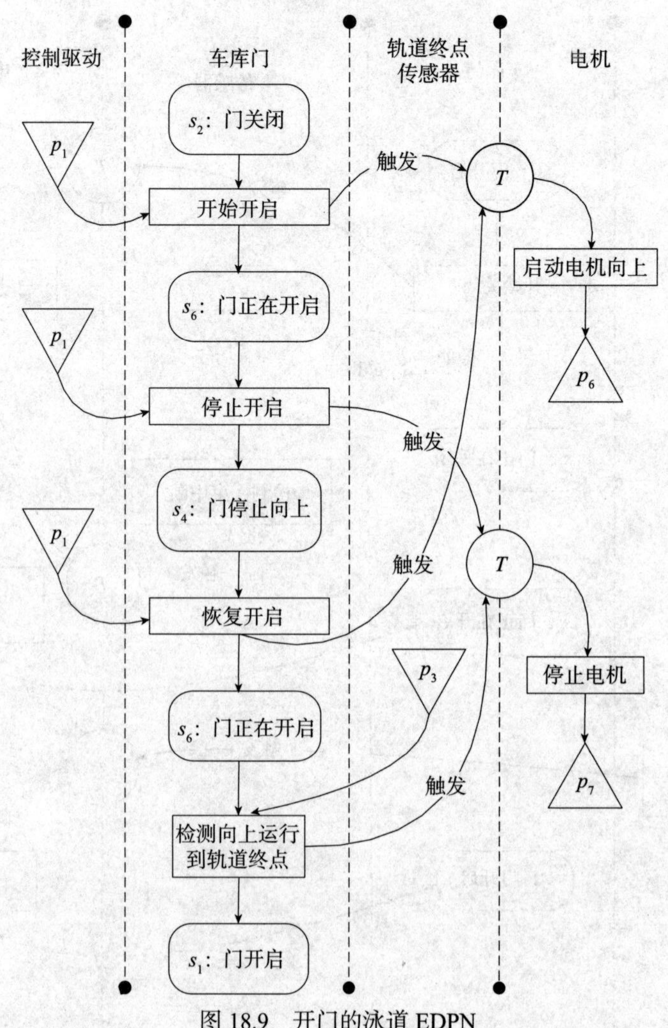

图 18.9　开门的泳道 EDPN

如果 p_1（控制信号）事件第三次发生，会点火“恢复开启”变迁，标记库所 s_6（门正在开启），给“启动电机向上”变迁发送触发指令。如前所述，此变迁立即点火，标记输出事件 p_6（启动电机向上）然后移走 p_7（停止电机）的标记。车库门继续向上运行，系统此时是事件静默的。这是个很奇怪的情况，从一个泳道事件驱动 Petri 网的角度看，此时什么也没有发生，但是系统测试员会观察到车库门是在运行中的。一个优化的系统测试用例可能会在这个事件点制定一个时间间隔。

如果 p_3（向上运行到轨道终点）事件发生，“检测向上运行到轨道终点”变迁就会点火，给“停止电机”变迁发送一个触发指令。当该变迁点火的时候，标记 p_7，未标记 p_6，库所 s_1（门开启）被标记。

此时需要注意两点。第一，理论上，启动 - 停止能够无限次持续循环，但实际上，按下控制按钮是个手工操作，大概需要 10ms 的时间，而电机停下来大概需要 1s 的时间。在这段时间里，门会继续向上运动一段距离。现实情况是，能够重复停止 - 恢复操作的次数，最多大概是 20 次。而且这不应该是一个无限循环。第二，从这个场景派生出的系统测试用例会察觉到上下文敏感的 p_1（控制信号）事件。

18.5 从泳道事件驱动的Petri网派生测试用例

从一个 SWEDPN 派生测试用例的过程，与从一个普通的 EDPN 派生用例的过程非常相似。两者的区别在于需要在测试用例中增加对应泳道的设备。在第 13 章中，我们提到过自动测试执行系统，这里就是一个对应表 18.6 中测试用例的短测试用例，其中保留字使用粗体，参数需要从一个预先定义（楷体字）的列表中选择。正常字体的文字是用于增加可读性的。

测试用例 SysTC-1. 的测试执行脚本。

前置条件：车库门是开的。

Cause：在*控制设备*上发生输入事件 p_1：*控制信号*。

Verify：在*电机*上发生输出事件 p_5：*启动电机向下*。

Cause：在*轨道终点传感器*发生了输入事件 p_2：向下运行到轨道终点。

Verify：在*电机*上发生了输出事件 p_7：*停止驱动电机*。

后置条件：车库门关闭。

表 18.6 常规关闭车库门的系统级测试用例

测试用例	SysTC-1：正常门关闭			
前置条件	1. 车库门打开			
Cause	发生在	Verify	发生在	观察到的行为
1. p_1：控制信号	控制驱动	2. p_5：启动电机向下	电机	电机向下启动，门开始关闭
3. p_2：向下运行到轨道终点命中	轨道终点传感器	4. p_7：停止驱动电机	电机	电机停止，门已关闭
后置条件	1. 车库门已关闭			

依赖自动测试执行的套件，前置条件可以是表 18.7 中的 Cause，后置条件可以是 Verify。

表 18.7 光束被打断的常规关闭车库门的系统级测试用例

测试用例	SysTC-2：光束打断的常规关闭车库门			
前置条件	1. 车库门打开			
Cause	发生在	Verify	发生在	观察到的行为
1. p_1：控制信号	控制驱动	2. p_5：启动电机向下	电机	电机向下启动，门开始关闭
3. p_4：光束打断	光束传感器	4. p_8：由下向上反转电机	电机	电机反转方向，门正在开启
5. p_3：向上运行到轨道终点命中	轨道终点传感器	6. p_7：停止驱动电机	电机	电机停止，门开启
后置条件	1. 车库门打开			

18.6 失效模式事件分析

失效模式事件分析（FMEA）是针对可能失效的物理设备的分析方法。设备可能因为很多原因失效，例如物理腐蚀、高热、电压等。不管是哪一种原因，都会出现表 18.8 中总结的三种失效模式。

表 18.8 设备失效模式

卡在 0（SA-0）	卡在 1（SA-1）	间歇的
在应该发出信号的时候没有发出信号	总是在不该发出信号的时候发出信号	有时会在不该发出信号的时候发出信号；有时在应该发出信号的时候没有发出信号，而且通常不能重复

我们此处只考虑两种常见的失效模式：光束传感器的 SA-1 和 SA-0。如果光束传感器处于 SA-0，就对应物理事件 p_4（光束中断）发生但是没有信号发出的这种情况。如果光束传感器处于 SA-1，就对应没有发生物理事件 p_4，但是一直发出信号的这种情况。我们可以给 SA-0 和 SA-1 分配一个失效的可能性来表达间歇性的失效模式。一定要切记（并且针对这种情况建模），物理输入事件是可能发生的，但是设备可能失效了。图 18.10 展示了光束传感器正常的操作。现在我们来考虑失效模式。我们从 SA-0 失效开始，该失效在表 18.9 中描述为一个测试用例。图 18.11 中是一个 SWEDPN 的模拟。光束传感器的“传感器中断”变迁有三个输入：

- ❑ 事件 p_4（光束中断）。
- ❑ SA-0 库所。
- ❑ 在车库门泳道中，“开始关门”变迁应该设置使能 / 禁用输入。

如果上述三个输入中的任意一个，对于“传感器中断”变迁不可用，都不可能点火该变迁。第一个用例是没有被光束中断的正常操作。图 18.11 模拟了第二个用例，不能标记 SA-0 库所。第三种可能性是发生使能 / 禁用指令。这是个软件错误，而不是光束传感器的 SA-0 失效。

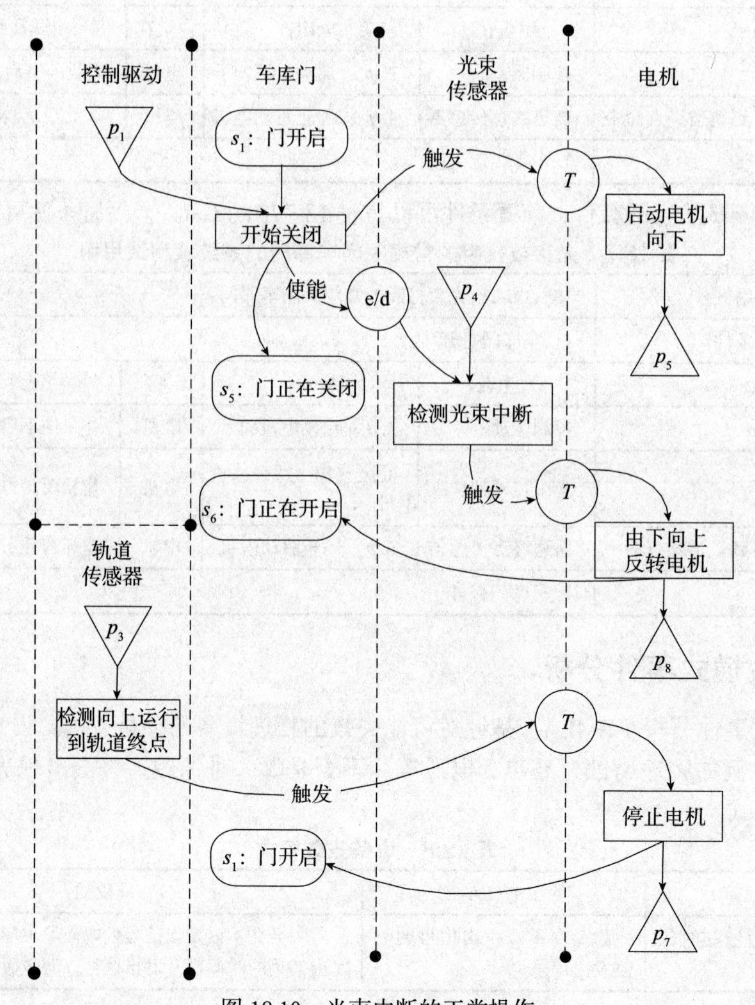

图 18.10　光束中断的正常操作

表 18.9 系统级测试用例，SA-0 光束传感器错误地关闭车库门

测试用例	SysTC-3：光束传感器 SA-0 失效的正常门关闭			
前置条件	1. 车库门打开			
	2. 光束传感器存在 SA-0 失效			
Cause	发生在	Verify	发生在	观察到的行为
1. p_1：控制信号	控制驱动	2. p_5：启动驱动电机向下	电机	电机向下启动，门开始关闭
3. p_4：光束打断	光束传感器	4. p_8：由下向上反转电机	电机	电机继续向下
在此处，测试用例失效。测试用例执行停止				

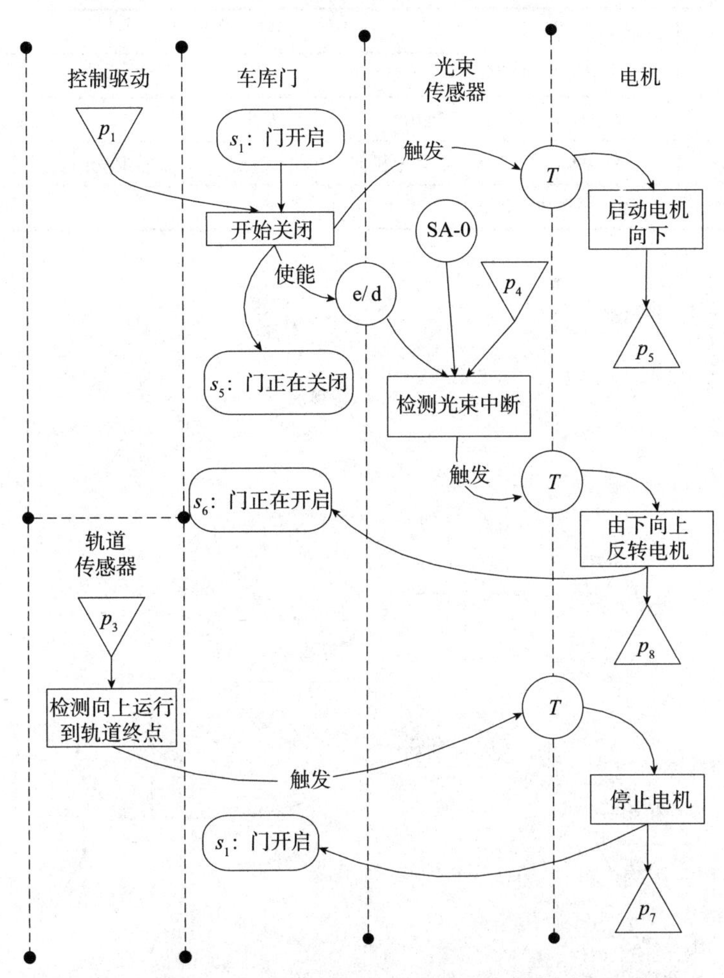

图 18.11 模拟光束传感器 SA-0 失效模式

如果“传感器中断”变迁不能点火，下一个事件可能就是事件 3，p_2（向下运行到轨道终点命中）。这将使能“检测向下运行到轨道终点”变迁，一旦点火该变迁，将触发“停止电机”变迁。于是电机停止，车库门关闭。

如果测试用例 SysTC-3 失效，测试员可以尝试确认原因——物理事件发生后系统没有发生正确的响应。SA-0 错误是首选原因。图 18.11 中 SWEDPN 显示了如何模拟 SA-0 错误。运行图 18.11 中的 SWEDPN，需要从图 18.10 中的正常用例开始。图 18.10 与图 18.11 的区

别就是没有标记 SA-0 库所，也没有能够标记该库所的变迁。此时仍然可以使能“传感器中断”变迁，事件 p_4（光束中断）仍然可能发生，但是变迁永远不能点火。图 18.11 中继续关闭车库门，直到输入事件 p_2 发生，此时点火“向下运行到轨道终点”，触发“停止电机”变迁。最后结果就是车库门关闭。

表 18.10 描述了 SA-1 失效，图 18.12 展示了它的示意图。与 SA-0 失效类似，一旦测试失败，测试者应确认失败的原因。在这两个失效中，SA-0 失效是有可能引起伤害或损伤的，而 SA-1 失效则仅可能造成自动关闭车库门功能失效。

表 18.10　系统级测试用例：SA-1 光束传感器错误地关闭车库门

测试用例	SysTC-4：光束传感器 SA-1 失效的正常门关闭			
前置条件	1. 车库门开启			
	2. 光束传感器存在 SA-1 失效			
Cause	发生在	Verify	发生在	观察到的行为
1. p_1：控制信号	控制驱动	2. p_5：启动电机向下	电机	电机停止，门打开。电机反转向上
在此处，测试用例失效。测试用例执行停止				

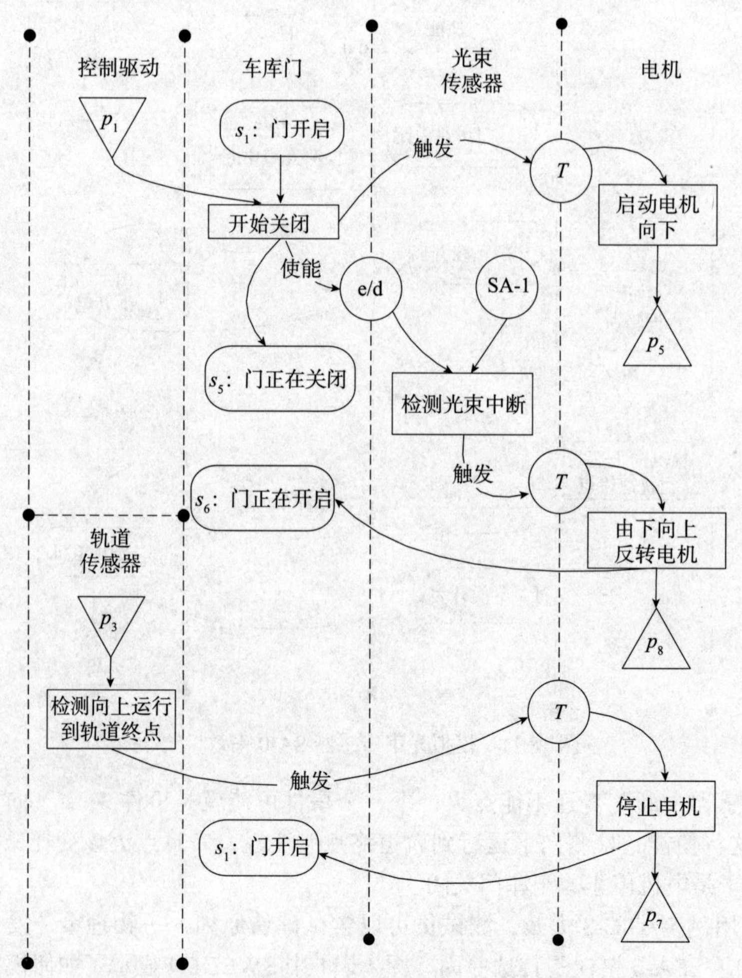

图 18.12　模拟光束传感器 SA-1 失效模式

如果想要模拟 SA-1 失效，我们可以在 SWEDPN 中删除输入事件 p_4：光束打断。此时可以用 SA-1 库所替代。既然该库所既是“检测中断”变迁的输入，也是其输出，所以该库所一直都是被标记的，也就允许点火变迁“检测中断”。触发器（trigger）命令强迫点火变迁“由下向上反转电机”，然后车库门立即启动开门动作，直到到达轨道终点为止。

在真实的工作场景中，简单地去掉 p_4 事件并不现实，因为该事件可能发生，也可能不发生。但不管怎样，都应该触发变迁“由下向上反转电机”。图 18.13 展示了“稍好”一些的实现方式。注意图 18.13 中输出事件 p_4 的两个连接：一个（带有箭头）的连接是通常的连接，而另一个（带有一个小圆圈）是一个抑制弧，我们将会在后面对其进行定义。

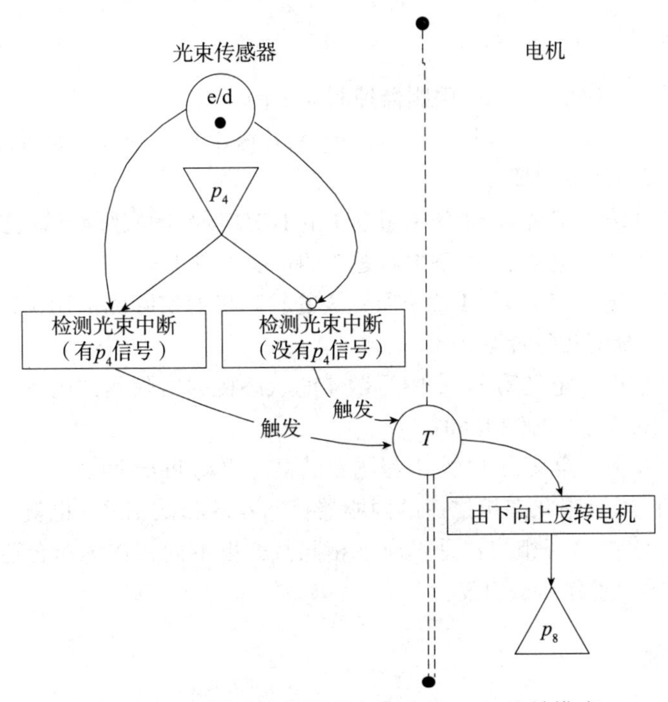

图 18.13 更精确地模拟光束传感器 SA-1 失效模式

定义 抑制弧仅在变迁未标记时才能够使一个变迁变为可用。

图 18.13 中，有两个变迁可能触发“由下向上反转电机”变迁。假设使能 / 禁用库所已经被（关门操作）标记，那么端口输入事件 p_4（光束中断）可能会发生，也可能不会发生。如果 p_4 发生，就会使能（带有信号的）“检测中断”变迁，如果该变迁点火，将触发“由下向上反转电机”变迁。如果 p_4 事件没有发生，则由于抑制弧连接，会使能（没有信号）的“检测中断”变迁。更具体地来说，因为输出事件 p_4（光束中断）是个真实发生的物理事件，所以对应这个输入的反应和相应的触发操作，就是 SA-1 模式。

在结束本章之际，我们来看一下理论与实际的碰撞。图 18.11 和图 18.12 中的泳道 SWEDPN 是非常细节的，也是理论上正确的。我们以第 13 章中自动测试执行系统中的一个场景为例，其中前几个步骤如下所示：

1. Cause：在控制设备上发生输入事件 p_1：控制信号。
2. Verify：在电机上发生输出事件 p_5：启动电机向下。
3. Cause：在光束传感器上发生输入事件 p_4：光束中断。

4．Verify：在电机上发生输出事件 p_8：由下向上反转电机。

5．Cause：在控制设备上发生输入事件 e_1：控制信号。

6．Verify：在电机上发生输出事件 a_1：启动电机向下。

我们还记得 ATE 引擎有两个附加动词，预期的（Expected）和观察到的（Observed）。在步骤 2，如果光束传感器发生了 SA-1 错误，引擎就会发现 Expected = p_5：启动驱动电机向下。但是 Observed = p_6：启动驱动电机向上，此时测试用例就会失败。在步骤 4，如果光束传感器出现 SA-0 错误，引擎就会发现 Expected = p_5：启动驱动电机向下和 Observed = s_5：门正在关闭，测试用例也会失败。

18.7　习题

下面的练习题，对应第 14 章中雨刷器控制器示例。

1. 要实现雨刷器控制器，需要对第 13 章中的 ATE 做出什么修改（如果需要）？重复你的版本，就算是没有改动也要重复。
2. 使用你的 ATE 系统，定义第 14 章中习题 1 的 BDD 场景的实际测试用例。
3. 使用你的 ATE 系统，定义第 14 章中习题 2 的扩展入口决策表。
4. 使用你的 ATE 系统，定义第 14 章中习题 3 的状态机的实际测试用例，其中状态的格式为 < 拨杆位置，刻度盘位置 >。
5. 使用你的 ATE 系统，定义第 14 章中习题 4 的状态机的实际测试用例，其中状态显示雨刷器的速度为 (0, 6, 12, 20, 30, 60)。
6. 使用你的 ATE 系统，定义第 14 章中习题 5 的事件驱动 Petri 网。
7. 比较你的两个版本有限状态机描述的雨刷器控制器的测试用例（也就是此处习题 4 和习题 5 的答案）。它们是否相同？是否应该相同？如果不同，在选择合适的有限状态机建模时，这些不同给了你什么启发？

18.8　参考文献

Byron DeVries, "Mapping of UML Diagrams to Extended Petri Nets for Formal Verification", Master's Thesis, Grand Valley State University, Allendale, Michigan, April, 2013.

David Harel, On visual formalisms, *Communications of the ACM*, vol. 31, no. 5, pp. 514–530, May, 1988.

Paul C. Jorgensen, "*A Visual Formalism for Interacting Systems*" in *Proceedings of the Tenth Workshop on Model-Based Testing*, London. (MBT-2015) [(Eds.) 2015].

Paul C. Jorgensen, The Craft of Model-Based Testing, 2016.

Daniel Terhorst-North, "Introducing Behavior-Driven Development" in Better Software magazine, October, 2006.

结对测试法

当结对测试技术首次出现时，引起了广泛的关注。按照 James Bach 的说法（Bach and Schroeder（2003）），有超过 40 篇期刊和会议文章都是关于这个技术的。在近期软件测试的书籍中，仍然有人在讨论这项技术。在 ISTQB 高级教材中，这项技术也有涉及。各种会议仍然持续提供结对测试法的指南。据说关于结对测试技术的文章比已知的要多。本章，我们会仔细讨论结对测试技术，并回答以下问题：

- 什么是结对测试技术？
- 为什么结对测试如此流行？
- 什么时候适合使用结对测试技术？
- 什么时候不适合使用结对测试技术？

本章最后我们会给出一些使用上的建议。

19.1 结对测试技术

结对测试技术来自实验中的统计学设计。在统计学中，可以使用正交数组来生成实验所需的所有变量对，这样，每一对数据都有相同的概率。数学上，统计技术来自拉丁方问题（Mandl（1985））。Wallace 和 Kuhn（Wallace and Kuhn（2000））和（Wallace and Richard Kuhn（2001））发表在 NIST 上的论文引起了软件开发团体（尤其是敏捷团体）的注意。该论文得出结论说，软件控制的医疗系统中，98% 的缺陷都是由变量对的交互引起的。

给定一个带有 n 个输入变量的程序，结对技术就是识别每一个数据对的技术。数学上将其称之为 n 中取 2 的组合，计算公式如下：

$$nC_2=(n!)/((2!)(n-2)!)$$

这就是造成著名的“组合爆炸”的基础。nC_2 前 20 个数值的结果如图 19.1 所示。而结对技术可以在一个测试用例中覆盖 12 个变量的 66 对交互。

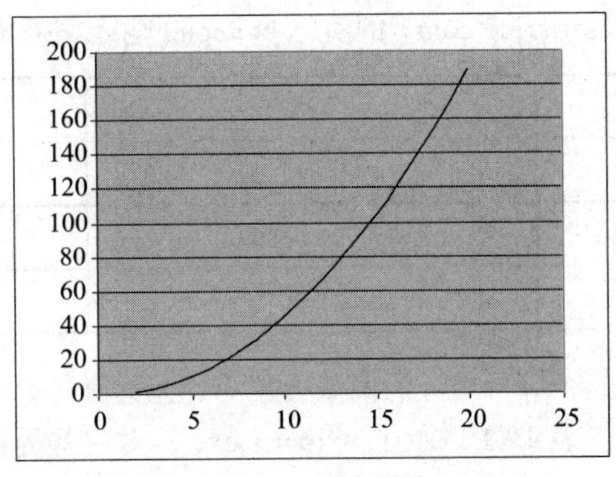

图 19.1　组合爆炸

关于结对测试技术，最常被引用的例子就是 Bernie Berger 在 2003 年 STAREast 研讨会上发表的 Berger（2003）。他的论文包含一个贷款应用的例子，其中有 12 个输入变量。（在一封私人邮件中，他说 12 个都已经是简化的结果了）。Bernie Berger 对 12 个变量进行了等价类识别，等价类的个数在 2 个变量的 7 个等价类到 6 个变量的 2 个等价类之间不等。通过对等价类的交叉乘积，得到 725 760 个测试用例。使用结对技术之后，这个数字减少到了 50 个测试用例，这是一个很可观的瘦身结果。

有若干商用工具可以支持结对技术，pairwise.org 列出了 52 个可用的结对测试工具。最常见的，就是 Automatic Efficient Test Generator（AETG）系统（Cohen et al.（1994）），James Bac 在自己的网站上，也提供了一个免费的程序。网址是 https://www.satisfice.com/download/allpairs。

结对技术有以下假设：

- 每个程序输入都能找到有意义的等价类。
- 程序输入是独立的。
- 程序输入没有顺序。
- 只能因为程序输入对的交互而产生错误。

我们在后面会展开讨论每一个假设（带有反例）。

19.1.1　程序输入

如前所述，程序输入要么是事件要么是数据。结对技术只针对数据，也就是说输入是变量的数值而非事件。我们需要区分物理变量和逻辑变量。物理变量通常与某些测量单位相关，例如电压、高度、温度、质量等。逻辑变量则几乎不与测量单位相关，它们通常针对枚举类型，例如电话区号、员工标识编号等。通常来说，识别逻辑变量的等价类要容易得多。

作为一个反例，我们来看一下三角形程序。三角形的三个边 a，b 和 c 都是整数，而且强制要求边长大于 1 且小于 200。边长是物理变量，使用某种测量单位来标识长度。对于 a，b 和 c 来说，如何使用等价类技术呢？鲁棒的等价类技术能够处理边长输入值的有效和无效值，因此是比较适合的技术。

EqClass1(边长) = {x: x 是整数，而且 $x < 1$} (无效数值)

EqClass2(边长) = {x: x 是整数，而且 $1 \leqslant x \leqslant 200$} (有效数值)

EqClass3(边长) = {x: x 是整数，而且 $x > 200$} (无效数值)

Bach 的 allpairs.exe 程序（satisfice.com）的实际 Notepad 输入文件为：

a 边	b 边	c 边
$a < 1$	$b < 1$	$c < 1$
$1 \leqslant a \leqslant 200$	$1 \leqslant b \leqslant 200$	$1 \leqslant c \leqslant 200$
$a > 200$	$b > 200$	$c > 200$

有些测试人员可能将某个等价类分为两条边相等，但这个等价类是三角形程序输入的三元组，而不是单独的变量。表 19.1 展示了 Allpairs.exe 针对这些等价类的输出。实际的测试用例请见表 19.2。

表 19.1　AllPairs.exe 的输出

用例	a 边	b 边	c 边	配对
1	$a<1$	$b<1$	$c<1$	3
2	$a<1$	$1 \leqslant b \leqslant 200$	$1 \leqslant c \leqslant 200$	3
3	$a<1$	$b>200$	$c>200$	3
4	$1 \leqslant a \leqslant 200$	$b<1$	$1 \leqslant c \leqslant 200$	3
5	$1 \leqslant a \leqslant 200$	$1 \leqslant b \leqslant 200$	$c<1$	3
6	$1 \leqslant a \leqslant 200$	$b>200$	$c<1$	2
7	$a>200$	$b<1$	$c>200$	3
8	$a>200$	$1 \leqslant b \leqslant 200$	$c<1$	2
9	$a>200$	$b>200$	$1 \leqslant c \leqslant 200$	3
10	$1 \leqslant a \leqslant 200$	$1 \leqslant b \leqslant 200$	$c>200$	2

表 19.2　Allpairs.exe 生成的三角形程序的测试用例

用例	a 边	b 边	c 边	预期输出
1	−3	−2	−4	非三角形
2	−3	5	7	非三角形
3	−3	201	205	非三角形
4	6	−2	9	非三角形
5	6	5	−4	非三角形
6	6	201	−4	非三角形
7	208	−2	205	非三角形
8	208	5	−4	非三角形
9	208	201	7	非三角形
10	6	5	205	非三角形

测试人员永远都不可能将 Allpairs.exe 的输出作为真实的三角形边长。其中的九个等价类中，有六个都是对应无效数值的。这个程序只针对数据的有效性，而非带有有效数值的正确函数。

19.1.2　独立变量

NextDate 函数违反了独立性假设。在日期和月份两个变量之间存在依赖性：一个 30 天的月份不可能有 31 天。年份和月份之间也有依赖性：二月的最后一天取决于是闰年还是平年。因此，年份、月份、日期这三个变量都是逻辑变量，而且它们也都有各自的等价类。在第 6 章，我们得到了以下的等价类，并且使用决策表解决了依赖性问题。表 19.3 是扩展入口决策表，其中使用了代数方法以便缩减第 6 章中的完全决策表。这个决策表是很“正规”的，它准确地表达了所有合法变量数值的组合。年份、月份、日期这三个变量之间的依赖性在 NextDate 正规的决策表中都有表达。

表 19.3 NextDate 合法变量的正规决策表

规则	1	2	3	4	5	6	7	8	9	10
日期	D_6	D_4	D_7	D_5	D_7	D_5	D_1	D_2	D_2	D_3
月份	M_1	M_1	M_2	M_2	M_3	M_3	M_4	M_4	M_4	M_4
年份	—	—	—	—	—	—	—	Y_1	Y_2	Y_2
日期 =1		x		x		x		x		x
日期 ++	x		x		x		x		x	
月份 = 1						x				x
月份 ++		x		x				x		
年份 ++						x				

第 6 章中的基础等价类如下所示。

- 日期等价类。

  $D_1 = \{1 \leqslant 日期 \leqslant 27\}$

  $D_2 = \{28\}$

  $D_3 = \{29\}$

  $D_4 = \{30\}$

  $D_5 = \{31\}$

- 月份等价类。

  M_1 = {30 天的月份 }

  M_2 = { 除 12 月以外的 31 天的月份 }

  M_3 = {12 月 }

  M_4 = { 二月 }

- 年份等价类。

  Y_1 = { 平年 }

  Y_2 = { 闰年 }

表 19.3 显示从一个带有日期等价类的从完全扩展入口决策表中得到的合并后的规则。

$D_6 = D_1 \cup D_2 \cup D_3 = \{1 \leqslant 日期 \leqslant 29\}$

$D_7 = D_1 \cup D_2 \cup D_3 \cup D_4 = \{1 \leqslant 日期 \leqslant 30\}$

表 19.4 展示了 Allpairs.exe 针对 NextDate 得到的测试用例。注意，我们这里只显示了 20 个结对测试用例中的 10 个正规的测试用例。结对算法不会合并决策表的规则，因此有些生成的测试用例可能只对应正规决策表中的一条规则。例如，结对测试用例 1,3,15 都对应规则 1，用例 2,4,16,18 都对应规则 3，用例 6,8,12,14 则都对应规则 5。测试用例中出现冗余是可以理解的，但是缺失测试用例（规则 8）以及无效测试用例（用例 7,9,19）则是严重的问题。本例中出现测试用例缺失的原因是存在三个变量的交互情况，而结对算法是不能发现这个问题的。无效的测试用例则是因为变量对之间的依赖性问题。这些用例说明了“变量必须独立”这个假设对于结对测试技术的必要性。

表 19.4 NextDate 的结对测试用例

用例	日期	月份	年份	配对	是否有效	DT 规则
1	1-27	30 天	闰年	3	是	1
2	1-27	31 天	平年	3	是	3
3	28	30 天	平年	3	是	1
4	28	31 天	闰年	3	是	3
5	29	2 月	闰年	3	是	10
6	29	12 月	平年	3	是	5
7	30	2 月	平年	3	否	
8	30	12 月	闰年	3	是	5
9	31	30 天	闰年	2	否	
10	31	31 天	平年	2	是	4
11	1-27	2 月	~闰年	1	是	7
12	1-27	12 月	~平年	1	是	5
13	28	2 月	~平年	1	是	9
14	28	12 月	~闰年	1	是	5
15	29	30 天	~平年	1	是	1
16	29	31 天	~闰年	1	是	3
17	30	30 天	~闰年	1	是	2
18	30	31 天	~平年	1	是	3
19	31	2 月	~闰年	1	否	
20	31	12 月	~平年	1	是	6

19.1.3 输入顺序

如果某应用程序带有图形用户界面（GUI），则允许用户按照任意顺序输入内容。图 19.2 中的 GUI 是一个简化的汇率转换器。用户可以输入一个最多 10 000 美元的数目，选择一个币种，点击计算按钮，就可以得到转换之后的数目。用户可以随时点击清除所有按钮，此时将重置美元数目，重置转换币种。一旦输入一个美元数目，用户就可以执行一系列的操作：先选择一个转换的币种，然后点击计算，然后还可以对别的币种重复这个操作。退出按钮可以结束该应用。

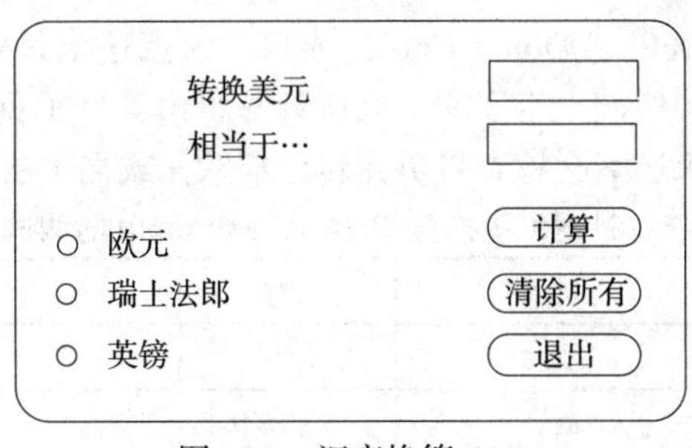

图 19.2 汇率换算 GUI

因为不能控制用户输入事件的序列，所以计算按钮必须能够处理非法的用户输入序列。汇率计算应用可以生成五种错误消息。

- 错误消息 1：未输入美元数目。
- 错误消息 2：没有选择币种。
- 错误消息 3：没有输入美元，也没有选择币种。
- 错误消息 4：美元数目不能为负数。
- 错误消息 5：美元数目不能超过 10 000 美元。

点击计算按钮是一个上下文敏感的输入事件，带有六个上下文，五个都会产生错误消息，只有一个是在有效范围内的美元数目。输入事件的数据上下文对于测试员来说，是有价值的结对信息，所以结对技术是适用的。

乍一看，汇率换算 GUI 好像很适用于结对技术。下面的等价类是从上述描述中得出，如表 19.5 所示。

表 19.5　针对汇率换算 GUI，Allpairs.exe 的输入

美元	货币	操作
未输入美元数目	欧元	计算
<0 美元	英镑	清除所有
1 美元 ~10 000 美元	瑞士法郎	退出
>10 000 美元	没有选择币种	

美元 1 = { 未输入美元数目 }
美元 2 = {< 0 美元 }
美元 3 = {1 美元 ~10 000 美元 }
美元 4 = {> 10 000 美元 }
货币 1 = { 欧元 }
货币 2 = { 英镑 }
货币 3 = { 瑞士法郎 }
货币 4 = { 没有选择币种 }
操作 1 = { 计算 }
操作 2 = { 清除所有 }
操作 3 = { 退出 }

表 19.6 的前四列都是 Allpairs.exe 的输出。最后一列是测试员填写的预期输出。测试用例 15 和用例 16 中的“ ~ 计算”是 Allpairs.exe 的输出，提示测试员选择一个除计算以外的操作。这个标识类似决策表中“ Don’t Care”入口。注意这里只生成了 1、4 和 2 或 5 的错误消息。测试用例 9 生成了第四个上下文，其中计算得出等价于英镑的数目。这是唯一的真正的计算，结对测试用例永远不会检查将美元转化成欧元或瑞士法郎的情况。

表 19.6　针对汇率换算 GUI，Allpairs.exe 的测试用例

用例	美元	货币	操作	预期输出
1	未输入美元数目	欧元	计算	错误消息 1
2	未输入美元数目	英镑	清除所有	重置英镑

（续）

用例	美元	货币	操作	预期输出
3	未输入美元数目	瑞士法郎	退出	终止应用
4	<0 美元	欧元	清除所有	重置美元，重置欧元
5	<0 美元	英镑	计算	错误消息 4
6	<0 美元	瑞士法郎	计算	错误消息 4
7	<0 美元	没有选择币种	退出	终止应用
8	1 美元 ~10 000 美元	欧元	退出	终止应用
9	1 美元 ~10 000 美元	英镑	计算	等值英镑
10	1 美元 ~10 000 美元	瑞士法郎	清除所有	重置美元和瑞士法郎
11	>10 000 美元	英镑	退出	终止应用
12	>10 000 美元	没有选择币种	计算	错误消息 5 或错误消息 2
13	>10 000 美元	欧元	清除所有	重置美元，重置欧元
14	未输入美元数目	没有选择币种	清除所有	GUI 不变
15	1 美元 ~10 000 美元	没有选择币种	~ 计算	?
16	>10 000 美元	瑞士法郎	~ 计算	?

对于结对算法来说，还有个小问题：输入的顺序本应是无关的，但是却可能造成极为不同的结果。表 19.7 只是改变了美元输入的顺序，结果就产生了表 19.8 所示的测试用例。通过这个微小的更改，将执行两次货币转换（英镑和瑞士法郎），但是只会产生错误消息 3,4 和 5。

表 19.7　不同顺序的 Allpairs.exe 输入

美元	货币	操作
<0 美元	欧元	计算
1 美元 ~10 000 美元	英镑	清除所有
>10 000 美元	瑞士法郎	退出
未输入美元数	没有选择币种	

表 19.8　Allpairs.exe 测试用例（注意与表 19.6 的区别）

用例	美元	货币	操作	预期输出
1	<0 美元	欧元	计算	错误消息 4
2	<0 美元	英镑	清除所有	重置美元，重置英镑
3	<0 美元	瑞士法郎	退出	结束应用
4	1 美元 ~10 000 美元	欧元	清除所有	重置美元，重置欧元
5	1 美元 ~10 000 美元	英镑	计算	等值英镑
6	1 美元 ~10 000 美元	瑞士法郎	计算	等值瑞士法郎
7	1 美元 ~10 000 美元	没有选择币种	退出	结束应用
8	> 10 000 美元	欧元	退出	结束应用
9	> 10 000 美元	英镑	计算	错误消息 5

（续）

用例	美元	货币	操作	预期输出
10	> 10 000 美元	瑞士法郎	清除所有	重置美元，重置瑞士法郎
11	未输入美元数	英镑	退出	结束应用
12	未输入美元数	没有选择币种	计算	错误消息 3
13	未输入美元数	欧元	清除所有	重置欧元
14	<0 美元	没有选择币种	清除所有	重置美元
15	> 10 000 美元	没有选择币种	~计算	?
16	未输入美元数	瑞士法郎	~计算	?

这个改变源于算法挑选变量对的方式。早期的测试用例包括最大数目的对，而后来的测试用例则只会包括的最少数目的对。这意味着结对测试员需要很清楚算法中某个变量类的顺序。

19.1.4 仅因为输入对造成的失效

从定义来说，结对技术只能揭示因为两个变量交互而造成的错误。从 NextDate 可以看出，如果存在三个变量（例如平年的 2 月 28 号）的交互，结对测试就发现不了这个因为三个变量交互而造成的错误。这不应成为结对技术的缺陷。该技术明确说明：它的目标就是找到仅仅因为变量结对交互而产生的错误。此时可以使用 OATS 技术和结对数组技术来发现三个或多于三个变量的交互情况。只要被测程序使用逻辑变量，结对测试就没有太大风险。但如果程序包括物理变量的计算，则需要多一些考虑。假如我们要计算一个比值，但是分母和分子来自不同的类，使用正常数值可能不会有什么问题。如果一个很大的分子除以一个很小的分母，则很可能发生溢出错误。使用最差情况边界值测试技术来揭露这类错误，可能更合适一些。

19.2 细看 NIST 研究

在很多逻辑课程中，都会讨论一个被称为非形式谬误的参数类。其中包含一种扩展型谬误，就是把一个参数从简单条件扩展到极限条件。对于比较简单的情况，如果有人问极限情况是怎样的，得到的回答常常是："我们让某人造出那个异常来看看，如何？"很多论文都会提到结对算法是如何将海量的测试用例压缩到较小的更好管理的规模的，其实这也可以成为扩展型谬误。很多文章都会引用 NIST 研究作为结对技术的基础，但是 NIST 论文（Wallace and Kuhn（2000）和 Wallace and Richard Kuhn（2001））却从来没有强调过压缩这个概念，它们只是强调因为多于两个变量（交互）的错误是相对少见的（在研究案例中只有 2%），因此结对测试是比较适合的技术。NIST 两篇文章的关注点都是描述错误、识别其根本原因，建议使用标准的软件工程技术来避免类似错误的发生。

NIST 论文中详细分析了 109 个失效报告，更关注结对技术如何压缩测试用例。它们提到（Wallace and Kuhn（2000）），在 109 个错误中，只有 3 例显示需要多于两个条件才能产生失效。而三个失效中最复杂的那个失效，涉及四个条件"。那篇报告的结论是：在 109 个失效报告中，98% 的报告都显示，只要测试覆盖了设备中所有的参数对，就能发现这些问题。而且该报告提道：绝大多数医疗设备只有相对较少的输入变量，而且每个变量只有很小的一个离散数值集合，或者一个有限范围的数值。此时就产生了扩展型谬误，下文来自 Wallace and Kuhn（2000）：

“在不同的治疗领域里，医疗设备有很大区别。但是一般来说，其输入变量的个数都比较少，而且这些变量要么是小的离散的设置数值，要么就是有限的一些数值。例如，某个设备有 20 个输入，每个输入有 10 种设置方式，此时一共有 10^{20} 个设置数值的组合。大多数的开发预算只能支持数百个测试用例，对于这样的一个组合，只能覆盖极小的范围。但是，设置数值对的数目实际上非常小，既然每个用例必须给 10 个变量中的每一个都设置一个数值，那么一个测试用例就可以包含多于一个数值对。基于正交拉丁方阵的算法可以用相对合理的成本给所有的数值对生成测试数据，就算数量级更大也是可以的。对于本例来说，只要 180 个用例就可以覆盖所有的数值对。”

真正让人感到疑惑的是文章声称大多数的设备只有很少的输入，所以这种情况下得出 10^{20} 个测试用例数目，就没多大意义了，也就是说对于输入较少的应用，这种收敛没有多大价值。

19.3 适合结对测试技术的应用

表 19.9 所示的两种情况，能够帮我们确定结对技术是否适用于某个应用。第一种需要考虑的情况是，应用是静态的还是动态的？静态应用指的是在计算开始之前，所有输入都是可用的。David Harel 指出，这类应用都是可“转换”的，因为它们把输入转换到了输出数据（Harel（1988））。典型的 COBOL 程序就有输入、处理和输出的分区，很好地展示了静态应用。

表 19.9 适合结对测试技术的应用

	单一处理器	多处理器
静态	结对技术基本上 OK	结对技术不能处理输入顺序
动态	结对技术基本上会出问题	结对技术不能处理输入顺序

动态应用中，不是所有能够决定最终程序路径的输入在计算之前都是可用的。Harel 使用了术语“响应的”来说明，这些应用会针对按照时间顺序发生的输入作出响应。静态应用和动态应用的区别，有点类似离散部件的组合电路和顺序电路。由于输入的顺序很重要，因此结对测试就不适用于动态应用，因为没有办法保证某些数据对能够按照必要的顺序发生。同样，动态应用经常带有特定的上下文敏感的输入事件，其中物理输入的逻辑含义需要根据其发生的上下文来决定。19.1.3 节中汇率换算的示例，就包括上下文敏感的事件。

另外，还要考虑应用是在单处理器上运行的，还是在多处理器上运行的。结对技术不能保证多处理器上的输入数据对的正确性。临界情况、实时系统中事件的间隔，以及异步输入的顺序等，都是多处理器应用的常见情况，而结对技术不能处理这些情况。因此，只要是动态应用，不管是单处理器还是多处理器，都不适合使用结对技术。

最后一种情况（多处理器静态应用）的问题不是很明了。这些应用通常都包含大量的计算（因此需要并行处理）。如果的确是在一个处理器上的静态应用，那么结对测试技术也不失为一个合适的选择。

19.4 关于结对测试的建议

结对测试是一个捷径。如果分配给测试的时间很少（的确很多时候都是这样的），捷径看上去就很吸引人，但是风险也很大。如果下面这些问题的回答都是"是"，那就可以降低结对技术的风险。

- ❑ 输入全都是数据，而不是数据和事件的混合吗？
- ❑ 数据是否都是逻辑的，而非物理的？
- ❑ 变量是否都是独立的？
- ❑ 变量是否都有等价类？
- ❑ 输入的顺序是否无关？例如，应用是静态的且为单处理器。

既然结对算法只能生成测试用例的输入部分，那么最后一个问题就是：我们能确定所有结对测试用例的预期输出吗？

19.5 习题

从 James Bach 的 satisfice.com 网站下载 Allpairs.exe 程序，用你最喜欢的例子进行实验。

19.6 参考文献

James Bach and Patrick J. Schroeder, "Pairwise Testing: A Best Practice That Isn't" presented at STARWest, 2003.

Bernie Berger, "Efficient Testing with All-Pairs" presented at STAREast, 2003.

D. M. Cohen, S. R. Dalal, A. Kajla, and G. C. Patton, "*The Automatic Efficient Test Generator (AETG) System*", *Proceedings of the 5th International Symposium on Software Reliability Engineering*, IEEE Computer Society Press, pp. 303–309, 1994.

David Harel, On visual formalisms, *Communications of the ACM*, Vol. 31, No. 5, pp. 514–530, May, 1988.

R. Mandl, "Orthogonal Latin Squares: An Application of Experiment Design to Compiler Testing", *Communications of the ACM*, Vol. 28, No. 10, pp. 1054–1058, 1985.

Dolores R. Wallace and D. Richard Kuhn, "Converting System Failure Histories into Future Win Situations" 2000, available online at http://hissa.nist.gov/effProject/handbook/failure/hase99.pdf.

Dolores R. Wallace and D. Richard Kuhn, "Failure Modes in Medical Device Software: An Analysis of 15 Years of Recall Data", *International Journal of Reliability, Quality, and Safety Engineering*, Vol. 8, No. 4, pp. 351–371, 2001.

第 20 章
Software Testing: A Craftsman's Approach, Fifth Edition

软件的技术评审

"测量两次——切割一次"
——木工的名言

在很多方面，我们都会依赖某种形式的评论与评价，例如外科手术的第二诊疗意见、电影评论、餐厅评价、家庭安全的评审、美国联邦航空管理局（FAA）的适航检查等（你可以添加你信赖的各种评论）。

软件技术评审也算一种测试形式吗？业界普遍认为是的。国际软件测试认证委员会（ISTQB）基础和高级教学大纲（ISTQB（2007）和 ISTQB（2012））中关于软件评审的章节进一步证明了这一点。如第 1 章所述，软件测试的目标是通过激发出失效来识别软件故障。而软件评审则试图直接识别出软件故障（而不是软件失效），这些识别出的故障通常会演变成一段故障代码，一旦软件得到执行，就会导致失效。

本章中的大部分材料都是基于电话交换系统软件的开发经验。这些应用程序的使用寿命可能为 30 年，因此，软件维护也需要持续等长时间。出于自我保护和纯粹的经济原因，开发软件的组织用 15 年的时间改进了评审过程，从而产生了"工业级的技术评审"。"工业级"是指一个逐渐细化的过程，其中包含许多微妙的权衡之策。

应该将软件评审理解为对工作产品的批判性评估，而且由具有技术能力的人来执行评审。软件评审是（或应该是）具有正式进入和退出标准的、有计划的和有预算的开发活动。

20.1 软件评审的经济性

因为有准备工作的成本，许多开发组织不愿意进行软件评审，这是非常短视的观点。早在 1981 年，Barry Boehm（Boehm（1981））就提出一个缺陷发现时间与缺陷修复成本之间的关系函数（见图 20.1）。这是一项了不起的工作，因为它比较和关联了来自三个不同组织的数据。（很奇怪的是，在验收阶段最接近拟合直线的 GTE（AEL）是应 Boehm 博士的要求而准备的数据。）成本轴是对数刻度，拟合出的最佳直线意味着修复成本随时间呈指数增长。

IBM 公司（IBM（1981））发布过一个"缺陷放大"模型，该模型描述了在瀑布模型开发模式下，一个缺陷是如何在下一阶段被放大的。有一些缺陷可能会被简单地忽略掉，而另一些缺陷可能会被后续阶段的工作放大。这些缺陷形成了自己的瀑布，而这可能并不是瀑布模型所希望的。IBM 的这个报告继续假设了一个缺陷的检测步骤，在该步骤中，技术评审可以在缺陷传递给后续阶段之前检测出一定百分比的缺陷。Roger Pressman（Pressman（1992））开发了一个假设的例子，展示了基于瀑布模型的软件开发的两个版本：一个有技术评审，一个没有技术评审。结果是，在三个开发阶段进行技术评审后，12 个未经评审的缺陷减少到 3 个。虽然这是个假设的示例，但它说明了一个被广泛认同的事实：技术评审可以减少错误，从而降低整体的开发成本。

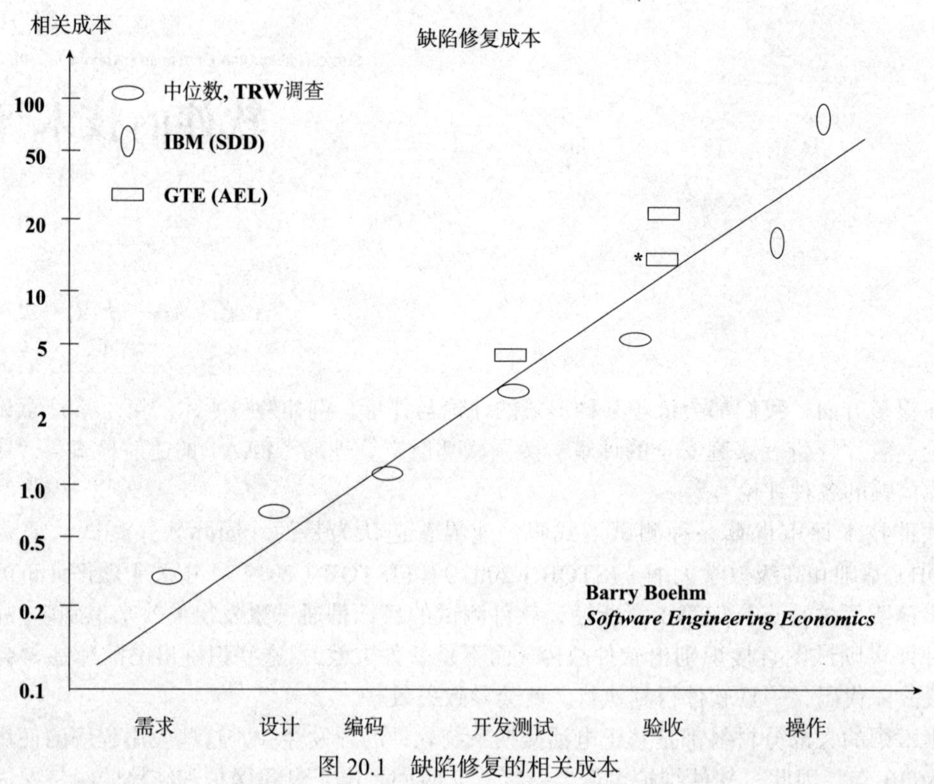

图 20.1　缺陷修复的相关成本

Karl Wiegers（Wiegers（1995））报告说，在一家未具名的德国公司中，修复通过测试发现的缺陷的成本是通过评审发现缺陷的成本的 14.5 倍，而如果缺陷是由用户发现并报告出来的，那么这个成本会增长到 68 倍。Wiegers 继续更新了 IBM 的统计数据，表明修复一个在产品发布阶段的缺陷的成本是在设计阶段修复这个缺陷的成本的 45 倍。他断言，虽然技术评审活动可能占项目总成本的 5%~15%，但“根据喷气推进实验室的估计，他们为 NASA 生产的软件进行了 300 次检查，净节省了 750 万美元”，“另一家公司报告称，每年节省 250 万美元”。Wiegers 最近的一个统计是，在另一家未命名的公司中，修复通过评审发现的缺陷的成本为 146 美元，而修复客户发现的缺陷的成本为 2900 美元，因此成本 / 收益比为 0.0503。

开发组织中的人会犯错误，越早发现错误，解决问题的成本就越低。为了更加有效，评审技术需要一个规范的过程以及评审者的信用，同时还必须要考虑到人为因素。在本章接下来的部分，我们将介绍技术评审中的角色，然后我们会分析和比较三种类型的评审，以及进行彻底评审所需的材料、经过时间考验的评审流程和评审的一些规则。本章会以在大峡谷州立大学完成的一项相当令人惊讶的研究作为结尾。

20.2　评审的类型

有三种基本类型的评审，分别是走查、技术评审和审核。本节对三种技术分别进行介绍，并比较它们的异同。在介绍之前我们先看看进行评审的原因，我们将最常见的原因列在下面：

❑ 开发者之间的沟通和交流。

- ❑ 培训，尤其是对新人的培训和对新进入项目的新人的培训。
- ❑ 管理过程报告。
- ❑ 发现缺陷。
- ❑ 进行评估（对工作产品的制造者）。
- ❑ 团队士气。
- ❑ 对用户的（再一次）保证。

上述原因在软件评审活动中很常见。然而，有些人会认为进行评审最重要的原因是发现缺陷。如果把评审的目标集中在发现缺陷上，就会影响其他目标的实现，因为其他目标会降低发现缺陷的效果。

20.2.1 走查

走查是评审技术中最常见的一种形式，也是正式程度最低的一种形式。通常走查活动仅仅由走查对象的制作者和同事两个人来完成，而且在走查之前也没有什么准备工作，走查过程中和结束之后也没有什么文档产生。制作者通常是评审的组织者，因此走查的效果依赖制作者的真实目的。走查过程中，制作者 / 评审组织者很容易将走查活动引导到走查对象的"安全"部分，从而避免了那些制作者感觉走查对象中不太确定的地方。这虽然是一个相对极端的案例，但现实中它确实有可能会发生，尤其是当技术人员对评审过程感到不满时。走查技术在软件的源代码级是最有效的，另外在一些其他小型工作产品上也是有效的。

20.2.2 技术评审

20 世纪 70 年代，由 Michael Fagan 在 IBM 开创的技术评审是最有效的软件评审形式。这是一个高度正式的技术过程，技术评审的更多细节在 20.4 节和 20.5 节中给出。技术评审的有效性主要由以下几个因素决定：

- ❑ 一个文档化的评审过程。
- ❑ 正式的评审培训。
- ❑ 有预算的评审准备时间。
- ❑ 充足的时间。
- ❑ 充分考虑后组成的评审组。
- ❑ 完善的评审单。
- ❑ 技术能力超强的参与者。
- ❑ 技术和管理人员均有参与。

20.2.3 审核

审核通常由一些外部团队执行，而不是开发团队。审核可能由软件质量保证（SQA）小组、项目组、外部机构或政府标准化机构进行。审核主要关注的不是发现缺陷——它主要关注产品是否符合一些内部或外部的期望。当然，这并不是说明审核的重要性很低，恰恰相反，审核可能非常昂贵，因为它们需要大量的准备时间。技术评审会议可能会持续 60~90 min，而审核则可能会持续一整天或更长时间。合同中通常会要求进行审核，而审核结果如果不令人满意，则通常会导致产生代价高昂的纠正措施。

20.2.4 评审类型的对比

表 20.1 总结了三种评审类型的主要特征。

表 20.1 几种评审类型的对比

方面	走查	技术评审	审核
覆盖	范围广，粗略	深入	随审核者而不同
依据	制作者	评审单	标准
准备时间	低	高	可以非常高
正式程度	低	高	严格
有效性	低	高	低

因为技术评审是早期发现缺陷的最有效方法，所以它们是本章其余部分的重点。

20.3 评审中的角色

在所有三种类型的评审中，都有相似的角色。评审小组由开发工作产品的人员、评审员、评审组长和记录员组成。这些角色有时可能会有些交叉，而在某些情况下，也有可能会缺失。评审是软件项目中一项比较有趣的活动，因为技术和管理两类角色都会参与其中。每种评审活动的结果都是给团队负责人的一些技术性建议，所以评审是将责任从开发人员向管理人员转移的一个关键点。

20.3.1 制作者

顾名思义，这是创建被检查工作产品的人。制作者参加了评审会，但可能不会像评审员之一那样做出太多贡献。为什么？我们都知道校对别人的工作比校对自己的工作容易得多。技术评审也是如此。在所有类型的技术评审结束时，制作者负责解决评审会上发现的问题和执行确定的后续活动。

20.3.2 评审组长

评审组长需要对评审的全过程和评审的质量负责。他们有以下职责：

- ❑ 规划和安排评审会议。
- ❑ 保证所有评审组成员拿到合适的评审材料。
- ❑ 组织召开评审会议。
- ❑ 撰写评审报告。

要做到这一切，评审组长必须具备良好的技术能力、组织能力和领导能力，并且必须能够确定各种活动的优先级。最重要的是，评审组长必须能够组织有序且有效的评审会议。在这一点上，我们可以从一些失败的会议中吸取教训，一般来说失败的评审会可能具有以下部分或全部特点：

- ❑ 参与者认为他们是在浪费时间。
- ❑ 错误的人参加了会议。
- ❑ 没有议程，或者如果有议程，但没有遵循。
- ❑ 没有事先准备。
- ❑ 没有发现问题。

- ❑ 讨论很容易就不了了之。
- ❑ 时间更多被用来解决问题，而不是发现问题。

上面中的任何一条都将导致评审会议的失败，评审组长的职责就是确保上述情况不会发生。

20.3.3 记录员

虽然包含“秘书”的一些相关职责，但这个角色的首选术语还是评审记录员。顾名思义，记录员在评审会议期间做笔记。要做到这一点，记录员必须能够在跟上评审组成员之间对话的同时还要能书写并做笔记，这绝对是一项技能，而且不是所有人都有这种能力。记录员应该能够记录得清晰简洁，因为记录下来的笔记将是正式评审报告的基础。记录员通常会帮助评审组长编写评审报告。记录员最好在评审会议的最后几分钟进行一个“小型评审”，以查看是否遗漏了评审会上的任何内容。

20.3.4 评审员

评审员负责客观地评审工作产品。为此，他们必须具备一定的技术能力，并且不应有任何偏见或无关的个人观点。每个评审者都要识别问题并确定问题的严重性级别，然后在评审会议期间，针对这些问题进行集体讨论，并且通过协商确定出一致的严重性级别。在评审会议结束之前，每个评审员都会提交一份评审结果，其中包含以下信息：

- ❑ 评审者姓名。
- ❑ 评审的准备时间。
- ❑ 标注了严重性级别的问题列表。
- ❑ 一份评审问题的处理建议（可接受、小修改后接受、大修改后重新评审）。

20.3.5 角色的交叉

在较小的组织中，可能需要一个人担任两个评审角色。以下是一些常见的角色交叉，以及对每种可能性的简短评论。

- ❑ 评审组长是制作者。在走查中通常会有这种情况。这不是一个好主意，尤其是当制作者的技术不那么可靠时。
- ❑ 评审组长是记录员。这种情况是可以的，但实现起来会很难。
- ❑ 评审组长也是评审员。这种情况是相当不错的，但非常耗时。

20.4 评审包的内容

评审组在准备过程中使用的材料包是决定技术评审活动是否成功的关键因素之一。在随后的章节中我们会介绍评审材料包中的每个内容。附录A是用例评审时可以使用的评审材料包。

20.4.1 工作产品的需求

如前所述，技术评审很有价值，因为它们会在开发过程的早期发现故障。在基于瀑布模型或类似瀑布模型的开发过程中，早期阶段的一个特点是“做什么”和“如何做”不断循环，也就是说，一个阶段描述该“做什么”，而后续阶段描述“如何做”才能实现上一个阶段定义的“做什么”。这些紧凑的“做什么”和“如何做”循环非常适合使用技术评审。因此，评审材料包中的一个重要内容就是工作产品的需求。没有这个，评审团队将无法确定“如何做”部分是否已经实际完成。

20.4.2　固定版本的工作产品

一旦确定了评审小组，每个成员都会收到完整的评审材料包。这是一个软件项目中开发线、管理线和配置管理线的交汇点。在配置管理视图中，工作产品称为“设计项目”。一旦设计项目经过评审和批准，它就成为“配置项目”。负责的设计师（生产者）可以对设计项目进行更改，但配置项目会被冻结，这也意味着除非工作产品从配置项目降级为设计项目的状态，否则任何人都无法更改它们。一旦设计项目进入评审过程，设计师和生产者都不会再对其进行更改。这是为了确保整个评审团队工作在同一个基线上。

20.4.3　标准和检查单

当给定一个工作产品要评审时，评审者如何知道该做什么以及要找什么呢？在一个成熟的评审过程中，组织应该具有适合各种工作产品的检查单。检查单的目的就是确定评审者应该寻找的问题类型。检查单是随着时间推移不断完善的，所以许多公司都将检查单视为他们的私有信息。（谁愿意与世界分享他们的产品弱点以及他们的关注点是什么呢？）

一个好的检查单在使用时也会被修改。事实上，评审会议的议程之一就是在询问是否需要对检查单进行修改。检查单应该在开发组织内部进行公开，这样就可以体现出检查单的另一个好处，即通过检查单来改进开发过程。这与学术界使用的评分标准非常相似。如果学生知道评分标准，那么他们就更有可能提交更好的作业。当开发人员查阅检查单时，他们就会知道哪些情况容易出错，因此他们可以主动地处理这些潜在问题。

有大量在线材料可以帮助我们制定检查单。http://portal.acm.org/citation.cfm?id=308798 中的论文调查了来自 24 个地方的 117 个检查单。讨论了不同类别的检查单，并提供了好的检查单的例子和应该避免的检查单例子。Karl Weigers 的网站是另一个很好的检查单来源（http://www.processimpact.com/pr_goodies.shtml）。

适用的标准与检查单的作用是一样的。例如，开发组织可能有代码的命名标准，或者为测试用例定义了模板。开发过程应该遵循适用的标准也可以成为检查单中的一项内容。与检查单一样，标准也可能会发生变化，只不过更新的速度会更慢。

20.4.4　评审记录表

每一名评审员都需要识别问题并将其提交给评审组长，评审员在评审过程中要完成如表 20.2 所示的表格，这样方便评审组长整合每名评审员提交的内容。

表 20.2　评审员的评审记录表

<工作产品信息>					
<评审员姓名>					
<准备日期>					
<评审准备时间>					
	位置		检查单		
问题 #	页码	行	项目	严重性	描述
1	1	18	类型	1	将“accound”改为“account”

每一名评审员的评审记录表中的信息由评审组长合并到一个评审报告的汇总表中（表 20.3），然后可以按位置、检查单项目、故障严重性或某种组合对电子表格进行排序。这样可以让评审组长方便地确定出问题的优先级，然后将其放在评审会议的议程中。所有已被识别出的问题的概述有助于评估评审会议的时间。在极端情况下，发现的问题可能会成为项目的“阻碍”，因为错误如此严重，以至于工作产品还没有准备好进行评审，被退回给工作产品的制作者。工作产品的制作者可以使用汇总的问题列表来指导修改和完善工作。

表 20.3　评审报告的汇总表

<工作产品信息>						
评审小组成员		准备时间				
组长						
记录员						
评审员						
评审员						
评审员						
评审员						
	总准备时间					
会议日期						
<评审建议>						
		位置		检查单		
问题 #	评审员	页码	行	项目	严重性	描述
1		1	18	类型	1	将“accound”改为“account”

20.4.5　评审报告表

一旦评审员完成了对工作产品的评审，他们就会向评审组长提交一份单独的评审报告表。此表格应包含以下信息：

- ❑ 评审员姓名。
- ❑ 评审的工作产品。
- ❑ 评审的准备时间。
- ❑ 评审问题的电子表格摘要，同时标明每个严重性级别下的问题数量。
- ❑ 对任何一个“特别精彩”的问题的描述。
- ❑ 评审员的建议（可接受、小修改后接受、大修改后重新评审）。

这些信息可用于分析评审过程的有效性。电话交换机系统的开发组织内部有一个软件质量保证（SQA）小组，他们对评审准备时间和评审中发现的缺陷的严重性之间的关系进行了研究。事实上，他们证明了一个虽然显而易见，但却很有趣的结论，即在四个严重性级别中，只有那些花费了 6~8h 准备时间的评审员发现了最高严重性等级的错误。而那些只发现最低严重性等级错误的评审员只花了 1~2h 的准备时间。

还有一些其他的分析，它们与开放性和问责制的理念有关。基本假设是所有被评审的文档都是开放的，因为组织中的每个人都可以使用它们。问责制正是以这种开放性为基础的，因为有一些评审员虽然报告花费了大量的准备时间，但是却没有发现那些其他评审员发现的严重错误。如果存在这种情况，组织则需要进行一些监督和干预。反之，持续发现严重缺陷的评审员可以被认为是有效的评审团队成员，可以作为年度绩效考核的考虑因素。

20.4.6 错误严重等级

如果检查单中的条目能够给出严重性级别，那么对评审活动是非常有帮助的。附录 A 中给出了一个针对使用用例划分的严重性等级案例。最近，IEEE 的软件异常工作组已发布（并开始出售）1044-2009 IEEE 软件异常的标准分类（IEEE（2009））。有了标准固然很好，但在实践中使用标准对问题的严重性等级进行确定时却常常遭遇尴尬。现实中，与其争论已发现故障的严重性级别是 7 级还是 8 级，不如采用简单的 3 级或 4 级的严重性级别分类（如附录 A 中的分类）更为有效。

严重性级别的序号并不重要，通常把最简单的故障定为严重性级别 1，最复杂的是高严重性级别（3 或 4）。这样就避免了有时会与优先级发生混淆。（例如优先级为 4 和优先级为 1，那么是 4 表示高优先级，还是 1 表示高优先级呢？）

20.4.7 评审报告大纲

评审报告是技术线的一个终点，同时也是管理线的一个起点，所以评审报告必须服务于这两类人的需求。另外，评审报告也是问责制的基础，因为管理层的决策会依赖评审小组的技术判断。

下面是一个评审报告的大纲示例。

1. 引言
    a. 工作产品简介
    b. 评审组成员与角色
2. 准备事项列表
    a. 潜在的问题
    b. 严重性级别
3. 优先处理事项列表
    a. 识别出的问题
    b. 严重性级别
4. 单独评审报告的汇总
5. 评审统计
    a. 总时长
    b. 按严重等级排序的问题
    c. 按位置排序的问题
6. 评审结论与建议
7. 附录：完整的评审资料包

20.5 一种工业级评审过程

本节介绍一种技术评审的过程模型，它是由一个开发电话交换机系统的实验室，在 12 年的实践过程中逐渐形成和发展起来的。由于这些电话交换机系统的商业寿命可能达到 30

年，因此开发组织为了经济利益必须开发出几乎没有故障的系统。正如他们所说，必要性是发明之母，所以产生了所谓的“工业级评审过程”。介绍中我们会突出评审过程中的一些权衡机制，以及一些针对疑难问题的解决方案。

工业级评审过程如图 20.2 所示。图中显示的各个阶段都是精心设计的。如前所述，这个模型非常类似软件生命周期的瀑布模型，但有几个重要的区别。各个阶段的顺序很重要，偏离这个顺序是不行的。每个阶段的活动以及活动的原因，将在接下来的小节中描述。

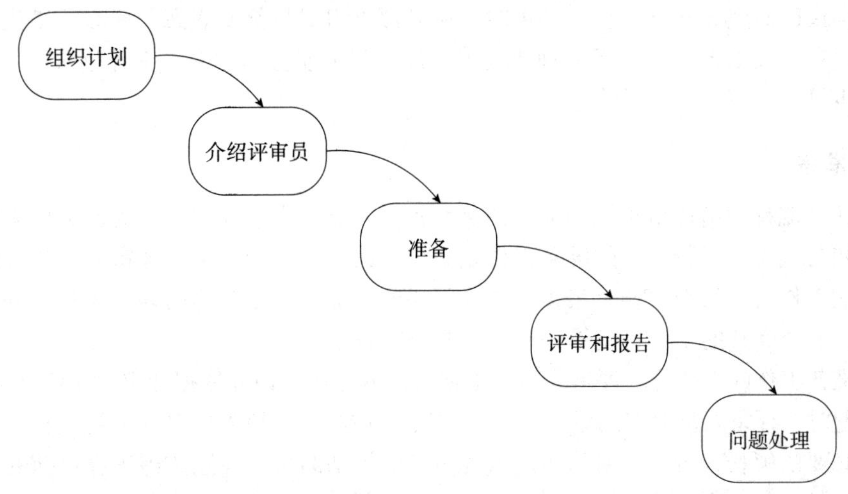

图 20.2　工业级评审过程的各个阶段

20.5.1　组织计划

工作产品的制作者和他的主管应该在评审之前一起开一个准备会，讨论启动技术评审过程需要的一些事宜。在准备会上，他们要一起确定合适的评审团队和评审组长。在准备会上可能会出现一些潜在的“斗争”：产品制作者可能希望通过“弄虚作假”的方式找一些亲密的朋友来进行评审，而主管则可能希望通过评审会议来向产品制作者“提醒警告”。这两种倾向显然都令人遗憾，但在实际情况它们都可能发生。从积极的方面来说，如果制作者和主管都赞同评审活动的价值，那么他们就都会将其视为促进自身利益的一种方式。经过协商，制作者和主管都需要接受并批准确定出的评审小组。在实际的正式过程中，双方甚至可能需要签署一个协议。

一旦确定了评审小组，主管就需要完成一系列必要的管理和审批流程。在这一点上可能会出现一个奇怪的问题：如果你确定的评审小组的成员来自另一个开发小组怎么办？更糟糕的是，如果另一个开发小组的主管觉得你确定的评审小组成员正处于开发过程的一条关键路径上，无法参加评审会怎么办？于是，这变成了一个企业文化的问题。一种比较好的答案是，如果一个组织真正的重视技术评审，那么每个人都应该知道可能会发生这种冲突，所以在项目启动的初期就应该对此进行讨论并达成一致，从而防止这种可能出现的冲突。

主管需要组织一个启动会，必要时还需要邀请其他主管来参加，在启动会上需要展示评审会议的审批过程文件，同时获得所有评审小组成员的承诺。完成所有这些后，主管将管理权交给技术人员，评审组长开始进行技术线的管理工作。

20.5.2 介绍评审员

一旦评审小组接管了技术评审过程，那么评审组长就应该召集组员进行一个简短的准备会。为了准备这次会议，产品制作者应该准备好完整的评审资料包，同时冻结要被评审的工作产品。在准备会上，评审组长要下发评审资料包并简要概述工作产品，同时大家可能就工作产品展开一些讨论，包括关于工作产品的任何特殊问题。由于评审小组主要对技术负责并提出建议，所以应首先确认评审资料包是否完整。另外，还需要选择一个评审记录员，并计划好评审会议的时间。在准备会议结束时，所有评审组成员都要表态，要么承诺认真负责地参与评审过程，要么退出。在后一种情况下，该过程可能会回到上一个计划阶段（这很少见或应该很少见）。

20.5.3 准备

在正式的流程中给评审小组的成员留足准备时间是非常重要的，因为单纯依靠团队成员的责任心和自觉性来进行评审的准备工作是不现实的。正常情况下，评审的准备时间应该是五个完整的工作日，每个工作日最多工作 8 个小时，而且每个工作时段应该持续 60~90min。一般来说，五个完整的工作日足够评审人员充分准备了。

作为准备工作的一部分，评审人员要根据自己的专业知识并依据评审单来检查工作产品。当发现问题时，评审人员要将问题记录在问题表中（参见表 20.2），并对问题进行简单的描述或者进行必要的解释，最后还要给出严重性级别的评估结果。在正式评审会议前的一天，评审员要将他们个人记录的问题表发送给评审组，连同他们的实际工作时间和初步建议。

一旦收全了所有单独的问题报告，评审组长会将它们汇总到一个电子表格中并确定问题的优先级。这个过程需要完成一些鉴别工作，因为很有可能两个评审人员对同一个潜在问题的描述是不同的，当然可以很容易通过位置信息来识别出这种情况。对于汇总后的最终问题列表，评审组长应该根据问题的数量和严重性级别做出“通过 / 不通过”决定。（应该很少见评审被取消的情况，但我们还是要考虑到这种可能性。）假设评审可以继续进行，那么评审组长就可以通过考虑最终问题的优先级来准备最终的议程了。

20.5.4 评审会议

实际的评审会议应该被作为有效的商务会议进行。在 20.2.2 节中，已经列出了那些失败的商务会议的特征，所以在这里介绍的评审会议中已经采取了一些步骤来确保会议的有效：

- 评审小组的组成经过精心挑选，确保是合适的人来参加评审。
- 评审会议的议程基于问题的优先列表，因此不会让人觉得评审会议是在浪费时间。
- 在评审会议之前专门安排了准备时间。

通常评审会议的第一个任务是判断会议是否可以如期开始，因为可能出现评审小组中的成员缺席或准备不足的情况。假设评审会议正常开始，那么评审组长就需要按照会议议程组织会议，并确保发现的问题都得到了确认（不需要解决）。一旦议程完成，评审组长会要求组员们就评审问题的处理建议（可接受、小修改后接受、大修改后重新评审）进行讨论并达成共识。评审会的最后会进行一个简短的总结，由会议记录员对最终的问题清单进行确认，然后会收集每个评审员的个人材料，并由全体成员检查是否有遗漏。

20.5.5 准备报告

评审组长负责撰写评审报告，当然也需要评审记录员的协助。该报告是对技术工作的一个总结，同时也是对管理层提出的技术建议（但不是问责制）。如果评审中发现了任何问题，它们都将被标记为需要工作产品的制作者进行额外工作的内容。评审报告和其他相关的材料应在组织内部公开，这样可以增强组织的问责制。

20.5.6 问题处理

一旦评审报告送到生产主管那里，这份报告就会成为管理决策的基础。如果因为一些紧迫的理由而忽略了技术中发现的问题，那这显然是管理层的选择。假设评审会议给出的建议是可以接受工作产品，那么该工作产品就会进入配置管理流程，从一个设计项目升级为一个配置项目。由此，该工作产品也成为一个在项目中可以直接使用的可靠组件，而不需要进行更改。如果评审会议给出的建议中包含了需要额外进行的更改活动，那么企业主管和产品制作者就需要对解决这些问题所需的工作量进行估计，而更改工作由产品制作者来完成。一旦解决了所有问题，企业主管就可以闭环问题，结束评审，当然也有可能需要重新进行一轮评审活动。

20.6 有效的评审文化

所有形式的评审都是一个社会性的过程，因此它们应该成为企业文化的一个组成因素。此外，评审还可能会给企业带来很大压力，这一点也需要从社会学的角度进行考虑。评审是一项小组活动，因此小组规模是一个需要关注的问题。一般而言，技术评审小组的构成应该包括 4~6 名成员，如果是小型开发组织，人数可以更少一些。超过 6 名小组成员反而会降低评审会议的效果。

在有效的企业文化中，管理人员和技术人员都必须将评审视为一项有价值的活动。如 20.5 节中所述，应该为评审预留出时间，应该考虑到重要的人为因素。冗长的评审很少有效果——心理学家声称大多数成年人的注意力持续时间约为 12min。考虑一下这会对 2h 的会议产生什么影响。大多数评审会议应该在 60~90min 的范围内，会议宜尽可能短小。此外，应该高度重视评审会议，不应该随意中断（包括使用手机）。

召开评审会议的最佳时间是一个工作日正常开始后约一个小时的时候，因为这时评审小组成员已经处理完那些可能会分散注意力的小事了。召开评审会议最坏的时候就是午饭后，或者周五下午 3:00。

20.6.1 评审会议规范

为了减轻评审会议上的压力，应遵守以下评审会议规范。

- ❑ 做好准备。否则，评审的有效性就会降低。从某种意义上说，一个毫无准备的小组成员对评审小组的其他成员是非常不尊重的。
- ❑ 尊重。评审产品，而不是产品制作者。
- ❑ 避免成为研讨会。
- ❑ 在会议结束时向制作者提供一些小的意见（例如，拼写更正）。
- ❑ 具有建设性。评审既不是开展个人批评的地方，也不是对个人进行赞美的地方。
- ❑ 保持专注。发现问题，不要试图解决它们。

- ❑ 参与，但不要主导讨论。评审小组的选择经过深思熟虑。
- ❑ 开放。所有评审信息都应该向给整个组织公开。

20.6.2 参与会议的管理层

许多组织都很纠结是否需要管理层参与评审会议。一般来说，管理层的参会并不是一个好主意。管理人员在评审会议中的存在很容易给所有团队成员带来额外的压力，尤其是对产品制作者。如果管理层经常参加评审会议，那么整个评审过程就很容易演变为技术人员之间的一种默契（如果你不让我难堪，我也不会让你看起来很糟糕。）另一个可能的后果是管理层可能不想要评审会议中的负面结果公开——因为这里显然存在利益冲突。管理人员可以成为一个一般的评审员吗？首先要问他们愿意按照要求完成评审会议的准备吗？他们有能力完成评审会议的准备吗？如果做不到这两个问题中任何的一个，管理人员就会成为评审会议的拖累。公平地说，有些经理在技术上还是可以胜任的，他们也愿意和尊重评审会议的规定和流程。管理人员参加评审的标准是能够进行正常的评审准备工作，并暂时放下其他的管理工作。

20.6.3 两个关于评审的故事

Scott Adams 的著名连环漫画 *Dilbert* 中经常包含一些对软件开发场景的深刻见解。以下是两个可能的评审，它们非常适合扩展为漫画中的场景。

20.6.3.1 尖锐的评审

- ❑ 产品制作者挑选好友作为评审员。
- ❑ 产品的交付时间很短或没有。
- ❑ 没有正式的准备时间。
- ❑ 产品的待评审版本未冻结。
- ❑ 评审会议被延期两次。
- ❑ 有的评审员缺席了，有的评审员在接电话。
- ❑ 有些设计师从不参与评审，因为他们永远无法脱身。
- ❑ 没有检查单。
- ❑ 没有识别出问题也没有给出任何后续的活动建议。
- ❑ 评审组长按照页码顺序进行会议流程（没有优先级）。
- ❑ 发现的错误在评审会议当场就被解决了。
- ❑ 需要喝咖啡和午休。
- ❑ 评审员随意进出会议。
- ❑ 评审组长是产品制作者的主管。
- ❑ 邀请了几个人作为观众。

请把上述情况想象成一次评审。

20.6.3.2 理想的评审

以下是理想的评审文化中一次评审应该呈现的样子。

- ❑ 产品制作者不惧怕评审。
- ❑ 评审员获得了被批准的充足准备时间。

- ❑ 提前交付了产品和一个完整的评审资料包。
- ❑ 所有参与者都接受过正式的评审培训。
- ❑ 技术人员认为评审是富有成效的。
- ❑ 管理人员认为评审是富有成效的。
- ❑ 评审会议具有高优先级。
- ❑ 检查单得到积极维护。
- ❑ 顶级开发人员经常作为评审员。
- ❑ 评审员工作的有效性被认为是绩效评估的一部分。
- ❑ 评审的材料是公开可用的。

20.7 评审的案例

在大学的环境中可以完成而在工业界无法完成的少数事情之一就是重复。工业界的开发团队无法证明多次做同样的事情是合理的。本节报告了在美国大峡谷州立大学研究生软件测试课程中完成的一项研究结果。五组研究生分别使用附录 A 中的评审资料包进行了使用用例的技术评审（使用用例已在附录 A 中进行了简化）。班上的团队成员相当于工业界开发团队的成员：从新员工到拥有 20 年软件开发经验的人员，他们都有丰富的经验。表 20.4 总结了五个评审小组的经验概况。

表 20.4 评审小组中的成员的经验

小组	经验
1	1 个人非常有经验，3 个人有一些经验
2	4 个人都有丰富的经验
3	2 个人有丰富的经验，2 个人缺乏经验
4	2 个人有丰富的经验，2 个人缺乏经验
5	2 个人缺乏经验

表 20.5 表示的是根据从业年数确定的经验水平。

表 20.5 评审小组中的成员的经验

经验水平	从业年数
缺乏经验	0~2 年
有一些经验	3~6 年
有丰富经验	7~15 年
非常有经验	超过 15 年

该课程首先针对本章前面介绍的知识进行了三个小时的教学。评审小组是在一次班级会议上确定的，他们使用附录 A 中的评审资料包，评审小组有整整一周的时间做准备，并通过电子邮件进行沟通。接下来的一周，每个团队进行了 50min 的技术评审。

在表 20.6 中，最后两列需要解释一下。在评审期间，报给评审组长的问题总数在汇总之后可能会有所减少。例如，在第 3 组中，许多低严重性级别的问题只进行简单的更正。此外，报告的问题之间也会存在重复——评审组长必须认识到这一点并将其合并到一个项目日程中。

表 20.6　每个团队的问题严重性级别与准备时间

小组	总的准备时间（小时）	低严重级别问题	中严重级别问题	高严重级别问题	所有发现的问题	评审建议项
1	7		33		33	18
2	6	32	27		59	26
3	36	66	27		93	12
4	21	24	20	9	53	46
5	22	13	4	10	27	10

最好有一个 Venn 图来显示每个评审小组的最终结果，但是五个圆在拓扑上是不可能画出交集的。相反，表 20.7 则可以描述各个小组之间的重叠关系。5 个小组有 32 种可能的小组子集，表 20.7 中仅列出了有重叠的子集。评审会议结束后，五个小组共发现了 116 个问题。

表 20.7　评审小组发现问题的统计

小组	问题数	小组	问题数
只有第 1 组	4	第 2 组和第 4 组	6
只有第 2 组	9	第 3 组和第 4 组	1
只有第 3 组	6	第 1，2，4 组	3
只有第 4 组	27	第 1，2，5 组	1
只有第 5 组	4	第 2，4，5 组	1
第 1 组和第 2 组	2	第 1，2，4，5 组	1
第 1 组和第 3 组	1	第 1，3，4，5 组	1
第 1 组和第 4 组	3	第 2，3，4，5 组	1
第 2 组和第 3 组	1	所有小组	1

当所有这些问题都表现在（消除相同的缺陷）表 20.7 中时，结果令人吃惊。我们来看表的前几行，其中五个小组单独发现的问题总数是 50 ，更糟糕的是，看看最后四个条目，五个小组都只发现了一个问题，而五个小组中的四个只发现了四个问题。

这个结果触目惊心。一个公司是无法承受对同一工作产品进行重复评审的，因此公司有必要提供评审培训，并且评审小组需要尽可能有效地利用他们有限的时间。

20.8　参考文献

Boehm, B., *Software Engineering Economics*, Englewood Cliffs, NJ; Prentice-Hall, 1981.

IBM System Sciences Institute, "*Implementing Software Inspections*", 1981.

IEEE Standard Classification for Software Anomalies Working Group, 1044-2009 IEEE Standard Classification for Software Anomalies, 2009.

International Software Testing Certification Board, Foundation Level Syllabus, 2007.

International Software Testing Certification Board, Advanced Level Syllabus, 2012.

Pressman, R.S., *Software Engineering: A Practitioner's Approach*, New York: McGraw-Hill, 1992.

Wiegers, Karl, "Improving Quality through Software Inspections," *Software Development*, vol. 3, no. 4 (April 1995). Available at http://www.processimpact.com/articles/inspects.html

结语：卓越的软件测试

完成一本书和开始一本书几乎一样难，因为总有一种回到“已完成”的章节去添加新想法、更改某些内容或删除部分内容的冲动。这种写作模式与软件开发模式是一样的，越到截止日期，越感觉到焦虑。

本书最初是仿照 Myers 的《软件测试的艺术》的思路，将书名定为“软件测试的工艺”。但 Brian Marrick 的书抢先使用了这个名字。在 1978 年（Myers 的书出版）到 1995 年（本书的第 1 版）之间，软件测试的工具和技术都已经足够成熟，可以开始使用“工艺”这个名词了。

设想一下从艺术出发会通向哪里？是通向工艺、通向科学，还是通向工程？而软件测试又会沿着哪条通路前进呢？工具供应商会说软件测试通向了工程，因为他们声称自己的产品可以消除其他通路上需要考虑的任何问题。测试过程团体会认为它将是一门科学，因为只要遵循明确定义的测试过程就足够了。由于需要创造力和个人才能，上下文驱动的技术可能会将软件测试作为一门艺术。就个人而言，我们仍然认为软件测试是一种工艺。无论将其放在通路的哪个位置，软件测试都可以成为一项卓越的活动。

21.1 工艺师

是什么让某人成为工艺师？我的祖父辈中有一位是丹麦橱柜制造商，这种水平显然是一种工艺。我父亲是工具和模具制造商，这是另一种具有极其严格标准的工艺。他们和其他公认的工艺师有什么共同点？看看这个清单就知道了：

- 是产品大师。
- 是工具大师。
- 掌握相关技术。
- 具有选择工具和技术的能力。
- 具有丰富的产品经验。
- 具有高质量产品的工作经验。

自 Juran 和 Deming 的时代以来，软件开发社区的部分成员一直关注质量。软件质量显然是可以获得的，但很难定义，更难衡量。如果将质量视为一组质量属性（例如简单性、可扩展性、可靠性、可测试性、可维护性等），也存在问题，因为能力和属性都同样难以定义和衡量。流程社区声称高质量的流程会产生高质量的软件，但这很难证明。可以在一个特别的过程中开发出高质量的软件吗？有可能，尤其是敏捷社区更相信这一点。标准能保证软件质量吗？这似乎也存在问题。某个程序可能非常符合某些定义的标准，但质量却很差。那么应该把追求软件质量的人留在哪里呢？工艺师是一个很好的答案，这就是卓越之所在。真正的工艺师为自己的工作感到自豪，他们知道自己什么时候做得最好，这会产生一种自豪感。

为自己的工作感到自豪也无法定义，但每个对自己诚实的人都知道自己什么时候做得很好。因此，我们将工艺、自豪和卓越紧密结合在一起，虽然可识别，但仍难以定义，因此也难以衡量，但这些都与最佳实践的概念相关联。

21.2 软件测试的最佳实践

任何声称的最佳实践其实都带有主观性，并且总是容易受到批评。以下是符合最佳实践特征的一个列表：

- 通常由实践者来定义。
- 是“久经考验的”。
- 与具体问题相关，不脱离实际。
- 有着重要的成功历史。

软件开发领域长期以来一直在为软件开发中遇到的困难提出各种“解决方案”。Fred Brooks 在 1986 年发表的著名论文《没有银弹》(*No Silver Bullet*）中，认为软件领域永远不会找到能够解决所有软件开发困难的单一技术（Brooks（1986））。以下是人们为了找到“银弹”而进行的“最佳实践”活动。该列表大致按时间顺序排列。

- 高级编程语言（FORTRAN 和 COBOL）。
- 结构化编程。
- 第三代编程语言。
- 软件评审与审查。
- 软件开发过程的瀑布模型。
- 第四代编程语言（特定领域）。
- 面向对象范式。
- 瀑布模型的各种演化模型。
- 快速原型设计。
- 软件度量。
- CASE（计算机辅助软件工程）工具。
- 用于项目、变更和配置管理的商业工具。
- 集成开发环境。
- 软件过程成熟度（和评估）。
- 软件过程改进。
- 可执行规范。
- 自动代码生成。
- UML（及其变体）。
- 模型驱动开发。
- 极限编程（带有奇怪首字母的缩略词，XP）。
- 敏捷编程。
- 测试驱动开发。
- 自动化测试框架。

这是一个很长的列表。这里还可能缺少一些条目，但关键是，软件开发仍然是一项艰巨的活动，敬业的从业者总会寻求新的或改进的最佳实践。

21.3 十大优秀测试项目

关于最佳测试实践的基本假设是：软件测试由软件测试工艺师执行。根据前面的讨论，这意味着测试人员在工艺方面非常出色，并且还拥有工具和时间来出色地执行任务。关于测试人员是否应该是有才华的程序员，一直存在争论。对我们来说，答案是肯定的。作为一名测试工艺师，编程显然是他需要关注的主题的一部分，除此之外，其他属性还包括创造力、独创性、好奇心、纪律，以及应该有点愤世嫉俗的破坏者心态。这里，仅对我们团队中的十大最佳实践进行简要介绍，其中大部分内容在对应的章节中可以找到更完整的处理过程。

21.3.1 认真的技术评审

良好的技术评审在编码开始之前就可以发现缺陷，同时还能提出适当的测试类型和测试范围，为后续的测试提出建议（参见第 20 章）。

21.3.2 测试级别的定义和识别

任何应用程序（除非它非常小）都应该进行至少两个级别的测试——单元测试和系统测试。较大的应用程序通常可以方便地进行集成测试。在不同级别进行相应的测试是至关重要的，因为每个级别都有明确定义的目标，应该遵守这些目标。用系统级测试用例去实现单元测试的目标既荒谬又浪费宝贵的测试时间。

21.3.3 所有级别的基于模型的测试

如果测试中使用的是可执行规范，那么就可以自动生成大量系统级测试用例，这样做就可以大大减少创建可执行模型的额外工作量。同时还可以建立需求模型与系统测试之间直接的追踪关系。如果使用可执行的规范技术，就可能自动生成包含很多可能性的测试用例（否则这些用例也不可能被生成）。

鉴于第 12 章中讨论的集成测试的三种基本方法，MM 路径显然更胜一筹。它们也可以与关联矩阵一起使用，方式与系统级测试类似。

在单元级别，使用合适的模型可以保证测试的形式与底层模型是一样完整的。

21.3.4 系统测试扩展

对于复杂的任务关键型应用程序，简单的线索测试是必要的，但还不够。至少需要进行线索之间的交互测试。特别是在复杂系统中，线索交互很关键但却难以识别。强度测试是一种识别线索间交互的直接方法。很多时候，正是强度测试中强制施加的大规模交互作用揭露出其他测试无法发现的故障（Hill(2006)）。Hill 指出，强度测试侧重于软件中已知（或疑似）的弱点，同时“测试通过或失败”的判断也比传统测试更主观。基于风险的测试是一种可能的捷径。基于风险的测试是第 13 章讨论的操作配置文件方法的扩展。基于风险的测试不只是测试最频繁（高概率）的线索，而是将线索的概率乘以失效的成本（或严酷度）。当测试时间受到严格限制时，线索会根据风险而不是简单的概率进行测试。

21.3.5 用于指导回归测试的关联矩阵

传统的和面向对象的软件项目都受益于关联矩阵。对于传统的结构化软件，主线功能

（有时也称为特征）与代码的实现过程之间的关联被记录在矩阵中。因此，对于特定的功能，支持该功能所需的代码实现过程的集合很容易被确定。类似地，对于面向对象的软件，用例和类之间的关联也可以被关联矩阵记录下来。在任何一种范例中，这些信息都可以用于：

- 确定集成（或增量集成）的顺序和内容。
- 可以在发现（或报告）故障时进行故障隔离。
- 引导回归测试。

21.3.6　单元级测试中使用 xUnit 和模拟对象

在单元级测试中，利用模拟对象替代桩模块和驱动模块。由于它们与 JUnit 等测试框架有很好的兼容性，因此很容易通过增加模拟对象来扩展测试框架的应用范围。

21.3.7　基于规范和基于代码的单元级测试的智能结合

单独进行基于规范的单元级测试和基于代码的单元级测试本身都不够充分，但是两者的结合是非常可取的。一个可选的最佳实践是首先基于单元级需求进行基于规范的测试（见第10章），然后运行测试用例，在测试工具中可以显示测试覆盖，此时再基于覆盖报告来减少冗余的测试用例或者添加新的测试用例。

21.3.8　在所有测试级中使用合适的工具

从测试过程自动化到扩展测试人员的质疑范围，软件测试工具大大增强了测试人员的能力。人工智能对测试领域的扩展越来越有效。

21.3.9　维护阶段的探索性测试

在被测试的代码不是测试人员编写的情况下，使用探索性测试是一种有效的方法。尤其是对于那些继承代码的维护。

21.3.10　测试驱动开发

敏捷编程的实践已经证明，在适合采用敏捷开发的软件系统中，测试驱动开发（TDD）是一种非常成功的方法。TDD 的主要优点是具有出色的故障隔离能力。

21.4　不同项目的最佳实践

所谓的最佳实践必然来自真实的项目。NASA 的太空任务控制软件显然不同于为满足某个主管的信息处理要求而快速且随机开发的程序。以下是三种不同类型的项目，在对项目进行描述后，我们将前面介绍的十大最佳实践与项目进行映射，记录在表 21.1 中。

表 21.1　不同类型项目的最佳测试实践

最佳实践	任务关键型	时间关键型	对继承代码的纠正性维护
模型驱动的开发	X		
测试级别的认真定义	X	X	X
系统级的基于模型的测试	X		
系统测试的扩展	X		
基于关联矩阵的回归测试	X		X

（续）

最佳实践	任务关键型	时间关键型	对继承代码的纠正性维护
基于 MM 路径的集成测试	X		
基于规范和基于代码技术的智能融合在单元级测试中的应用	X		X
基于独立单元本质的代码覆盖度量	X		
维护过程的探索性测试			X
测试驱动开发		X	

21.4.1 任务关键型项目

任务关键型项目具有严格的可靠性和性能要求，并且通常具有高度复杂度。这类软件通常规模很大，以至于没有一个人可以完全理解整个系统及其所有潜在的相互作用。

21.4.2 时间关键型项目

虽然任务关键型项目也可能是时间关键型的，但本节指的是那些必须迅速完成的项目。上市时间和相关的市场份额损失是这种项目类型的常见驱动因素。

21.4.3 对继承代码的纠正性维护

纠正性维护是最常见的软件维护形式，它对报告的软件故障进行修复。在大多数组织中，软件维护通常占开发活动的 3/4，而维护人员通常不是软件的开发人员，这种情况加剧了维护活动的难度和成本。

21.5 一个极端的例子

希望你能花点时间去寻找一篇题为“ They Write the Right Stuff”的文章。这是一个关于在严格纪律（和大预算）下进行工程的例子。顾名思义，“航天飞机团队”专门为航天飞机的任务系统编写软件（Fishman（1996））。以下是引自文章中的一段话：

这是一个没有错误的软件。它是完美的，是人类所能做到的最为完美的软件。看看下面的这些统计数据：这个软件的最后三个版本每 420 000 行代码中仅仅只有一个错误。该软件的最后 11 个版本中一共才有 17 个错误。而同等复杂度的商业程序中的错误数是 5000 个。

这篇文章还提到了一些关于软件开发状态的评判性评论：

- 我们构建软件的方式还处在原始的打猎 - 采集阶段。

——Brad Cox，乔治梅森大学教授

- 洞穴艺术……它很原始。我们应该教授计算机科学。这里根本没有科学。

——John Munson，爱达荷大学软件工程师及计算机科学教授

文章还写道：

航天飞机团队是在开发成熟的软件，他们开发软件的方式也是成熟的。这种方式也许并不性感，而且也并非编程者的一次自我之旅——但它却是软件的未来。当你准备好迈出下一步时——当你希望编写完美的软件而不只是足够好的软件时——就到了你应该成熟的时候了。

航天飞机团队有四条指导性建议，文章中写道：

- ❑ 产品计划是产品质量的天花板。
- ❑ 良性竞争是最好的团队合作模式。
- ❑ 数据库是软件的基础。
- ❑ 不要只是修复错误，要首先修复任何可能出现错误的地方。

最后引用文中的一段话：

航天飞机团队所做的最重要的事情就是提前仔细规划软件、在设计完成之前不会编写代码、在没有进行全局分析的情况下不进行任何软件的修改、保持完全准确的代码记录，这样做并不昂贵。这个过程不仅是火箭科学，而是几乎所有工程学科中的标准实践，除了软件工程。

这一切对卓越的软件测试来说意味着什么？就像那些"写出正确的东西（write the right stuff)"的人一样，软件测试人员需要计划而不是"即兴"的测试。精心计划的测试与我们前面讲到的十大最佳测试实践列表中的若干条目是一致的。为了做好计划，测试人员需要对被测产品有广泛的了解，需要掌握有效的测试技术，还要具有在备选方案中做出正确选择的判断力。正如我们在前几章中看到的，测试工具使测试人员的工作更加有效。与一门工艺一样，软件测试人员需要足够的时间来精心策划一次测试。我们来举个例子。一天晚上，一位大峡谷州立大学的研究生 Walt 来上课，他将书本砸在讲台上，问道："系统测试应该留出多少时间？"一个好的经验法则是单元级、集成级和系统级测试的时间应该与开发所花费的时间是相关的。但是让 Walt 感到沮丧的是，周二，他的项目经理告诉他要开始测试了，因为 800 000 行代码的项目将在周五提交。

是时候超越"洞穴艺术"的阶段了。软件测试从业者同样需要具备"写出正确的东西"中那些高手的心态。

21.6 参考文献

Brooks, Fred P. (1986). "No Silver Bullet — Essence and Accident in Software Engineering". Proceedings of the IFIP Tenth World Computing Conference: 1069–1076. Also found at (April 1987). "No Silver Bullet — Essence and Accidents of Software Engineering". *IEEE Computer* **20** (4): 10–19.

Fishman, Charles, "They Write the Right Stuff", *Fast Company*, 1996. [https://www.fastcompany.com/28121/they-write-right-stuff].

Hill, T. Adrian, "Importance of Performing Stress Testing on Embedded Software Applications", *Proceedings of QA&TEST conference*, Bilbao, Spain, Oct. 2006.

完整的技术审查包

本附录包含对 ATM 模拟器的一组使用用例进行技术评审所需的所有材料。

A.1 用户需求：ATM模拟器

ATM 系统通过图 A.1 所示的图形用户界面以及图 A.2 所示的 15 个子界面屏幕与客户进行交互。ATM 客户可以选择存款、取款和余额查询这三种交易类型中的任何一种。为了简化评审的过程和使用用例，我们规定只能在支票账户上完成这些交易。

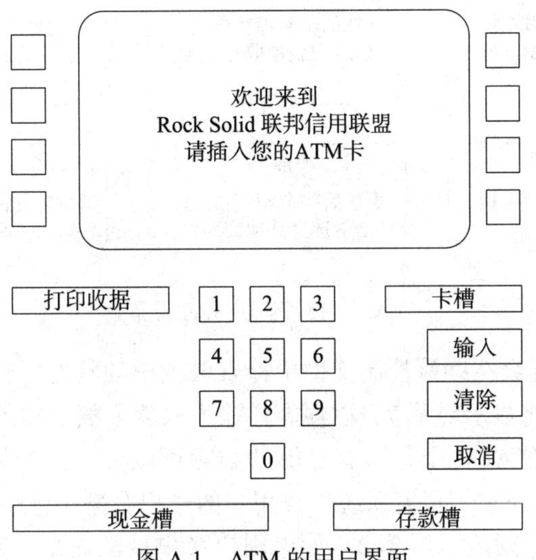

图 A.1　ATM 的用户界面

客户来到 ATM 前，首先看到显示屏幕 1。客户使用一个虚拟的塑料卡访问 SATM 系统，卡中存有客户个人账户编码（PAN），这是内部客户的账户文件的密钥，其中包含客户的姓名和账户信息等。如果客户的 PAN 与客户账户文件中的信息匹配，系统会向客户显示屏幕 2。如果未找到客户的 PAN，则会显示屏幕 4，且此时不退卡。

在屏幕 2，系统会提示客户输入他们的个人识别码（PIN）。如果 PIN 正确（即与客户的账户文件中的信息匹配），系统将显示屏幕 5；否则，显示屏幕 3。客户有 3 次输入正确 PIN 的机会，3 次失败后，显示屏幕 4，并保留卡。从技术角度来看，此时屏幕 4 上应该显示一条不同内容的消息，但是我们在此处只能假设这是一个界面不太友好的 ATM 系统了。

在进入屏幕 5 时，客户从屏幕 5 上显示的选项中选择所需的交易。如果是查询余额，则显示屏幕 6。如果是存款，则进钞口的状态取决于终端控制文件中的一个字段。如果进钞口状态确认可行，系统会显示屏幕 7 以获取用户的交易金额（存款或取款）。如果进钞口状态有问题，系统会显示屏幕 12。一旦输入了存款金额，系统就会显示屏幕 13，接受存款并处理存款。最后系统显示屏幕 14。

图 A.2　15 个用户界面屏幕

如果请求取款，系统会在终端控制文件中检查取款槽的状态（卡住或空闲）。如果卡住，则显示屏幕 10；否则，将显示屏幕 7，以便客户输入取款金额。输入取款金额后，系统会检查终端状态文件，以查看 ATM 中是否有足够的金额可以分配。如果 ATM 余额不足，则显示屏幕 9；否则处理取款请求。接着系统检查用户的账户余额（与查看余额交易相同），如果用户账户中的资金不足，则显示屏幕 8。如果用户账户余额充足，则显示屏幕 11 并取出现金。余额打印在交易收据上，与查看余额交易相同。取出现金后，系统显示屏幕 14。

当在屏幕 10、12 或 14 中按下“否”按钮时，系统会显示屏幕 15 并退出客户的 ATM 卡。图 A.2 中屏幕右侧的按钮会根据不同的操作和选项显示不同的内容。在屏幕 5 中，它们显示为交易类型的选择。在屏幕 10、12 和 14 中，它们对应“是”和“否”的结果。从卡槽中取出卡后，将显示屏幕 1。当在屏幕 10、12 或 14 中按下“是”按钮时，系统会显示屏幕 5，以便客户进行另外一笔交易。

在模拟的 ATM 系统中可能出现以下的输入事件。

- e_1：ATM 卡有效。
- e_2：ATM 卡无效。
- e_3：PIN 正确。
- e_4：PIN 错误。
- e_5：选择余额。
- e_6：选择存款。

- ❑ e_7：插入存款槽。
- ❑ e_8：选择提款。
- ❑ e_9：有效提款金额。
- ❑ e_{10}：取款金额不是 10 美元的倍数。
- ❑ e_{11}：取款金额大于账户余额。
- ❑ e_{12}：取款金额大于每日限额。
- ❑ e_{13}：取出现金。
- ❑ e_{14}：是。
- ❑ e_{15}：否。

而输出事件只是 15 个屏幕。（这是一个模拟器，没有实际的现金返还，也没有任何实际的 ATM 卡。）

- ❑ 屏幕 1：欢迎屏幕。
- ❑ 屏幕 2：PIN 输入。
- ❑ 屏幕 3：PIN 错误。
- ❑ 屏幕 4：无效的 ATM 卡。
- ❑ 屏幕 5：选择交易（余额查询、存款、取款）。
- ❑ 屏幕 6：余额是__________。
- ❑ 屏幕 7：输入取款金额。
- ❑ 屏幕 8：资金不足。
- ❑ 屏幕 9：只有 10 美元的钞票。
- ❑ 屏幕 10：无法处理取款。
- ❑ 屏幕 11：请取走您的现金。
- ❑ 屏幕 12：无法处理存款。
- ❑ 屏幕 13：放入存款。
- ❑ 屏幕 14：是否选择其他交易？
- ❑ 屏幕 15：请取回您的 ATM 卡和收据。

A.2 基本使用用例

这些基本使用用例的设计是专门用来讨论技术评审的，所以在用例中人为地注入了错误。

行	使用用例 ID，名字	UC_1：插入有效 ATM 卡
1	描述	用户插入一张有效的 ATM 卡
2	前置条件	1. 显示屏幕 1
3	事件序列	
4	输入事件	输出事件
5	1.e_1：ATM 卡有效	2. 显示屏幕 2
6	后置条件	1. 屏幕 2 显示

行	使用用例 ID，名字	UC_2：插入无效 ATM 卡
1	描述	用户插入一张无效的 ATM 卡
2	前置条件	1. 屏幕 1 显示
3	事件序列	
4	输入事件	输出事件
5	1.e_{12}：ATM 卡无效	2. 显示屏幕 4
6	后置条件	1. 屏幕 4 显示

行	使用用例 ID，名字	UC_3：输入正确 PIN
1	描述	用户输入一个正确 PIN（三次尝试输入 PIN 的过程只要正确都用到这个用例）
2	前置条件	1. 屏幕 2 显示
3	事件序列	
4	输入事件	输出事件
5	1.e_3：PIN 正确	2. 显示屏幕 5
6	后置条件	1. 屏幕 6 显示

行	使用用例 ID，名字	UC_4：输入错误 PIN
1	描述	用户三次都没有输入正确的 PIN
2	前置条件	1. 屏幕 2 不显示 2. 前两次输入 PIN 都错误了
3	事件序列	
4	输入事件	输出事件
5	1.e_4：PIN 错误	2. 显示屏幕 1
6	后置条件	1. 屏幕 1 显示
7		

行	使用用例 ID，名字	UC_5：交易选择余额查询
1	描述	用户选择了余额查询
2	前置条件	1. 屏幕 5 显示
3	事件序列	
4	输入事件	输出事件
5	1.e_5：选择余额	2. 显示屏幕 6
6	后置条件	1. 屏幕 5 显示
7		

行	使用用例 ID，名字	UC$_6$：交易选择存款
1	描述	用户选择了存款交易
2	前置条件	1. 屏幕 5 显示
3	事件序列	
4	输入事件	输出事件
5	1. e_5：选择余额	2. 显示屏幕 6
6	3. e_7：插入存款槽	4. 显示屏幕 14
7	5. e_{15}：否	6. 显示屏幕 11
8	后置条件	1. 屏幕 1 显示
		2. 账户余额被更新

行	使用用例 ID，名字	UC$_7$：存款槽卡住
1	描述	用户选择了存款交易 存款槽卡住了
2	前置条件	e_6：选择存款
3	事件序列	
4	输入事件	输出事件
5	1. e_{15}：否	2. 显示屏幕 12
6	后置条件	1. 屏幕 1 显示

行	使用用例 ID，名字	UC$_8$：正常取款
1	描述	用户选择了取款交易； 有效的取款金额
2	前置条件	1. 屏幕 5 显示
3	事件序列	
4	输入事件	输出事件
5	1. e_8：选择提款	2. 显示屏幕 7
6	3. e_9：有效提款金额	4. 显示屏幕 11
7		5. 显示屏幕 14
8	6. e_{15}：否	
9	后置条件	1. 屏幕 1 显示

行	使用用例 ID，名字	UC$_9$：取款金额不是 10 美元的倍数
1	描述	用户选择了取款交易 有效的取款金额
2	前置条件	1. 屏幕 5 显示
3	事件序列	
4	输入事件	输出事件

（续）

5	1. e_8：选择取款	2. 显示屏幕 7
6	3. e_{10}：取款金额不是 10 美元的倍数	4. 显示屏幕 7
7		5. 显示屏幕 9
8	后置条件	1. 屏幕 1 显示

行	使用用例 ID，名字	UC_{10}: 余额不足
1	描述	用户选择了取款交易 取款金额 > 账户余额
2	前置条件	1. 屏幕 5 显示
3	事件序列	
4	输入事件	输出事件
5	1. e_8：选择取款	2. 显示屏幕 7
6	3. e_{11}：取款金额大于账户余额	4. 显示屏幕 8
7		5. 显示屏幕 1
8	后置条件	1. 屏幕 1 显示

行	使用用例 ID，名字	UC_{11}：超出每日限额
1	描述	用户选择了取款交易； 取款金额 > 每日限额
2	前置条件	1. 屏幕 5 显示
3	事件序列	
4	输入事件	输出事件
5	1. e_8：选择取款	2. 显示屏幕 7
6	3. e_{12}：取款金额大于每日限额	4. 显示屏幕 10
7		5. 显示屏幕 11
8	6. e_{15}：否	
9	后置条件	1. 屏幕 1 显示

A.3 基本使用用例的标准

行	使用用例 ID，名字	
1	描述	
2	前置条件	
3	事件序列	
4	输入事件	输出事件
5		
6	后置条件	
7		

下面我们介绍一些基本的使用用例标准。

- **使用用例名**。使用用例名应该简短且具有指示性。由于使用用例表示的是系统的行为，所以如果名称是以动词开头的，可能会更方便理解（但不是强制性的）。
- **使用用例 ID**。使用用例 ID 应该非常短，并且可能与应用程序中的主要功能或动作发出者相关联。
- **描述**。这是一段叙述性的介绍，客户应该很容易理解。为了改善客户 / 用户和开发人员之间的沟通，应在补充词汇表中对与系统相关的一些特定术语进行描述。
- **前置条件**。前置条件描述了在执行使用用例之前系统的状态。这部分很容易被写得过于笼统，但是要注意，前提条件应该只写真正与使用用例相关的那部分。
- **事件序列**。事件序列有两个部分：系统输入和系统响应。无论这些是显示在两列还是一列中，都应该对它们进行编号以表示出输入和响应是一个交错的序列。因为这个模版是针对基本使用用例的，所以不应该用伪代码的方式来表示使用用例的“内部”逻辑。
- **后置条件**。后置条件描述了使用用例执行后系统的状态。与前提条件一样，这部分也很容易变得过于笼统，也要注意，后置条件应该只写真正与使用用例相关的那部分。

A.4 基本使用用例的检查单

下面我们列出了基本使用用例的检查单。

模版的内容是否都完成了？

- 使用用例名。
- 使用用例 ID。
- 描述。
- 前置条件。
- 输入序列。
- 输出序列。
- 后置条件。

是否存在逻辑问题？

- 有没有遗漏的前置条件？
- 有没有遗漏的后置条件？
- 输入序列正确吗？
- 输出序列正确吗？
- “正确性”（没有 5 美元纸币）。

是否存在一致性问题？

- 命名的原则可以接受吗？
- 有同义词吗？
- 是否将同义词“标准化”为一个一致的术语了？

是否存在完整性问题？

- 有被遗漏的使用用例吗？
- 有使用用例交叉的情况吗？

- ❑ 前置条件和后置条件是匹配的吗？
- ❑ 还有额外的使用用例吗？
- ❑ 使用用例可以追溯到规格说明吗？

还要与基本使用用例模版的符合性。

A.5 基本使用用例的故障严重性等级

为了达到评审练习的目的，我们只定义三个故障严重性等级就足够了。这些级别是根据上面的检查单来定义的。

故障严重性等级1（最低的严重性等级）。

- ❑ 使用用例的格式正确性。
  - 使用用例名。
  - 使用用例 ID。
  - 描述。
  - 前置条件。
  - 输入序列。
  - 输出序列。
  - 后置条件。
- ❑ 印刷错误。
- ❑ 语法错误。
- ❑ 符合用例标准。

故障严重性等级2。

- ❑ 一致性错误。
  - 命名规则。
  - 存在同义词。
  - 模棱两可或过于笼统。
- ❑ 逻辑问题。
  - 是否缺少任何前置条件？
  - 是否缺少任何后置条件？
  - 输入序列对吗？
  - 输出顺序对吗？
  - "正确性"（例如，没有 5 美元纸币）。

故障严重性等级3（最高的严重性等级）。

- ❑ 完整性问题
  - 有遗漏的前置条件吗？

- 是否有任何因未在用户需求中规定而遗漏的使用用例或功能？

❑ 有使用用例交叉的情况吗？
❑ 前置条件和后置条件是匹配的吗？
❑ 还有额外的使用用例吗？
❑ 使用用例可以正确的追溯到规格说明吗？
❑ 有遗漏的步骤 / 使用用例吗？
❑ 描述额外的步骤或特性。这些应该被删除，因为它们不包含在用户需求中。

A.6 基本使用用例的技术评审表

评审员（包括评审组长和记录员）以类似于表 A.1 中的形式呈现他们对工作产品的检查结果。每个人单独形成的报告单由评审组长负责合并（见表 A.2），然后形成初步的问题列表。

表 A.1 个人评审报告单

工作产品信息		
评审员		
准备日期		
评审员准备时长		

	位置		检查单		
问题编号	使用用例	行	检查项	严重性等级	描述
1	1	1	拼写	1	将“vaild”改为“valid”
2					

表 A.2 评审汇总

工作产品信息				
评审组成员				
评审组长				
记录员				
评审员				
评审员				
评审员				
开发人员				
评审会日期				
总准备时长				
评审组意见				

		位置		检查单		
编号	评审员	使用用例	行	检查项	严重性等级	描述
1	PCJ	1	1	拼写	1	将“vaild”改为“valid”

A.7 评审报告模版

技术评审报告

ATM 系统模拟使用用例描述

<评审组成员>

目录

"美食家"在线购物系统

B.1 概述

"美食家"在线购物系统（Foodies-Wish-List ）是一项针对稀有、昂贵美食的在线购物系统。表 B.1 列出了完整的清单：

表 B.1 "美食家"购物清单及价格

食物名单	美元 /lb	美元 /oz[⊖]	美元 /g
香草豆	112.00	7.00	0.25
啤酒花嫩芽	128.00	8.00	0.28
意大利白松露	200.00	12.50	0.44
神户牛肉	300.00	18.75	0.66
麝香猫咖啡（猫屎咖啡）	300.00	18.75	0.66
驼鹿奶酪	450.00	28.13	0.99
藏红花	450.00	28.13	0.99
西班牙火腿	2 200.00	137.50	4.85
Almas 鱼子酱	11 400.00	712.50	25.11

这个应用程序的高层体系结构由三个"泳道"组成，如图 B.1 所示。六个组件中的每一个都由单独的有限状态机（FSM）进一步描述。

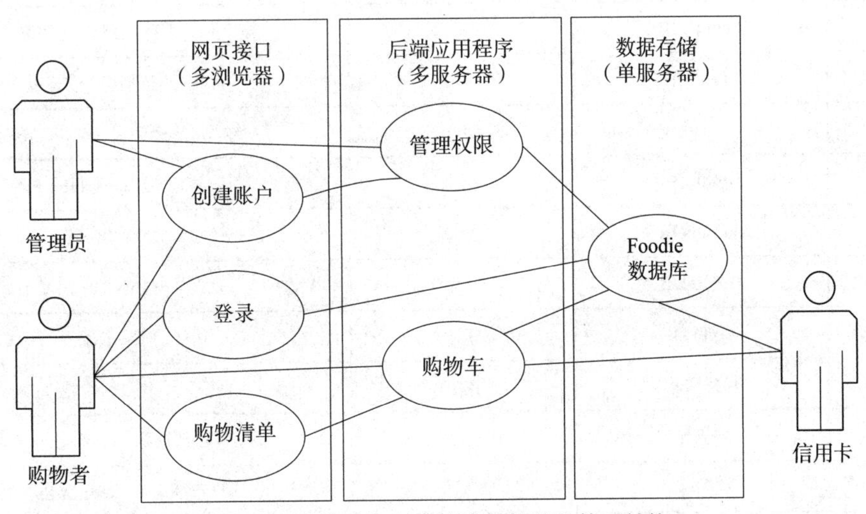

图 B.1 "美食家"在线购物软件的体系结构

⊖ 1oz=28.3495g。——编辑注

B.2 有限状态机之间的消息

图 B.1 中处于不同泳道中的各个 FSM 之间的连接意味着 FSM 的通信。通常，一个 FSM 中的输出行为在相邻 FSM 中显示为输入事件。最后，输入事件、输出行为、状态和消息编号是全局性的，并从 10 的倍数为开始。例如创建账户的 FSM 编号是 10~19，登录的编号从 20 开始，依此类推，我们可以识别出表 B.2 中显示的消息集。

表 B.2 FSM 之间的消息

消息	来源	目的地	内容
m_1	Foodie 主页	创建账户	打开创建账户
m_2	Foodie 主页	登录	打开登录
m_3	登录	购物清单	打开购物清单
m_4	创建账户	Foodie 主页	关闭创建账户
m_5	登录	Foodie 主页	关闭登录
m_6	购物清单	Foodie 主页	关闭购物清单
m_7	创建账户	管理员	将 UserID 报告给管理员
m_8	管理员	FoodieDB	提交 UserID 到 FoodieDB
m_9	FoodieDB	管理员	批准新成员 UserID
m_{10}	FoodieDB	管理员	拒绝新成员 UserID
m_{11}	管理员	创建账户	报告 UserID 已获批准
m_{12}	管理员	创建账户	报告 UserID 已被拒绝
m_{13}	创建账户	管理员	提交定义的用户 PIN 到管理员
m_{14}	管理员	FoodieDB	发送用户 PIN 到 FoodieDB
m_{15}	FoodieDB	管理员	在 FoodieDB 中确认用户 PIN
m_{16}	管理员	创建账户	定义的用户 PIN 被接受
m_{17}	登录	FoodieDB	输入 UserID 到 FoodieDB
m_{18}	FoodieDB	登录	用户 ID 通过，预期的 PIN
m_{19}	FoodieDB	登录	UserID 未能识别
m_{20}	FoodieDB	登录	用户 PIN 通过
m_{21}	FoodieDB	登录	用户 PIN 未通过
m_{22}	购物清单	购物车	将项目添加到购物车
m_{23}	购物车	购物清单	项目已被添加到购物车
m_{24}	购物车	管理员	减少 FoodieItem 数目
m_{25}	购物清单	购物车	从购物车中移除项目

（续）

消息	来源	目的地	内容
m_{26}	购物车	购物清单	项目已被移除购物车
m_{27}	购物车	信用卡	递交支付
m_{28}	信用卡	购物车	接受支付
m_{29}	信用卡	购物车	拒绝支付
m_{30}	购物车	FoodieDB	付款额
m_{31}	购物车	FoodieDB	购物车内容
m_{32}	购物车	管理员	增加 FoodieItem 计数
m_{33}	FoodieDB	管理员	FoodieItem 库存减少
m_{34}	FoodieDB	管理员	FoodieItem 库存增加
m_{35}	FoodieDB	管理员	在 FoodieDB 中输入付款
m_{36}	管理员	FoodieDB	增加 FoodieItem 库存
m_{37}	登录	FoodieDB	输入 PIN
m_{38}	管理员	FoodieDB	减少 FoodieItem 库存

外部通信（输入）事件可以来自管理员或任何购物者。图中没有表示出并发，但并发购物者之间的交互显然很重要。在每个 FSM 中，迁移被标记为 e/a，其中 e 是输入事件（或可能是数据条件），a 是输出行为。FSM 在本地的输入事件（和响应）对应 FSM 在本地交互界面中的窗口元素。最后，还有一个主页面的 FSM。在下面的章节中，我们会给出基于 FSM 的输入及其全局变量和描述。

B.2.1 “美食家”在线购物程序的有限状态机

有关 FSM 之间的消息通信可参见图 B.2。

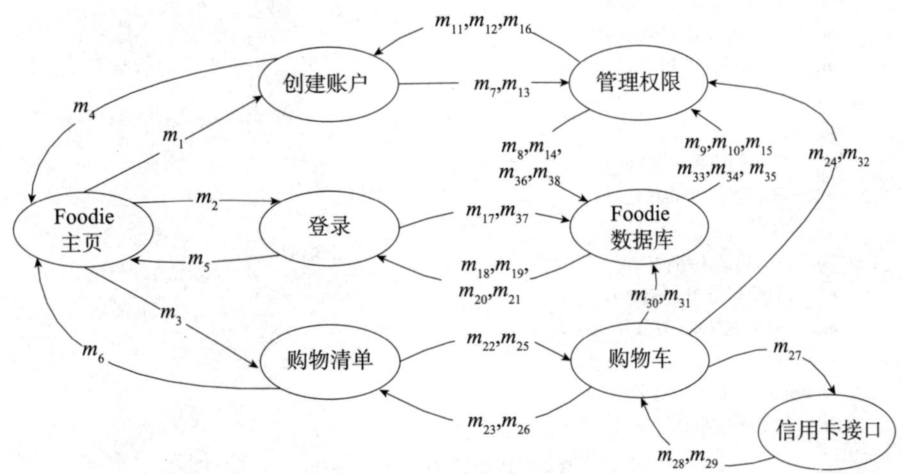

图 B.2 有限状态机之间的消息通信

B.2.1.1 美食家主页面

有关 Foodie 主页 FSM 的信息可参见图 B.3。

输入事件（用户）

e_1：点击新成员

e_2：点击登录

e_3：点击购物清单

其他FSM的输入

m_4：关闭创建账户

m_5：关闭登录

m_6：关闭购物清单

输出事件

a_1：显示Foodie主页

m_1：打开创建账户

m_2：打开登录

m_3：打开购物清单

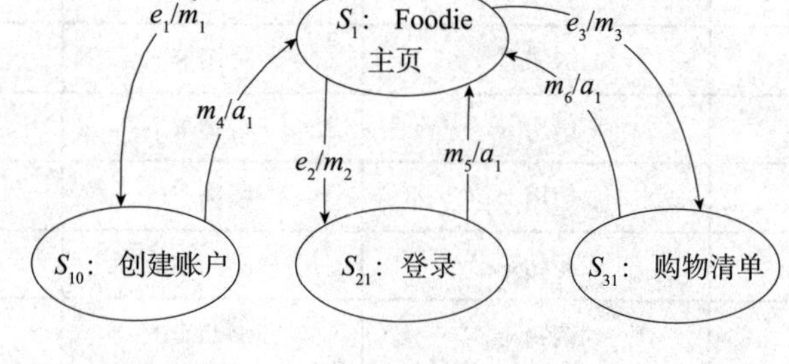

图 B.3 美食家主页面的有限状态机

B.2.1.2 创建账户

图 B.4 展示了创建账户的 FSM。

输入事件（用户）

e_{11}：输入UserID

e_{12}：创建用户PIN

e_{13}：点击退出

Foodie主页的输入

m_1：打开创建账户

管理员的输入

m_{11}：报告UserID已获批准

m_{12}：报告UserID已被拒绝

m_{16}：定义的用户PIN被接受

输出事件

a_{11}：显示创建账户窗口

a_{12}：显示创建PIN窗口

到管理员的输出事件

m_7：向管理员报告UserID

m_{13}：提交定义的用户PIN到管理员

到 Foodie主页的输出事件

m_4：关闭创建账户

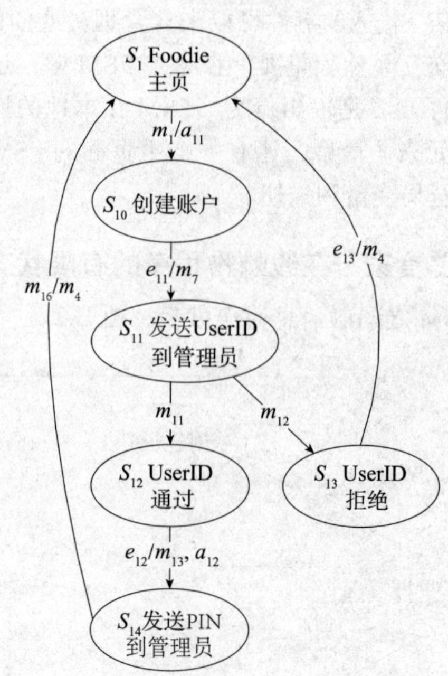

图 B.4 新建账户有限状态机

B.2.1.3 登录

图 B.5 展示了登录的 FSM。

输入事件（用户）

e_{21}：输入有效UserID

e_{22}：输入无效UserID

e_{23}：输入PIN = 预期 PIN

e_{24}：输入PIN ≠ 预期 PIN

来自FoodieDB的输入事件

m_2：打开登录

m_{18}：UserID通过

m_{19}：UserID不能识别

m_{20}：用户PIN通过

m_{21}：用户PIN失败

输出事件

a_{21}：显示登录窗口

a_{22}：显示PIN输入窗口

到 FoodieDB的输出

m_5：关闭登录

m_{17}：输入UserID到FoodieDB

m_{37}：输入PIN

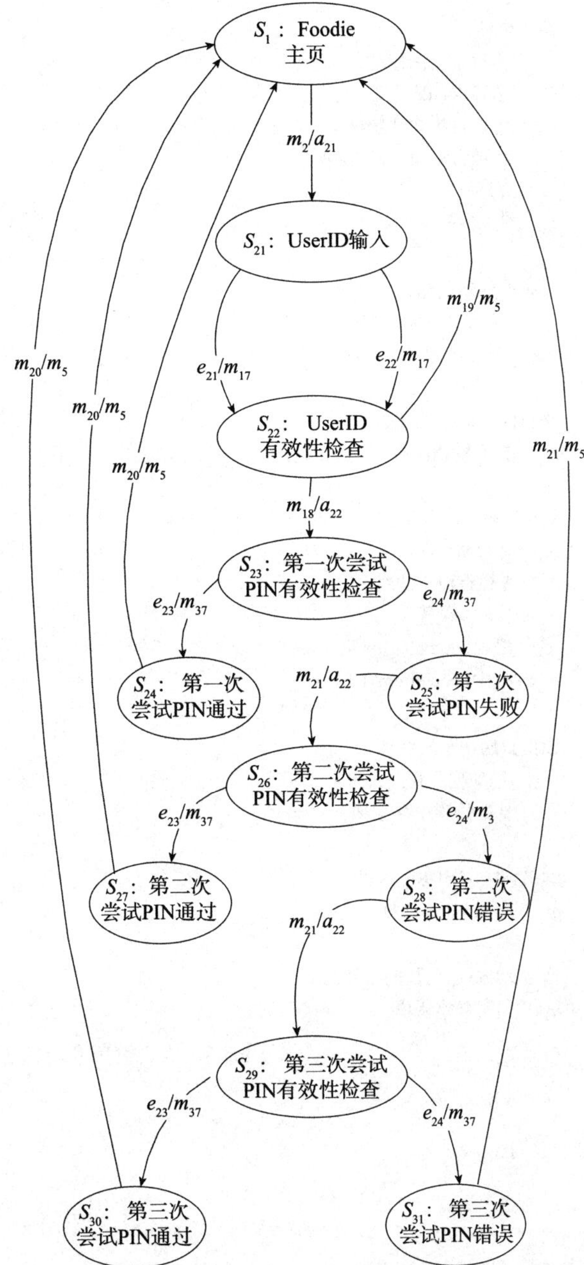

图 B.5 登录有限状态机

B.2.1.4　购物清单

图 B.6 展示了购物清单 FSM。注意，登录 FSM 需要状态 31。

输入事件

e_{31}：窗口，光标移动

e_{32}：选择Foodie项目

e_{33}：将项目添加到购物车

e_{34}：将项目从购物车中删除

e_{35}：点击继续购物

e_{36}：结束购物

来自购物车的输入

m_{23}：项目已被加入购物车

m_{26}：项目已被移除购物车

来自Foodie主页的输入

m_3：打开购物清单

输出事件

a_{31}：显示浏览窗口

a_{32}：光标在清单的最上方

a_{33}：新光标位置

a_{34}：增加FoodieItem计数

a_{35}：减少FoodieItem计数

输出到购物车的事件

m_{22}：添加项目到购物车

m_{25}：从购物车中移除项目

输出到FoodieDB的事件

m_{24}：FoodieItem计数

输出到Foodie主页的事件

m_6：关闭购物清单

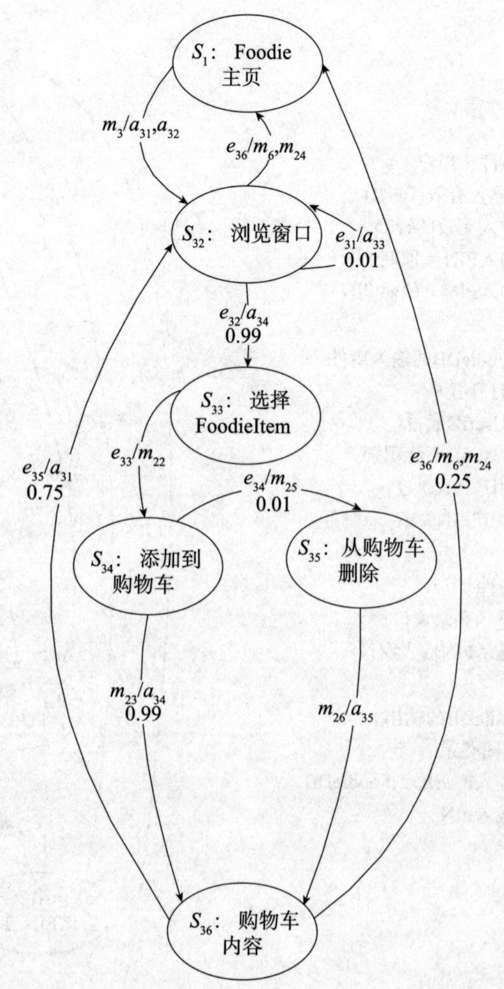

图 B.6　购物清单有限状态机

B.2.1.5　管理员

图 B.7 展示了管理员 FSM。

输入事件

e_{41}：点击管理员完成

来自创建账户的输入事件

m_7：提交UserID到管理员

m_{13}：定义用户PIN到管理员

来自FoodieDB的输入事件

m_9：通过新成员的UserID

m_{10}：拒绝新成员的UserID

m_{15}：确认FoodieDB中的用户PIN

m_{33}：FoodieItem减少

m_{34}：FoodieItem增加

m_{35}：在FoodieDB中输入付款

来自购物车的输入

m_{24}：减少FoodieItem计数

m_{32}：增加FoodieItem计数

输出事件

a_{41}：显示新成员窗口

a_{42}：显示总账窗口

a_{43}：回到管理员主页

输出到创建账户的事件

m_{11}：新成员的UserID通过

m_{12}：新成员的UserID被拒绝

m_{16}：定义的用户PIN被接受

输出到FoodieDB的事件

m_8：提交UserID到FoodieDB

m_{14}：发送用户PIN到FoodieDB

m_{36}：增加FoodieItem库存

m_{38}：减少FoodieItem库存

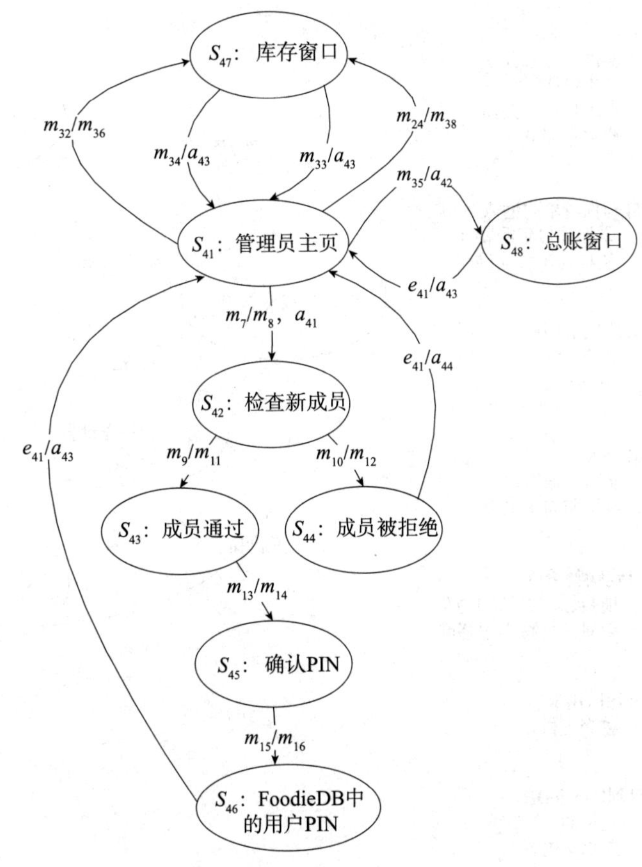

图 B.7　管理员有限状态机

B.2.1.6 购物车

图 B.8 展示了购物车 FSM。

输入事件
e_{51}：点击结账
e_{52}：点击信用卡接口
e_{53}：购物车完成

来自购物清单的输入
m_{22}：添加项目到购物车
m_{25}：从购物车移除项目

来自信用卡的输入
m_{28}：接受付款
m_{29}：拒绝付款

输出行为
a_{51}：显示结账窗口
a_{52}：显示购物车主页

输出到购物清单
m_{23}：项目已添加到购物车
m_{26}：项目从购物车中移除

输出到信用卡
m_{27}：递交支付

输出到FoodieDB
m_{30}：支付额
m_{31}：购物车内容

输出到管理员
m_{24}：减少FoodieItem计数
m_{32}：增加FoodieItem计数

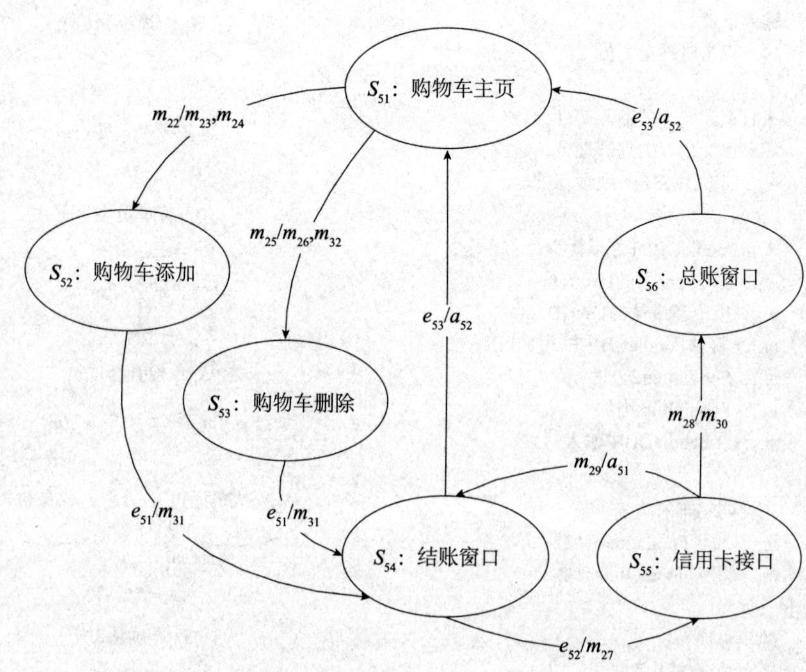

图 B.8 购物车有限状态机

B.2.1.7 FoodieDB

图 B.9 展示了 FoodieDB FSM。

输入事件
e_{61}：找到用户ID
e_{62}：未找到用户ID
e_{63}：输入正确用户PIN
e_{64}：输入错误用户PIN
e_{65}：调整项目计数
e_{66}：点击完成

来自管理员
m_8：提交UserID到FoodieDB
m_{14}：提交用户PIN到FoodieDB
m_{36}：增加FoodieItem库存
m_{38}：减少FoodieItem库存

来自登录
m_{17}：输入UserID到FoodieDB
m_{37}：输入PIN

来自购物车
m_{30}：支付额
m_{31}：购物车内容

输出事件
a_{61}：显示UserID窗口
a_{62}：显示PIN输入窗口
a_{63}：显示库存窗口
a_{64}：显示总账窗口
a_{65}：显示登录窗口
a_{66}：显示Foodie Home窗口

到管理员
m_9：通过新成员UserID
m_{10}：拒绝新成员UserID
m_{15}：在FoodieDB中确认用户PIN
m_{33}：FoodieItem库存减少
m_{34}：FoodieItem库存增加
m_{35}：在FoodieDB中付款输入

到登录
m_{18}：UserID通过
m_{19}：UserID未能识别
m_{20}：用户PIN通过
m_{21}：用户PIN失败

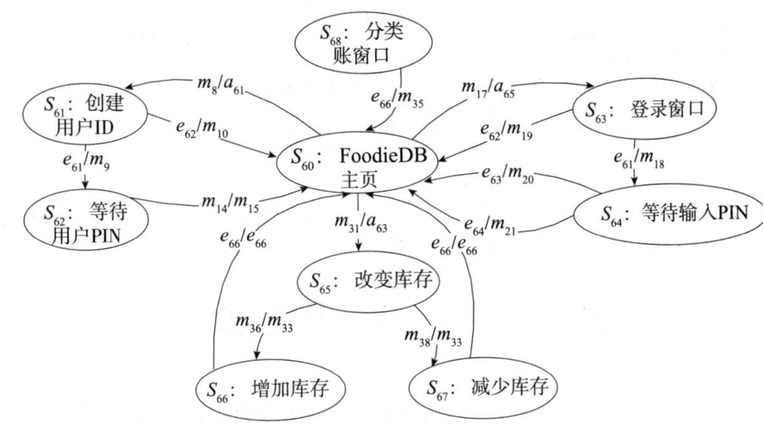

图 B.9 FoodieDB 有限状态机

B.3 泳道之间的交互

创建账户、管理员和 FoodieDB 有限状态机之间是紧密关联的（见图 B.10）。我们使用简单的场景表示这些关联中主要的线索，这些场景接下来可以演变为使用用例，继而可以演变为系统测试用例。图 B.11、图 B.12 和图 B.13 中的有限状态机是完整有限状态机的简化版本，仅显示出了场景所需的状态和迁移。

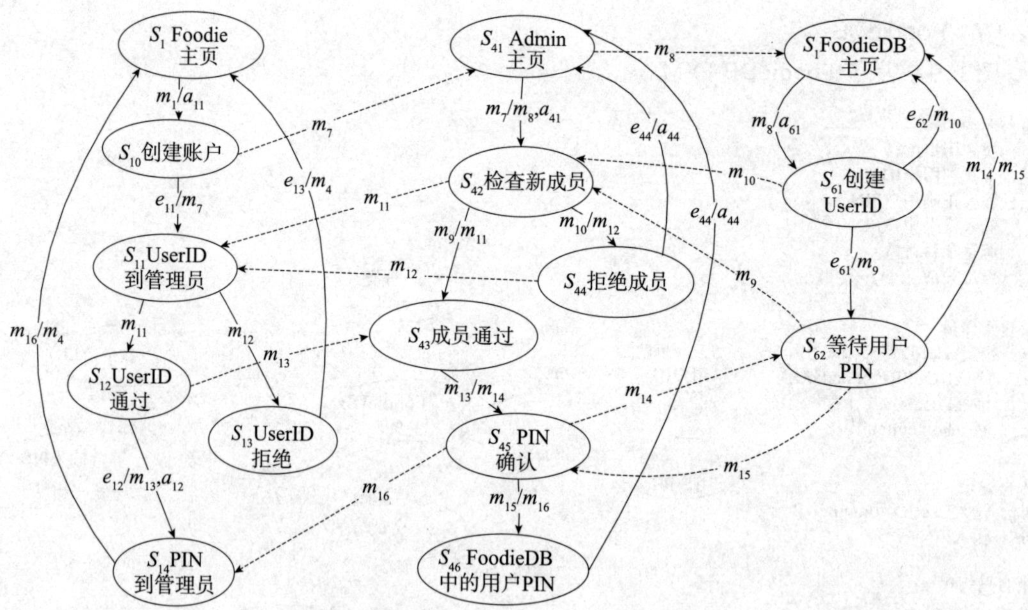

图 B.10 三个有限状态机之间的消息

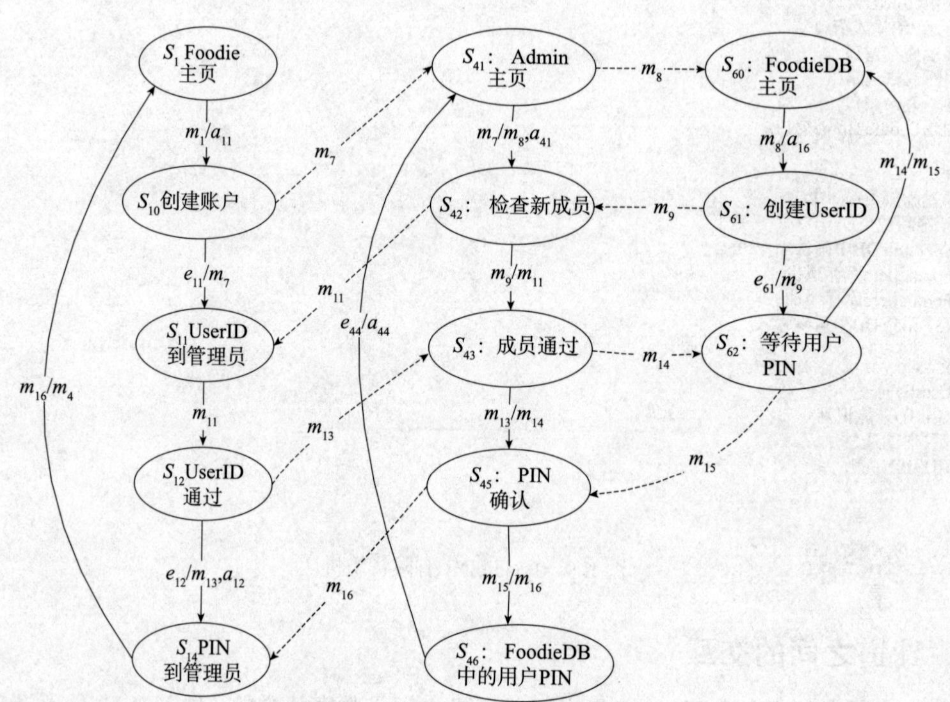

图 B.11 场景 1.1 中的消息通信

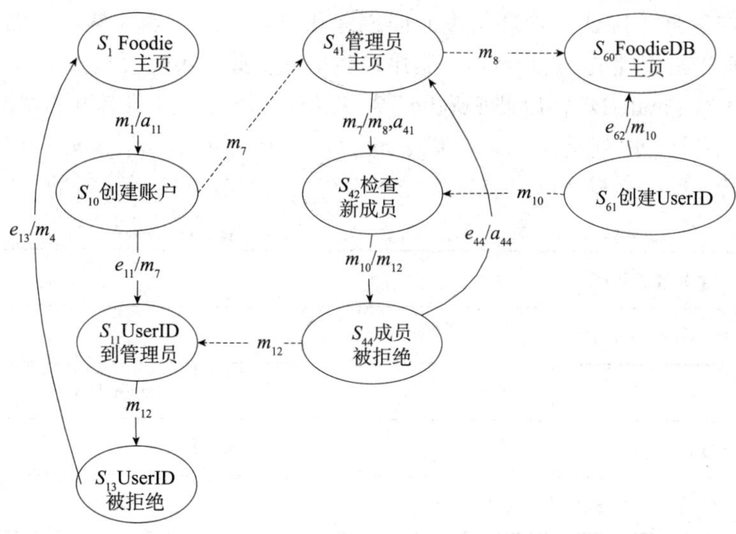

图 B.12 场景 1.2 中的消息通信

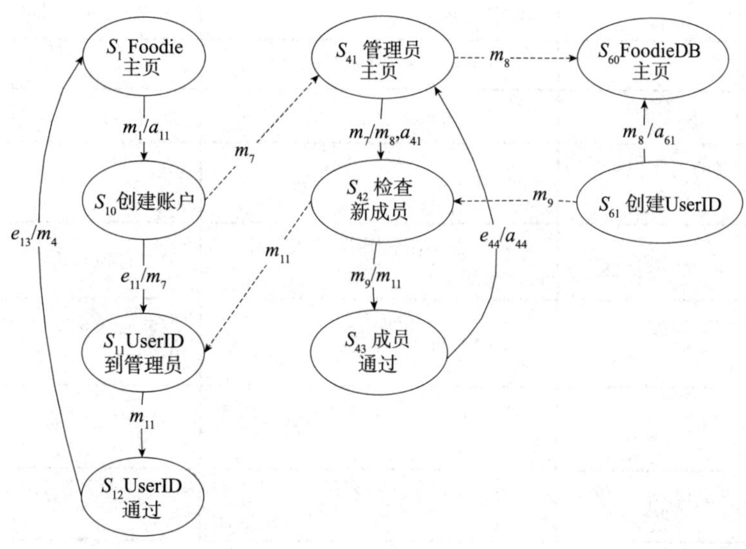

图 B.13 场景 1.3 中的消息通信

B.3.1 场景

我们根据有限状态机的编号对场景进行了编号，(例如创建账户场景的编号是 1.1，1.2，以此类推)。

场景 1.1 和场景 1.2 非常详细和完整。与 Foodie 数据库之间的关联关系非常复杂（三个有限状态机之间），所以对那些场景的描述既包括状态序列还包括消息序列。

B.3.1.1 场景1.1：正常的创建账户

一个“美食家”用户会提出一个 UserID，并将其发送给管理员。管理员将建议的 UserID 发送到 FoodieDB。FoodieDB 检查 UserID，如果没有发现重复的 UserID，就批准新的 UserID，并向管理员确认。管理员进而向创建账户确认这一点。然后，新批准的用户创建 PIN 并将其发送给管理员。(因为 PIN 是用户本地的，此处不需要检查 PIN 的有效性。) 管理员将 PIN 发送给 FoodieDB，以便 FoodieDB 可以将其作为“预期 PIN”发送给登录。

场景 1.1 中的消息序列是 m_1、m_7、m_8、m_9、m_{11}、m_{13}、m_{14}、m_{15}、m_{16}、m_4。我们将状态编号设置为全局可见，这样就可以将场景描述为跨泳道的状态序列。场景 1.1 的状态序列为 S_1、S_{10}、S_{41}、S_1、S_{61}、S_{62}、S_{42}、S_{11}、S_{12}、S_{43}、S_{62}、S_{45}、S_{14}、S_1、S_{41}、S_1。

场景 1.1：创建一个有效的账户

前置条件：UserID 不在 FoodieDB 中

创建账户	管理员	FoodieDB
1. e_{11}：输入 UserID（原始）		
2. 发送 m_7：向 Admin 建议 UserID	3. 收到 m_7	
	4. 发送 m_8：提交 UserID 到 FoodieDB	5. 收到 m_8
	7. 收到 m_9	6. 发送 m_9：批准新成员 UserID
9. 收到 m_{11}	8. 发送 m_{11}：建议的 UserID 已批准	
10. e_{12}：创建用户 PIN		
11. 发送 m_{13}：定义的用户 PIN 到 Admin	12. 收到 m_{13}	
	13. 发送 m_{14}：发送用户 PIN 到 FoodieDB	14. 收到 m_{14}
	16. 收到 m_{15}	15. 发送 m_{15}：在 FoodieDB 中确认用户 PIN
18. 收到 m_{15}	17. 发送 m_{16}：定义的用户 PIN 被接受	
19. 发送 m_4：创建账户完成		

后置条件：UserID 在 FoodieDB 中

B.3.1.2　场景1.2：存在重复的用户ID

Foodie 用户创建一个 UserID，并将其发送给管理员。管理员将新建 UserID 发送到 FoodieDB。FoodieDB 检查发现此 UserID 已经存在，因此拒绝新 UserID，并向管理员确认。管理员进而会向创建账户（Account Creation）确认这一点。这种情况下不能创建用户 PIN。

场景 1.2 中的消息序列是 m_1、m_7、m_8、m_{10}、m_{12}、m_4。我们将状态编号设置为全局可见，这样就可以将场景描述为跨泳道的状态序列。场景 1.2 的状态序列为 S_1、S_{10}、S_{41}、S_1、S_{61}、S_{42}、S_{44}、S_{11}、S_{13}、S_1。

场景 1.2：创建无效账户		
前置条件：UserID 已经在 FoodieDB 中		
创建账户	管理员	FoodieDB
1. e_{11}：输入 UserID（重复）		
2. 发送 m_7：向 Admin 建议 UserID	3. 收到 m_7	
	4. 发送 m_8：提交 UserID 到 FoodieDB	5. 收到 m_8
	7. 收到 m_{10}	6. 发送 m_{10}：拒绝新成员 UserID
9. 收到 m_{12}	8. 发送 m_{12}：建议的 UserID 被拒绝	
10. e_{13}：点击退出		
11. 发送 m_4：完成创建账户		
后置条件：请求失败		

B.3.1.3 场景1.3：部分创建账户（没有PIN定义）

"美食家"用户创建一个 UserID，并将其发送给管理员。管理员将新建 UserID 发送到 FoodieDB。FoodieDB 检查 UserID，如果没有发现重复的 UserID，就批准新的 UserID，并向管理员确认。管理员进而向创建账户确认这一点。新创建的用户选择在以后的某个场景中定义 PIN。

场景 1.3 中的消息序列是 m_1、m_7、m_8、m_9、m_{11}、m_4。将状态编号设置为全局的原因是，我们可以将场景描述为跨泳道的状态序列。场景 1.3 的状态序列为 S_1、S_{10}、S_{41}、S_1、S_{61}、S_{42}、S_{11}、S_{12}、S_1。

B.3.1.4 登录的场景与测试覆盖

在本节中，我们将开发登录模块的场景，从场景 2.1 到场景 2.5。对于每个场景，我们确定状态序列以及嵌入状态序列中的事件和消息的序列。这些内容在第 13 章中讨论。

B.3.1.4.1 场景2.1：第一次尝试有效的登录和正确的PIN

场景 2.1：第一次尝试有效的登录和正确的 PIN	
前置条件：UserID 和 PIN 存在于 FoodieDB	
创建账户	FoodieDB
1. e_{21}：输入有效 UserID	
2. 发送 m_{17}：输入 UserID 到 FoodieDB	3. 收到 m_{17}
5. 收到 m_{18}	4. 发送 m_{18}：UserID 通过，预期 PIN
6. e_{23}：输入用户 PIN = 预期 PIN	
7. 发送 m_{37}：输入 PIN	8. 收到 m_{37}
10. 收到 m_{20}	9. 发送 m_{20}：用户 PIN 成功
11. 发送 m_5：关闭登录	
后置条件：UserID 完成登录	

状态序列为 $<S_1, S_{21}, S_{60}, S_{63}, S_{22}, S_{23}, S_{24}, S_1>$。

事件 / 消息 / 状态序列为 $<S_1, m_2, S_{21}, e_{21}, S_{22}, m_{17}, S_{60}, S_{61}, m_{18}, S_{23}, e_{23}, S_{24}, m_{37}, S_{64}, e_{23}, m_{37}, m_{20}, m_5>$。

B.3.1.4.2　场景2.2：第二次尝试有效的登录和正确的PIN

场景 2.2：第二次尝试有效的登录和正确的 PIN

前置条件：UserID 和 PIN 存在于 FoodieDB 中

创建账户	FoodieDB
1. e_{21}：输入有效 UserID	
2. 发送 m_{17}：输入 UserID 到 FoodieDB	3. 收到 m_{17}
5. 收到 m_{18}	4. 发送 m_{18}：UserID 通过，预期 PIN
6. e_{23}：输入用户 PIN ≠预期 PIN	
7. 发送 m_{37}：输入 PIN	8. 收到 m_{37}
10. 收到 m_{21}	9. 发送 m_{21}：用户 PIN 未通过
11.e_{23}：输入用户 PIN= 预期 PIN	
12. 发送 m_{37}：输入 PIN	13. 收到 m_{37}
15. 收到 m_{20}	14. 发送 m_{20}：用户 PIN 通过
16. 发送 m_5：关闭登录	

后置条件：UserID 完成登录

状态序列为 $<S_1, S_{21}, S_{22}, S_{23}, S_{25}, S_{26}, S_{27}, S_1>$。

事件 / 消息 / 状态序列为 $<m_2, e_{21}, m_{17}, m_{18}, e_{24}, m_{37}, m_{21}, e_{23}, m_{37}, m_{20}, m_5>$。

B.3.1.4.3　场景2.3：第三次尝试有效的登录和正确的PIN

场景 2.3：第三次尝试有效的登录和正确的 PIN

前置条件：UserID 和 PIN 存在于 FoodieDB 中

创建账户	FoodieDB
1. e_{21}：输入有效 UserID	
2. 发送 m_{17}：输入 UserID 到 FoodieDB	3. 收到 m_{17}
5. 收到 m_{18}	4. 发送 m_{18}：UserID 通过，预期 PIN
6. e_{23}：输入用户 PIN ≠预期 PIN	
7. 发送 m_{37}：输入 PIN	8. 收到 m_{37}
10. 收到 m_{21}	9. 发送 m_{21}：用户 PIN 未通过
11.e_{23}：输入用户 PIN ≠预期 PIN	
12. 发送 m_{37}：输入 PIN	13. 收到 m_{37}
15. 收到 m_{21}	14. 发送 m_{21}：用户 PIN 未通过
16. e_{23}：输入用户 PIN= 预期 PIN	
17. 发送 m_{37}：输入 PIN	18. 收到 m_{37}
20. 收到 m_{20}	19. 发送 m_{20}：用户 PIN 通过
21. 发送 m_5：关闭登录	

后置条件：UserID 完成登录

状态序列为 $<S_1, S_{21}, S_{22}, S_{23}, S_{25}, S_{26}, S_{28}, S_{29}, S_{30}, S_1>$。

事件 / 消息 / 状态序列为 $<m_2, e_{21}, m_{17}, m_{18}, e_{24}, m_{37}, m_{21}, e_{24}, m_{37}, m_{21}, e_{23}, m_{37}, m_{20}, m_5>$。

B.3.1.4.4 场景2.4：第三次尝试无效的登录和不正确的PIN

场景 2.4：第三次尝试无效的登录和不正确的 PIN	
前置条件：UserID 和 PIN 存在于 FoodieDB 中	
创建账户	FoodieDB
1. e_{21}：输入有效 UserID	
2. 发送 m_{17}：输入 UserID 到 FoodieDB	3. 收到 m_{17}
5. 收到 m_{18}	4. 发送 m_{18}：UserID 通过，预期 PIN
6. e_{23}：输入用户 PIN ≠预期 PIN	
7. 发送 m_{37}：输入 PIN	8. 收到 m_{37}
10. 收到 m_{21}	9. 发送 m_{21}：用户 PIN 未通过
11.e_{23}：输入用户 PIN ≠预期 PIN	
12. 发送 m_{37}：输入 PIN	13. 收到 m_{37}
15. 收到 m_{21}	14. 发送 m_{21}：用户 PIN 未通过
16. e_{23}：输入用户 PIN ≠预期 PIN	
17. 发送 m_{37}：输入 PIN	18. 收到 m_{37}
20. 收到 m_{21}	19. 发送 m_{21}：用户 PIN 未通过
21. 发送 m_5：关闭登录	
后置条件：UserID 未完成登录	

状态序列为 $<S_1, S_{21}, S_{22}, S_{23}, S_{25}, S_{26}, S_{28}, S_{29}, S_{31}, S_1>$。

事件 / 消息 / 状态序列为 $<m_2, e_{21}, m_{17}, m_{18}, e_{24}, m_{37}, m_{21}, e_{24}, m_{37}, m_{21}, e_{24}, m_{37}, m_{21}, m_5>$。

B.3.1.4.5 场景2.5：无效的登录和没有尝试输入PIN

场景 2.5：无效的登录和没有输入 PIN	
前置条件：UserID 和 PIN 存在于 FoodieDB 中	
创建账户	FoodieDB
1. e_{22}：输入无效 UserID	
2. 发送 m_{17}：输入 UserID 到 FoodieDB	3. 收到 m_{17}
5. 收到 m_{19}	4. 发送 m_{19}：UserID 未识别
6. 发送 m_5：关闭登录	
后置条件：UserID 未完成登录	

状态序列为 $<S_1, S_{21}, S_{22}, S_1>$。

事件 / 消息 / 状态序列为 <m_2, e_{22}, m_{17}, m_{19}, m_5>。

B.3.1.5　场景2.1到场景2.5 中的事件/消息/状态序列总结

场景 2.1：第一次尝试有效的登录和正确的 PIN。事件 / 消息 / 状态序列为 <m_2, e_{21}, m_{17}, m_{18}, e_{23}, m_{37}, e_{23}, m_{37}, m_{20}, m_5>。

场景 2.2：第二次尝试有效的登录和正确的 PIN。事件 / 消息 / 状态序列为 <m_2, e_{21}, m_{17}, m_{18}, e_{24}, m_{37}, m_{21}, e_{23}, m_{37}, m_{20}, m_5>。

场景 2.3：第三次尝试有效的登录和正确的 PIN。事件 / 消息 / 状态序列为 <m_2, e_{21}, m_{17}, m_{18}, e_{24}, m_{37}, m_{21}, e_{24}, m_{37}, m_{21}, e_{23}, m_{37}, m_{20}, m_5>。

场景 2.4：第三次尝试无效的登录和不正确的 PIN。事件 / 消息 / 状态序列为 <m_2, e_{21}, m_{17}, m_{18}, e_{24}, m_{37}, m_{21}, e_{24}, m_{37}, m_{21}, e_{24}, m_{37}, m_{21}, m_5>。

场景 2.5：无效的登录和没有输入 PIN。事件 / 消息 / 状态序列为 <m_2, e_{22}, m_{17}, m_{19}, m_5>。

B.3.1.6　场景2.1到场景2.5的测试覆盖

为了得到完整的状态覆盖，我们可以只对场景 2.2 到场景 2.5 进行测试。为了得到完整的事件覆盖和消息覆盖，我们必须对场景 2.1 到场景 2.5 全部进行测试。

场景 3: 端到端登录购买交易

- “美食家”用户使用有效的 UserID 登录，并将 UserID 发送到 FoodieDB（m_{11}）。状态序列为 S_1，S_{22}，S_{23}，S_1。
- 通过返回登录信息（m_{12}）进行识别。状态序列为 S_1，S_{62}，S_1。
- “美食家”用户第一次尝试输入有效 PIN（m_{14}）。状态序列为 S_1，S_{24}，S_{27}，S_1。
- 发送至 FoodieDB（m_{14}）。状态序列为 S_1，S_{64}，S_1。
- FoodieDB 进行确认（m_{17}），“美食家”用户返回 Foodie 主页（S_1）的主菜单。
- 从 Foodie 主页，“美食家”用户导航到浏览窗口。在一系列光标移动之后，选择一个食物项目并将其发送到购物车（m_{19}）。状态序列为 S_1，S_{32}，S_{33}，S_{35}，S_1。
- 购物车确认（m_{20}）。状态序列为 S_{51}，S_{52}，S_{53}。
- 用户进入结账窗口。状态序列为 S_{54}。
- 用户选择信用卡支付（m_{24}，状态序列为 S_{55}），并收到信用卡公司的确认（m_{25}，状态序列为 S_{56}、S_1），并将其记录在 FoodieDB（m_{27}）中，并请求适当的库存减少（m_{28}）。状态序列为 S_1，S_{69}。
- 管理员（S_{41}）接收消息（m_{28}，状态序列为 S_{47}），指示 FoodieDB 添加所需的 Foodie 项目。
- m_{33}。
- FoodieDB 确认付款（S_{69}）并通知管理员（m_{32}）。响应消息 m_{33}（来自管理员），FoodieDB 更新库存（m_{33}），并向管理员（m_{31}）确认。状态序列为 S_1，S_{69}，S_1。
- 此外，作为对消息 m_{28} 的响应，FoodieDB（状态序列 S_{67}，S_{68}）将消息 m_{30} 发送给管理员。

场景 3 的状态序列为 S_1, S_{22}, S_{23}, S_1, S_{62}, S_1, S_{24}, S_{27}, S_1, S_{64}, S_1, S_{32}, S_{33}, S_{35}, S_1, S_{51}, S_{52}, S_{53},S_{54}, S_{55}, S_{56}, S_1, S_{69}, S_1, S_{67}, S_{68}, S_1。

场景：正常购买一个 FoodieItem，付款接受			
Web 泳道	控制泳道		FoodieDB 泳道
购物清单	购物车 / 信用卡	管理员	FoodieDB
e_{31}：光标移动			
e_{32}：选择 Foodie 项目			
e_{33}：将 Foodie 项目移到购物车			
发送 m_{22}：添加项目到购物车	收到 m_{22}		
收到 m_{23}	发送 m_{23}：项目已添加到购物车		
	发送 m_{24}：减少 FoodieItem 计数	收到 m_{24}	
		发送 m_{38}：减少 FoodieItem 库存	收到 m_{38}
		收到 m_{33}	发送 m_{33}：FoodieItem 库存已减少
	发送 m_{31}：购物车内容	收到 m_{31}	
	e_{53}：点击信用卡接口		
	发送 m_{27}：递交付款		收到 m_{27}
	收到 m_{28}：接受付款		信用卡发送 m_{28}：接受付款
		收到 m_{30}	发送 m_{30}：付款额
		收到 m_{35}	发送 m_{35}：付款输入 FoodieDB
		收到 m_{33}	发送 m_{33}：FoodieItem 库存减少
e_{36}：结束购物	e_{54}：购物车结束	e_{41}：点击管理员结束	e_{66}：点击结束

B.4 面向对象的设计

前面介绍的有限状态机（例如，创建账户、登录、购物清单、管理员、购物车、Foodie 数据库）定义了可用于创建类似实现的行为规范。在面向对象设计中，每个 FSM 表示一个事物或对象，或者多个事物或对象的集体行为。表 B.3 中的消息则对类中对象之间的消息或函数调用进行了定义。

表 B.3 类的类别

FSM	类名称	类别或层
创建账户	AccountCreationPage	说明
登录	LoginPage	
购物清单	ShoppingListPage	
购物车	ShoppingCartPage	
	ShoppingCart	域逻辑
管理员	AdministrationRules	
数据库	FoodieDBAccess	
	FoodieDB	数据存储

重要的是，在 *n* 层体系结构中，为每个 FSM 创建的类分为三个不同的类别、等级或层次，其中等级在物理上是分开的（例如，单独的服务器），层次则仅在逻辑上是分开的。在“美食家”在线购物应用程序中，由三个类别或等级 / 层次组成一个三层应用程序。其中第一层是驻留在用户设备上的*表示层*，用于为用户创建界面。第二层不在用户设备中，称为*领域逻辑层*，它通常位于客户机 – 服务器体系结构中的服务器上，并管理支持应用程序预期行为的领域逻辑和规则。最后，*数据存储层*驻留在数据库服务器中并存储应用程序的数据。这三层与图 B.1 所示的泳道相匹配。添加一个中间对象（例如 FoodieDBAccess）来完成跨层的通信（例如，当登录用例直接与 Foodie 数据库通信时）。

图 B.14 展示了在组织上跨层类的通信。表示层中的类与领域逻辑层中的类通信，然后领域逻辑层与数据存储层中的 FoodieDB 通信。

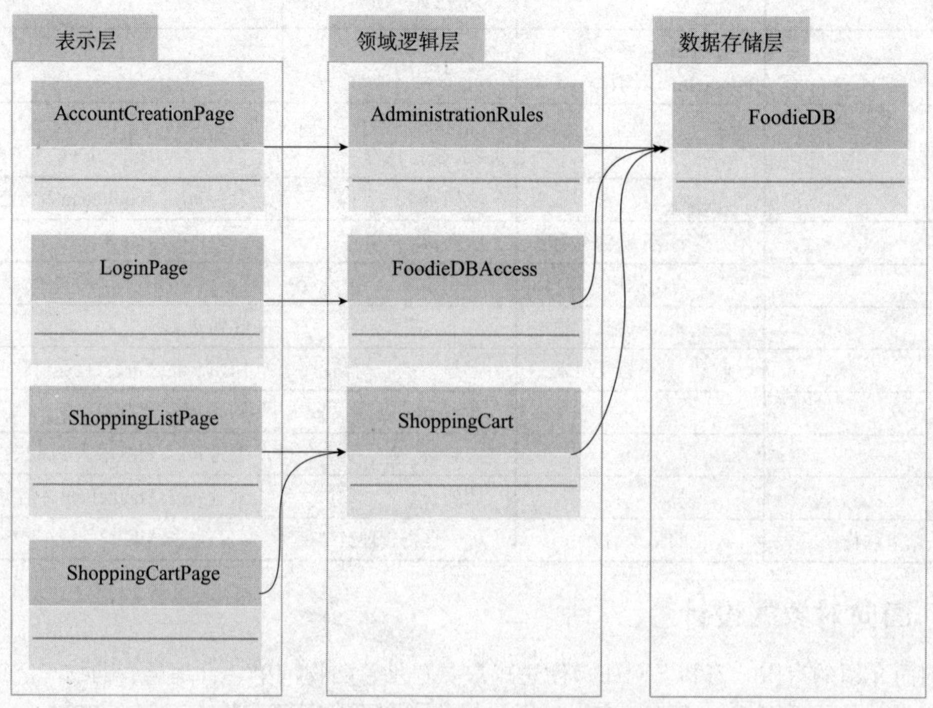

图 B.14　美食家购物清单程序的类图